U0161477

# 空域数值计算与优化方法

朱永文 谢 华 王长春 著

科学出版社

北京

# 内 容 简 介

空域数值计算建立在空中交通管理信息空间与实际飞行物理空间融为一体的基础上，开展对空域使用的功能体划分、数字格网建模、调度决策计算与运行结构优化的研究，是适应空域精细化管理使用而提出的一套计算概念与方法。本书结合空中交通管理优化国内外进展及应用实践，系统阐述空域数值计算的基本原理、方法组成与决策建模，为掌握伴随空中交通管理自动化技术发展而逐步形成的以空域状态度量、性能测算、使用评测为核心的数字测度理论方法体系提供参考。

本书可作为高等院校空中交通运输工程专业研究生教材，也可供从事空中交通管理、空域管理优化决策的研究人员参考使用。

**图书在版编目（CIP）数据**

空域数值计算与优化方法 / 朱永文，谢华，王长春著. — 北京：科学出版社，2020.11
ISBN 978-7-03-066298-9

Ⅰ. ①空… Ⅱ. ①朱… ②谢… ③王… Ⅲ. ①空中交通管制-数值计算-最优化算法-研究 Ⅳ. ①V355.1

中国版本图书馆 CIP 数据核字 (2020) 第 190388 号

责任编辑：任 静 / 责任校对：杨 然
责任印制：吴兆东 / 封面设计：迷底书装

**科学出版社** 出版
北京东黄城根北街 16 号
邮政编码：100717
http://www.sciencep.com

**北京建宏印刷有限公司** 印刷
科学出版社发行 各地新华书店经销

\*

2020 年 11 月第 一 版 开本：720×1 000 B5
2021 年 3 月第二次印刷 印张：21 1/2
字数：433 000
**定价：188.00 元**
(如有印装质量问题，我社负责调换)

# 前　言

在先进的电子信息技术支撑推动下，走过百年历程的人类航空事业，在 21 世纪将迎来人人享有、人人参与的普惠航空。运输航空器将越来越先进、驾驶越来越智能；通用航空器、无人驾驶航空器将形成更多分类，形态各异的新型航空器会层出不穷；军事航空器隐身、集群、智能演化区分得更明显，功能一体化、作战综合化、保障体系化成了重点；跨域飞行的空天飞行器或许很快成为现实。随着航空应用的普及与航空器种类的增多、性能的提升和飞行样式的翻新，空中交通管理技术将会适应这一发展变化趋势，进行体系性的调整与创新。尤其随着高超声速航空器的研发取得重大进展，现有的空中交通管理及空域航行应用等，面临着航空器速度突破带来的巨大冲击，甚至可能需要重塑或重构未来的空中交通管理系统与国家空域系统，建立全新的管理样式和理论方法。而与此同时发展的以卫星和数据链通信、地基星基导航、雷达和自动相关监视技术、空中交通管制自动化为核心的空管信息空间，将会适应航空发展的需求实现对全空域的连续无缝的覆盖，构建出空天地一体化的飞行保障基础环境，成为国家重要基础设施。空管信息空间将与实际飞行的物理空间融合成为一个统一体，基于信息物理融合空间的飞行活动管理与控制将会成为信息时代空管的重要标志。此时仍将飞行的物理空间割裂成不同大小的条块空域，固定划分、固定使用和隔离不同种类空中交通运行，将不能满足未来发展所需，传统的空域管理模式随着空中交通总量持续增长其固有弊端日益凸显，既制约空中交通管理基础设施建设效益和新技术应用效果发挥，更带来航空运输系统效率低下、抗气象扰动能力弱、资源使用不节约、局部地区空域使用紧张等多种难题。我国空中交通管理自动化系统体系，经历了 20 世纪 90 年代的规模化建设、21 世纪初的新技术快速应用之后，空域划分与使用问题逐步上升为该领域的主要问题，既存在管理体制机制问题，也存在管理理论方法研究滞后问题，亟待在一些基础研究领域取得突破。

本书的研究在此背景下，从空域划分使用适应飞行密度从低到高及空中交通流快速时变性的需求出发，提出度量空域状态、测算空域性能、评测空域使用的一套数值计算体系，构建了中高空以导航和监视可靠覆盖为基准、低空以屏蔽敏感目标和明示可飞开放区域为要素的空域格网模型，为实现在信息空间内对实际飞行的物理空间进行可度量测量、可计算决策分析、可视化展现、可及时资源配置调整等提供支撑，形成了空域数字测度基础理论与方法，以期为推动我国空中交通空域定量计算新领域的建立提供一定帮助。

实际上，空中交通运输总量增长到一定规模之后，空域划分使用问题所导致的航班延误、节能减排及飞行冲突等问题，逐步上升为空中交通管理的焦点问题，对此航空发达国家基于本国空中交通管理组织实施情况，提出空中交通流量与空域协同管理技术概念并开发出一系列有针对性的关键技术。但我国空域存在军民航二元化管理与航空多元化使用的国情特点，如何将空域离散化、数字化、组合化使用并匹配空中交通流演进需求进行调度决策控制，则成为我国该领域科研重点。

本书得到国防科技卓越青年科学基金项目(2018-JCJQ-ZQ-007)资助，以此进行基础理论方法研究，并得到国务院、中央军委空中交通管制委员会办公室、空军参谋部航空管制局、海军参谋部航空兵局等单位领导、专家提出构建数字化空域系统的建议。针对这些建议，我们展开了空域管理的基础性理论与方法的研究攻关，通过在华北地区构建数字化空域环境系统进行技术应用试点，并通过"边研究、边试验、边总结"的方式，逐步建立起空域数值计算与优化的基本原理与技术框架，形成本书的主体研究内容，其中还包含国际上此领域研究形成的一些重要技术方法。本书是在作者前期出版的《空域管理概论》的基础上，针对空域管理优化方法论总结形成的一本著作，在撰写过程中得到了国家空域技术重点实验室陈志杰院士、白松浩副主任、罗赟骞博士、唐治理博士、蒲钒博士，南京航空航天大学的胡明华教授、袁立罡博士、赵征博士等专家学者的大力支持和帮助，他们为本书成稿提供了大量意见和建议。此外还参考国际国内大量文献资料，在此对给予本书撰写提供资助、帮助的人们表示衷心诚挚的感谢！全书共分 7 章，由朱永文统稿，具体撰写分工如下：第 1 章、第 2 章、第 5 章、第 6 章、第 7 章由朱永文撰写；第 3 章由谢华撰写；第 4 章由朱永文、王长春撰写。

此外撰写本书时考虑到加快完善我国空域管理理论体系的需要和客观要求，对空域数值计算点的确立，着重从评价空域规划合理性及实际空域使用状况的角度进行设计与建模，反映了作者在该领域方向的见解，供同行参考。

本书的完成得益于多年来与国内外同行广泛学术交流与探讨，由于作者个人能力、理论水平、经验不足和掌握资料有限，要想实现对空域数值计算与优化理论方法准确构建、全方位论述还有较大差距，加上撰写时间仓促，书中难免出现疏漏之处。衷心希望同行和广大读者批评指正，交流切磋，以使该理论体系更加完善。

作　者

2020 年 2 月

# 目　　录

# 第 1 章　绪　　论

随着航空科技的迅猛发展，由地球表面以上大气构成的物理空间(高度一般不超过30km，民用运输航空器飞行高度一般不超过15km)，逐渐成为一种有价值的航空资源，即空域资源，它是航空的物理载体和必备的基础条件，成为同土地、海洋一样的国民经济与社会、国防建设发展不可或缺的资源。当航空的种类与飞行样式存在差异性，对飞行安全设定、对飞行效率考虑、对飞行任务划分等存在不同要求时，就存在着如何统筹安排不同种类的飞行，使用不同的空域资源，由此产生空域管理的要求，以实现高效的面向不同种类航空器的飞行，提供有效的空域资源供给，实现直飞及优化的飞行剖面，降低航空碳排放并实现对资源节约与有效利用等目标。

在航空样式单一、航空器机载电子信息设备性能不高、飞行数量不多的情况下，空域管理常采用静态划分空域、固定使用、分区域组织空中交通运行的传统方式。这种方式简单、易于实施且飞行安全系数较高，不需要复杂的空中交通管理系统作为支撑，并在多个国家延续使用多年。但随着空中飞行数量的增多、航空器性能的提升、复杂交通样式的出现等，传统的空域管理方式不再满足空中交通运行技术体系变革需要，动态与时分共享使用空域的需求与日俱增。由此在空域资源如何及时供给、如何适应空中交通快速时变管理新要求层面，出现了空域与空中交通流协同管理的理论方法需求，产生出对空域进行离散切分成基本空域体和数字格网单元，展开对空域的数值计算、动态调度控制和运行结构优化，逐步形成了匹配空中交通流动态变化演进发展的空域动态管理新理论方法。

## 1.1　空域数值计算背景

科学技术的发展，让航空从早期的机械化时代走向了信息化时代，并逐步向着智能化时代进行演进发展。保障航空器空中航行的设施从早期依据常态化固定飞行需求，沿航路航线布点建设走向了面对空域构建信息网络的全方位建设。不同种类的航空器，包括运输航空器、军事航空器和通用航空器等逐步纳入统一的信息物理融合空间，实现基于信息集成的体系化航行保障。航空信息基础设施建设的日益完善，为打破航空机械化时代空域，依据不同使用对象或航行需求划分成割裂的条块奠定了物质基础，使实现空域数值计算、全方位使用和精确供给有了可能性，也为在信息物理融合空间中开展飞行的四维(four dimensional，4D，即空间三维+时间一维)剖面结构优化提供了物质条件。

### 1.1.1　航空基础设施

20 世纪 80 年代以来,国际民用航空组织(简称国际民航组织)(International Civil Aviation Organization,ICAO)提出未来航行系统(Future Air Navigation System,FANS)概念,经过不断的发展演变和概念迭代,在 20 世纪 90 年代逐步取得认可和概念成熟,形成了通信、导航、监视/空中交通管理(Communications Navigation Surveillance and Air Traffic Management,CNS/ATM)系统,简称新航行系统,这是一个以卫星为主的全球航空通信、导航、监视和自动化的空中交通管理系统。航空基础设施主要是 CNS/ATM 系统,具体示意情况如图 1.1 所示。航空基础设施的建设,伴随着航空器机载电子信息设备的技术进步而不断革新发展,实现支撑航空器与地面系统、航空器之间进行数据交换、话音通信、航空导航与引导、飞行状态与空中交通位置监视、空中驾驶自动化操控与空中交通管制等目标,成为涉及国计民生和国防的重要基础设施,也是一个空天地一体化的网络与电磁信号覆盖分布的庞大航空运行保障体系。

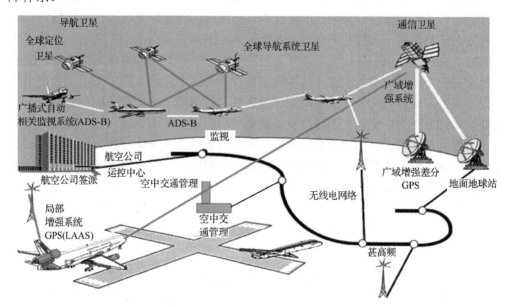

图 1.1　航空基础设施示意图

1. 航空通信

航空通信是航空有关部门之间利用电信设备进行联系,以传递航空器飞行动态、空中交通管制指令、航行动态、气象情报和航空业务信息等的一种航空保障通信业务,包括地面系统与航空器之间的移动通信、地面系统之间的固定通信及航空通播,传输内容包括话音和数据报文。在民用航空发展初期,无线电通信技术就被用于航空器与地面之间的通信联系。20 世纪 30 年代,当时的空中航行国际委员会(国际民航组织的前身)就要求所有载有 10 人以上的航空器都装备无线通信设备。随后电话和电报技术进入民航领域,用于地面单位之间协调与交换飞行相关信息。由于航空通信在民用航空中的重要性,从国际航空通信业务统一角度,《国际民用航空公约》附件 10《航空电信》中对航空通信的定义、设备和规格、使用的无线电频率、电报分类、缓急次序、标准格式、用语和处理程序等,都有统一的规定或具体建议。

航空移动通信又称陆空通信,以机载电台和地面对空电台之间的通信为主,航空器电台之间必要时也利用这一通信网进行通信;救生电台、紧急位置指示无线电示标台可用规定的遇险和紧急频率进行通信。航空移动通信分为航路航空移动通信和非航路航空移动通信两种类型,分别使用不同频段。航空移动通信最初使用电报,第二次世界大战后逐步改用地空话音通话。1978 年国际电信联盟世界无线电行政会议决定航空移动通信改用单边带收发通信体制。目前各国较普遍地采用甚高频(Very High Frequency,VHF)无线电进行航空移动通信,频段 118~137MHz,采用模拟调制技术实现地面与空中语音通信;偏远地区和洋区,则使用高频(High Frequency,HF)或卫星通信。20 世纪 90 年代随着飞行量上升带来无线电频率资源紧张的情况不断加剧,与此同时数字通信技术的发展及地面、机载设备自动化能力的增强,使得引入新的地空数据通信技术各方面条件已经成熟。地空数据通信技术的主要代表是有面向字符传输的飞机通信寻址与报告系统(Aircraft Communications,Addressing and Reporting System,ACARS),该系统可工作在甚高频、高频和卫星通信信道上,提供低速率数字通信服务。随后国际民航组织采纳了更高传输速率、面向比特传输的模式 2 的甚高频数据链(VHF Data Link Mode2,VDL Mode2)技术,作为在我国主要使用的地空数据通信手段。

航空固定通信又称平面通信,指规定的固定点电信业务。平面通信也分为语音通信和数据通信两类,常见的管制中心之间的管制电话、管制单位内部的内话系统,都属于平面语音通信范畴。平面数据通信应用非常广泛,在航班运行全过程中,空管部门、航空公司、机场等运行单位之间及各单位内部有大量的信息需要传递,包括航班计划、飞行动态、流量信息及航行情报、气象信息等。早在 20 世纪 50 年代,基于电传电报技术的航空固定电信网(Aeronautical Fixed Telecommunication Network,AFTN)就开始在民航使用,这是第一个全球范围内的电报处理系统,航班准备与飞行过程中的重要信息通过这个系统发布到各个相关部门。随着通信网络技术的快速发展,新技术不断被引入航空平面通信。语音传输实现了模拟到数字的转变,AFTN 使用了面向连接的网络(X.25)和计算机处理系统代替原有的电传方式。后续逐渐发展利用现代网络通信技术,建成承载多种业务、覆盖范围不等的综合数据通信网络,提供服务质量更好、成本更低的平面数据通信服务。到 20 世纪 90 年代国际民航组织开始规划新航行系统，提出了航空电信网（Aeronautical Telecommunication Network，ATN）作为航空通信网络的解决方案。航空电信网利用异构网络互联技术，实现航空器、空管系统、航空公司、机场等各方的计算机网络的互联，形成一个全球化无缝隙的互联网络，具有强大的集成能力、完善的安全机制和可靠的传输方案，可集成多种数据子网，保护原有网络投资，实现统一的数据传输服务。

航空通播是指按特定通信频率，以定时广播的方式，发送有关气象情况、机场着陆条件、进场条件等航行信息。多年来航空通信系统虽然通过引入新技术不断进行自身的改进，但仍面临地空甚高频通信频率资源紧张的问题，在一些飞行繁忙地区，地空通信系统处理能力逐渐接近饱和。为解决这个问题，欧洲地区在 2007 年将 FL195（19500ft，1ft=0.3048m）高度层以上的 VHF 通信频率间隔从 25kHz 缩小到 8.33kHz，但仍面临着频段需求压力；在平面通信领域，随着计算机技术的发展，各种业务自动化处理能力不断增强，更多的数据类型、更大的数据容量需要经过地面网络传输，同时地面网络将承担起连接不同业务处理系统的职能。据此国际民航组织在《全球空中交通管理运行概念》（DOC 9854 号文件）中描述了未来信息服务一系列新的前景[1]，通过实施信息服务新运行概念，提升航空通信能力。尤其在平面通信方面，国际民航组织将 AIDC（ATS Interfacility Data Communications）和空管服务信息处理系统（ATS Message Handling System，AMHS）作为近期推广实施的重点，其中 AMHS 将逐步代替现有的 AFTN 系统传输航班计划、航行情报和气象信息；在远期这些通信服务将融合到新的广域信息管理系统（System-Wide Information Management，SWIM）的业务服务中，包括数字化的航空情报管理（Aeronautical Information Management，AIM）、先进的气象信息（Advanced Meteorological Services for Air Navigation，MET）和协同环境下的航班和流量信息管理（Flight and Flow Information for a Collaborative Environment，FF-ICE）。

随着民用运输航空的进一步发展，不仅对空中交通管制的实时性与高效性提出越来越高的要求，也使得现有的无线电地空话音管制通信方式显现出使用频率拥挤、抗干扰能力弱等种种弊端情况，此时管制员-飞行员数据链通信（Controller Pilot Data Link Communications，CPDLC）应运而生，其主要功能是管制员与飞行员之间利用数据代替话音进行空中交通管制指令传递，弥补话音通信的信道拥挤、误解、语义听错、信号失真、信号破坏等。CPDLC 作为一种空地双向数据链通信协议，最早由国际航空无线电技术委员会（Radio Technical Commission for Aeronautics，RTCA）在 1993 年提出并规范，对数据链的建立、报文传输及处理做出统一的规定。1997 年国际民航组织通过了 ATN 标准和建议案（Standards And Recommended Practices，SARP），在 2002 年国际民航组织又通过了《全球空中航行计划》（DOC 9750 号文件）[2]，其中提出 ATN 如何支持 CPDLC 应用并做出详细的说明和规定。2001 年美国航空无线电通信公司（Aeronautical Radio Incorporated，ARINC）发布了 ARINC 622

协议标准，可将 CPDLC 应用产生的面向比特位的报文转换成面向字符的报文，这样 CPDLC 应用就可兼容现有的 ACARS 空地网络，使在全球尚没有成熟的 ATN 之前，将 CPDLC 应用于现有较为成熟的 ACARS 网络上，提高了管制员-飞行员数据链通信系统较早应用于实践的可行性，加速了 CPDLC 发展的进程。

要成功实现 CPDLC 通信至少应包含三部分设备系统，分别是机载 CPDLC 系统、地空数据链网络以及具有 CPDLC 报文解析能力的地面工作站或塔台管制系统，通常将机载的 CPDLC 系统简称为 ATCComm 系统（ATC Communications），它泛指飞机上安装的用于与地面进行通信所需的包括软件系统在内的所有组件和单元。与 ATCComm 相对应的地面工作站或塔台管制系统就是 CPDLC 的地面对等实体，ATCComm 与地面工作站等 CPDLC 应用实体，通过 ATN 或 ACARS 等地空通信网络系统来实现建立、管理和终止 CPDLC 连接，通信内容包括空中交通管制的口头术语对应的指令许可、相关信息和请示等基本数据，可为管制员提供发布高度层指令、穿越限制指令、水平间距指令、更改航路指令、速度指令、无线电频率指令、请示各种信息功能等；可为飞行员提供回答和询问信息，宣布或取消紧急情况功能；还可为飞行员提供向空中交通服务单位请求条件许可和信息的能力；"自由文本"功能使双方在信息交流中不需要遵守正规格式；还有一个辅助功能是地面系统可通过数据链将 CPDLC 报文传送给另一个地面系统。随着卫星通信（Satellite Communications，SATCOM）技术的发展，CPDLC 作为管制员与飞行员之间的一种通过使用数据链方式进行空中交通管制的对话通信手段，已被国际航空公司和空中交通管制系统广泛使用，可降低飞行机组和管制员工作负荷，增强空域活动安全裕度，减小飞行间隔。国际民航组织出版的《空中交通服务数据链应用手册》[3]（DOC 9694 号文件）和《空中交通管理》（DOC 4444 号文件）[4]详细规定了使用该技术的规范程序和应用要求。

2. 航空导航

航空导航系统用于确定航空器位置并引导航空器按预定的航线飞行的整套设备，包括航空器的机载设备和地面的信标设备两部分。早期航空器主要靠目视导航飞行。20 世纪 20 年代开始发展出仪表导航，航空器上有了简单的磁罗盘仪表，靠人脑计算可得出航空器飞行位置。30 年代出现了无线电导航，首先使用的是无方向性信标（Non-Directional Beacon，NDB）又称归航台和无线电罗盘。之后研制出伏尔导航系统（Very High Frequency Omnidirectional Radio Range，VOR），这种系统能使航空器上的接收机在地面台信号覆盖范围内测定相对于该台的磁方位角，它是克服了中波和长波无线电信标传播特性不稳定、作用距离短的缺点而研制的导航系统，被称为甚高频视距导航系统，1949 年被国际民航组织批准为国际标准的无线电导航设备，是目前广泛使用的陆基近程测角系统。之后研制了无线电测距仪（Distance Measuring Equipment，DME），工作在 UHF（Ultra-High Frequency）频段，通过无线电测量航空器到导航台距离的一种装置，其机载设备发射一个脉冲信号，地面设备接收到该信号后返回给机载设备一个应答信号，这样就可以算出航空器与地面台站的距离，并且 DME 常与 VOR 配合使用，实现测距与测角定位，并在 1959 年被国际民航组织定为标准的测距系统。针对机场端进近需求，研制了仪表着陆系统 (Instrument Landing System，ILS)，它是航空器进近和着陆引导的国际标准系统，于 1947 年被国际民航组织确认为国际标准的仪表着陆设备，它由地面发射的两束无线电信号实现航向道和下滑道指引，建立一条由跑道指向空中的虚拟路径，航空器通过机载接收设备确定自身与该路径的相对位置，使航空器沿正确方向飞向跑道并且平稳下降高度，最终实现安全着陆。随着民用航空事业的飞速发展和空中交通量剧增，仪表着陆系统逐渐暴露出自身存在的一些缺点和局限性，如信道容量不足、频段拥挤和易受干扰等情况，此后许多国家先后改进研制几十种新型着陆引导系统，1978 年国际民航组织确认了“时间基准波束扫描技术体制”的微波着陆系统 (Microwave Landing System，MLS) 作为国际标准着陆系统。20 世纪 50 年代初开始在航空器上使用惯性导航系统 (Inertial Navigation System，INS)，它属于一种推算导航方式，即从一个已知点的位置，根据连续测得的运动体航向角和速度推算出其下一个点的位置，因而可连续测出运动体的当前位置。惯性导航系统中的陀螺仪用来形成一个导航坐标系，使加速度计的测量轴稳定在该坐标系中，并给出航向和姿态角；加速度计用来测量运动体的加速度，经过对时间的一次积分得到速度，速度再经过对时间一次积分即可得到位移。20 世纪 60 年代开始使用远程无线电罗兰 C 导航系统 (Loran-C Navigation System) 进行航空器空中导航，作用距离达 2000km。20 世纪 70 年代出现了多普勒导航系统 (Doppler Navigation System，DNS)，利用多普勒效应测定多普勒频移，从而计算出航空器当时的速度和位置来进行导航。为满足军事上的需要还研制出塔康导航系统 (Tactical Air Navigation System，TACAN)，后又出现超远程的奥米加导航系统，这是超远程连续波双曲线相位差无线电导航系统，作用距离可达到 10000km。

20 世纪 60 年代开始发展卫星导航，70 年代后出现了全球定位导航系统 (Global Navigation Satellite System，GNSS)，包括美国国防部掌握的 GPS (Global Positioning System)、苏联从 80 年代开始建设现在由俄罗斯联邦航天局管理的 GLONASS (Global Navigation Satellite System)、欧洲航天局正在建设的 NAVSAT (Navigation Satellite) 系统，以及中国在建设的北斗卫星导航系统 (BeiDou Navigation Satellite System，BDS)。但卫星导航面临着系统完好性不足、系统可用性和服务的连续性不佳、系统的精度难以满足高性能的要求、系统实时性难以得到保证及缺乏国际统一管理和技术标准。为此各国在卫星导航的基础上，针对航空卫星导航支持所有飞行阶段应用，克服 GNSS 的固有缺陷，开始发展各类导航增强系统。根据《国际民用航空公约》附件 10《航空电信》对 GNSS 的推荐标准和建议

SARPs 规定，增强系统可分为三大类，包括陆基增强系统(Ground Based Augmentation System，GBAS)、星基增强系统(Satellite Based Augmentation System，SBAS)和机载增强系统(Aircraft Based Augmentation System，ABAS)。GBAS 将为 GNSS 测距信号提供本地信息和修正信息，修正信息的精度、完好性、连续性满足所需服务等级的要求，这些信息通过 VHF 数据链以数字格式进行广播。目前地基增强技术最主要的应用包括广域增强系统(Wide Area Augmentation System，WAAS)和本地增强系统(Local Area Augmentation System，LAAS)。WAAS 系统利用差分解算技术改善基于 GPS 信号的精度、完好性和可用性，满足航空飞行全过程阶段的精密导航技术要求，能将导航精度提高至 7m 甚至更高。2003 年美国 WAAS 正式运行，由地面 2 个主控站、25 个参考站以及 4 颗海事卫星(Inmarsat)组成，主要覆盖美国本土区域。全球其他国家也纷纷建设各自独立的广域增强系统，包括欧洲的 EGNOS(European Geostationary Navigation Overlay Service)系统、日本的 MSAS(MTSAT Augmentation System)、印度的 GAGAN(GPS Aided Geo Augmented Navigation)系统。LAAS 则是一种 GPS 地基增强系统，部署在机场区域，以支持更精确的航空运输飞行起降，包括飞机全天候的精确进场着陆、机场上空的精确导航和指挥引导等，其目的是改善 GPS 信号，以满足精密运行所需的导航性能要求，向视距范围内的飞机提供差分修正信号，能将精度提高到 1m 左右。LAAS 是对 WAAS 服务的完善，使用差分技术是基于产生一个本地基准站和用户站之间所有预计的共同性误差的修正值，所以 LAAS 只能在约 20 海里的本地范围内播发导航修正信息。SBAS 利用卫星向 GNSS 用户广播 GNSS 完好性和修正信息，提供测距信号来增强 GNSS，其组成包括地面部分、空间部分、用户部分和数据链路部分。地面部分包括中心站、参考站；空间部分包括导航卫星星座、带有导航转发器的地球静止轨道通信卫星；用户部分包括接收通信卫星播发的修正数据和完好性信息的接收机，以及卫星定位接收机；数据链路部分包括地面中心站和参考站之间的数据传递、中心站输出的修正数据和完好性信息，以及与地球静止通信卫星之间的信息注入等。系统运行的具体过程是在科学分布、位置已知的参考站上安装高精度的卫星定位接收机，实时解算该参考站的定位数据，并将解算的数据通过通信卫星的数据链路转发至中心站，中心站用所收集的数据和原始数据匹配，计算出差分修正数据和完好性信息，再通过通信卫星进行广播，装备增强接收机的用户就可以获得可靠的高精度的定位导航信息，可使得三维定位精度提高到 5m 水平。目前支持新的宽带全球区域网络的第四代地球同步轨迹卫星(Geostationary Orbit Satellite，GEOS)通信网正在建设之中，在 GEOS 上将安装导航信息转发器，建立新一代星基增强系统。ABAS 将 GNSS 组件信息和机载设备信息进行综合，从而确保系统符合空间信号定位导航要求，其主要组成包括接收机自主完好性监测(Receiver Autonomous Integrity Monitoring，RAIM)和飞机自主完好性监测(Aircraft Autonomous Integrity Monitoring，AAIM)、全球定位系统/惯性导航系统(GPS/INS)等，实现对卫星工作状态的监控，确保使用工作正常的卫星进行导航定位计算。

3. 航空监视

航空监视包括雷达和自动相关监视(Automatic Dependent Surveillance，ADS)系统。空中交通管理使用的雷达分为两类：一类用于探测空中物体的反射式探测雷达，称为一次雷达(Primary Surveillance Radar，PSR)；第二类是二次雷达(Secondary Surveillance Radar，SSR)，二次雷达实际上不是单一的雷达，而是包括信标及数据处理在内的一套系统，常常称为空中交通管制雷达信标系统(Air Traffic Control Radar Beacon System，ATCRBS)。一次雷达大致可分成三类：机场监视雷达(Airport Surveillance Radar，ASR)，主要用于机场塔台管制员或进近管制员的目标监视；航路监视雷达(Air Route Surveillance Radar，ARSR)，设置在相应的航路点上，它的功率比机场监视雷达要大，在航路上的各部雷达把整个航路覆盖，这样管制员就可以对航路飞行的航空器实施雷达间隔控制；机场场面监视雷达或探测设备(Aircraft Situation Display，ASD)的功率较小，主要用于特别繁忙机场的地面监控，它可以监控在机场地面上运动的飞机和各种车辆，塔台管制员用来控制地面车辆和起降飞机的地面运行，保证安全。二次雷达，它最初是在空战中为了使雷达分辨出敌我双方的飞机而发展的敌我识别系统，当这个系统的基本原理和部件经过发展用于民航地空中交通管制后，就成了现在的二次雷达系统。管制员从二次雷达上可很容易地知道飞机的编号、高度、方向等参数，使雷达由监视工具变为空中交通管制手段，二次雷达的出现是空中交通管制最重大的技术进展。二次雷达要和一次雷达一起工作，它的主天线安装在一次雷达的上方，和一次雷达同步旋转。二次雷达发射的电子脉冲是成对的，频率是 1030MHz，每一对脉冲之间的时间间隔是固定的，这个间隔决定了二次雷达模式。二次雷达主要有三种模式，一种间隔为 8μs 称为 A 模式，对应只有 4096 种航空器的地址编码；另一种间隔 21μs 称为 C 模式，这是一种气压高度编码，高度数值为 100ft 采样；还有一种称为 S 模式，给航空器唯一的识别码即 24 位地址码，有选择性地进行询问，以寻址每架唯一的航空器，而无须在整个天线波瓣内进行广播询问，以减少同步串扰，不但能进行位置监视，还具有数据链通信功能，数据链只能建立于通过监视处理而确立航迹的航空器与 S 模式二次雷达之间。二次雷达系统的另一重要组成部分是航空器上装的应答机，应答机是一个在接收到相应信号后能发出不同形式编码信号的无线电收发机，应答机在接收到地面二次雷达发出的询问信号后进行相应回答，频率是 1090MHz，这些信号被地面的二次雷达天线接收，经过译码，就在原先一次雷达屏幕出现的显示这架航空器的亮点旁边，显示出航空器的识别号码和高度参数值，管制员就很容易了解这架航空器的位置和代号。为使管制员在询问航空器的初期就能很快把屏幕上的光点和所对应的航空器联系起来，机上应答机还具有识别功能，飞行员在管制员要求下按下"识别"键，这时应答机发出一个特别的位置识别脉冲,这个脉冲使地面雷达屏幕上的亮点变宽，以区别于屏幕上的其他亮点，从而可以快速在雷达屏幕上找到这架航空器。

随着航空卫星导航系统的发展和成熟应用，航空器具有了自主定位获取高精度位置信息的能力，将航空数据链通信和航空导航系统结合建立一种新型的信息系统，可实现对航空器的协作监视，这种监视称为自动相关监视，可以自动地从相关机载设备获取参数向其他飞机或地面站广播飞机的位置、高度、速度、航向、识别号等信息，以供管制员对飞机状态进行监控。主动广播这些信息的称为广播式自动相关监视(Automatic Dependent Surveillance Broad Cast，ADS-B)，这是最初为越洋飞行的航空器在无法进行雷达监视的情况下，希望利用卫星实施监视所提出的一种解决方案；还有一种通过建立地面站与航空器之间的通信契约进行数据通信与监视，称为合约式自动相关监视(Automatic Dependent Surveillance Contract，ADS-C)，这种监视基于点对点模式的航空电信网 ATN 数据链信道，需要数据收发双方约定通信协议，如目前广泛使用飞机通信寻址与报告系统 ACARS 进行通信，它一般应用在海洋和内陆偏远没有其他监视的区域，或者应用在空中交通流量较小的空域。ADS-B系统是一个集通信与监视于一体的信息系统，由信息源、信息传输通道和信息处理与显示三部分组成。ADS-B 主要信息是飞机四维位置信息(经度、纬度、高度和时间)和其他可能附加信息(冲突告警信息、飞行员输入信息、航迹角、航线拐点信息等)以及飞机的识别信息和类别信息。此外还可能包括一些别的附加信息，如航向、空速、风速、风向和飞机外界温度等。这些信息可从以下主要的航空电子设备上获取到：全球卫星导航系统、惯性导航系统、惯性参考系统、飞行管理系统(Flight Management System，FMS)及其他的机载传感器等。ADS-B 信息传输通道以 ADS-B报文形式通过空-空、空-地数据链广播式传播。ADS-B 信息处理与显示主要包括位置信息和其他附加信息的提取、处理及有效性确认算法等，并形成清晰、直观的背景地图和航迹、空中交通态势分布、参数窗口以及报文窗口等，最后以伪雷达画面实时地提供给用户使用。使用 ADS-B 信息能够增加无雷达覆盖区域的空域容量，同时还可以用于机场飞行区的地面交通管理，防止跑道侵入，保障飞行安全和提高运行效率，减少建设投资。

相对于航空器的信息传递来说,ADS-B 可分为两大类：发送(OUT)和接收(IN)。其中 ADS-B OUT 是 ADS-B 的基本功能，指航空器的机载发射机以一定的周期发送航空器的各种信息，包括航空器识别信息(Identification，ID)、位置、高度、速度、方向和爬升率等，地面系统通过接收机载设备发送的 ADS-B OUT 信息，监视空中交通状况，起到类似于二次雷达的作用。ADS-B 发送的航空器水平位置一般源于GNSS 系统，高度源于气压高度表。ADS-B IN 是指航空器接收其他航空器发送的ADS-B OUT 信息或地面服务设备发送的信息，为机组提供运行支持。ADS-B IN 可使机组在驾驶舱交通信息显示设备(Cockpit Display of Traffic Information，CDTI)上，看到其他航空器的运行状况，从而提高机组的空中交通情景意识。ADS-B 地面站也可以向航空器发送信息，具体分为两类：第一类是空中交通信息服务广播(Traffic Information Service Broadcast，TIS-B)；第二类是飞行信息服务广播(Flight Information Service Broadcast，FIS-B)。对于 TIS-B 来说，ADS-B 地面站接收航空器发送的 ADS-B 位置报文，将这些数据传递给监视数据处理系统(Surveillance Data Processing System，SDPS)，同时 SDPS 也接收雷达和其他监视设备的数据，SDPS 将这些数据融合为统一的目标位置信息，并发送至 TIS-B 服务器，TIS-B 服务器将信息集成和过滤后，生成空中交通监视全景信息，再通过 ADS-B 地面站发送给航空器，这样机组就可以获得全面而清晰的空中交通态势信息，TIS-B 的应用可以使 ADS-B 不同数据链类型的用户获得周边的空域运行信息，从而做到间接互相可见。对于 FIS-B 来说，ADS-B 地面站向航空器传送气象、航行情报等信息，这些信息可以是文本数据，也可以是图像数据，文本格式的气象信息包括日常报(Meteorological Aerodrome or Aeronautical Report，METAR)、特选报(Aviation Selected Special weather report，SPECI)、机场天气预报(Aerodrome Forecast，TAF)等，图像格式的信息包括雷达混合图像、临时禁飞区域和其他航行信息，FIS-B 使机组可获得更多的运行相关信息，及时了解航路气象状况和空域限制条件，为更加灵活而安全的飞行提供保障。对于 ADS-B 技术来说，其核心的是数据链系统，在数据通信网中按链路协议的技术要求连接两个或多个数据站的电信设施，称为数据链路，简称数据链。数据链路(Data Link)除了物理线路外，还必须有通信协议来控制这些数据的传输。ADS-B 的 OUT 和 IN 的功能都是基于数据链通信技术，目前共有三种数据链路，分别为 S 模式的基于异频雷达收发机的 1090ES 数据链、通用访问收发机(Universal Access Transceiver，UAT)、模式 4 的甚高频数据链(VHF Data Link Mode 4，VDL Mode 4)。1090ES 数据链是国际民航组织推荐采用的用于 ADS-B 系统的数据链，"1090"指系统使用 1090MHz 作为下行传输频率，"ES"(Extended Squitter)表示相对原有报文长度的扩展(56～112bit)以及自动广播的特性。1090ES 传送的位置信息每 0.5s 更新一次。1090ES 机载设备，如仅有 ADS-B OUT 功能则要求具备两个主要电子组件，即 S 模式 1090ES 应答机和 GNSS 接收机；具备 ADS-B OUT 和 IN 功能的收发系统要求 4 个主要电子组件，即 S 模式 1090ES 应答机、GNSS 接收机、1090ES 接收机和驾驶舱交通信息显示器 CDTI。对于 1090ES 数据链应用，实际上其具有广泛的支持应用，包括支持 S 模式应答机的二次雷达应用、交通告警与防撞系统(Traffic Alert and Collision Avoidance System，TCAS)应用等，使得链路比较拥挤。美国考虑到通用航空的总飞行量及需要动态实时的信息服务，由此发展出 UAT 数据链。模式 4 的甚高频数据链是在欧洲地区建立的，其核心技术为 STDMA(Self-Organized Time Division Multiplex Access)通信协议。

4. 基于性能的通信与监视和基于性能的导航、所需性能的空中交通管制服务

随着航空基础设施的建设完善和性能的不断提升，如何将良好的基础设施转变为空中交通运行能力，成为一项重要挑战。与此同时航空通信导航和监视系统装备存在多种技术体制的状况，如何使得空中交通运行不依赖单一某个型号的系统装备运行，也成为一项重要挑战。为此国际民航组织从统一全球的角度，基于空中交通运行和航空基础设施兼容使用出发，建立了系列的基于性能的运行概念（Performance Based Operations），包括 PBCS 和 PBN，并在全球范围内组织实施，具体情况如图 1.2 所示。

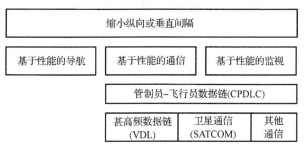

图 1.2　基于性能的运行的主要架构

基于性能的通信与监视概念，提供了一整套运行标准，可对现有、未来不同的通信、监视技术进行客观评估，以促进空中交通管理运行方式的进步。当设立起相关标准后，该空中交通管理运行的具体实施方式，包括技术性能与人员资质将可按照具体的标准评估其可行性。由通信和监视性能改进，引起的空中交通服务改变可依照 PBCS 概念进行评估，具体可参见《所需通信性能手册》（DOC 9869 号文件）[5]。基于性能的 CNS/ATM 模型保证了运行体系与部件的性能均符合相应的规范要求，CNS 诸要素所需满足的各类所需性能规范（Required Performance）中，RCP（Required Communication Performance）为所需通信性能，RSP（Required Surveillance Performance）为所需监视性能，RNP（Required Navigation Performance）为所需导航性能，运行场景示意如图 1.3 所示。

CNS 要素之间相互支撑共同实现与支持空中交通管理运行。为在基于性能定义的空域中，实施某种或某些空中交通管理运行方式，如缩小纵向或垂直间隔等，须对空域内 CNS 诸要素在功能、安全性、性能等方面的使用标准予以规范。所需通信性能 RCP、所需监视性能 RSP 与所需导航性能 RNP 规范一道，为促进空中交通管理运行方式的发展提供了标准化的准则，这一方法对使用新兴技术的运行概念尤为关键。例如，在北大西洋高空空域（North Atlantic High Level Airspace，NAT HLA）规划的航路系统（Organized Track System，OTS）中，应用的缩减侧向间隔标准（Reduced Lateral Separation Minima，RLatSM）包含如下的要求：RNP-4、CPDLC w/RCP240、ADS-C w/RSP180，即在此空域内参与 RLatSM 空中交通管理运行各相关方，管制单位（Air Traffic Service Unit，ATSU）、航空公司、飞机（包含机组）、通信服务商（Communication Service Provider，CSP）等，需满足上述所需性能规范的具体要求。

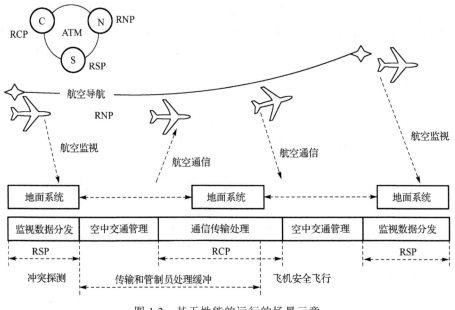

图 1.3　基于性能的运行的场景示意

1）基于性能的通信与监视（Performance-Based Communication and Surveillance，PBCS）

对于基于性能的通信与监视 PBCS 架构来说，PBCS 概念为应用 RCP/RSP 规范支持某一空中交通管理运行提供了统一的框架，该规范可保证相应的通信与监视能力与性能处于可接受的特定水平上。对某一特定空域中的空中交通服务运行所需要的 RCP 和 RSP 规范进行描述，要求可参照《国际民用航空公约》附件 11《空中交通服务》等文件；为满足该空中交通服务运行的 RCP 和 RSP 规范要求，运营人可根据《国际民用航空公约》附件 6《航空器的运行》要求，获取运行批准（Operational Approach），以在其飞行计划中标明相应的 RCP/RSP 能力和机载设备状态等；当地或区域的空中交通管理当局的运行性能监控部门可按照 RCP/RSP 的具体规范要求，评估实际的通信性能（Actual Communication Performance，ACP）、实际的监视性能（Actual Surveillance Performance，ASP），由此进一步确定是否需要对相关方提出改进的建议与措施。对于 RCP 规范来说，RCP 规范用于表征完整通信操作的运行参数，使用标识符（Designator，如 RCP 240 或 RCP 400)简要表示 RCP 规范的具体名称，并在标识符中明确相应 RCP 规范的超时时间（Expiration Time，ET），这样空域规划、飞机制造商、运营人可方便地使用相应的标识符，标识符中超时时间 ET 表示当超过该时间时，通信发起方需要转换至备用的其他程序，RCP 规范适用于规定通信过程所必须遵循的性能，并可以为实施缩小飞行间隔提供支持。RCP 操作时间（RCP Transaction Time）是表示完成运行通信部分操作最大时间的 RCP 参数，其包含两个数值：标称时间（RCP Nominal Time，NT），表示 95% 的情况下完成运行通信操作的时间最大值为该标称时间；超时时间（RCP Expiration Time，ET），表示完成运行通信操作的时间最大值，否则通信发起方需要转换至备用的程序。RCP 连续性（RCP Continuity，RCP C），是指通信操作开始时服务的可用情况，一般由指定 RCP 操作时间中运行通信操作成功的比例来表示。RCP 可用性（RCP Availability，RCP A），表示启动一个运行通信操作的概率。RCP 完好性（RCP Integrity，RCP I），表示一个运行通信操作能够无差错完成的概率。尽管采用通信能力的"成功"定义 RCP 完好性，但实际中使用每飞行小时出现差错的可能性来描述 RCP 完好性。RCP 配额（RCP Allocation），指将 RCP 参数指定到通信系统每个环节上的分配值，如可将通信操作时间分配至机组、机载设备系统、通信网络、空管地面系统、管制员等环节上，指定在通信操作中每个环节能够占用的最大时间、完好概率等 RCP 参数。实际通信性能 ACP，表示通信系统包含人员和技术环节的实际运行性能，人员表现通常与培训、程序、人机界面等因素有关，技术环节包含其中所使用的通信设备部件及其协同工作以获得的预期功能，ACP 评估使用在 RCP 规范中规定的参数，包括指标配额及其他 RCP 规范中规定的运行标准。从运行角度看，要求飞机系统、通信网络、地面系统均需要达到合格的通信性能水平。

对于 RSP 规范来说，RSP 建立起一整套总体性能要求，用以确保整体上通信操作与监视数据传送性能可达到特定的监视目的。例如，监视目的可为在洋区实施侧向 30 海里/纵向 30 海里的飞行间隔标准。RSP 是从运行角度定义的，不依赖于任何特定的技术、机载设备或架构。RSP 规范与命名可使用标识符（Designator，如 RSP 180）简要表示 RSP 规范，并在标识符中明确相应 RSP 规范的延迟时间（Overdue Time，OT），空域规划方、飞机制造商、运营人可方便地使用相应的标识符。标识符中延迟时间 OT 表示当传送的监视数据超过该时间，即认为传输延迟。RSP 规范可用于在空域中实现特定的目标，如规定在实施特定间隔标准中监视程序所需达到的性能。RSP 规范是为空中交通服务运行涉及的地面设备、机载设备以及需要支持基于性能的监视运行制定的一整套要求与运行参数，其中包含了对监视性能的要求与指标分配方案。RSP 规范还包含了对监视数据的具体传送时间（Surveillance Data Delivery Time）、连续性、可用性、完好性和安全性的要求。支持特定的空中交通服务运行所需的监视程序，可制定专门的 RSP 规范来定义监视性能。RSP 参数包括位置报告精度、管制员收到位置报告时的延迟、监视数据的完好性、可用性与连续性。RSP 监视数据传输时间（RSP Surveillance Data Transit Time）为接收到监视数据的最大时间，超过此时间后管制员应切换至备用的程序。RSP 连续性，当监视数据传送开始时服务的可用情况，在指定 RSP 监视数据传送时间中监视数据完成传输的最小比例情况。RSP 可用性，是指能够提供监视数据的概率。RSP 完好性，是指监视数据传输无差错完成的概率。RSP 配额，是指将 RSP 参数指定到监视系统每个环节上的分配值，如可将监视操作时间分配至空管地面系统、管制员等环节上。实际监视性能（Actual Surveillance Performance，ASP），起始于包含飞机位置的监视数据产生时刻，直到空管单位收到监视数据时刻。

目前典型 RCP/RSP 规范是 RCP 240 规范（规定 CPDLC 所需性能）和 RSP 180 规范（规定 ADS-C 所需性能）。RCP 240 规范了管制员从管制单位经由通信服务商将数据链通信报文发送至飞机的全过程要求，所需的通信技术性能（Required Communication Technical Performance，RCTP）是通信从管制单位至驾驶舱再返回的总往返时间，其中不包括人员的反应与操作时间，在 99.9% 的情况下 RCTP 应不大于 150s 的超时时间（ET）要求，在 95.5% 的情况下 RCTP 必须不大于 120s 的标准时间（NT）要求。当报文送达驾驶舱后，飞行机组应尽快回复，飞行机组的回复报文将回传至管制单位。RSP 180 规范中，以空管单位与飞机建立某种事件合约（Event Contract）为例，当飞机达到特定事件触发条件时，要求机载设备在 99.9% 情况下以不超过 5s 延迟时间（OT）响应，在 95% 的情况下以不超过 3s 的传输时间（DT）响应。该监视报文通过通信服务商网络传输，要求在 99.9% 的情况下以不超过 170s 延迟时间（OT）完成传输；在 95% 的情况下以不超过 84s 的传输时间完成传输。该监视报文送达管制单位后，由管制单位的地面设备进行处理，要求在 99.9% 的情况下以不超过 5s 的延迟时间完成处理，在 95% 的情况下以不超过 3s 的传输时间完成传输。从特定事件发生至报文传送至管制员的总体通信过程，要求 99.9% 的情况下以不超过 180s 的延迟时间（OT）完成，在 95% 的情况下以不超过 90s 的传输时间完成。

2）基于性能的导航（Performance Based Navigation，PBN）

讨论 PBN 需先从所需导航 RNP 概念开始，它是 20 世纪 90 年代由 FANS 委员会向国际民航组织提出的，在《基于性能导航（PBN）手册》（DOC 9613 号文件）中定义[5]，即飞机在一个确定的航路、空域或区域内运行时，所需的导航性能精度。RNP 是在新航行系统开发应用下产生的新概念，是利用飞机自身机载导航设备和全球定位系统引导飞机起降的新技术。与传统导航技术相比，飞行员不必依赖地面导航设施即能沿着精准定位的航迹飞行，使飞机在能见度极差的条件下安全、精确地着陆与起降飞行，极大提高飞行的精确度和安全水平。实际上对于航空导航来说，最早出现的区域导航（Area Navigation，RNAV）概念，可使航空器在导航信号覆盖范围内，或在机载导航设备工作能力内，或两者的组合，沿着期望的路径飞行。这种导航一般采用无线电定位或其他的定位技术，可以确定出飞机的绝对位置，如地理位置的经度、纬度，或飞机相对于计划航线的位置偏差等，从而不需要通过飞向或飞越导航台进行空中导航定位和飞行,因而可以把不设导航台的航路点之间的连线,作为航线段进行飞行,航路可以根据航路点自由设置,而不再局限于固定的导航台。这样可以避免导航台上空的拥挤,同时也可以开辟多条航线,飞行距离相对也可以减少。所需性能的导航 RNP,指在一个指定的空域内运行的航空器在水平方向上(经纬度位置点)所必备的导航精度,即在一个划定的空域内实施运行所必需的导航性能精确性、完好性、可用性和连续性的说明,对于是哪一种导航设备没有具体要求。所需性能导航可由一个精度数值表示,RNP 的类型根据航空器至少有 95% 的时间能够达到预计导航性能精度的数值来确定,例如,RNP-1.0 就表示在 95% 的时间内,对航空器的导航精度保持在航迹左右 1 海里之内。可以这么说,RNP 系统是具有支持机载性能监视和告警性能的 RNAV 系统,它具备可靠的、可重复的和可预测的沿规划的航迹飞行的能力,包括曲线航迹。基于性能的导航 PBN 是国际民航组织在整合各国区域导航 RNAV 和所需导航性能 RNP 运行实践和技术标准的基础上,提出的一种新型运行概念,其导航规范既可是 RNAV,也可是 RNP,而 RNP 规范包含了对机载自主性能监视和告警的要求,RNAV 规范则不包含此方面的要求。它将飞机先进的机载设备与卫星导航及其他先进技术结合起来,涵盖了从航路、终端区到进近着陆的所有飞行阶段,提供更加精确、安全的飞行方法和更加高效的空中交通管理模式。PBN 是指在相应的导航基础设施条件下,航空器在指定空域内或者沿航路、仪表飞行程序飞行时,对系统精确性、完好性、可用性、连续性及功能等方面的性能要求。

3)所需性能的空中交通管制服务(Regional ATC Service Provision,RASP)

空中交通管制系统作为保障军民航飞机飞行安全,防止飞机与地面障碍物相撞、与其他飞机相撞的重要航空基础设施,常常被形象地称为“蓝天守护者”。抽象有人机的空中交通管制回路及工作过程,可看成管制员、自动化系统和飞行员的交互协作过程,管制员依托地面管制自动化系统进行飞机运行的指挥调配,飞行员依托飞机自动化系统进行飞机的飞行操控,空地间两个自动化系统的控制闭环回路的形成,目前主要依赖管制员-飞行员之间的通信,包括地空话音通信或数据链通信(如CPDLC)。从控制系统论角度看,上述空中交通管制回路是个典型的人在回路的控制系统,控制的稳定性和收敛性,主要靠既定的空中交通管制规则和管制员的经验。为减少管制员工作的模糊不确定性,降低人出差错的概率并把人从繁重工作中解放出来,管制系统的发展重点是围绕信息获取与处理、飞行冲突探测与解脱的决策计算与决策输出提供、管制自动与手动实施等内容,进行自动化技术和信息化技术应用与开发,推进管制自动化和信息化且双方互为依托,相互促进。管制自动化主要是利用信息技术,实现空中交通管理自动化程度提升的原理和方法,管制信息化主要由信息获取、信息传输、信息处理和信息利用四部分组成,最终这些技术要素都集成到自动化系统中,成为管制员工作依托平台。当前信息时代的自动化相比机械化时代的自动化，信息要素及种类更加丰富了，在此基础上自动化的功能目标，不再仅仅是减轻人的繁重体力劳动，而且还可以代替人的部分脑力劳动。表 1.1 所示为计算机提供支持的自动化系统能力等级。

表 1.1　自动化系统等级分类

| 自动化等级 | 处理描述 | 帮助度 |
|---|---|---|
| 10 | 计算机决定所有的事情并自动地执行<br>完全忽略人的存在 | 完全失控状态 |
| 9<br>8 | 计算机认为必要时通知人<br>当人要求时，计算机通知人 | 大，但不知情 |
| 7<br>6 | 自动执行，并将必要的信息通知人<br>自动执行前给人一个干预反悔的时间 | 大，可控性差<br>大，但有风险 |
| 5<br>4 | 给出建议，如果人同意，就继续执行<br>给出建议，同时给一个备选的方案 | 大<br>较大 |
| 3 | 给出一个缩小的选择范围 | 有一些 |
| 2 | 计算机给出一个完整的选项集合，供人工挑选 | 有一点 |
| 1 | 计算机不提供任何帮助<br>人必须自己做出所有决定和行动 | 无 |

依照自动化系统等级，目前研制的管制系统仍是个依赖人做出所有决定和行动的自动化系统，处于自动化等级第一、二层次。为进一步提高性能，从减少人与系统的模糊不确定性和尽可能提升系统信息化程度角度，当前发展应用的管制员-飞行员数据链（CPDLC）、自动相关监视（ADS-B）、交通告警与防撞（TCAS）、广域信息管理（SWIM）等技术，成为性能提升的重点。从解决空中交通高密度运行挑战角度出发，我们认为今后一段时期管制系统可能有以下三个发展重点领域及方向。

一是如何用新技术对现有的管制回路进行重构。目前管制回路离不开人，这时如何编排人的决策和行动，及在什么位置和时机将人的作用嵌入到回路中就尤为重要。传统管制回路完全以人为中心，难以充分发挥现代信息技术优势，也是目前难以升级自动化等级的关键因素。未来则必须打破以人为中心的管制回路设计架构，最好把人放在回路之上，由当前自动化控制最低级别的人工决策走向人参与的半自动决策控制。在重构管制回路基础上，未来管制系统技术可能会有两个重要的辅助技术研究方向，第一个是把人机协作的人因分析作为重点，通过对操作过程中人的行为分析、系统对人机交互操作的期望，寻求系统运行过程中人机交互的最佳配合，从而减少不确定性，降低人出错的概率，提高系统整体安全和运行效率；第二个是开展空中交通运行复杂度监测预测，从战略、预战术和战术层面分别跟踪空中交通复杂度的演变趋势，为新管制回路下的自动化系统，确定和升级、降级自动化运行等级提供支持。

二是在管制信息化能力拓展后，需加快推进管制知识的自动化技术研究。其实管制系统发展初期，重点解决管制员信息获取与处理的记忆能力和计算能力不足问题，这一时期常称为管制系统"网络化、信息化"发展阶段。信息化后，大量丰富信息对管制员的智力脑力提出了新要求，由此需要发展知识自动化的系统技术，弥补人的智力脑力不足，进而帮助管制员完成那些不确定、多样和更为复杂的管制任务。其实知识自动化是信息自动化在网络空间中的延伸与提升，是未来把信息汇集转化成决策知识的关键，是决策自动化的前提。再进一步，知识自动化实现后，空地自动化系统联结成整体,基于此新的管制回路下未来应重点发展人-机混合管制决策与能力互补系统技术，实现用机器模拟飞行员理解各类空中交通规则，实现多主体协同决策的避撞飞行控制，推进有人/无人机基于同一规则和标准的空域混合运行，不再区分有人机还是无人机，而是统一分类下的不同性能等级航空器管制。这是管制信息化之后，发展走向智慧空管的关键。

　　三是基于新管制回路结构下，加大智能控制技术管制应用。第一，从解决机载交通环境感知问题角度，发展空域协同综合监视技术。传统空域监视技术相对简单，精度和综合态势生成、趋势预测、信息碎片化及目标监视与气象态势融合等方面明显不足,支撑自主感知周边空域态势进行智能避撞的路径规划等方面存在较大差距。由此需发展综合其他飞机位置及变化、地形地貌、气象变化演进趋势、飞行意图、空域复杂度监视等多元信息集成技术，实现对飞机周边空域态势的自主综合一体化监视。第二，兼容有人/无人机的运行需求，开发空中交通环境认知技术。重点是兼顾有人机系统的机载航电，围绕有人/无人机自身对周边空域的综合监视，最终形成对环境的认知，进行相关技术架构、方法和模型算法研究测试。核心是采用光电红外传感器、雷达和应答机-询问机等方案，实现信息自主采集，并在此基础上构建可学习可迁移的通用学习框架，利用相似域的训练数据，解决目标域的交通环境认知问题。第三，发展人机智能交互技术，重点是管制指令认知技术。在可以看得见的未来，由于空中交通系统大量人因的存在，人在回路中或回路上的管制架构不会颠覆性改变。因而研究适用于有人/无人机交通运行管制指令认知的智能系统成为一种趋势，尤其是无人机如何在大量人因作用的环境中运行，这种技术是今后必须要具备的。重点是能够对数据链的格式化指令或语音链路下语言指令的识别，并形成可靠的认知，并完成执行决策和控制的输出。最后是在感知认知的基础上，发展空中交通智能避撞控制技术。空中交通智能避撞技术可以分成两种：人在回路外避撞，当事先设定高度和方向，飞机就可自主飞行，在发生安全距离过近的情况时，由防撞系统代替管制员完成相关计算，并自动触发规避其他航空器的控制动作；人在回路上避撞，管制员可通过与对面飞机的飞行员对话，或者预判对面飞机的转向时机，准确判断到底会不会发生碰撞。如有必要，管制员可随时接管防撞系统的工作。对于空中交通管理自动化系统，今后将形成图 1.4 所示的总体技术架构。

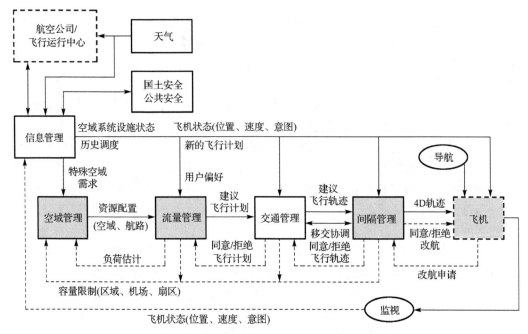

图 1.4    空中交通管理自动化系统总体技术架构

为使得整个空中交通管理自动化系统运行稳定和不局限于特定系统设备等，可以建立所需性能要求。其中的所需性能的空中交通管制服务，则是针对管制系统的能力需求，对其信息接收、处理和决策输出等建立有关约束规范，是空中交通管理空地通信与监视(PBCS)和导航(PBN)向地面自动化系统的拓展。目前这一领域尚处于理论研究阶段，有待进一步完善。其核心是根据航空基础设施提供的性能，优化空中交通服务，让性能更好的飞机享受更为优质的空中交通服务。

## 1.1.2    空管信息空间

从上述航空基础设施当前建设运行、技术发展及未来规划情况看，空中交通管理面临五个方面的重要转变，即飞行从原先依靠导航信号向依靠导航数据时代进行转变，航空监视与通信导航从独立发展向着融合一体化集成的架构进行转变，数据服务从飞行前延伸至飞行全过程并实现连续服务提供转变，传统的飞行被动管制结构向着空地协同方向转变，空中交通运行历史数据的积累使国家空域系统持续优化并向迭代更新发展转变。由此在航空基础设施不断建设完善条件下，空管信息空间逐步形成和建立，实现空中交通管理系统通过先进传感器、通信、计算机等信息单元和航空器等物理对象，在网络环境下的高度集成与交互，实现航空运行的自主协同、效率提升、性能优化与航行安全、空域容量保障。空中交通管理领域形成了信息物理系统(Cyber Physical System，CPS)，其中 Cyber 是指计算、通信和控制是离散的与逻辑型的分布式计算通信控制系统；Physical 是指包括了自然的或人工系统的航空运输体系，按照连续时间进行运行；CPS 则是物理进程与计算进程的融合，是计算、通信和控制的深度融合。信息物理融合既是一种理念、思想，也是一项技术和方法，更是我们要实现的目标，离散的计算/信息处理与连续的物理过程紧密交互为一体，其功能与特点通过计算对象与物理过程互动所体现，不是简单地在传统的空中交通管理系统中植入计算与通信系统，而是将计算和网络通信融入国家空域系统之中，以产生新功能并提升系统运行品质。这是一个综合的计算、网络、协同和物理环境的多维复杂系统，通过 3C（Computation Communication Control）技术的有机融合与深度协作，实现区域乃至全球的空中交通实时态势感知、动态控制和信息服务，把空管信息空间看作"虚拟"的已不再恰当，"管理"涵盖的边界已经显著超越了传统意义上针对单个航空器对象的管制回路控制，扩展到航空运行的方方面面。基于此，今后将逐步发展出新型空域系统，即智能空域系统（Intelligence Airspace System，IAS），并体现在以下几个方面。

1. 飞行从原来单纯依靠导航信号向依靠导航数据时代进行转变

航空导航是空中交通管理的基础，通过导航定义了空域、航线关键位置点，决定了飞机按照预定路线飞行的能力。卫星导航应用成熟之后，带来了航空导航的革命，飞行位置控制更为精准了，不再依赖地面设施，深刻改变了飞行的管理方法和空域资源的使用。以卫星导航及其增强系统为核心，构建了从航路到精密进近的全部飞行阶段的全天候高性能导航网络，使导航要求从对指定设备要求描述，转向对飞行器和空域性能的导航需求描述，使得飞行控制仪表产生了对导航数据的依赖。结合航空移动通信技术，将导航数据中的位置和航空器运行状态数据、感知的周边环境信息等，发送出去实现了协同监视，即飞机与地面、飞机与飞机之间的共同飞行态势感知和交通情境模式就可以建立了，使得飞行员知道临近的飞机位置和下一步的飞行动作，从而显著降低空中因为缺乏态势感知能力而难以实行的可控"自由灵活飞行"，并为空中交通计算机辅助驾驶、人机混合决策驾驶等技术应用奠定了基础，从而为今后的空中自动化更高层级的飞行控制提供条件。

2. 航空监视与通信导航从独立发展向着融合一体化集成技术架构进行转变

航空监视存在两类需求，第一是空防需求，从保卫安全（Safety Security）角度进行监视，这是防御性、防护性的主动监视，需对空中各类协作目标与非协作目标进行监视、属性识别、威胁查证等；第二是空管需求，以飞行安全为基础、以飞行效率为重点进行监视，通过监视进行空中交通间隔管理（Separation Management），侧重于感知飞行态势、调配飞行间隔的协作监视。目前航空监视正由传统的探测感知型发展为泛在监视体系，对监视性能的要求不再单纯从监视角度提出，而需综合考虑航空通信、导航与空中交通管理性能要求，形成对监视与通信导航技术体系的综合要求。泛在监视由从大尺度、中尺度、小尺度到微尺度监视构成，大尺度监视从流量管理出发，对国家性或地区性空中交通流进行态势监视，预测交通流演变，当前需重点解决"有态无势"问题；中尺度监视从管制指挥出发，从雷达发展成雷达与自动相关监视的综合监视，从单纯位置监视发展成位置与航空器状态的综合监视；小尺度、微尺度监视从感知与避撞出发，实现航空器自主感知周边飞行目标，自主形成避撞的飞行控制决策。大尺度的态势监视需小尺度与微尺度航空器自主感知信息支持，中尺度的间隔监视逐步融入航空器飞行意图信息，形成融合监视。对监视体系的实现，更多地将融入卫星导航体系与数据链通信体系之中，精确的多状态监视更多采用的是协作的自动相关监视 ADS 技术。空中交通监视体系的发展，带来对今后的空中飞行态势、空域安全状态的演化趋势进行可靠可信预测，从而为开展空中交通流量与空域的全局控制、抗天气或设备故障扰动控制等提供了条件。

3. 航空数据服务从飞行前延伸至飞行全过程并实现连续服务提供

在航空器机载航电智能化、空中交通管制自动化、机场与航空公司运行管理高效化等的支持下，航空运行更加依赖准确、及时、高质量的航空数据。这就需要对航空数据进行基于先进通信集成技术的广域信息管理（System-Wide Information Management，SWIM），使其得到更好的共享使用，从而实现以高效和经济节约的方法管理空中交通运行，相应地需进行三个方面的技术发展，第一是将现有空管系统各类信息进行整合，实现以网络为中心的信息互联访问和共享，发挥信息在决策支持中的价值；第二是将机场、航空公司、空管部门、军方等有关系统连接起来，通过信息交互、数据共享和决策支持工具，提供恰当的公共的航空运行一致情境意识，协调各方在存在限制条件时选择优化的处理方案并实施；第三是允许各参与者协调合作，相互了解他们各自的观点和偏好，使空中交通运行预测结果更符合实际情况。

4. 改变传统的飞行被动管制结构向着空地协同管制方向发展

现在飞机的飞行主要依靠以地面指挥为主的管制，随着飞机自主控制能力的增加和航空管理信息化水平的大幅提升，未来的飞行将兼顾安全和效率，飞行员将能够非常自主地选择有效的航路航线。同时，随着空中交通管理智能化水平的提升，空中交通管理也将向着人在回路的空地协同方向发展。以前的航空飞行是按照既定的航路航线，将来应该是一种非常节省燃油的飞行模式。飞机在不同的高度、不同的下降模式、不同的爬升模式条件下，它的油耗和排放都是不一样的，所以选择最优的飞行模式和剖面将有利于实现节能减排。为在各飞行阶段建立并保持安全、有序、高效的空中交通流，最大限度地实现需求与容量的平衡，需建立基于性能和航迹运行的空中交通管理新模式。其主要体现在三个方面。第一是在微观尺度上，需要攻克航空器航迹运行控制技术，该尺度考虑航空器动态性以及航空器移动时变的环境，在这个最小尺度上，必须分析所有不确定性的源并明确定义航迹不确定性，因为每个航空器飞行航迹需被经度、纬度、高度和时间四维参数精确定位，当从一个基于固定航路观念的控制转向一个基于航迹概念的控制，预测和控制精度就显得相当重要了。第二是在中观尺度上，需研究空中交通流的控制技术，该尺度仍考虑单个航空器，并基于交通流的聚合关系描述它们的行为和交互，评估空中交通路由规则和冲突解脱策略等对航空器飞行延误的潜在影响。第三是在宏观尺度上，需研究空中交通网络优化技术，该尺度关注交通网络特性，给出空管系统高层视角的展示，研究航空器航迹不确定性怎样传播的宏观规律，研究运行的不确定和强干扰怎样影响空中交通网络的稳定性，以及空中交通管制员和飞行员合作选择最有效率的飞行路径问题等，这就需发展飞行态势感知与综合避撞技术实现网络化和协同运行。

## 1.2　空域数值计算定义

随着航空基础设施的完善，空管信息空间的形成及空管信息空间与飞行的实际物理空间的深度融合，形成物理信息空间，其为开展空中交通定量计算和空域数值计算提供了有利的技术条件。随着空中交通管理信息化的发展，感知空中交通状态的传感器从微观尺度、中观尺度到宏观尺度的技术长足进步，计算手段日渐丰富，不断推动着空中交通管理学科研究领域的拓展与深化，空域数值计算或空中交通计算正成为一个重要的研究方向。事实上空中交通管理系统是一个开放复杂的大系统，是一个时变的非线性动态系统，要对空中交通及交通空域进行良好的规划、建设及运行管理控制，需要清晰地认识其中的一些内涵特性，需要进行计算分析和优化，由此产生了空域数值计算与优化的重要研究内容。这是随着计算技术的飞跃进步而发展出的一门新方向，在借助各种数值计算与优化方法的基础上，结合仿真实验和理论分析的成果，开拓我们认识航空运输和空中交通管理的特性。传统观念认为空中交通管理研究是工程师的事，而现如今这还有计算技术专家的事，不仅仅是一个交通管理技术问题，更多的是复杂系统计算优化问题。因为当空中交通管理系统庞大到一定程度和规模之后，优化复杂系统资源成为一种重要需求，这能够带来更多的资源使用节约和航空运输环保高效。由此随着现代计算技术和实验方法在空中交通运行模拟方面的进展上取得重大应用突破，空中交通计算与空域数值计算将会在空中交通管理领域发挥更大的作用[6]。

实际上科学计算兴起是 20 世纪后半叶最重要的科技进步之一。计算与理论及实验相并列，成为当今世界科学活动的第三种手段。理论与实验均有一定的局限性，现实世界大多数的问题难以进行解析求解；对于尺度太大或太小、时间太长或太短、有巨大破坏性的物理过程实验需付出巨大代价，或根本无法完成。20 世纪计算机的发明为计算成为科学研究的第三种手段提供了可能。有巨大潜力的计算机使人的计算能力以过去无法想象的倍数提高，影响了众多的科技领域，具有划时代的意义。计算机的发展促使实验、理论和计算"三足鼎立"，成为当今世界科学活动主要方式，这是科学方法论的伟大进步。伴随着空中交通管理信息技术的迅猛发展，将计算科学及高端计算处理在智慧空管、航空运输、空域管理、智能空域系统、空中交通管制等领域决策中进行应用成为重要趋势，使研究者能够建立并检验空中交通管理的复杂现象，能迅速、高效地处理大量数据并产生了新的知识体系，能优化空中交通运行和空域管理使用并促进节能减排，超越了传统空中交通管理学科的范畴，为我们提供了一个具有竞争力的新技术研究重要领域。

## 1.2.1　空域计算概念

问题是空域数值计算到底是什么？我们认为，在某种程度上说，空域数值计算就是将计算技术应用到空中交通运行和空域管理控制之中，以解决实际的空域结构优化设计、空中交通运行路径优化、空域使用精准调配与控制，以实现安全、高效、和谐地使用天空，其主要内容包含三个部分：一是空域计算的法则(数值的和非数值的)、模型和模拟仿真软件等，以解决空中交通管理和空域使用管理的现实矛盾和问题；二是空域计算设施和信息技术，开发先进的硬件、软件、网络和数据分析技术，解决空域计算的物质依托问题；三是空域计算基础设施，包括支持解决空域管理和空中交通运行优化问题的大数据存储系统、大数据分析技术及空中交通管理信息学科发展。空域计算就其研究范畴，它是数学、计算机科学、信息科学、空中交通管理科学等多学科交叉的一门科学，由人把求解问题的方法与步骤即"算法"以程序(一系列指令和数据)方式输入计算机，计算机处理的过程是将程序中由人确定的一条条指令(命令)原原本本地依序执行，经过有穷步骤之后得出计算结论，由此我们认为空域计算中设计各类算法十分重要，这其实同当今时代信息化向更高级阶段发展中，进入算法决策时代，而不再单纯依靠信息的供给进行决策的时代有关，即我们今后将进入空中交通管理的算法时代。

数学中研究对象可分为有穷性对象和无穷性对象，而计算机是人造的机器，其产生的任何运行动作都是由人赋予的指令决定的，由于指令是有穷的，所以计算机操作过程是有穷的，处理空域计算问题则具有有穷性和离散性，不能处理无穷性和连续性的对象。由此需要我们对连续性空域对象进行离散化建模，之后开展计算分析。其计算类型，包括数值计算，它对空中交通运行的数据进行有关的加减乘除、幂运算、开方运算、方程的求解等；符号计算，对描述空中交通运行和空域管理优化模型进行代数与各种函数的恒等式、不等式的证明、几何命题的证明等。但无论数值计算还是符号计算，它们在本质上是等价的、一致的，即二者是密切关联的，可以相互转化，具有共同的计算本质。空域计算中的算法，也称为能行方法或能行的过程，是对解决空中交通运行和空域管理问题的解题(计算)过程的精确描述，它由一组定义明确且能机械执行的规则(包含语句、指令等)组成。由于计算算法的非形式化定义，就是一个有穷规则的集合，其中的规则规定了一个解决某特定空域问题的运算序列，体现的特性是"有穷性"，即算法在执行有穷步骤之后必须结束；确定性，算法的每一个步骤必须要确切地定义；有输入，算法有零个或多个的输入；有输出，算法有一个或多个的输出；能行性，算法中有待执行的运算和操作必须是相当基本的。这样空域计算的根本问题是"能行性"问题，此外考虑到计算机本身的结构和它处理的对象都是离散型的，而连续型的问题只有经过"离散化"的处理后才能被计算机处理，由此开展空域数值计算的前提则是，如何将连续空域进行离散化处理，其次在离散的空域格网基础上，如何定义空域计算规则，实现对空域的可视化分析、可度量测量及可计算决策，从而形成一种基于计算控制的空域管理新方法[7]。据此我们提炼出空域数值计算的基本概念框架，如图 1.5 所示。

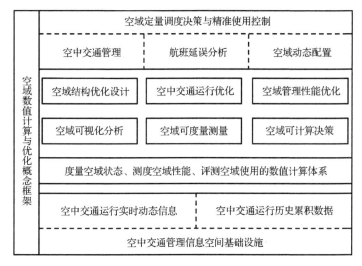

图 1.5　空域计算的概念框架示意

在空中交通管理信息空间基础设施的支撑下，一方面可精准获取空中交通运行的实时动态信息，另一方面可海量累积空中交通运行的各类历史数据。基于这些数据信息，结合空域使用控制建模，可建立一套度量空域状态、测度空域性能、评测空域使用的数值计算体系，它包含多组描述空中交通运行和空域管理使用评价的指标体系、计算模型和指标适用对象，开展对空域的可视化分析、可度量测量和可计算决策，从而为空域结构优化设计、空中交通运行优化和空域管理性能优化等提供计算支撑。基于计算分析，我们认为：一是可研究如何规划全空域航行网络、布局机场体系和定点航空通信、导航和监视台站，测算空中交通空域的容量；二是可研究如何配置全空域航行网络中的飞行流，有效利用空域容量、管理空中交通宏观流动，实现飞行有序、快速通过各个网络节点而不产生拥堵或控制拥堵的扩散与传播；三是可研究单个飞机在空域航行网络中的飞行管制决策问题，实现安全、节能环保飞行，降低对各类资源的使用。

推进空域的定量调度决策与精准使用控制，包括高空逐步整合为一个连续空域体，推进实现飞行的物理空间与空管的信息空间深度融合为一个整体，实现基于融合空间的空中交通运行和管理；对军事空域从实现高效节约使用、防止互扰自扰、解决飞行冲突角度，对其最小单元进行剖分，并基于排列组合的方法，实现从驾驶术空域组合为战术训练空域再组合成对抗训练空域等，实现空域资源节约使用，也为盘活军事空域资源服务运输航空发展提供决策支持；对低空空域从屏蔽敏感目标区域和明示开放可飞区域角度，构建离散的空域格网并结合格网单元的使用状态控制进行低空空域使用决策。与此同时，针对空域航行网络的"大规模"特征，可采用空域切分的思想实行分而治之的研究计算，将全国空域划分成多个相互衔接的空中交通管制单元进行单独研究；针对空域"整体性"特征，可采用构建全局性和局域性空中交通运行优化模型，进行两者的迭代优化研究分析，并围绕交通空域整体性能进行多要素的协同优化与混合决策。

从科学和哲学角度看，空域数值计算研究还可以将内容按照基础理论、基本开发技术、应用研究以及它们与硬件设备联系的紧密程度分成三个层面[8]。第一层面是空域计算的应用层，包括管理与控制系统、信息与决策系统、移动计算、计算可视化、数值分析等多个内容，其中管理与控制系统涵盖了传感器、计算系统、知识工程、自动推理等方面；信息与决策系统涵盖数据库设计与数据管理技术、数据表示与存储、数据与信息检索、计算机辅助决策系统等方面；计算可视化涵盖计算机图形学、计算几何与模式识别、图像处理等方面。第二层面是空域计算的专业基础层，它为应用层提供技术和环境，包括软件开发方法、程序设计、计算体系、计算机系统基础等，其中软件开发方法涵盖顺序、并行与分布式软件开发方法，如软件工程技术、软件开发工具和环境等方面；程序设计涵盖数据结构技术、数值与符号计算、算法设计(包括并行与分布式算法设计)、程序设计语言、程序设计语言的文法与语义、程序设计方法学、程序理论等方面；计算机系统基础涵盖了数字逻辑技术、计算机原理、故障诊断与测试技术等。第三层面是空域计算的基础层，包括计算的数学理论、高等逻辑等内容，其中计算的数学理论涵盖可计算性(递归论)与计算复杂性理论、形式语言与自动机理论、形式语义学(主要指代数语义与公理语义)等；高等逻辑涵盖模型、各种非经典逻辑与公理集合论等。它们共同支撑发展空域数值计算理论方法的建立。

## 1.2.2　计算概念外延

计算之中的核心是支撑的数学理论，所谓计算的数学理论是指一切关于能行性问题的数学理论，也是指一切关于计算与计算模型问题的数学理论[9]。计算理论可以广义地看作计算的数学理论，狭义的主要指算法理论、可计算理论、计算复杂性理论。计算科学是在数学和电子科学基础上发展起来的一门新兴学科，它既是一门理论性很强的学科，又是一门实践性很强的学科。随着空中交通管理系统的发展及工程实践深入，围绕空中交通管理大规模、整体性和复杂性等一些现实重大的背景问题，开展相关的计算理论和方法研究及其典型应用正持续快速推进，并取得了一系列的重要应用效果，如大型运输机场选址论证、飞行繁忙地区空域结构优化、航空运输效率分析、空域与飞行流量协同自适应管理控制等方向上，已取得了一系列重要的理论和技术成果，推动了目前的空域计算理论的形成并向深度和广度发展。正是由于在空域管理和空中交通运行优化领域中发展了一大批成熟的计算技术并成功地应用于目前的空域管理工作中，在更多的人把这种计算科学理论看成一种技术时，我们认为应该单列出来推动并发展出适合空中交通管理的专用计算新领域，从而针对空中交通管理特性开展针对性的计算理论方法研究，为更好地解决目前我国空中交通管理系列难题提供支持，这就是本书研究的重要目的。事实上理论和技术是计算科学两个互为依托的侧面，空域计算的科学理论绝大多数属于技术理论范畴，这是由空中交通管理的基本问题和本质属性决定的，并使得理论、技术、业务与工程相互之间常常界限模糊，但随着空域管理使用优化和空中交通运行研究和应用的不断深化，未来的空域数值计算理论的重要性和地位将会越来越凸显，从而成为推进空中交通运行和空域管理优化的重要措施，也是未来空中交通管理走向更高级数字化、信息化和智能化的必由之路。

数学是空域计算的主要基础，以离散数学为代表的应用数学是描述计算的理论、方法和技术的主要工具，而微电子技术和程序技术则是反映计算结果的主要技术形式。在空域计算中，无论理论研究还是技术研究成果，最终目标要体现在计算机软硬件系统上。然而，作为硬件产品的计算机系统和作为软件产品的程序指令系统只能机械地、严格地按照程序指令执行，不可能具有自我意志进行修正计算。计算机系统的这一客观属性和特点决定了空域计算的设计及各种软件系统开发的每一步都应是严密、精确无误的。就目前基于图灵机这一理论计算模型和存储程序式思想设计制造的计算机系统而言，它们只能处理离散问题或可用构造性方式描述的问题，而且这些问题必须对给定的论域存在有穷表示。至于非离散的连续性问题，方程求根等还只能用近似的逼近方法。于是，由于计算模型的非连续性(或称离散化)特点，使得以严密、精确著称的数学尤其是离散数学被首选作为描述空域计算的主要手段。从事空域计算的人都知道，计算中不仅许多理论是用数学进行描述的，而且许多技术也是用数学描述的，大多数空中交通运行计算问题不仅仅是对研究对象变化规律的陈述，而且由于能行性这一本质的核心问题和特点作用，运行描述中常通过构造性方法折射出技术的思想和步骤。其实一个人如果看懂了以形式化方法描述的技术，自然就明白了技术上应该怎样去做，否则往往误以为是一种理论，离实现尚远。由于离散数学的构造性特征与反映计算科学本质的能行性之间形成了天然一致，从而使离散数学的构造性特征决定了空域计算同时具有理论、技术与工程等多重属性，决定了其许多理论、技术和工程的内容是相互渗透在一起的，是不可分的。由此我们在思考建立空域数值计算过程中，其核心点是找到一种方法，将现有的连续空域如何进行离散化，并存放在计算机的存储器内，通过数字表征离散的空域块，建立相关的计算控制方法、结构生成与优化方法、性能测量度量方法、图形显示展现方法及适应高密度空中交通流快速时变特性，进行管理调度空域块，实现对空中交通流安全、高效管理控制和资源节约使用。但同大多数领域问题一样，空中交通管理是个复杂的含多种人因的系统，使得多数问题难以建立直接的可计算的数学模型，此时在空域数值计算过程中，与大多数理论方法的工作方式不同，空域计算的研究与开发中，需要大量参照经验科学的工作方式，通过反复的仿真实验获得数据，经分析后指导下一步的工作，从而推进研究结果的具体应用。这样做的原因是有学术深度的问题其复杂性早已显著超出了专家的直觉和经验所能及的范围。当然了，并非所有的空域计算研究都具有应用价值。实际上空域计算发展许多年之中，有不少计算理论研究后来并没有得到继续发展。同时空域计算并不完全排斥数据挖掘工程的方法，相反空域计算在发展中，广泛采用了其他学科行之有效的大数据统计分析方法。事实上从软硬件开发的经济效益和专业技术人才的局限性两方面考虑，完全采用形式化的方法来解决空域计算中的所有问题是不现实的。

在空域计算的发展中，对大量的、各种有深度的问题的处理采用了将抽象描述计算方法、算法和技术的内容与具体解决问题的细节、具体实现计算的技术内容相分离的方法，这样做具有很大的好处，由于可计算问题能行性的特点和数学方法的构造性特点，也由于计算理论的发展落后于技术发展的特点，直接基于数值计算研究空中交通管理复杂性问题成为一种在理论没有突破情况下的工作选择，人们可以更深入地探讨一些已经出现的空中交通运行和空域管理问题的内在规律。一般来说，采用抽象描述方法从理论上解决的问题，实际工作中也是可解决的，能否根据抽象描述解决具体的实际问题，关键在于能否正确地理解抽象描述的内容。抽象描述与具体实现相分离是空域计算发展过程中一个十分重要的特点，它不仅决定了一大批开展计算研究者的工作方式，而且使空域计算的研究与开发在很短的时间内就可进入空中交通管理研究领域的比较深层的阶段。特别地，读者应该注意这样一个事实，空域计算科学正是在将抽象描述与具体实现相分离的过程中，经过对各种计算模型的深入研究和应用使学科很快走向深入的。由此形成了空域计算发展的另一个重要的特点，即在空中交通管理领域各个方向和各个层面，一旦研究走向深入，研究内容具有比较复杂的特点，人们首先是发展相应的计算模型和数学工具，然后依靠计算模型和数学工具将研究工作推向深入；空域计算的第三个重要的特点是一个问题求解方法和结果的好坏，首先取决于该问题抽象描述及其数据与信息表示的方式，而不是取决于数据与信息表示之上的操作等。

## 1.3 本书主要研究内容

### 1.3.1 主要探讨内容

空域数值计算首先要解决的问题是如何将空域离散化成一个个的可以参与计算的空间体，其核心是实现对空域进行离散数字编码。空域作为强四维时空位置(三维空间和一维时间)属性与承载航空器飞行的空气空间，其本身最突出的要求是进行空间位置描述，常规描述方法是用地理信息的位置点描述方法，对应在特定全球坐标系或局域坐标系下，使用具有一定数值的离散经纬度与高度参数的点系列构成空域，这种描述方法在分析计算空域安全态势时的计算量很大，难以对其进行复杂的使用控制与动态调整。另一种方法则是基于离散数字编码描述空域，根据空域的用途及其交通属性，将大空域划分成基本的空域体，并建立全球性或局域性的基准编码规则后，对基本空域体进行数字编码，不同的编码代表处于特定空间位置的基本空域体组块，将基本空域体进行组合可以描述结构更为复杂的空域，并可赋予特定的用途，从而可以将传统的"基于空间位置点管理空域"转变成"基于数字编码管控空域"。这样根据特定用户的空域使用特点和需求，实现基本空域体的建模构造，成为进行空域数值计算的第一步工作，也是十分重要的基础性工作。实际上划出基本空域体的过程，对应于从用途角度实现对连续空域的离散化与格网化过程，形如目前基于地理信息系统的空间数据分析及格网化的数据管理等思想[10,11]。

空域数值计算要解决的第二个问题，则是如何构建出一套定量描述空域性能的计算指标及计算方法。从空中交通管理角度看，空域属性及性能特征主要体现在三个方面：第一是空域的空间物理几何特性，包括体积、高度、边界范围及航空通信导航监视电磁信号覆盖情况等；第二是空域内的交通运行情况，包括航空器数量、空域使用安全间隔、空中交通分布密度，以及在一定交通规则之下空域承载航空器的数量限额等；第三是空域管理的效率性、效益性指标，包括如何实现空中交通的安全、便捷和空域使用的共享性系列高层的指标。这些指标的定义及计算，构成了空域数值计算研究的重点。有了这些计算，才能实现对指定区域空中交通运行的研究判断，才能具有基于定量的数量分析和运行数据相关性分析等，才能开展空域高效使用的控制决策。

　　空域数值计算要解决的第三个问题，则是如何基于计算指标进行空中交通运行建模分析和空域结构优化，主要有三个层面优化问题。第一个层面是在空域规划方面进行的方案优化、运行结构设计、路由联通分析等使用的计算优化。这个层面实际上对应于空域管理的战略管理、预战术管理之中的计算优化，战略管理主要从长期角度，研究分析地区乃至全国性空域结构网络是否能够满足航空运输发展，包括机场空域容量、终端区结构和干线航路网结构等是否合理，如何对这些网络进行整体性结构优化，开展体系性建设；预战术管理则根据近期的需求，对空域结构开展优化辅助做好当前的空中交通流的分配及调度控制，是基于现实要求的一种快速决策优化。第二个层面是在空域运行方面进行的性能测度、运行监测、调度决策、使用控制、风险分析等使用的计算优化。这个层面涉及如何针对具体的研究问题，设定研究性能指标，开展运行数据收集与实时的运行监测，从空域运行的安全、效率、容量等方面，做出一定的判断，从而为开展空域的战术使用控制提供决策支持。第三个层面是在空域使用协同会商方面进行的问题确认分析、运行绩效分析、综合运行性能改善评估等使用的计算优化。这个层面主要是从运行之中发现的问题和分析出的矛盾焦点等出发，对空域进行一定的计算优化，从而减轻问题症结带来的隐患，或为提升运行效率做出的一定结构调整安排。

　　空域数值计算作为一种全新的概念体系，把散落在空中交通管理之中关于空域建模与性能测度、空域结构优化与使用控制等的理论方法集成起来，从而实现运筹学、应用数学、计算机科学和信息技术原理方法在其中的规范应用、标准分析和决策支持等，从而提升了空域管理的技术的支持力度，从原先依靠经验方法变为依靠计算和数据分析的管理决策。这也是空中交通管理信息技术发展到一定阶段，必然形成的一套理论方法，同时基于这些理论方法，必将再一次提升空中交通管理的信息化程度，也是未来发展智能化空中交通管理的必由之路。

## 1.3.2　本书章节安排

　　本书是在空域管理的实践基础上，对空中交通运行和空域管理优化的基本理论、基本方法和优化理念在工作中应用进行总结而成的理论成果。主要内容：一是对围绕如何构建数字天空和数字化空域，介绍了空中交通运行和空域管理使用状态的测度指标和模型研究，并依照层级性框架将测度指标分为高层宏观性指标、间接测度指标和直接测度指标，对指标定义构建规范的计算方法，基于这些离散的计算点，可实现在计算机系统中对空中交通运行和空域管理使用状态的监测，辅助发现运行问题并预测可能的发展趋势。基于形成的一套空域数值计算体系，为协调开展空域运行控制和使用优化调配、空域协同规划设计、空域问题会商研讨等提供定量计算的理论基础。二是探讨空中交通运行理论建模，在构建测度空域状态的各类指标基础上，围绕空中交通运行和空域管理使用需求，建立描述运行过程和空域管理使用状态的计算模型，实现对现实问题的抽象描述，从而为应用各类计算方法、优化方法提供基础准备。三是介绍交通空域优化决策，从优化设计角度，对空中交通运行的安全、容量和效率问题，以及空域管理使用的灵活性、结构合理性、资源节约性等现实需求，开展优化计算与问题求解研究分析。四是对空域使用控制和动态调配进行问题描述和数学建模分析，构建空域使用控制决策的方法体系。

基于这些主要内容进行如下的章节内容安排：第 1 章绪论，介绍空域数值计算产生背景、概念定义、框架内容及研究进展情况等；第 2 章空域数值计算控制，论述飞行冲突探测与解脱产生的复杂计算问题，以及飞机空中相遇概率、空中飞行冲突管理等计算方法，导出对连续空域进行离散化处理的基本方法，探讨空域格网化之后形成的计算处理优势，并研究了几种常见的空域格网化方法；第 3 章空域度量测量方法，根据度量空域状态、评测空域使用的数值计算体系构建需求，从不同视角和问题分析角度分别建立相关的度量指标、计算模型和应用场合等，区分空域计算直接计算指标和间接指标进行分类建模；第 4 章空域性能分析模型，根据空中交通管理新技术应用推进情况，对单跑道及多跑道容量、近距平行跑道容量、考虑气象因素条件下的空域容量、区域导航间隔计算方法、空域运行复杂性计算等方法进行论述，建立相关计算模型和数学方法，并分别对模型使用时机及适用的范围进行讨论；第 5 章空域优化成效评价，对航班延误的各类定义进行辨析，构建航班延误分析评价指标体系，开展航班延误回归预测分析、航班延误分类预测、航班延误关联规则分析等研究，建立各类预测分析模型、数值计算模型等，并进行性能分析和应用，给出具体的各类求解建议；第 6 章空域动态规划方法，提出动态空域管理架构及程序，重点对机场起降空域连续爬升路径优化设计、终端区空域动态管理配置、航路航线空域动态规划、空域扇区动态管理等进行建模，针对空域精细管理和灵活使用的交通路径优化等进行理论性探讨，给出建模方法和求解思路。第 7 章是对全书进行总结。

## 参 考 文 献

[1] Global Air Traffic Management Operational Concept [Z]. International Civil Aviation Organization DOC 9854, 2005.

[2] Global Air Navigation Plan [Z]. International Civil Aviation Organization DOC 9750, 2013.

[3] Manual of Air Traffic Services Data Link Application [Z]. International Civil Aviation Organization DOC 9694, 2013.

[4] Air Traffic Management [Z]. International Civil Aviation Organization DOC 4444, 2007.

[5] Manual on Required Communication Performance [Z]. International Civil Aviation Organization DOC 9613, 2008.

[6]　朱永文. 数字化空域系统建设发展研究报告[R]. 国防科技报告. 北京: 空军研究院, 2017.

[7]　Delahaye D, Puechmorel S. Modeling and Optimization of Air Traffic [M]. New York: John Wiley & Sons, 2013.

[8]　朱永文. 数字空域技术与离散数值计算原理研究综述[J]. 通信与计算技术, 2018, 38(1): 2-12.

[9]　赵致琢. 计算科学导论[M]. 北京: 科学出版社, 2005.

[10]　朱永文, 陈志杰, 唐治理. 空域管理概论[M]. 北京: 科学出版社, 2018.

[11]　陈志杰. 空域管理理论与方法[M]. 北京: 科学出版社, 2011.

# 第 2 章　空域数值计算控制

从空中交通运动学角度看，所有飞行都是在特定时空背景下进行的，航空器飞行的任一时刻必定位于某一确定的空间位置和时间点，连续飞行的运动轨迹具有连续的时空属性。当空中交通数量增加到一定程度之后，管理各个航空器间的空间与时间间隔，则具有了相当大的计算复杂性，如果仍以计算航空器两两之间的空间与时间的四维飞行冲突，判定航空器之间的空域使用矛盾并进行调整控制，则随着计算规模上升到一定程度之后，问题就不可解了。本章在探讨飞行冲突探测及冲突概率计算、冲突管理控制等基础上，提出了连续空域离散数字化建模方法，构建出全空域数字格网体系，建立三维数字矩阵描述方法，实现将连续空域从物理空间向信息空间进行映射，将航空器两两之间的飞行冲突计算转换为特定离散空域格的占用问题。通过对三维数字矩阵计算控制，形成对离散空域格的计算控制，由此实现对实体物理飞行空域的使用控制，从而形成了全新的空域数值计算控制方法，为精细化管理空域和航空器自主飞行间隔管理奠定理论基础。

## 2.1　飞行冲突探测问题

早期的空中交通密度较低时，空域管理可以采用粗放式的方法，通过条块划分空域的形式，以明确的空域时空边界框定不同种类飞行的区域，从而为解决不同种类的飞行冲突提供了一种结构，即空域航行结构。依照这个既定结构可以很好地引导空中交通运行，让复杂的空中交通防相撞与提高飞行安全和效率问题变得简单了。例如，早期空中交通运行遵照着地基导航系统所限定的由无线电信标建立起来的航路安排空中飞行，飞机必须沿着一系列的导航台组成的固定航路点进行航行时，这些设施不能在任何地方都建设，因而飞机不能选取通往目的地的最直接飞行路线，这导致了全球航路交通日益拥挤，同时空域整体利用率不高。为了改变这种不合理状况，尤其是当卫星导航系统、区域导航系统发展成熟时，空中交通运行可以不再依赖地面导航台址进行向点与过点的飞行，转变原先依据空中导航定位点的飞行就势在必行了。欧美国家提出了一系列技术解决方案，开始允许飞行员依据自动化的空-空、空-地通信和数据处理系统进行自定义航线飞行。这样既可灵活决定飞行路线，也可减少飞机的飞行时间和节省大量燃料消耗。然而飞行数量的增加和自由飞行路线的多向性，也增加了空中交通飞行冲突的可能性，发展多机之间的飞行冲突探测和解脱控制方法成为亟须解决的问题，这是支持开展空中交通灵活运行的必然要求。

　　解决空中交通多主体之间运行冲突，目前主要技术观点就是发展飞行冲突探测技术，即以飞机为主体，通过机载或地面监视设备对飞机在空域中的位置和速度信息进行计算，判断飞机是否会与其他飞机相撞或小于最小的安全间隔，冲突解脱就是在预测到将要发生冲突时，规划出避免飞行冲突发生的理想轨迹，使飞机能够按照重新规划的轨迹运动，操纵飞机自主摆脱可能出现的冲突，具体示意如图 2.1 所示。但如何准确可靠地预测空中交通多主体之间可能发生飞行冲突的位置及时间，则显得十分重要，如何有效地进行调整从而避让飞行中的碰撞，这些问题一直是空中交通管理领域的研究热点，也是空中交通管理的核心问题。

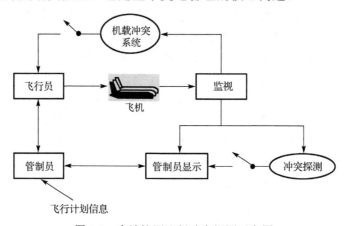

图 2.1　空地协同飞行冲突探测示意图

　　这个问题同时也是涉及空域使用和飞行安全性的一项十分重要的关键问题，其对于提高空域容量具有重要意义。但由于空中飞行目标众多，两两之间进行飞行冲突判决，本身就是一个计算复杂性较高的难题，解脱飞行往往带来级联效应问题，可能引起关联的其他的飞行冲突，形成的级联效应可能放大到不可控的地步，因此这是一个十分复杂的技术问题。

## 2.1.1　空间坐标系统变换

　　一般来说空管雷达测量航空器的飞行位置，主要是基于局部相对坐标系(极坐标系或直角坐标系)；对于自动相关监视(ADS-B)技术来说，一般是大地坐标系统(WGS-84)。对于判断航空器飞行冲突来说，需要在统一的坐标系之下开展计算分析，常用方法是建立空间直角坐标系。

　　WGS-84 是一个地心坐标系(纬度 $B$，经度 $L$，高度 $H$)，坐标原点在地球质心，其地心空间直角坐标系的 $Z$ 轴指向国际时间局(Bureau International de l' Heure, BIH) 1984 年定义的协议地球极方向(Conventional Terrestrial Pole, CTP)，$X$ 轴指向了 BIH 1984.0 的零子午面和 CTP 赤道的交点，$Y$ 轴与 $Z$ 轴、$X$ 轴垂直构成右手坐标系，目前基于 GPS 广播星历是以 WGS-84 坐标系为根据的。在同一空间坐标系之中地面上任意一点 $P$，空间直角坐标 $(X,Y,Z)_P$ 与大地坐标 $(B,L,H)_P$ 之间转换，如图 2.2 所示。

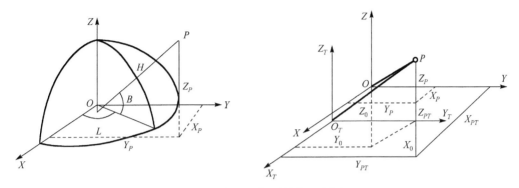

图 2.2 空间坐标系转换示意图

WGS-84 坐标系参数：椭球长半径 $a = (6378137 \pm 2)\text{m}$；短半径 $b = 6356752.3\text{m}$；地球引力和地球质量乘积常数 $GM = 3.986004418 \times 10^{14}\text{m}^3/\text{s}^2$；引力常数 $G = 6.67 \times 10^{-11}\text{N} \cdot \text{m}^2/\text{kg}^2$；地球旋转速度 $\omega = 7.292115 \times 10^{-5}\text{rad}/\text{s}$；重力加速度 $g = 9.80665\text{m/s}^2$。

大地坐标转换为空间直角坐标计算公式[1]：

$$\left. \begin{array}{l} X = (N+H)\cos B\cos L \\ Y = (N+H)\cos B\sin L \\ Z = (N(1-e^2)+H)\sin B \end{array} \right\}, \quad N = \frac{a}{W}, \quad W = (1-e^2\sin^2 B)^{1/2}, \quad e^2 = \frac{a^2-b^2}{a^2} \tag{2.1}$$

空间直角坐标转换为大地坐标计算公式：

$$\left. \begin{array}{l} L = \arctan\left(\dfrac{Y}{Z}\right) \\[2mm] B = \arctan\left(\dfrac{Z\sin L}{Y(1-e^2+\Delta)}\right) \\[2mm] H = \dfrac{X}{\cos B\cos L} - N = \dfrac{Y}{\cos B\sin L} - N \end{array} \right\}, \quad \Delta = \frac{He^2}{N+H} \approx \Delta^0 + \mathrm{d}\Delta \tag{2.2}$$

$$\Delta^0 = \frac{H^0 e^2}{N^0+H^0}, \quad \mathrm{d}\Delta = \frac{N^0 g \Delta^0 g e^2 \cos B^0 \sin L}{Y(1-e^2)}\left(\sin^2 B^0 - \frac{e^2\sin^2 B^0}{4(1-e^2\sin^2 B^0)}\right),$$

$$N^0 = \frac{a}{\sqrt{1-e^2\sin^2 B^0}} \tag{2.3}$$

$$H^0 = \frac{Y}{\cos B^0 \sin L} - N^0, \quad B^0 = \arctan\left(\frac{Z\sin L}{Y(1-e^2)}\right) \tag{2.4}$$

上述公式中计算 $B$ 时涉及对自身的迭代，所以采用了 $\Delta$ 的近似处理，即将 $N$ 换

成了 $N^0$、$H$ 换成了 $H^0$ 进行计算，从而避免了迭代计算的复杂性。从理论上讲上述近似处理必然会对 $B$ 值计算造成一定的误差，但这种影响是微不足道的，基本上属于计算取舍误差的范畴内。

实现大地坐标系与空间直角坐标系的转换后，飞行冲突探测之中还面临着不同空间直角坐标系之间的相互转换问题[2]。其中，$[]_N$ 表示直角坐标系下飞机位置，$[]_T$ 表示大地坐标系下飞机位置，两个坐标系各对应的坐标轴旋转角度 $\varepsilon_X$、$\varepsilon_Y$、$\varepsilon_Z$，坐标系原点不相一致，平移参数 $\Delta X_o, \Delta Y_o, \Delta Z_o$，则

$$\begin{bmatrix} X \\ Y \\ Z \end{bmatrix}_N = \begin{bmatrix} \Delta X_o \\ \Delta Y_o \\ \Delta Z_o \end{bmatrix} + \begin{bmatrix} 0 & \varepsilon_Z & -\varepsilon_Y \\ -\varepsilon_Z & 0 & -\varepsilon_X \\ \varepsilon_Y & -\varepsilon_X & 0 \end{bmatrix} \begin{bmatrix} X \\ Y \\ Z \end{bmatrix}_T + \begin{bmatrix} X \\ Y \\ Z \end{bmatrix}_T \tag{2.5}$$

### 2.1.2　冲突探测计算方法

空中交通多主体之间的飞行冲突探测与解脱技术研究中，"冲突"主要指运行飞机之间存在相撞的危险，飞行冲突需要尽早提前预测及时调配，避免局面的复杂化。管制员对航路航线结构、冲突的范围、冲突的性质等应有一个全面的了解，详细掌握各类机型性能，预测得到飞机任意时刻的空中位置状态。冲突探测首先对两架飞机所在的航路以及飞机间相对位置进行比较，如果不满足航路间隔要求，则进一步检查两机有无穿越高度，有则需要证实当时条件适合于某一项最小水平安全间隔的应用，如果条件不满足则可以确定冲突。冲突探测算法可以分为两类，确定型算法和基于概率的算法，确定型算法的基本思想就是根据飞机性能、当前飞行状态、飞行计划和气象信息，确定航迹分段模型，预估飞机在未来一个时间段内的航迹，然后比较飞机未来的四维飞行轨迹，确定是否有空间位置上的冲突发生。但实际应用中航迹预估是存在误差的，这些误差主要来自雷达探测误差、高空风的影响、飞机动力学和运动学模型近似误差、空中导航与飞行控制技术水平限制带来的误差等。这样就需要一个基于概率的算法来进行冲突探测，其主要是根据航迹预估的期望值和误差分布，计算出每两架飞机未来发生冲突的概率。具体飞行冲突探测程序如图 2.3 所示。

对该问题的早期研究之中，1955 年 Morrell 博士提出"碰撞物理"，其中包含的

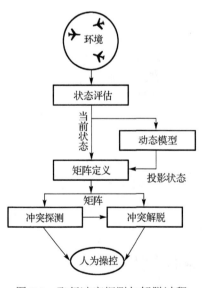

图 2.3　飞行冲突探测与解脱过程

确定进近飞机之间接近速率的计算机算法，成为研究所有空中防撞系统的基础[3]。
20 世纪 60 年代以来围绕该问题开展了大量的研究。国际民航组织于 1998 年发布《确
定间隔标准的空域规划方法手册》指导材料[4]（DOC 9689 号文件）。Reich[5]提出将
每架飞机假设成平均长度为 $\lambda_x$、$\lambda_y$、$\lambda_z$ 的长方体，两个长方体间的碰撞风险在数
学上相当于某一质点与一个长方体之间的碰撞风险。该模型主要适用于计算碰撞风
险和间隔之间的关系，它考虑了管制的具体要求，具有很好的实用性。随着其他的
研究者在 Reich 模型基础上进行拓展，将碰撞区域改为由最小安全飞行间隔标准定
义的一个类似椭圆或其他形状的保护区，只要看两架飞机的保护区是否重叠，就可
判断是否存在飞行冲突了。

　　国际民航组织于 2009 年在 DOC 9689 基础上发布 Circ 319 文件[6]，进一步对冲
突探测及碰撞风险模型进行了建模分析。冲突探测技术研究仍主要以飞机之间的距
离作为度量标准，飞机上安装的冲突探测与告警系统（Traffic Alert and Collision
Avoidance System, TCAS）就是通过计算两架飞机的交错距离的近似值，即两架飞机
间的位置矢量与其中一架飞机的速度平行时两架飞机之间的距离，并比较该交错距
离与最小安全飞行间隔标准来判断是否存在潜在飞行冲突。一般来说，基于概率分
析法的研究，主要采用两种策略：短期预测模型和中期预测模型。短期预测模型中，
预估冲突将于 5～6min 内发生，必须立即采取措施否则就不能避免空中相撞，其预
测模型一般引入数学上的运动微分方程，只要对路程进行微分就是速度；中期预测
模型可很平滑地解决潜在的飞行冲突，使它们不能发展成短期冲突。一般来说在同
一空域内飞行的两架飞机遵循各自飞行计划，飞行计划假设飞机经过一系列路径点，
飞机有连续的速度，并且定义将来某个时间冲突的瞬时概率为一个飞机进入另一个
飞机的保护区的概率，因为在将来某个时间飞机的位置是不确定的，所以可引入概
率分布函数。文献[7]指出空中交通的运行轨迹具有非线性和随机性特征，其内在的
运动参数难以定义，现实之中建模、仿真和分析空中交通管理中的飞行冲突探测，
尤其是多机之间的冲突是十分困难的,但准确地估计飞机之间的飞行冲突至关重要,
它是制定精准解脱策略的基础，然而冲突探测本质上就是一种概率预估行为，由此
引入一种隐马尔可夫模型，建立有限马尔可夫链与输出概率分布的有限集合进行问
题分析。文献[8]认为飞行冲突预测可表述为随机混合系统中的可达性分析问题，由
此提出采用切换扩散模型预测飞机基于特定飞行计划的未来位置，并通过可达性计
算的数值算法估计飞机进入不安全区域的概率。但是从本质上讲，飞行冲突探测是
一个相当复杂的技术难题，涉及空中目标飞行位置准确探测与连续跟踪、飞行目标
位置辨识与下一步运动预测，预测具有相当大的随机性和概率性，判断空中飞行目
标两两之间的运动趋势的冲突有相当高的计算复杂度，预测结果存在虚警率、可
信度、可靠性等系列难题，需要创造性的问题解决思路。目前通过空间几何分割的
办法，可有效降低空中飞行目标两两之间的冲突判决的计算复杂度，在众多研究方

法之中凸显出一定的技术优势。目前分析之中主要存在两种方式：第一种是离散型，即通过将航空器空间运动的时间段 $[0,T]$ 分割成若干个长度为 $\Delta t$ 的小时间段，然后判断每个时间段结束时刻航空器之间是否存在飞行冲突。由于空管雷达对于空域的观测受其刷新率的限制，不可能对一个目标进行连续观测，因此离散型处理方法在实际运用中有一定的适用性。但在具体计算时 $\Delta t$ 的长度选取至关重要，若选取长度过大虽然可以显著降低计算难度，但是每个时间段的结束时刻不存在飞行冲突并不能充分地保证在整个时间段内都不存在飞行冲突，反之若选取的时间段过短，就会显著增加计算工作量，有时甚至会导致计算分析无法在有效时间内完成。第二种是连续型，即将时间段 $[0,T]$ 作为一个连续的时间段进行计算处理，对于给定航空器飞行航迹具有解析表达式时可以采用这个方法处理，在实际应用中可以对连续型的分析结果进行采样，从而将它转化为离散型，并与空管雷达的刷新率保持一致。

1. 双机之间的飞行冲突探测

飞机运动轨迹方程实质是对飞机未来位置和状态的一种描述，由此可以对任意时刻两机的空中碰撞风险进行测算，此时冲突探测模型用来评估各种运行概念之下两机的冲突检测，其构建方法主要采用基于概率的模型算法和确定型模型算法两种类型[9]。

1) 基于概率的模型算法

从飞机的运动轨迹方程可以得知，空中交通管制系统对飞机位置的预测只是带有模糊性的推理和假设，碰撞可以表述为一种概率分布的函数，未来某个时刻冲突的瞬时概率即为一架飞机进入另一架飞机保护区的概率，在国际民航组织《确定最小间隔标准的空域规划方法手册》中提出了一种交叉航迹和重叠航迹上基于距离间隔的一般碰撞风险模型，该模型建立在非常完备的 Reich 模型基础上，该方法在冲突探测中具有广泛适用性。

假设一对随机选定飞机，不一定在同一高度层，正在沿同一航迹或交叉航迹飞行，用 $T_C$ 表示完成飞越的平均时间，用符号 Prob$\{X\}$ 表示飞机发生碰撞的概率[4]，定义：

$$C_P = \text{Prob}\{\text{飞行中该对飞机相碰撞}\} \tag{2.6}$$

假设每架飞机都是一个以 $2\lambda_{xy}$ 为直径、$2\lambda_z$ 为高的圆柱体。同样如在 Reich 模型中，在说明一架飞机时我们使用一个相同的几何形状。为简化计算可用 $C$ 表示飞机 $i$ 为一个以 $\lambda_{xy}$ 为半径、$2\lambda_z$ 为高的圆柱体，另一架飞机为一个质点，用 $P$ 表示。显然碰撞发生时 $P$ 一定穿过了圆柱体立面或从其顶部或底部进入 $C$。当 $P$ 进入代表机 $i$ 以 $\lambda_{xy}$ 半径向上、向下无限延展的圆柱体其他部分时，两架飞机同样将发生水平重叠，则

$$C_P = \text{Prob}\{P\text{进入}C|P\text{进入无限圆柱体}\} \times \text{HOP}(T_C) \tag{2.7}$$

其中，$\text{HOP}(T_C)$ 表示飞行中一对飞机发生水平重叠的概率。飞机 $P$ 通过半径 $\lambda_{xy}$ 的圆柱体平均水平轨迹长度 $l_{xy}$ 可以由下式计算得到。如果进入无限圆柱体时 $P$ 具有相对速度 $V_{\text{rel}}^C$，需要用时间 $\tau_{xy}$ 来通过圆柱体，则

$$l_{xy} = \frac{\pi\lambda_{xy}}{2}, \quad \tau_{xy} = \frac{l_{xy}}{V_{\text{rel}}^C} \tag{2.8}$$

在这段时间内 $P$ 垂直移动距离 $z = \overline{|\dot{z}|} \times \tau_{xy}$，因此表示碰撞圆柱体的有效厚度为

$$2\lambda_z + z = 2\lambda_z \times \left(1 + \frac{\overline{|\dot{z}|}}{2\lambda_z} \times \frac{\pi\lambda_{xy}}{2V_{\text{rel}}^C}\right) \tag{2.9}$$

因此当水平重叠出现时，用距离 $h_z$ 将高度为 $\lambda_z$ 的两架飞机的瞬时垂直重叠概率表示出来称为标称垂直间隔，该概率用 $P_z(h_z)$ 给定，则

$$\text{Prob}\{P\text{进入}C|P\text{进入无限圆柱体}\} = P_z(h_z) \times \left(1 + \frac{\overline{|\dot{z}|}}{2\lambda_z} \times \frac{\pi\lambda_{xy}}{2V_{\text{rel}}^C}\right) \tag{2.10}$$

假定在较短的距离上 $P_z(h_z)$ 可能随着 $\lambda_z$ 发生线性变化。为把每对飞机的碰撞值转化为每飞行小时的致命事故次数，我们用 $2 \times \text{NP}$ 表示，这里的 NP 是用每飞行小时的飞机对数来定义的。应注意到在计算侧向间隔时，飞机的对数实质上与飞机的飞行架次相同，所以在这种情况下 $\text{NP} = 1/T_C$，但在计算交叉航迹的侧向间隔时却未必如此。当两条航迹上的每架飞机穿越交叉点，以一条航迹上的飞机从另一条航迹上的飞机的前、后穿越的形式交织在一起时，可能会出现最多的对数。但这种情形不太可能出现，而在实际中 NP 通常明显小于整数，所以为尽可能使模型具有普遍性，我们引入 NP 因数，并用每飞行小时的致命事故次数将最终碰撞风险表示为

$$\text{CR} = 2 \times \text{NP} \times \text{HOP}(T_C) \times P_z(h_z) \times \left(1 + \frac{\overline{|\dot{z}|}}{2\lambda_z} \times \frac{\pi\lambda_{xy}}{2V_{\text{rel}}^C}\right) \tag{2.11}$$

注意到，相对速度 $V_{\text{rel}}^C$ 取决于使用的间隔标准、飞机的导航精度、两架飞机间的航向夹角及位置报告的间隙、使用的通信及管制员干预缓冲值，该速度值当作固定值是不合适的。同样要注意这里给出的模型并不要求两架飞机处于平飞状态，所要求的仅是 $h_z$ 的预计值即发生水平重叠时的标称垂直间隔。如果 $h_z$ 未知，对任何 $h_z$ 而言 $P_z(0) \geqslant P_z(h_z)$，则可用 $P_z(0)$ 代替式 (2.11) 中的 $P_z(h_z)$ 得到一个估计过高的碰撞风险值。

假设两架飞机在 $t$ 时刻的实际位置分别为 $x_1(t)$、$y_1(t)$ 和 $x_2(t)$、$y_2(t)$，则两架飞机的中心距离为

$$D(t) = \sqrt{(x_1(t) - x_2(t))^2 + (y_1(t) - y_2(t))^2} \tag{2.12}$$

且我们希望在 $0 \leqslant t \leqslant T + \tau$ 时 $D(t)$ 趋势是减小的，这里 $T$ 是空中飞机探测时间间隔，$\tau$

是前面介绍的通信和管制员干预缓冲值。因此在 $D_{\min}^C$ 时刻最有可能发生水平重叠，则

$$\text{HOP} = \text{Prob}\{D_{\min}^C \leqslant \lambda_{xy}\} \tag{2.13}$$

文献[10]提出了一种在一般情况下，计算 HOP 的蒙特卡罗(Monte Carlo)方法，这时需用到空中飞行大量的历史雷达监视或自动相关监视的数据(大概需要 $10^{11}$ 个数据样本)，计算出特定空域内飞行发生水平重叠的概率值。这种方法既可以用于基于历史运行数据分析特定空域的空中飞行碰撞系数以及缩小间隔的安全性，也可以用于实时分析两架飞机之间的空中碰撞风险。

2) 确定型模型算法

假设一对飞机 1 和 2，当它们处于自由的飞行环境下时，它们的初始位置、速度以及航向角等参数都是已知的，可以根据空管雷达监视或自动相关监视设备获取。考虑一段飞行时间判断两架飞机间是否会发生冲突都是以距离为标准的，这些有可能发生冲突的飞机组合，就是说它们的轨迹存在相互靠近飞行，并且飞行交汇点在两架飞机的初始位置的前方。由于飞机速度各不相同，需要对它们进行冲突探测，我们只要求出运动着的两架飞机间的相对最短距离，然后判断此相对最短距离并与空域的间隔规则进行比较，就可以确定飞机间是否存在潜在碰撞情况，如图 2.4 所示。

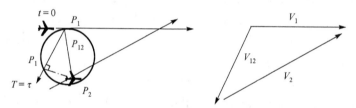

图 2.4  双机的空间运动示意图

图中，$P_1$ 是第 1 架飞机的位置，$P_{12}$ 是飞机 2 相对于飞机 1 的水平距离，$V_{12}$ 是飞机 2 相对于飞机 1 的相对速度。设 $d$ 为水平间隔标准，$h$ 为垂直间隔标准，$\tau$ 为两架飞机之间水平距离最小的时刻点。从图 2.4 中可以看出，在 $t=0\text{s}$ 时刻也就是飞行的初始时刻下，飞机所处的空间位置分别为 $P_1 = (x_1(t), y_1(t), z_1(t))$ 和 $P_2 = (x_2(t), y_2(t), z_2(t))$，则飞机 2 相对于飞机 1 的水平和垂直距离为

$$P_{12}(t) = \sqrt{(x_1(t)-x_2(t))^2 + (y_1(t)-y_2(t))^2}, \quad H_{12}(t) = |z_1(t)-z_2(t)| \tag{2.14}$$

如果 $\min\{P_{12}(t)\}_\tau < d$ 且 $H_{12}(\tau) < h$，则肯定会发生飞行冲突。

如果 $\min\{P_{12}(t)\}_\tau < d$ 且 $H_{12}(\tau) \geqslant h$，则不会发生飞行冲突。

如果 $\min\{P_{12}(t)\} \geqslant d$，则不会发生飞行冲突。

采用时间间隔进行判断，设定 $T$ 为飞机水平时间间隔。

如果 $P_{12}(\tau)/V_{12} < T$ 且 $H_{12}(\tau) < h$，则肯定会发生飞行冲突。

如果 $P_{12}(\tau)/V_{12} < T$ 且 $H_{12}(\tau) \geqslant h$，则不会发生飞行冲突。

如果 $P_{12}(\tau)/V_{12} \geqslant T$，则不会发生飞行冲突。

2. 多机之间的飞行冲突探测

对于特定空域内 $n$ 架飞机来说，其中任何两架飞机都有可能在自由飞行时发生空中相遇即存在空中潜在的碰撞风险，所以我们得出 $n$ 架飞机空中飞行时可能发生的冲突最大数目为

$$NC_{max} = C_n^2 = \frac{n(n-1)}{2} \tag{2.15}$$

这看起来计算特定空域内的飞行冲突并没有什么挑战，我们可以依次检查每两个飞机对之间是否存在潜在的飞行冲突，如有则将其可能的冲突点计算出来，显然这种直截了当的算法需要的时间复杂度为 $\Omega(n^2)$。就某种意义而言，这个结果是最优的，如果空域内每两架飞机之间确实存在潜在飞行冲突，则我们无论采用什么算法，至少都需要 $\Omega(n^2)$ 时间，因为哪怕只是直接地逐一报告出所有可能的潜在冲突点，也需要这样长的时间。然而在实际的飞行环境之中，大多数的飞机之间根本不会发生飞行冲突，如两飞机的飞行轨迹是远离飞行或相距较远的平行飞行，在这两种情况下肯定不会发生飞行冲突。因此求解潜在飞行冲突点的次数远远达不到平方量级的时间复杂度。要是有某个算法能够在这种情况下，计算得更快，那就太好了。也就是说，我们所希望得到的算法，其运行时间不仅取决于输入的飞机数目，还取决于潜在的飞行冲突点数目，这样的算法被称为"输出敏感的"算法（Output-Sensitive Algorithm），也就是说，这种算法的运行时间对实际输出大小很敏感，也可以称这样一个算法是"交点敏感的"（Intersection-Sensitive），因为输出的大小就是由潜在飞行冲突点的数目决定的。实际上空域是一个连续整体，我们在探测计算中不能只考虑其中一架飞机与另一架飞机之间的情况,应该考虑全部的情况，这就使得问题变得相当复杂了，对于有许多飞机穿梭飞行的空域环境，传统的两两比较进行冲突分析的模型几乎不可能解决问题。于是就有了基于计算几何方法探测飞行冲突的思想。

文献[11]分析了多个飞行冲突的复杂性，并提出使用计算几何方法探测飞行冲突的思想，采用了泰森多边形（Voronoi 多边形）方法，确定一架飞机的邻近数以及与它们发生冲突的可能性，而不必再去讨论相距较远的其他飞机，这样可以提高计算的快速性，但是由于飞机的速度不同，这种基于飞机空间几何分布的冲突探测方法常受限于实际的应用。文献[12]提出了利用三角剖分的方法（Delaunay方法），构建进行局部的飞行冲突探测，从而避免大范围冲突探测计算，降低多机之间飞行冲突探测的计算复杂性。文献[13]提出基于终端区结构的冲突探测方法，利用 Delaunay 三角及 Voronoi 图特性对整个空域按照各架飞机间的位置关系进行分区，只需要比较每个区域中相互之间有关联的那些飞机,判断彼此之间是否存在潜在的冲突可能性,

从而显著提高冲突探测效率。实际上冲突探测时航空器空间飞行的位置及其运动参数，可以由空管雷达测量或基于广播式自动相关监视技术得到有关的具体数值，再根据航空器空间位置及运动趋势进行分析。

1）Voronoi 图定义及其基本性质[14]

任意两点 $p$ 和 $q$ 之间的欧氏距离，记为 $\mathrm{dist}(p,q)$，就平面情况而言，有

$$\mathrm{dist}(p,q) = \sqrt{(p_x - q_x)^2 + (p_y - q_y)^2} \tag{2.16}$$

设 $P := \{p_1, p_2, \cdots, p_n\}$ 为平面上任意 $n$ 个互异的点；这些点也就是基点。按照我们的定义，所谓 $P$ 对应的 Voronoi 图，就是平面的一个子区域划分，整个平面因此被划分为 $n$ 个单元（Cell）。

它们具有这样的性质：任一点 $q$ 位于 $p_i$ 所对应的单元中，当且仅当对于任何的 $p_j \in P, j \neq i$，都有 $\mathrm{dist}(q, p_i) < \mathrm{dist}(q, p_j)$。我们将与 $P$ 对应的 Voronoi 图记为 $\mathrm{Vor}(P)$。在 $\mathrm{Vor}(P)$ 中与基点 $p_i$ 相对应的单元记为 $\mathrm{V}(p_i)$，称为与 $p_i$ 相对应的 Voronoi 单元（Voronoi Cell）。

下面对 Voronoi 图做进一步考察。首先，要对单个 Voronoi 单元的结构进行研究。任给平面上两点 $p$ 和 $q$，所谓 $p$ 和 $q$ 的平分线（Bisector），就是线段 $\overline{pq}$ 的垂直平分线。该平分线将平面划分成两张半平面（Half-Plane）。点 $p$ 所在的半平面记为 $h(p,q)$，点 $q$ 所在的半平面记为 $h(q,p)$。

请注意，$r \in h(p,q)$ 当且仅当 $\mathrm{dist}(r,p) < \mathrm{dist}(r,q)$。据此可以得出如下结论。

$$V(p_i) = \bigcap_{1 \leq j \leq n, j \neq i} h(p_i, p_j) \tag{2.17}$$

**定理 2.1**[14]　　给定由平面上任意 $n$ 个点构成的集合 $P$。若所有点都共线，则 $\mathrm{Vor}(P)$ 由 $n-1$ 条平行直线构成；否则，$\mathrm{Vor}(P)$ 将是连通的，而且其中的边不是线段就是射线。

**定理 2.2**[14]　　若平面上任意点 $n \geq 3$，则在与平面上任意 $n$ 个基点相对应的 Voronoi 图中，顶点的数目不会超过 $2n-5$，而且边的数量不会超过 $3n-6$。

我们知道，Voronoi 图每条边都是某对基点之间平分线的一段，而其中每一顶点都是某两条平分线的交点。虽然这种平分线多达平方量级条数，但是 $\mathrm{Vor}(P)$ 的复杂度却只是线性的。因此并非所有的平分线都能为 $\mathrm{Vor}(P)$ 贡献一条边，而且它们之间的交点并不都是 $\mathrm{Vor}(P)$ 的顶点。为挑选出确定 $\mathrm{Vor}(P)$ 形状的那些平分线和交点，对于任意交点 $q$，我们将以 $q$ 为中心、内部不含 $P$ 中任何基点的最大圆，称为 $q$ 关于 $P$ 的最大空圆（Largest Empty Circle），记为 $C_P(q)$。

**定理 2.3**[14]　　对于任一点集 $P$ 所对应的 Voronoi 图 $\mathrm{Vor}(P)$，下列命题成立：

（1）点 $q$ 是 $\mathrm{Vor}(P)$ 的一个顶点，当且仅当在其最大空圆 $C_P(q)$ 的边界上，至少有三个基点；

（2）$p_i$ 和 $p_j$ 之间的平分线确定了 $\mathrm{Vor}(P)$ 的一条边，当且仅当在这条线上存在一

个点 $q$，$C_P(q)$ 的边界经过 $p_i$ 和 $p_j$，但不经过其他基点。

如何构造 Voronoi 图呢？可采用平面扫描（Plane Sweep）算法，这个算法自诞生起被称为 Fortune 算法，可在 $\Omega(n\log n)$ 时间内构造整个 Voronoi 图。或许你会试图寻找更快的算法，如线性时间算法，但实际上这是非分奢望：实际上对 $n$ 个实数排序问题也可以归约为 Voronoi 图构造问题，故在最坏情况下，任何此类算法都至少需 $\Omega(n\log n)$ 时间，即 Fortune 算法已是最优，其占用的空间为 $O(n)$。其他算法如半平面的相交算法、增量构造法等的时间复杂度为 $\Omega(n^2)$；分治算法、减量算法的时间复杂度为 $\Omega(n\log n)$。

2）Delaunay 三角形定义及其基本性质

Delaunay 三角网是 Voronoi 图的伴生图形，它是通过连接具有公共顶点的 3 个 Vor(P) 多边形的生长中心而生成的，这个公共顶点就是生成 Delaunay 三角形的外接圆的圆心。设 $P$ 为由平面上 $n$ 个点，有时也称为基点（Site）组成的一个集合。$P$ 的 Voronoi 图是平面的一个子区域划分，其中包含 $n$ 个子区域，分别对应于 $P$ 中的各个基点。任一基点 $p \in P$ 所对应的子区域，由平面上以 $p$ 为最近基点的所有点组成。$P$ 的 Voronoi 图记为 Vor(P)。与基点 $p$ 相对应的子区域，称为 $p$ 的 Voronoi 单元，记为 $V(p)$。下面就要研究 Voronoi 图的对偶图，这个图记为 $G$。其中，对应于每一个 Voronoi 单元（或者也可以说对应于每一个基点），各有一个节点；若两个单元之间共用一条边，则在这两个单元各自对应的节点之间，连接一条弧（Arc）。请注意这就意味着，对应于 Vor(P) 中的每一条边，$G$ 中都有一条弧与之对应，在 $G$ 的所有有界面与 Vor(P) 中的所有顶点之间，存在一一对应关系。

考察 $G$ 的如下直线嵌入（Straight-Line Embedding），其中与 Voronoi 单元 $V(p)$ 对应的节点，用点 $p$ 来实现；而连接于 $V(p)$ 和 $V(q)$ 之间的弧，则用线段 $\overline{pq}$ 来实现，如图 2.5 所示。这一直线嵌入，称为 $P$ 的 Delaunay 图（Delaunay Graph），记为 DG(P)。

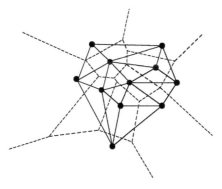

图 2.5　Delaunay 示意图

**定理 2.4**[14]　任何平面点集的 Delaunay 图都是一个平面图。

Delaunay 三角网是一系列相连的但不重叠的三角形的集合，而且这些三角形的外接圆不包含这个面域的其他任何点，且具有两个十分重要的性质。

(1)保证最邻近的点构成三角形，即三角形的边长之和尽量最小，且每个 Delaunay 三角形的外接圆不包含面内其他点，称为 Delaunay 三角网的空外接圆性质，这个特征已经作为构建 Delaunay 三角网的一项判别标准。

(2)它的另一个性质最大最小角性质：在由点集 $P$ 中所能形成的三角网中，Delaunay 三角网中三角形的最小内角尽量大，即三角形尽量接近等边三角形。

**定理 2.5**[14]　　任意给定由平面上 $n$ 个点组成的一个集合 $P$，我们都可以使用 $O(n)$ 的期望空间，在 $\Omega(n\log n)$ 的期望时间内构造出 $P$ 的 Delaunay 三角剖分。

3)基于计算几何的飞行冲突探测

从前面讨论的 Voronoi 图和 Delaunay 三角剖分的特性可以看出，如果我们以特定空域内的所有飞机瞬时空间位置的平面投影点作为基点，对特定空域的二维投影平面进行 Voronoi 图的子区域划分，则将每一个飞机划分到一个 Voronoi 单元之中，之后还可生成 Voronoi 图对应的 Delaunay 三角网图形。这样我们可通过子区域划分方法判定一架飞机同其他飞机的飞行冲突，转化成该飞机只与其所在 Voronoi 单位周边邻接单元内的飞机之间的冲突判定，这样可以减少计算量，从而不必判断该飞机同所有其他飞机之间的飞行冲突了。文献[11]分析的多架飞机冲突方法，就是通过这种方式实现的，其采用了平面 Voronoi 图生成的扫描(Plane Sweep)算法，通过在规定的物理空间范围内，使用径向线扫描算法，确定指定的飞机和其他飞机之间的相关位置，构造出 Voronoi 图顶点及其对应的 Delaunay 三角形，从而降低了时间复杂度处理，只研究飞机和其相邻飞机间的整体冲突情况。

下面介绍参照飞机与周边邻接飞机的冲突判断方法[15]。在此采用递推的方法，即在两架飞机冲突探测的基础上，推导三架飞机的探测方法。假设空中有三架飞机 1、2 和 3，给定每架飞机的基本参数。要进行整体分析，首先要分析个体然后汇总成整体。并且假设初始状态从时间 $t=0$ 开始，于是三架飞机的冲突探测方法可以分成两个步骤。

步骤 1：三架飞机的位置只有两种形式，要么是三角形，要么是直线。首先我们对两两之间进行探测，利用的方法就是前面介绍的两架飞机之间的冲突探测确定型模型。三架飞机，我们可以组合成 (1,2)、(1,3) 和 (2,3) 三对情况。将每一对的基本参数分别处理，就可以得到每对飞机之间的相对最近距离和相距最近时刻，也就可以知道它们之间将会有几个冲突发生，且知道冲突发生时刻。用 $X$ 表示冲突个数，用 $t_{12}$、$t_{13}$、$t_{23}$ 分别表示发生冲突的时刻。根据 $X$ 值情况，可以分成两种情况：当 $X=1$ 时，这说明只有一对飞机发生冲突，那么三架飞行中肯定有一架与其他两架都没有冲突，这种情况就回到两架飞机的冲突探测问题上；当 $X=2$ 或 $X=3$ 时，说明三架飞机都会涉及飞行冲突，必须从整个空域角度去考虑冲突情况。

步骤 2：若探测出有两个冲突，对应两个时刻值，相应的三个冲突对应三个时刻值。无论两个还是三个，从中选出时刻值最小的那个，在对应的发生冲突的两架飞机之间，任意选取一架作为参照，其他两架飞机相对于它来说以相对速度运动。在最小时刻处，发生冲突的两架飞机的保护区（假定采用圆形保护）肯定交叉，同时也可以确定第三架飞机在此时刻相对于参照飞机的位置以及形成的保护区圆。并且在这一时刻我们以发生冲突的两架飞机相对最短距离加上单个飞机保护区直径的总长为直径，以连线中点为圆心，做一个把这两架飞机都能包括在内的大的保护区。这时只要判断第三架飞机保护区是否跟这个大保护区相交叉，就可以探测出是否出现了冲突群。若不相交，就是两架飞机冲突探测问题，相应的解脱过程就简单些；若相交，则三架飞机同时发生冲突，解脱时就要将三架飞机同时进行考虑，过程就变得较为复杂。

下面我们通过几何图形分析来建立探测的数学模型，如图 2.6 所示。假设 1、2、3 三架飞机两两间都将有冲突发生，发生冲突的时刻为 $t_{12}$、$t_{13}$、$t_{23}$。在三个时刻中找到最小的时刻值 $t_{12}$，在时间 $t = t_{12}$ 时刻三架飞机的空间位置关系如图 2.6 所示。

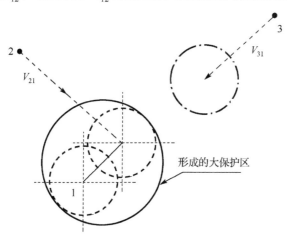

图 2.6　飞机位置处于 $t_{12}$ 时刻的示意图

于是我们选取飞机 1 为参照，根据已知初始条件，可以得出：飞机 2 相对于 1 的速度 $V_{21}$；飞机 2 相对于 1 的飞行方向 $\theta_{21}$；飞机 3 相对于 1 的速度 $V_{31}$；飞机 3 相对于 1 的飞行方向 $\theta_{31}$；飞机 1 与 2 相对最短距离 $D_{21}$；$d$ 为保护圆直径。在 $t_{12}$ 时刻：

飞机 2 的位置坐标：

$$\begin{cases} x_2(t_{12}) = x_2(0) + V_{21}\cos(\theta_{21})t_{12} \\ y_2(t_{12}) = y_2(0) + V_{21}\sin(\theta_{21})t_{12} \end{cases} \tag{2.18}$$

飞机 3 的位置坐标：

$$\begin{cases} x_3(t_{12}) = x_3(0) + V_{31}\cos(\theta_{31})t_{12} \\ y_3(t_{12}) = y_3(0) + V_{31}\sin(\theta_{31})t_{12} \end{cases} \tag{2.19}$$

飞机 3 的保护圆方程：

$$(x - x_3(t_{12}))^2 + (y - y_3(t_{12}))^2 = d^2/4 \tag{2.20}$$

飞机 1 与 2 之间形成的大保护区记为 1 号圆，它的圆心位置：

$$\begin{cases} X_1 = \dfrac{x_1(0) + x_2(t_{12})}{2} \\ Y_1 = \dfrac{y_1(0) + y_2(t_{12})}{2} \end{cases} \tag{2.21}$$

大保护区圆的半径 $R_1 = (D_{12} + d)/2$，大保护区圆的方程：

$$(x - X_1)^2 + (y - Y_1)^2 = (D_{12} + d)^2/4 \tag{2.22}$$

这样我们只要对式 (2.20) 和式 (2.22) 联立求解，就可以得出是否有冲突群发生。

从以上分析可知，三架飞机之间的冲突探测问题，就是在最早发生冲突的时刻处，对发生冲突的两架飞机先建立大的保护区，判断该保护区是否与第三架飞机的保护区相交。相应地，当有第四架飞机共同飞行时，要看三架飞机共同形成的大保护区是否与第四架飞机的保护区相交。所有的研究都是在最早发生冲突的时刻 $t_{\min}$，并在 1 号大保护圆的基础上形成的大保护圆记为 2 号圆。

图 2.7 所示为三架飞机形成的大保护区示意图。

1 号圆与第三架飞机的距离：

$$d_{13} = \sqrt{(X_1 - x_3(t_{\min}))^2 + (Y_1 - y_3(t_{\min}))^2} \tag{2.23}$$

则 2 号圆的半径为

$$R_2 = (d_{13} + R_1 + d/2)/2$$

对应的圆心坐标：

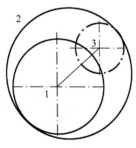

图 2.7　三架飞机形成的
大保护区示意图

$$\begin{cases} X_2 = x_3(t_{\min}) - \dfrac{(R_2 - d/2)(x_3(t_{\min}) - X_1)}{d_{13}} \\ Y_2 = Y_1 + \dfrac{(R_2 - R_1)(y_3(t_{\min}) - Y_1)}{d_{13}} \end{cases} \tag{2.24}$$

这样就可以得到 2 号大保护区的方程：

$$(x - X_2)^2 + (y - Y_2)^2 = R_2^2 \tag{2.25}$$

只要判断该圆与第四架飞机的保护区是否有交叉就可以确定冲突群是否会发生。当然我们也可以递推出 $n$ 架飞机是否会出现冲突群。当 $n$ 架飞机共同飞行时，用 Voronoi 图或 Delaunay 三角图确定飞机之间的位置关系，选定一架飞机作为参照，找出相邻的飞机数目，将这一区域总飞机数记为 $i(i \leq N)$，这样 $i$ 架飞机可组合成 $i(i-1)/2$ 对，先对它们两两之间的冲突进行探测，得出冲突个数 $X$。根据 $X$ 的值分情况讨论。其中：

(1) 初始状态从 $t=0$ 开始，将每一个冲突发生的时刻都计算出来，找出最小值 $t_{min}$；

(2) 选取在 $t_{min}$ 时刻发生冲突的两架飞机中任意一架作为参照，标号为 1，另一架标号为 2；求出各架飞机与飞机 1 的相对速度 $V_{i1}$，计算以 $V_{i1}$ 相对于飞机 1 飞行到 $t_{min}$ 时刻它们的位置，并且求出它们的保护区方程；

(3) 在 $t_{min}$ 这一时刻首先以 1 和 2 号飞机的相对位置建立大保护区，此大保护区记为 1 号圆，判断 1 号圆与第三架飞机在此时刻的保护区是否有相交，就可以知道冲突群是否发生。相应地，判断第 $i$ 架飞机是否存在冲突群，只要看前面 $i-1$ 架飞机形成的大保护区是否与第 $i$ 架飞机的保护区相交。

按照上面公式递推可得，第 $i-1$ 架飞机形成的大保护区记为 $i-2$ 号圆，其半径为

$$R_{i-2} = (d_{i-3,i-1} + R_{i-3} + d/2)/2 \tag{2.26}$$

对应的圆心坐标：

$$\begin{cases} X_{i-2} = x_{i-1}(t_{min}) - \dfrac{(R_{i-2} - d/2)(x_{i-1}(t_{min}) - X_{i-3})}{d_{i-3,i-1}} \\ Y_{i-2} = Y_{i-3} + \dfrac{(R_{i-2} - R_{i-3})(y_{i-1}(t_{min}) - Y_{i-3})}{d_{i-3,i-1}} \end{cases} \tag{2.27}$$

即形成的 $i-2$ 号大保护区的方程：

$$(x - X_{i-2})^2 + (y - Y_{i-2})^2 = R_{i-2}^2 \tag{2.28}$$

第 $i$ 架飞机在 $t_{min}$ 时刻的位置坐标：

$$\begin{cases} x_i(t_{min}) = x_i(0) + V_{i1}\cos(\theta_{i1})t_{min} \\ y_i(t_{min}) = y_i(0) + V_{i1}\sin(\theta_{i1})t_{min} \end{cases} \tag{2.29}$$

相应的保护区方程：

$$(x - x_i(t_{min}))^2 + (y - y_i(t_{min}))^2 = d^2/4 \tag{2.30}$$

最后只要看第 $i$ 架飞机的保护区与 $i-2$ 号大保护区是否相交，就可以得出结果。利用上述方法我们可将 Voronoi 图或 Delaunay 三角图中所有的 $n$ 架飞机都依次进行探测，看看是否有冲突群发生。

3. 飞机相遇概率模型

在这一部分中我们建立一个概率模型框架[16]，重点对飞机 $A$ 和闯入的飞机 $B$ 之间的冲突进行概率计算分析，提出了飞机相遇概率模型 (Probabilistic Aircraft Encounter Model, PAEM)，确定闯入飞机是否将穿越包围着另一架飞机的外在标准

保护区(该保护区通常是一个矩形框)，假定飞机 $A$ 和闯入飞机 $B$ 的飞行路径受到随机误差的影响，并受到高空风引起的概率误差影响。PAEM 要确定闯入标准保护区(称为一级冲突)的持续时间，或闯入半个保护区(称为二级冲突)的持续时间。此外如果一个紧凑的保护区，如长度和宽度只有 500ft、高度 100ft，则飞机闯入到一半尺寸时，我们称为"毁灭性冲突"，必须禁止这样成对飞行情况的出现，否则相撞必然发生。

考虑一个三维笛卡儿空间坐标系 $X$，原点为地球中心，假设这个系统中，飞机 $A$ 计划航线是分段线性航线，对应于航路点的有限序列 $\{X_A^1, X_A^2, \cdots, X_A^p\}$，其中 $p$ 取决于飞机 $A$ 的计划路径；实际飞行路径由 $\{X_{Ak}^1, X_{Ak}^2, \cdots, X_{Ak}^p\}$ 给出的具有偏离的航路点序列确定出的，对于某个给定 $k(k = 1, 2, \cdots, n_A)$，存在关联概率 $p_{Ak}$，其中 $\sum_{k=1}^{n_A} p_{Ak} = 1$。

注意，由于一架飞机必须在指定的机场起降，我们假设实际飞行航线的起点位置和终点位置没有误差，即 $\{X_A^q\} = \{X_{Ak}^q\}$，对于 $q = 1$ 和 $q = p$，$\forall k = 1, 2, \cdots, n_A$。

现考虑其中一个任意航路点 $q \in \{2, 3, \cdots, p-1\}$，检查通向这个航路点的空间段 $[X_A^{q-1}, X_A^q]$。为了说明飞机与其计划位置 $X_A^q$ 的偏离概率，针对计划航线段 $[X_A^{q-1}, X_A^q]$，我们定义 $Y$ 坐标系，令 $Y_1$ 轴对应于沿着航线方向 $d_A^q = X_A^q - X_A^{q-1}$；令 $Y_3$ 轴与 $Y_1$ 轴垂直相交，位于 $d_A^q$ 和位置矢量 $X_A^q$ 或 $X_A^{q-1}$ 构成的平面上，位置矢量起点在原点，与以后位置矢量形成锐角；令 $Y_2$ 轴与 $Y_1$、$Y_3$ 平面垂直相交，$Y_2$ 轴正方向沿着飞机左翼。注意我们假设 $Y_1$ 轴与矢量 $X_A^q$ 或 $X_A^{q-1}$ 不共线，即飞机不在垂直于地面的方向移动。根据 $X$ 与 $Y$ 坐标系关系可推导出，存在一个标准正交矩阵 $Q_A^q$，在下列条件下，各矢量(具有共同原点)可以从 $X$-空间坐标系变换到 $Y$-空间坐标系，反之亦然：

$$X = Q_A^q Y, \quad Y = \left[Q_A^q\right]^T X \tag{2.31}$$

因此要描述航线实现的一般形式，考虑任意航路点 $q \in \{2, 3, \cdots, p-1\}$，我们将"最大位移区"定义为以 $X_A^q$ 为中心的最小可能边界区，假设它包括所有偏移航路点位置 $X_{Ak}^q$，$k = 1, 2, \cdots, n_A$。图 2.8 显示了这样的最大位移区的两种形状。换句话说我们考虑了一个矩形区域和一个圆柱形区域。此外假设在这个位移区上存在某个空间三维概率密度函数(Probability Density Function, PDF)，产生偏移航路点 $X_{Ak}^q$ 的概率，这个区域的中心位于 $X_A^q$，具体的竖直方向如图 2.8 所示，假设与式(2.31)所定义的变换后的 $Y$-空间坐标系一致，其水平方向截面位于 $Y_1$、$Y_2$ 平面。

为了简化我们将这个区域离散化成为 $n_A$ 个适当的子区域，如图 2.8 对矩形和圆柱形边界区所示。取 $\xi_{Ak}^q$ 作为以转换为 $X_A^q$ 原点为基准的 $Y$-空间内第 $k$ 个这样的子区域的形心，$k = 1, 2, \cdots, n_A$，将三维概率密度函数在相应的子区域范围积分，则可通过计算 $\xi_{Ak}^q$ 得到关联概率 $p_{Ak}$。

现在假设航路点 $q \in \{2, 3, \cdots, p-1\}$ 中每一个都有同样分布的航路点偏移概率密度函数，相应的偏移航路点 $X_{Ak}^q (q \in \{2,3,\cdots,p-1\})$ 共同产生第 $k$ 个分段线性航线，如图 2.8 所示。

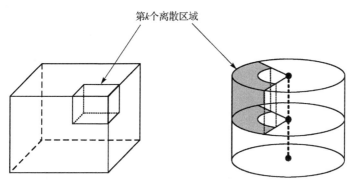

第k个离散区域

图 2.8 最大位移区的离散化

因此 $p_{Ak}$ 是与全部第 $k$ 个航线相关联的概率。从这个概念性质看，$\{\xi_{Ak}^q\}_{k=1}^{n_A}$ 与 $q$ ($\forall q = 2,3,\cdots,p-1$) 无关。但为适应以下所讨论的相对于不同航路点的不同水平控制或导航精度，将中心在第 $q$ 个航路点的最大位移区比例因子定义为 $\beta_q$ ($0 \leqslant \beta_q \leqslant 1$，$\forall q = 2,3,\cdots,p-1$)。

所以注意，$Q_A^q \xi_{Ak}^q$ 表示依据式 (2.31)，$\xi_{Ak}^q$ 变换到原始的 $X$-变量空间，在 $X$-空间实际定义航线的偏移航路点定义为

$$X_{Ak}^q = X_A^q + \beta_q Q_A^q \xi_{Ak}^q, \quad k = 1,2,\cdots,n_A; \quad q = 2,3,\cdots,p-1 \tag{2.32}$$

以这种方式定义的限制位移区，随着中心位于飞行计划航线上的飞机，其尺寸随着飞机飞过不同的分段线性航线段缩小或放大，并取决于式 (2.32) 中的 $\beta_q$ 参量，这样就描述出包括飞机全部实际航迹的"空中走廊"，如图 2.9 所示。

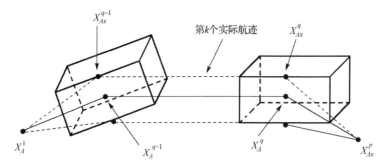

$X_{Ax}^{q-1}$ 　　第k个实际航迹　　$X_{Ax}^q$

$X_A^1$ 　　$X_A^{q-1}$ 　　$X_A^q$ 　　$X_{Ax}^p$

图 2.9 航线轨迹的三维矩形漂移

因子 $\beta_q$ 是围绕着所研究的第 $q$ 个航路点的空域中空中交通流量密度的函数。这是因为在交通流量密度高的区域，飞行员可能会更精确地导航，空中交通管制员可能更容易将位置偏差告诉给飞行员。这样，实际上就减小了走廊的宽度。请注意，

在实践中除了按相同航线轨迹飞行的成串飞机之间,要确保保持规定的适当间隔外,没有一架飞机是按照飞行计划文件给出的航线控制的。虽按飞行计划文件对与航线交叉方向的检查不经常进行,但空中交通管制员通常会检查飞行员意图,如果飞机偏离飞行计划文件规定大约 5 海里,可能就要采取纠正措施。虽然这是一个导航控制实践,但注意上述的讨论仅仅是描述了一套以飞行计划文件和每个航路点的最大假设偏差为基础的实际航线的概率实现。

1)矩形位移区

第一种情况,假设每个偏移航路点都被限制在矩形最大位移区域内,中心位于各自的计划航路点上,如图 2.9 所示。$r_{max}$ 表示沿着航线方向的最大位移,$c_{max}$ 表示与航线侧向交叉的最大位移,$v_{max}$ 表示在高度(垂直)方向上的最大位移。

假设 $Y$-空间三个坐标轴的每一个轴上相对于计划航线轨迹的位移是相互独立的。因此,描述每个航路点 $q=2,3,\cdots,p-1$ 相对于计划位置的偏移的三维概率密度函数,就是三个单变量的概率密度函数的乘积。具体而言,我们假设,沿着航线方向上的位移遵循图 2.10 所示的三角形分布规律,$P[|r| \geq r_{max}]=0$。相关概率密度函数 $f_1(r)$,$-r_{max} \leq r \leq r_{max}$,由式(2.33)给出:

$$f_1(r)=\frac{1}{r_{max}}-\frac{|r|}{r_{max}^2}, \quad -r_{max} \leq r \leq r_{max} \tag{2.33}$$

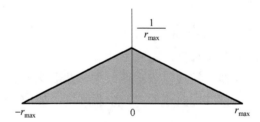

图 2.10　沿着航线的航线轨迹误差距离概率密度函数

为了确定一组三维概率密度函数的离散实现,按照离散化 $-r_{max} \equiv r_0 < r_1 \cdots < r_{n_1} \equiv r_{max}$,将沿着航线方向分为 $n_1$ 个小段。对式(2.33)进行积分,在区间 $r_{a-1} \leq r \leq r_a$,$a=1,2,\cdots,n_1$ 中距离 $r$ 的位移概率:

$$p[r_{a-1} \leq r \leq r_a]=\begin{cases}\dfrac{r_a-r_{a-1}}{r_{max}}-\dfrac{|r_a^2-r_{a-1}^2|}{2r_{max}^2}, & 0 \notin (r_{a-1},r_a) \\ \dfrac{r_a-r_{a-1}}{r_{max}}-\dfrac{(r_a^2+r_{a-1}^2)}{2r_{max}^2}, & 0 \in (r_{a-1},r_a)\end{cases} \tag{2.34}$$

下面,定义 $c$ 为与航线侧向方向的位移,令这个随机变量具有概率密度函数 $f_2(c)$,$-c_{max} \leq c \leq c_{max}$,$P[|c| \geq c_{max}]=0$。同样,我们定义 $v$ 为高度方向的位移,令

这个随机变量具有概率密度函数 $f_3(v)$，$-v_{\max} \leq v \leq v_{\max}$，$P[|v| \geq v_{\max}] = 0$。一般来说，与航线侧向方向的误差和高度方向的误差相对于时间都近似为常量。经验数据表明，通常当与航线侧向方向的误差在 $\pm 0.5$ 海里时(对于装备有飞行管理系统的飞机)，垂直误差很少超过 $\pm 200$ft。由于相对于沿航线方向的误差，与航线侧向方向的误差和垂直方向误差比较小，为了简化起见，假设在各自区域内误差均匀分布，在 $-c_{\max} \leq c \leq c_{\max}$ 和 $-v_{\max} \leq v \leq v_{\max}$ 区间，$c_{\max} = 0.5$ 海里，$v_{\max} = 200$ ft。

为了离散逼近，将与航线侧向方向和垂直方向分别成 $n_2$ 和 $n_3$ 个小段，由离散化(为了简化假设平均分布) $-c_{\max} \equiv c_0 < c_1 \cdots < c_{n_2} \equiv c_{\max}$ 和 $-v_{\max} \equiv v_0 < v_1 \cdots < v_{n_3} \equiv v_{\max}$ 给出。因此矩形最大位移区被分成 $n_A = n_1 n_2 n_3$ 个子矩形。对于任意 $q \in \{2, 3, \cdots, p-1\}$，第 $k$ 个这样的子矩形特性为

$$r_{a_1-1} \leq r \leq r_{a_1}, \quad c_{a_2-1} \leq c \leq c_{a_2}, \quad v_{a_3-1} \leq v \leq v_{a_3}$$

$$(a_1, a_2, a_3) \in \{1, 2, \cdots, n_1\} \times \{1, 2, \cdots, n_2\} \times \{1, 2, \cdots, n_3\} \quad (2.35)$$

考虑 $f_2(\cdot)$ 与 $f_3(\cdot)$ 均匀分布，在式(2.32)中使用的相应的形心 $\xi_{Ak}^q$ 作为概率质心表示为

$$\xi_{Ak}^q = \left[ \frac{\int_{r_{a_1-1}}^{r_{a_1}} r f_1(r) \mathrm{d}r}{\int_{r_{a_1-1}}^{r_{a_1}} f_1(r) \mathrm{d}r}, \frac{c_{a_2-1} + c_{a_2}}{2}, \frac{v_{a_3-1} + v_{a_3}}{2} \right]^{\mathrm{T}} \quad (2.36)$$

考虑到式(2.33)，则式(2.36)的第一部分为

$$\frac{(r_{a1}^2 - r_{a1-1}^2)/2r_{\max} - |r_{a1}^3 - r_{a1-1}^3|/3r_{\max}^2}{(r_{a1} - r_{a1-1})/r_{\max} - |r_{a1}^2 - r_{a1-1}^2|/2r_{\max}^2}, \quad 0 \notin (r_{a1-1}, r_{a1})$$

以及

$$\frac{(r_{a1}^2 - r_{a1-1}^2)/2r_{\max} - (r_{a1}^3 + r_{a1-1}^3)/3r_{\max}^2}{(r_{a1} - r_{a1-1})/r_{\max} - |r_{a1}^2 + r_{a1-1}^2|/2r_{\max}^2}, \quad 0 \notin (r_{a1-1}, r_{a1}) \quad (2.37)$$

考虑式(2.34)，则与第 $k$ 个相关联的概率 $p_{Ak}$ 为

$$p_{Ak} = \frac{1}{n_2 n_3} P[r_{a_1-1} \leq r \leq r_{a_1}] \quad (2.38)$$

2)圆柱位移区

第二种由高空风引起的误差造成的情况，最大位移区为圆柱形，如图 2.8 所示，设定其半径为 $r_{\max}$，高度在正与负 $Y_3$ 轴线方向各为 $h_{\max}$。对于任意一个航路点 $q \in \{2, 3, \cdots, p-1\}$，得到可能参数值 $\xi_{Ak}^q$ $(k = 1, 2, \cdots, n_A)$，基于式(2.32)，可得关联概率 $p_{Ak}$。

考虑 $X$-空间风力方向由矢量 $w$ 给出。按照式 (2.31)，对于航路点 $q$，这个矢量变换到 $Y$-空间中得到 $[Q_A^q]^T w$。令矢量在 $Y_1$、$Y_2$ 轴方向上的空的投影，只需使 $[Q_A^q]^T w$ 的第三部分为零即可获得，该矢量为 $w^q = (w_1^q, w_2^q, 0)^T$。在当前分段 $Y$-空间中飞行路径的方向 $w^q$ 与 $Y_1$-轴之间形成角度 $\theta_q$，其中

$$\theta_q = \mathrm{sign}(w_2^q) \cdot \arccos\left(\frac{w_1^q}{\|w^q\|}\right)$$

$$\mathrm{sign}(w_2^q) = \begin{cases} 1, & w_2^q \geq 0 \\ -1, & w_2^q < 0 \end{cases} \tag{2.39}$$

注意，这符合 $\arccos(\cdot) \in [0, \pi]$ 的习惯，正向角度相对于 $Y_1$-轴逆时针测量，负向角度顺时针测量。假设风力矢量投影产生的 $Y$-空间的角向位移处于角度为 $\theta_q \pm \Delta$ 圆锥内，$0 \leq \Delta \leq \pi$ 弧度。相应地定义 $Y$-空间的三维位移概率密度函数为：对径向位移 $r$ 的独立分布 $f_R^q(r)$，$0 \leq r \leq r_{\max}$；相对于 $Y_1$-轴所测角向位移 $\theta$ 的 $f_\Theta^q(\theta)$，$\theta_q - \Delta \leq \theta \leq \theta_q + \Delta$；高度位移 $h$ 的 $f_H^q(h)$，$-h_{\max} \leq h \leq h_{\max}$。注意图 2.9 所示的同构离散区域，基于对不同航路点 $q \in \{2, 3, \cdots, p-1\}$ 的分布 $k = 1, 2, \cdots, n_A$，有同样的关联概率 $p_{Ak}$，由此与相应航线 $k$ 的概率有关。如果必要，我们以类似的方式，对不同的航路点考虑不同的风向，只要上述特性属实。此外，这些情况无论哪一种，不同航路点 $q$ 风力强度的变化都可以合并在式 (2.32) 的因子 $\beta_q$ 中。

现在，与前述的误差分布矩形框类似，我们假设径向位移的概率密度函数 $f_R^q(r)$ 由三角形分布描述，表示为

$$f_R^q(r) = 2\left(\frac{1}{r_{\max}} - \frac{r}{r_{\max}^2}\right), \quad 0 \leq r \leq r_{\max} \tag{2.40}$$

此外，受前面讨论的启发，我们令 $f_\Theta^q(\theta)$，$\theta_q - \Delta \leq \theta \leq \theta_q + \Delta$ 和 $f_H^q(h)$，$-h_{\max} \leq h \leq h_{\max}$ 用均匀分布规律来描述。为了获得离散的参数 $\xi_{Ak}^q$ 以及关联概率 $p_{Ak}$，对于 $k = 1, 2, \cdots, n_A$，假定任意 $q \in \{2, 3, \cdots, p-1\}$，我们对由正概率支持的部分圆柱形区域进行离散。按照离散化 $0 \equiv r_0 < r_1 \cdots < r_{n_R} \equiv r_{\max}$，将半径 $r$ 分割成 $n_R$ 个分区。类似地，离散化 $\theta_q - \Delta \equiv \theta_0 < \theta_1 \cdots < \theta_{n_\Theta} \equiv \theta_q + \Delta$，将角度为 $\theta_q \pm \Delta$ 的圆锥分成 $n_\Theta$ 个分段。按照 $-h_{\max} \equiv h_0 < h_1 \cdots < h_{n_H} \equiv h_{\max}$ 将高度 $h$ 分成 $n_H$ 个子区间。此外，为了简化，假设 $\theta$ 和 $h$ 的离散值是均匀分布的。因此，每一种离散子区域具有图 2.9 所示的类型，有 $n_A = n_R n_\Theta n_H$ 这样的子区域。对于第 $k$ 个离散子区域，其特性为

$$r_{a_1-1} \leq r \leq r_{a_1}, \quad \theta_{a_2-1} \leq \theta \leq \theta_{a_2}, \quad h_{a_3-1} \leq h \leq h_{a_3}$$

其中，

$$(a_1, a_2, a_3) \in \{1, 2, \cdots, n_R\} \times \{1, 2, \cdots, n_\Theta\} \times \{1, 2, \cdots, n_H\} \tag{2.41}$$

基于这个区域概率质心，计算相应的 $\xi_{Ak}^q$，并用在式 (2.32) 中。注意如果

$r_k$、$\theta_k$、$h_k$ 表示质心在 $(r,\theta,h)$ 空间，则有

$$\xi_{Ak}^q = [r_k\cos\theta_k, r_k\sin\theta_k, h_k]^T \tag{2.42}$$

进行与式 (2.37) 类似的推导，我们有

$$r_k = \frac{\int_{r_{a_{1-1}}}^{r_{a_1}} r f_R^q(r)\mathrm{d}r}{\int_{r_{a_{1-1}}}^{r_{a_1}} f_R^q(r)\mathrm{d}r} = \frac{(r_{a_1}^2 - r_{a_{1-1}}^2)/2r_{\max} - (r_{a_1}^3 - r_{a_{1-1}}^3)/3r_{\max}}{(r_{a_1} - r_{a_{1-1}})/r_{\max} - (r_{a_1}^2 - r_{a_{1-1}}^2)/2r_{\max}^2}$$

以及

$$\theta_k = \frac{\theta_{a_{2-1}} + \theta_{a_2}}{2}, \quad h_k = \frac{h_{a_{3-1}} + h_{a_3}}{2} \tag{2.43}$$

相应的概率 $p_{Ak}$ 为

$$p_{Ak} = \frac{1}{n_\Theta n_H} P[r_{a_{1-1}} \leqslant r \leqslant r_{a_1}] = \frac{1}{n_\Theta n_H}\left[\frac{2(r_{a_1} - r_{a_{1-1}})}{r_{\max}} - \frac{r_{a_1}^2 - r_{a_{1-1}}^2}{r_{\max}^2}\right] \tag{2.44}$$

3）飞行冲突分析

假设飞机 $A$ 在某个时间区间，如 $[0,T]$，飞越其线性航线段 $q_1-1$ 到 $q_1$，一架闯入飞机 $B$ 在同一时间区间飞越其对应的线性航线段（部分）$q_2-1$ 到 $q_2$。考虑飞机 $A$ 和飞机 $B$ 的航线的相应实现分别为 $k_1 = \{1,2,\cdots,n_A\}$ 和 $k_2 = \{1,2,\cdots,n_B\}$。飞机 $A$ 和飞机 $B$ 在时间区间 $[0,T]$ 中相应线性段，对各自的实现 $k_1$ 和 $k_2$ 描述，如图 2.11 所示。

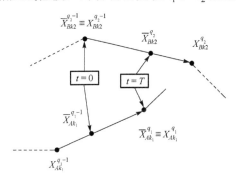

图 2.11　飞机 $A$ 和飞机 $B$ 的航线段

$$X_A = \overline{X}_{Ak_1}^{q_1-1} + td_{Ak_1}^{q_1}, \quad X_B = \overline{X}_{Bk_2}^{q_2-1} + td_{Bk_2}^{q_2} \tag{2.45}$$

从图 2.11 中可以看出，时间区间 $[0,T]$ 的每个端点必须对应于飞机 $A$ 和飞机 $B$ 飞越的线性航线段的某个转折点。假设飞机 $A$ 周围的保护区是尺寸为 $2\delta_1 \times 2\delta_2 \times 2\delta_3$ 的矩形，飞机位于保护区的中心，根据飞机 $A$ 的航线，矩形保护区沿着 Y-轴。

根据式 (2.31)，飞机 $A$ 和飞机 $B$ 在 Y-空间的变换位置为 $Y_A = [Q_A^{q_1}]^T X_A$ 与 $Y_B = [Q_A^{q_1}]^T X_B$，我们让飞机 $B$（作为一个质点）进入飞机 $A$ 的保护区，此时对应的 $-\delta \leqslant Y_B - Y_A \leqslant \delta$，$\delta = (\delta_1, \delta_2, \delta_3)^T$。

根据式 (2.45)，我们得到

$$-\delta \leqslant [Q_A^{q_1}]^{\mathrm{T}}(\bar{X}_{Bk_2}^{q_2-1} - \bar{X}_{Ak_1}^{q_1-1}) + [Q_A^{q_1}]^{\mathrm{T}}(d_{Bk_2}^{q_2} - d_{Ak_1}^{q_1})t \leqslant \delta \qquad (2.46)$$

在式 (2.46) 中，所做的分析是基于保护区方向与计划航线一致的假设。更精确的分析可能要考虑保护区与飞机 $A$ 的每个特定航线实现 $k_1$ 一致。这就要求推导式 (2.46) 时，对每个线性航线段要基于具体的每个航线实现。尽管这在理论上是可能的，但计算起来却令人望而却步，在我们的经验中，也只能对模型的输出精度略有改善。另外，注意以飞机 $B$ 作为基准飞机，飞机 $A$ 作为闯入飞机进行类似的分析，因为飞机 $B$ 闯入到飞机 $A$ 的保护区并不意味着相反的情况，反之亦然。

式 (2.46) 包括了六个线性不等式，要么是对任意区间 $0 \leqslant t \leqslant T$，没有可用的解，要么就是对某区间 $[t_1, t_2] \subseteq [0, T]$ 有解。后一种情况下存在严重的冲突风险，区间 $[t_1, t_2]$ 由 $\delta$ 确定，相应的关联概率为 $p_{Ak_1} p_{Bk_2}$。对所有可能的组合 $(k_1, k_2) \in \{1, 2, \cdots, n_A\} \times \{1, 2, \cdots, n_B\}$。利用式 (2.46) 我们很容易对现有的成对线性航线找到每对实现的这类信息。对所有这样的成对线性航线段重复这个步骤，我们可以得到一个将时间范围划分为区间的网络，其中存在由于飞机 $B$ 闯入飞机 $A$ 的保护区而产生的冲突风险，存在概率为推导出的某个关联概率。例如，对一对特定的线性航线段在某个时间段 $[0, T]$ 获得的仅有的这种非零冲突概率，在图 2.12(a) 所示的时间区间，其中每个区间对应一个有显示概率 $p_{Ak_1} p_{Bk_2}$ 的成对实现 $k_1$ 和 $k_2$ 之间的冲突。在逐渐增加的时间段将各个独立概率累积起来，得到每个特定子区间总的冲突概率，如图 2.12(b) 所示。可以看出特定子区间冲突概率是由图 2.12(a) 所示各区间端点合并产生的。

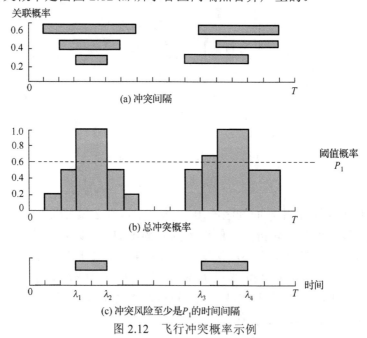

图 2.12　飞行冲突概率示例

　　基于对任意时间区间每个管制扇区的这种分析，我们可以确定任何成对的正在飞行的飞机是否有冲突风险，以及发生闯入的相应时间子区间的详细情况及其关联概率。进行这种冲突风险分析的同时，我们将冲突风险(以及关联概率)的这些持续区间分配到飞过的不同扇区。注意，我们认为这种冲突风险在于使用了扇区占用信息的飞机所在扇区，扇区占用信息是基于其计划飞行路径获得的。虽然可对每个航线实现，以同样方式确定扇区占用情况，但是计算成本高昂。因此对每个扇区用飞机相遇概率模型得到一组持续时间区间，在这中间成对飞机的飞行计划的冲突风险概率相同。现在我们相对于大小为 $\delta$ 的标准间隔，定义一个阈值概率参量 $p_1$，只有当其概率至少为这个值时我们才考虑冲突风险。图 2.12 (c) 描绘的时间区间，其间冲突风险至少是 $p_1 = 0.6$。

　　通过式 (2.46)，可以看出飞机相遇概率模型允许同步分析由保护区大小 $\delta$ 确定的不同程度冲突。因此假设基于标准间隔 $\delta$ 的冲突具有一级严重程度，基于间隔大小 $\delta' = \delta / 2$ 的冲突具有二级严重程度。相应地我们指定一对阈值概率 $p_1$ 和 $p_2$，$p_2 < p_1$，记录联合给定的冲突区间：①发生概率至少 $p_1$ 的一级严重程度的冲突区间；②发生概率至少 $p_2$ 的二级严重程度冲突区间。由二元组 $(p_1, p_2)$ 产生的这一信息将用于导出冲突解脱约束条件。

## 2.1.3　现有计算的局限性

　　从上述多机之间的飞行冲突解决方案来看，如果采用特定空域内所有飞机两两之间的冲突判决，则至少都需要 $\Omega(n^2)$ 时间；从减少计算时间角度，采用了计算几何方法，通过对空中飞机的平面投影图进行子区域的划分，构建 Voronoi 图或以飞机投影位置生成 Delaunay 三角图，进行相邻飞机之间的判决，则可显著减少计算时间，但由于 Voronoi 图或 Delaunay 三角图快速生成算法的时间复杂度至少是 $\Omega(n\log n)$，这样仍然需要较大的计算时间。

　　循着这一思路，如果我们将特定空域预先进行离散化成一个个的子区域，事先准备好这些离散空中格网，基于这些格网开展飞行冲突探测与解脱，则可不必在开展飞行冲突探测计算过程之中进行动态实时生成 Voronoi 图或 Delaunay 三角图，这样是不是就可以减少计算的时间复杂度了呢？这种事先划分出空域的离散格网，存放在计算机之中，是不是以增加计算的空间复杂度换取降低计算的时间复杂度了呢？这些问题能不能成立，需要我们进行分析讨论，这就是我们在建立空域数值计算理论方法时着重思考解决的问题。如果这两个问题成立，对连续空域进行空间离散化处理，形成一个个格网单元，基于这些格网单元可带来一系列的其他方面的优势，尤其是在未来空中分布式自主探测感知-避撞、高超声速飞行器管控、空域动态使用控制问题，以及把空域作为一种受控飞行器、不受控飞行器、有人驾驶航空器、无人驾驶航空器等空中运动对象的管理控制调配手段时，这就需要我们建立全新的看待空域的视角；从另一个角度看，空中运动对象在变、飞行速度差异化加大、对运动对象管控的目标也在变，安全与效率、容量要求等不断地提高，但唯一不变的是我们的空域对象，这个不变的空域对象，却需要我们以变化的视角去重新看待它。此时将空中交通运行的舞台环境（空域）作为控制措施，建立空域数值计算控制理论，通过在信息空间内对空域的控制调整，实现对航空器的多维交通控制，成为下面我们需要进一步探讨的问题。

　　根据空管雷达监视或自动相关监视，探测特定空域内共有 $n$ 架飞机，在时刻 $t_0$ 分别对应的空间位置用直角坐标描述为 $[x_i(t_0), y_i(t_0), z_i(t_0)](i=1,2,\cdots,n)$，对应的速度为 $[v_i^x(t_0), v_i^y(t_0), v_i^z(t_0)]$，设定时间间隔周期 $\Delta t$，这个时间间隔内飞机的运动一般可以看成匀速运动，时刻 $t_0$ 出发预测经过 $\Delta t$ 时间之后达到 $t_1$，则对应空域内 $n$ 架飞机的预测位置：

$$\begin{cases} \hat{x}_i(t_1) = x_i(t_0) + v_i^x(t_0)\Delta t \\ \hat{y}_i(t_1) = y_i(t_0) + v_i^y(t_0)\Delta t, \quad i=1,2,\cdots,n \\ \hat{z}_i(t_1) = z_i(t_0) + v_i^z(t_0)\Delta t \end{cases} \tag{2.47}$$

　　如果更进一步，开展更长时间间隔的冲突探测，即对应寻找从当前时刻之后，较长一段时间之内（通常是半小时）的空中潜在飞行冲突问题。假定时间段为 $\Delta T$，我们可以通过将飞机的空中运动方程，结合飞行意图计划、气象高空风等数据，推断 $\Delta T$ 时间段内飞机可能的轨迹曲线。为了便于问题求解，我们可把时间段 $\Delta T$ 等分成 $m$ 个间隔相对较小的时间段 $\Delta t$，即 $\Delta T = m \times \Delta t$，假设在小时间段 $\Delta t$ 内飞机的空中飞行可以看成匀速运动，则对应的每个小时间段 $\Delta t$ 内飞机的空中运动轨迹可近似表述为一个线段，整个 $\Delta T$ 时间段的轨迹可近似表述为多个相连的线段。这样无论小时间段内还是较长的时间段，飞机在空中飞行的预测运动轨迹要么是一个线段，要么是 $m$ 个相连的线段，这主要取决于 $\Delta T$ 的时长。假定在 $\Delta t$ 的一个小时间段内，飞机预测位置具有概率性，即通过式 (2.47) 计算从 $t_0$ 时刻的位置运动到 $t_1$ 时刻的位置存在不确定性，概率为 $[\mathrm{pro}_i^x, \mathrm{pro}_i^y, \mathrm{pro}_i^z]$，则 $\Delta T$ 时间段内特定空域内的飞机运动处于第 $m$ 个预测位置点的概率为 $[(\mathrm{pro}_i^x)^m, (\mathrm{pro}_i^y)^m, (\mathrm{pro}_i^z)^m]$。这样空中交通运行过程转换为 $\Delta T$ 的一个较长时间段内，按照 $\Delta t$ 时间步进迭代向前，在每个迭代时间段 $\Delta t$ 内空中飞机运动形成了一个线段集合 $S := \{s_1, s_2, \cdots, s_N\}$，则冲突探测问题转换为对线段集合 $S$ 内的线段两两之间求交。

　　**定理 2.6**　设两条非水平的线段 $s_i$ 和 $s_j$ 只相交于其内部的一个点 $p$，则在高于点 $p$ 的位置附近，两个线段 $s_i$ 和 $s_j$ 必然会彼此紧邻的。

　　**证明**　如图 2.13 所示，令 $l$ 为 $p$ 点略高的一个水平面，只要 $l$ 与 $p$ 相距足够近，则沿着 $l$ 向下，线段 $s_i$ 和 $s_j$ 必然是紧邻的，而且没有任何事件点落在我们所取的 $l$ 上，而且也没有任何事件点夹在 $l$ 与通过 $p$ 的水平面之间。总而言之必然存在某个位置，当面 $l$ 向下到达这个位置时 $s_i$ 和 $s_j$ 是紧邻的。证毕。

如果我们将飞机空间三维运动轨迹投影到水平面上，对比根据 2.1.2 节的讨论飞行冲突探测算法的时间与空间复杂度问题，存在这样一个结论。

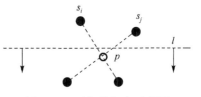

图 2.13　两线段相交示意图

**定理 2.7**[14]　给定由平面上任意 $n$ 条线段构成的一个集合 $S$。可以在 $\Omega(n\log n + k\log n)$ 内，使用 $O(n)$ 空间，报告出 $S$ 中各线段之间的所有交点以及与每个交点相关的所有线段。其中 $k$ 为实际的交点总数。

实际上求解 $n$ 条线段相交测试[17]，最多就是两两之间的组合计算并记录下所有的交点，最坏情况下就需要一个时间复杂度为 $\Omega(n^2)$ 的算法。设 $S$ 是 $n$ 条线段的集合，$I$ 是线段集 $S$ 中所有的 $k$ 个交点的集合，当 $k = (n-1)n/2$ 时是最坏的情况。1976年，Shamos 和 Hoey[17]提出了通过扫描线的方法在时间 $\Omega(n\log n)$ 和空间 $O(n)$ 内判定集合 $S$ 中是否存在相交点的算法。之后几年，Bentley 等对该算法进行扩展[18]，新算法能在时间为 $\Omega(n\log n + k\log n)$ 和空间 $O(n+k)$ 内计算集合 $S$ 中所有的交点，再往后 Pach 等[19]和 Brown[20]把该算法的空间复杂度降低到了 $O(n)$。

如果从空中交通运行角度，特定空域内 $n$ 架飞机，每架飞机运动在 $\Delta T$ 内按照 $\Delta t$ 间隔可分成 $m$ 段的空中线段，即对两架飞机之间的飞行冲突探测可转换为两个线段集合 $S_i$ 和 $S_j$，分别称为红线段集和蓝线段集，只考虑集合 $S_i$ 和 $S_j$ 之间的相交，不考虑集合内部的相交。抽象为这类问题的研究，Chan[21]基于 Mairson 等[22]的研究，提出了一种时间为 $\Omega(n\log n + k)$ 和空间复杂度为 $O(n)$ 的算法。从这些算法的时间和空间复杂度看，飞行冲突探测不论是基于空间子区域分割或者进一步转换成空间线段的相交测试等，都是一种时间复杂度大于空间复杂的计算问题。而且都是一个相对较为复杂的预测性的测试问题。

如果根据上述算法，对特定空域内 $n$ 架飞机进行冲突检测得出两两之间存在 $k$ 个冲突点，且这些冲突点发生在以 $\Delta t$ 小时间段分割冲突探测时长 $\Delta T$ 的第 $m$ 个迭代推进的小时间段内，则在该点上发生冲突的可信概率为 $[(\text{pro}_i^x \times \text{pro}_j^x)^m, (\text{pro}_i^y \times \text{pro}_j^y)^m,$ $(\text{pro}_i^z \times \text{pro}_j^z)^m]$。从概率值上看，随着冲突探测的时间延长，我们的判决其实是越来越不可信的，这是我们在该问题领域面临的最大困难，也是没有很好的解决方法。由于问题本身内在机制决定，这类跨时间尺度的预测判断问题也成为空中交通管理中最为复杂的一类问题。

从某种意义上讲，当空中交通密度不断上升，大流量空中交通管制问题就成为一种技术挑战，交叉曲折的空中路网结构、不可预知的系统干扰、不同机型及同机型在不同高度、不同飞行阶段所表现出的性能差异等，都将使问题研究变得复杂。此外准确、及时、可靠、可信地探测出空中交通存在的潜在飞行冲突，只是开展调整复杂空中交通运行的第一步。对于空中交通涉及的级联效应,调配一处的飞行冲突,极有可能引发出一连串的空中飞行调整。对这些复杂的问题,目前还是难以处理。于是目前仍然采用在地面空中交通管制中心内,通过空管雷达监视获取到空中飞行的瞬时位置参数等,结合飞机计划意图、气象信息,通过对特定空域内飞行数据的集中处理,由管制员参与局部飞行调整,以防止发生空中交通冲突与相撞事件,且这种处理方法仍将是未来很长一段时期内的主要解决方案。如果我们想将飞行冲突探测从地面转移到空中飞机上,基于空中飞机的协同运行与控制,来实现分布式飞行冲突探测与解脱,仍然是一项重大技术挑战,如果不从原理方法源头上寻找技术突破,则不可能从根本上解决这一复杂的技术难题,这也是我们目前所有已建立的飞行冲突探测技术方案的局限性,它来自局部的感知与优化飞行冲突解脱,不代表能解决全局性的飞行冲突探测与解脱问题,更来自于空中交通高速运动、高动态性和高态势演化特性,这就需要研究建立新技术方案。

## 2.2　飞行冲突管理控制

在飞行冲突探测的基础上,这里提出一种空中交通管制的冲突管理方法,以确保飞机之间的安全间隔,同时最大程度减少扇区管制员的工作负荷。空中交通的需求量不断提高,随之造成了许多问题,包括严重的空中交通拥堵,以及空中交通管制员担负的繁重工作负荷。当前新一代空中交通管理系统面临的最大挑战之一,就是要在共享空域中保证安全并提高效率,而在这样的空域中可能会有很多飞机在同时飞行,而且每一架飞机的操作都从自身角度提出优化飞行路径。在空中交通管理中出现了彼此矛盾的飞行时,冲突探测与解脱就成为重要的研究内容,因为它在使空域和地面上的飞机保持安全间隔方面起着至关重要的作用。大体说来,冲突系指两架飞机之间相对距离小于标准间隔距离的情形,其中航路空域中水平间隔的标准距离通常是 5 海里,垂直间隔是 1000ft(这是目前的统一国际标准)。为支持当前空中交通管制系统运行而提出了多种飞行冲突解脱算法[23-27]:Pallottino 等采用混合整数线性规划模型,研究了冲突解脱办法,这种办法允许飞机改变航向角或速度[23];Bicchi 等提出一种最优冲突解脱算法,它通过穿越给定航路点的轨迹优化来最大程度减少燃料消耗[24];Chaloulos 等针对空中交通管理中避免冲突的问题,提出了一种带有导航功能的模型预测管制方案[25];Carpenter 等制订了一种以规则为依据的冲突探测与解脱办法,它在考虑到相撞的概率的前提下向进近间隔较窄的平行跑道的飞机提供引导[26];从文献[27]中还可以查阅到对冲突探测与解脱办法的详尽评述。不过此前的大多数研究都侧重于某一扇区内部的飞机间隔,而较少从多扇区角度出发来审视飞机轨迹。现行的冲突解脱方法把焦点放在仅仅一个扇区内的交通上,这很可能对飞行安全造成不利影响,而且还可能造成效率低下的问题,因为参与冲突解脱的众多飞机有可能需要重新规划它们在后续扇区中的轨迹。其他研究者指出,减少重新规划的轨迹数量就减少了计算工作和飞行员的工作负荷,最终也就提高了安全性[28]。在现行的空中交通管制模式中,冲突解脱的问题都在各个扇区内部来处理。实际上我们应该继续探讨在多个扇区范围内解脱冲突的最佳策略,而不应当维持当前的模式。文献[29]、[30]探究了在出现交通流管理指令的情况下,例如,提出下游航路点的进场时间要求时,如何解脱冲突这样的问题,这些研究提出的冲突解脱办法中的约束条件不仅来自飞机间隔条件,还来自各种交通流计量限制。而我们提出的方法中,飞机在到达下一个扇区边界之前就改变它的进入点。进入点是依据复杂性航图来最大程度减少与下一个扇区内其他飞机间的冲突为条件来判定的[31,32]。复杂性航图系指一种空中交通复杂性评估方法,它体现了依据进入飞机的情况来掌控扇区内的冲突所需要的工作量[33],与体现出空中交通复杂特征的其他方法不同[34-36],复杂性航图对扇区内已知的交通流将如何响应进入飞机而提供对交通流管理相当重要的详细信息。

## 2.2.1　复杂性计算

在当前的空中交通管制系统中,冲突解脱办法针对的是处在某一扇区内的飞机。如果某架新来的飞机进入这一扇区,那么系统就只是在它到达扇区边界之后才开始设法确保它与别的飞机之间的最小间隔。如果进入飞机能够主动采取行动,那就有可能改善管理冲突的效果,而采取这类主动行动的常见方法就是调整某一固定进入点的进入时间。人们通过调整进入飞机的速度来实现进入管理开展了大量研究,以期减轻机场空域中的拥堵状况[37],但是很少有人研究改变进入点的可能性。这里则放弃预先确定的进入点,而以动态方式确定进入飞机的替代性进入点,以此最大限度地减少冲突。以图 2.14 所示的两个空域(分别命名为扇区 A 和扇区 B)来说明我们提出的操作概念。

扇区 A 内有 $N-1$ 架飞机在飞行,交通初始状况是无冲突。时间 $t=0$ 时,一架飞机要从扇区 B 进入扇区 A,预计进场时间是 $t=T$。假定这架进入飞机会造成与扇区 A 内其他飞机间的冲突。按照常规的空中交通管制方法,管制系统只在时间 $t=T$ 之后才开始设法解脱进入飞机带来的冲突。相邻扇区的管制员也可以通过密切协调来解脱冲突,但是这样的协调仅限于战术层级,而且只在进入飞机带来的冲突十分紧迫的情况下才会进行。为此我们提出方法,进入飞机事先就预见到 $t=T$ 时扇区 A 内的空中交通状况,并在到达扇区边界前就判定一个合适的进入点。在时间 $t=T_2$ 时,且在所有冲突都得到解脱后,进入飞机要执行恢复机动,以飞向其初始目的地。在判定扇区边界上新的替代性进入点时就要采用复杂性航图。复杂性航图说明,依据这架飞机所有可能的进入点,解脱进入飞机带来的冲突需要多少管制活动。根据这种信息我们就能以最低限度的管制活动判定出最优进入点。为了从图形上展示管制

活动量 $C$，我们给出了一张复杂性航图，并对管制活动量 $C$ 做出如下定义，以便对扇区内飞机的冲突解脱机动操纵进行量化。

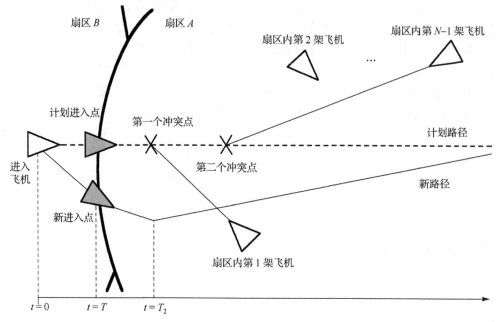

图 2.14　基本运行概念示意

**定义 2.1**　管制活动量 $C$ 系指为解脱某架进入飞机带来的任何冲突而使扇区内飞机做出的航向角改变的总量。

圆形边界以内的空域如图 2.15 所示。复杂性航图是两项参数所决定的结果，其一是进入角 $E$，其二是方位角 $B$。从图 2.15 中可以看出，进入角 $E$ 以从北方

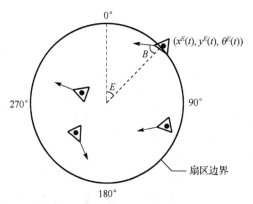

图 2.15　进入角 $E$ 和方位角 $B$ 的定义

进入的角坐标来规定，而方位角 $B$ 则相对于进入飞机与扇区中心相连的径向线来描述进入飞机的相对轨迹。本书采用了以下假设条件来说明所提出的方法。首先，所有飞机在二维空域中按不变速度 $V$ 来移动；其次，当每架飞机的安全环区（半径为 2.5 海里的圆形区域）交叠时，便会产生两架飞机之间的冲突；然后，每架飞机可为避开冲突而改变一次航向角；最后，飞机以运动学模型来表示，可立即改变航向角。

　　针对所有进入角 $E$ 和方位角 $B$ 的组合绘制复杂性航图时所需要的管制活动 $C$ 可通过以下两个步骤判定。我们以处在 $(x^E(0), y^E(0))$ 位置上的一架进入飞机为例。第一步是判定从 $(x^E(T), y^E(T))$ 这一位置上开始的进入角 $E$ 和方位角 $B$ 以及进入飞机的航向角 $\theta^E(T)$。注意，$T$ 代表进入飞机抵达扇区边界的时间，而这一时间 $T$ 要取决于进入点 $(E, B)$，因为进入飞机按照不变速度 $V$ 来飞行，这一点在前面内容已经交代过。如果扇区中心处在初始位置，那么 $(E, B)$ 与 $(x^E(T), y^E(T), \theta^E(T))$ 之间的关系就可以表达为以下公式：

$$E = \frac{\pi}{2} - \arctan\left(\frac{y^E(T)}{x^E(T)}\right) + 2n_1\pi \tag{2.48}$$

$$B = \arctan\left(\frac{y^E(T)}{x^E(T)}\right) - \theta^E(T) - (2n_2 - 1)\pi \tag{2.49}$$

其中，上标 $E$ 表示进入飞机，另外我们引入二进制变量 $n_1$ 和 $n_2$，以使计算结果保持为 $-\pi \leq B \leq \pi$ 和 $0 \leq E \leq 2\pi$。第二步是判定扇区内飞机在时间 $t = T$ 时的位置和航向角。扇区内第 $k$ 架飞机的运动学模型可以表达为以下公式：

$$\dot{x}_k^I(t) = V\cos(\theta_k^I(t)) \tag{2.50}$$

$$\dot{y}_k^I(t) = V\sin(\theta_k^I(t)) \tag{2.51}$$

其中，上标 $I$ 表示扇区内的飞机。依据这些信息，我们就能对绘图函数 $\Phi$ 做出如下定义：

$$\Phi = \{E, B, x_k^I, y_k^I, \theta_k^I\} \in R^5 \to C \in R \tag{2.52}$$

　　要得出管制活动量 $C$，我们需要制订一种冲突解脱算法。管制活动量 $C$ 取决于选择哪一种冲突解脱算法，而当前有多种不同的算法可供选择。不过为说明问题，本书提出了一种特殊的冲突解脱算法，也就是以混合整数线性规划为基础的按序冲突解脱算法。我们要用这种按序算法算出每架飞机的航向角改变量 $\Delta\theta$，从而使所有冲突都能通过新的航向角 $\theta = \theta_0 + \Delta\theta$ 来解脱，其中 $\theta_0$ 为每架飞机的初始航向角。我们可以针对扇区内有两架飞机的情况来做出几何学考虑，在此基础上推导出无冲突的条件，然后将这种条件延伸到 $N$ 架飞机的一般情况中。在解决冲突的按序算法中，绩效指数是通过最大限度减少每架飞机的航向角改变量 $\Delta\theta$ 来确定的。

　　解脱冲突的按序算法的详细算法如图 2.16 和图 2.17 所示[38]，包围着每个飞机的圆形区域是飞机的安全保护区，保护区半径 $L$。这里要注意，我们提出的方法并不排除其他类型的冲突解脱算法。

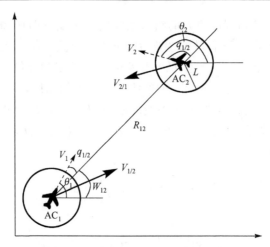

图 2.16　冲突解脱几何示意图(一)

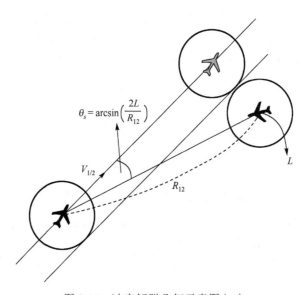

图 2.17　冲突解脱几何示意图(二)

设定 $q_{1/2}$ 和 $q_{2/1}$ 是相对两飞机连线的航向角,$\theta_1$ 和 $\theta_2$ 是绝对航向角,飞机 1 的速度为 $V_1$,飞机 2 的速度为 $V_2$,飞机 1 相对飞机 2 的速度为 $V_{1/2}$,飞机 2 相对飞机 1 的速度为 $V_{2/1}$,飞机 1 与飞机 2 的连线角为 $W_{12}$,飞机 1 与飞机 2 之间的距离为 $R_{12}$。如果以下条件之一,即式 (2.53)～式(2.60)得到了满足,那么飞机 1 和飞机 2 之间就没有冲突。

设定 $\theta_s = \arcsin\left(\dfrac{2L}{R_{12}}\right)$

$$q_{1/2} \geq 0 , \quad q_{2/1} \geq 0 , \quad q_{1/2} \geq q_{2/1} \tag{2.53}$$

$$q_{1/2} \geq 0 , \quad q_{2/1} \geq 0 , \quad q_{1/2} \leq q_{2/1} , \quad \left| -\frac{\pi}{2} + \frac{q_{1/2} + q_{2/1}}{2} \right| \geq \theta_s \tag{2.54}$$

$$q_{1/2} \geq 0 , \quad q_{2/1} \leq 0 , \quad q_{1/2} \geq -q_{2/1} \tag{2.55}$$

$$q_{1/2} \geq 0 , \quad q_{2/1} \leq 0 , \quad q_{1/2} \leq -q_{2/1} , \quad \left| \frac{\pi}{2} + \frac{q_{1/2} + q_{2/1}}{2} \right| \geq \theta_s \tag{2.56}$$

$$q_{1/2} \leq 0 , \quad q_{2/1} \geq 0 , \quad -q_{1/2} \geq q_{2/1} \tag{2.57}$$

$$q_{1/2} \leq 0 , \quad q_{2/1} \geq 0 , \quad -q_{1/2} \leq q_{2/1} , \quad \left| -\frac{\pi}{2} + \frac{q_{1/2} + q_{2/1}}{2} \right| \geq \theta_s \tag{2.58}$$

$$q_{1/2} \leq 0 , \quad q_{2/1} \leq 0 , \quad -q_{1/2} \geq -q_{2/1} \tag{2.59}$$

$$q_{1/2} \leq 0 , \quad q_{2/1} \leq 0 , \quad -q_{1/2} \leq -q_{2/1} , \quad \left| -\frac{\pi}{2} + \frac{q_{1/2} + q_{2/1}}{2} \right| \geq \theta_s \tag{2.60}$$

在对上述公式进行计算处理时，由于不同的飞机对之间存在不同角度的相对航向角，对此处理：

$$q_{1/2} = \theta_1 - W_{12} - 2\pi S_{12} C_{\text{left},12} \tag{2.61}$$

其中，$S_{12} = -\text{sgn}(W_{12})$ 和 $C_{\text{left},12}$ 取值是 0 或 1，以确保 $-\pi \leq q_{1/2} \leq \pi$，$-\pi \leq \theta_1 \leq \pi$。

空中飞机之间的航向角诸多组合之中，我们选择一个使得它们之间不存在飞行冲突的情况，对所有飞机来说调整航向角最小的一种情况，形成相应的整数规划目标函数：

$$\text{cost function} = \sum_{i=1}^{i=N} \left| \theta_{in} - \theta_i \right| \tag{2.62}$$

其中，$\theta_{in}$ 是第 $n$ 架飞机相对于其他每一架飞机来说的新调整的航向角。

## 2.2.2　进入点决策

对于一个扇区来说，新来的飞机进入扇区时就需要这样的决策算法，在初始的复杂性航图中考虑了从 $0° \sim 360°$ 的进入角 $E$ 以及从 $-90° \sim 90°$ 的方位角 $B$。如果以 $1°$ 的格网单元尺寸来让这两个角度离散化，那么式 (2.52) 中的混合整数线性规划模型就要经过 $181 \times 360 = 65160$ 次运算解答才能绘制出复杂性航图。加大复杂性航图上的格网单元尺寸可以减少所需要的运算，但是复杂性航图的准确性也会降低，因为它的精度与格网单元尺寸成反比。为了解决这一问题，我们便把焦点放在如何快速而准确地绘制复杂性航图上。

### 1.　扇区边界上可以到达的进入点

我们提出的方法不必考虑进入角 $E$ 的整个范围以使 $0 < E < 2\pi$。我们只需考虑

扇区边界上对应进入飞机初始位置可以到达的进入点,就可以限定进入角 $E$ 的范围。扇区边界上可以到达的进入点被限定到由 $P_1$ 和 $P_2$ 这两个接触点所决定的一段圆弧上,如图 2.18 所示,其中 $P_s$ 和 $P_f$ 分别为进入飞机在时间 $t=0$ 和 $t=T$ 时的位置。$X$-$Y$ 坐标系中的圆弧可以转换为 $E$-$B$ 坐标系中的四方形。这里要注意,通过考虑可以到达的进入点,我们就可以仅绘制 $E_{P_1} \leqslant E \leqslant E_{P_2}$ 这一限定范围内的复杂性航图,而不必考虑 $0 < E < 2\pi$ 这整个范围。

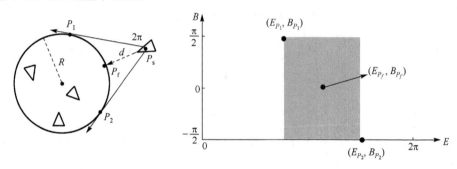

图 2.18　$X$-$Y$ 坐标系和 $E$-$B$ 坐标系中可以到达的进入点

随后我们就能对所需计算量的减少幅度做出以下分析。我们以 $R$ 来表示扇区半径,以 $d$ 来表示图 2.18 所示的 $P_s$ 和 $P_f$ 之间的距离。接下来就可以按照以下公式来推算出计算量的减少比率:

$$减少比率 = \frac{1}{\pi}\arccos\left(\frac{R}{R+d}\right) \tag{2.63}$$

此外最大计算次数也可以算出。$E$-$B$ 坐标系中的四方形按照最小格网单元尺寸来均匀离散化时,最大计算次数就是格网单元点的数量。如果将最小格网单元尺寸规定为 $\varphi$,那么最大计算次数就可以按照以下公式来算出:

$$N_{\max} = \left(\frac{2}{\varphi}\arccos\left(\frac{R}{R+d}\right)+1\right)\times\left(\frac{\pi}{\varphi}+1\right) \tag{2.64}$$

举例而言,如果规定 $R$ 为 200 海里,$d$ 为 30 海里,那么计算次数就能减少 16.44%。此外如果规定 $\varphi$ 为 1°,那么最大计算次数就大约是 $181\times61=11041$ 次。

虽然考虑的是圆形边界,但我们提出的方法可以很方便地应用到任何形状的扇区边界上。只不过在任意形状的扇区边界情况下,需另外规定两项参数来取代进入角 $E$ 和方位角 $B$。首先,我们按照从基准点开始沿着扇区边界的位移量来规定飞机的进入点;之后相对于正北方来规定进入飞机的方位。只要采用这两项参数来取代 $E$ 和 $B$,就能确定出任意形状扇区边界复杂性航图。

2. 以四叉树为基础的航图绘制算法

这里介绍绘制二进制复杂性航图的四叉树绘图算法。最初的四叉树算法是一种空间抽样方法，其中一幅图像被划分为四个等分象限，直至层级内的方格被减少到某一规定程度为止。这里管制活动量 $C$ 大于规定值的进入点被视为不合适的进入点。因此在绘制二进制航图时就要陈述 $C$ 不能大于规定值是否包含了充足的信息。现在按照一种分级方式，我们的算法首先从覆盖可到达进入点的搜索空间的均匀粗格网单元开始，然而在某些区域添加更细的次级格网单元。通过由粗到细地重复这一过程，我们就能绘制出二进制复杂性航图，并且有效地保留最初的复杂性航图中的信息。下面我们以一种单级细化方法为例。单级细化可以扩展到多级细化中。以 $S \in R_2$ 表示搜索空间，也就是图 2.19 中的阴影区。$S$ 这一区域被分隔成尺寸为 $\delta$ 的格网单元，以绘制复杂性航图。下一步就可以计算出区域 $S$ 中每个点 $(E, B)$ 的管制活动量 $C$。图 2.19 给出了格网单元及其相邻的离散点。四方格顶点上管制活动量的方差 $Q$ 是判定是否需要进一步划分更细的次级格网单元的标准。方差 $Q$ 的计算公式如下：

$$Q = \sum_{E=E_n}^{E_{n+1}} \sum_{B=B_m}^{B_{m+1}} (\Phi(E, B, x_k^I, y_k^I, \theta_k^I) - \overline{C})^2 \tag{2.65}$$

其中，$\overline{C}$ 为四方格顶点上管制活动量的平均数。如果 $Q \neq 0$，那么四方格就被划分成尺寸为 $\delta / 2$ 的四象限；否则就不需要划分更细的次级格网单元。图 2.20 给出了 2 级细化的例子。

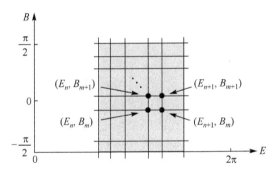

图 2.19　格网以及相邻离散点的界定

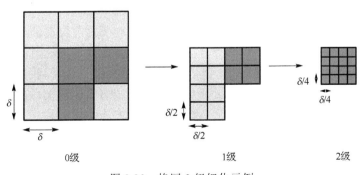

图 2.20　格网 2 级细化示例

四叉树绘图算法概括如下。

步骤 1：按照格网单元尺寸 $\delta$ 来划分搜索空间 $S$。

步骤 2：计算每个离散点 $(E, B)$ 上的管制活动量 $C$，并绘制对应的复杂性航图。

步骤 3：将复杂性航图转换成二进制点阵，其中每个点都有两种表达式：$C=0$ 或 $\neq 0$（$C=1$）。换句话说，如果管制活动量 $C$ 不为零，那么其数值就变换为 1。

步骤 4：针对空间 $S$ 中每一个四方格来计算式（2.65）中的方差 $Q$。

步骤 5：重复步骤 2～步骤 4，直至细分区域中的所有 $Q$ 都为零，或是直至格网单元尺寸缩小到被设定为 1°的最小格网单元尺寸 $\varphi$ 为止。

这里要注意，在许多进入点 $(E, B) \in S$ 上的管制活动量 $C$ 都为零。在所有这些可供选择的进入点中，需把距离原始进入点最近的点视为可行程度最高的进入点。

## 2.3　连续空域离散建模

从上述飞行冲突探测问题分析之中，可以看出传统的以飞机为中心的飞行冲突探测，存在两个问题局限。第一是所谓的特定空域飞机之间的两两判决，带来较高的时间复杂度计算，因此很多研究将计算几何方法应用在这里，从而将那些相距比较远的飞机排除在计算之外，降低算法的时间复杂度。但是另一个问题，即对应的预测跨时间尺度问题，这是由事物本身内在特性决定的，所以没有太好的解决策略，现实中通过加入飞机计划意图、高空气象数据及飞机的空地信息交换等，从而进一步提高飞机空间位置的预测准确性，用工程技术方法降低预测的不确定性，达到解决问题的目的。第一个问题之中，采用了计算几何方法，这一方面的主体思想是把空间进行了子区域的划分，从而对邻接的飞机之间展开判决，这为我们提供了一个很好的思路。如果我们预先直接对连续的空域进行离散化成一个个的子区域或者是构建格网化的空域，则将飞机的位置预测转变成飞机运动处于一个个的格网之中的预测，由于格网单元具有一定的空间范围，这样在我们可信的预测概率之下，飞机未来运动所处的格网之中的预测概率被显著提高了，换算过来是不是提高了我们的预测可靠性呢？即通过扩大飞行运动落入的空间范围，增加预测可信度，从而提高我们对问题求解的可信度。由于空域格网化后，实施飞行冲突探测是否只进行相连格网单元内的飞机间的判定，以同计算几何方法类似地降低计算时间复杂度呢？对应计算空间复杂度又是如何呢？这是本节中重点讨论的问题，即我们的空域离散化设想其本身能带来哪些计算处理好处，如何开展空域离散化建模，离散的空域如何进行数字编码，如何数学表达，最后分析这种处理方法的优势。

实际上在很多领域早已开始采用空间格网结构，如在建筑工程设计领域进行空间格网结构的计算理论、分析方法、试验研究和工程实践等，相关学者采用有限元划分进行有关的数值模拟分析，其格网划分涉及单元的形状及拓扑类型、格网生成器的选择、格网密度与编号、几何体素等内容。较为常见的格网划分方法可采用三角形、四边形、四面体、五面体和六面体，通过指定单元边长、格网单元数量等参数对格网生成进行控制。在计算流体力学领域，其格网生成的方法是实施数值计算的重要一环。实际上格网生成（Grid Generation）不仅仅是一种技术，从某种意义上也是一门艺术和科学。格网单元即在计算区域内的一系列离散点，格网单元可以是连续的，也可以是不连续的，通过这些格网的存在实现数值计算，解决工程设计、流体力学、空间统计等诸多领域问题。

根据计算流体力学领域的方法，格网主要分为结构化格网和非结构化格网[39]。结构化格网可以用一个固定的法则予以命名，如图 2.21（a）所示。设 $i$、$j$ 为格网节点编号方向，则该格网所有节点可以用 $i$、$j$ 的编号来表示，如小圆中的节点可以表示为 $i_5$、$j_4$。结构化格网，又被称为映射序列格网，生成思路首先将原始几何映射成规则四边形，生成正四边形格网，再重新映射（Mapping）到原来的几何形状，关键是要定义映射成正四边形的四条边（Edge）以及角点（Vertices），这种方法也是分块拓扑的方法即切分复杂几何的基本拓扑体，展露原始几何的本质拓扑结构。与结构化格网不同，非结构化格网节点位置不能用一个固定法则予以有序命名，如图 2.21（b）所示。对于复杂工程来说，结构化格网生成难度较小、计算量也小，能够较好地控制格网生成质量，但适应对象面较窄；非结构格网对模型的自适应性较好，但是计算量较大，对计算要求较高。

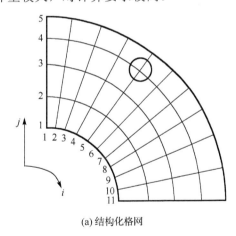

(a) 结构化格网

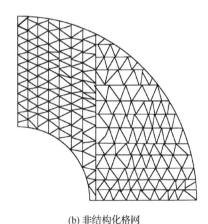

(b) 非结构化格网

图 2.21　结构化与非结构化格网示例图

上述领域开展的结构格网化之后的数值计算分析，对于空中交通管理和空域管理具有一定借鉴作用。对于连续空域来说，如何通过格网化实现数值计算分析呢？在前面探讨的飞行冲突探测问题上，已显现出通过空域空间分割带来的计算处理的好处。对于空中交通空域来说，由于空管雷达监视或自动相关监视，可实现对飞机这类运动对象的位置跟踪，以运动对象为中心的飞行调配和防撞控制是自然而然的首选。但是如果从另一个更广阔的视角看，如果空中运动对象存在不受控的弹道目标、自主无人飞行器、高超声速飞行器等，此时单纯以运动对象为中心进行管控是不是难以实现，精细运用空域的划分与控制会不会成为一种有效的手段？这些问题的回答，需要我们进行仔细分析，尤其在思考空域离散化问题上必须论证离散化的必要性、目的性及其作用，我们进行离散化之后能开展哪些计算处理，这些计算处理的可靠性、可用性及能解决什么问题等。下面我们着重分析讨论这些问题。

## 2.3.1　数字空域概念

### 1. 地理空间剖分概述

从飞行冲突探测与解脱计算几何方法效果看，通过对特定空域的空间分割，可带来一定的计算处理优势。对于地理空间分割问题研究，目前已成为地理信息技术的研究热点和前沿领域。构建全球离散格网系统（Discrete Global Grid System，DGGS），成为一种研究空间位置及数据组织管理的有效模式。全球离散格网采用特定方法将地球均匀剖分，形成无缝无叠的多分辨率格网层次结构，采用单元地址编码代替传统地理坐标参与数据计算，具有诸多优势[40]，体现为单元图形与地面位置一一对应，有助于建立以位置为对象的多源数据处理模式；单元大小随着格网层次不断变化，在结构上支持多分辨率数据处理；单元具有严密的层次隶属关系，是一个天然的全球空间索引结构；单元运算可以完全借助编码实现，有利于提高数据计算和处理效率。全球格网系统研究自 20 世纪 80 年代以来得到快速发展，文献[41]、[42]在总结前人研究基础上提出了离散全球格网系统概念，给出离散全球格网系统的基本定义及构建的基本思路与框架。目前对地球空间格网研究主要集中在球面空间格网方面，包括空间格网剖分与编码、格网空间拓扑性质与几何度量、基于格网的空间实体模型与空间关系模型等，并出现了一些典型的全球空间格网系统，如基于经纬度划分的球面格网系统、基于空间实体剖分的球面格网系统、基于规则多面体投影的球面格网系统等[43]。

基于经纬度划分的球面格网系统[44-46]，利用经纬线坐标在球面上进行分割构成格网系统。美国军事格网参考系统（Military Grid Reference System, MGRS）在经纬网的基础上加绘一组相互垂直并保持一定间隔的方格网，该网覆盖全球并采用统一标识，提供全球一体化位置信息服务；其采用 WGS-84 全球坐标系，在北纬 84° 与南纬 80° 之间采用通用横轴墨卡托投影（Universal Transverse Mercator Projection，UTM）面，在北纬 84° 以北和南纬 80° 以南的极地地区采用通用极球面投影（Universal Polar Stereographic Projection, UPS）面；具体为北纬 84° 与南纬 80° 之间，以地理经差 6°、纬差 8° 进行划分，编码规则在水平方向从西经 180° 开始，按照经差 6°自西向东依次编码 1～60；垂直方向从南纬 80°起按照纬差 8°从南往北依次编码为 C～X 字母（为避免 I 和 1、O 与 0 的混淆去掉了这两个字母）；对于极地地区采用字母 A 与 B、Y 与 Z 分别标识南北极 0°和 180°子午线以西区域与以东区域的格网分区名称。在格网一级分带基础上，在南纬 80°～北纬 84°每一带根据 UTM 坐标再划分边长 100km 的格网，并将上述带区标识与格网的名称结合起来，进行二级格网的编号；在百千米格网编码的基础上，再划分更高分辨率的格网单元，直至细分到米级以下大小的格网。基于 MGRS 美国提出了国家格网（United States National Grid, USNG）。

基于空间实体剖分的球面格网系统[47,48]，也称为球面自适应格网或球面不规则格网，主要以球面上空间实体为基础，按照空间实体的某种特征通过构建空间实体的 Voronoi 图，对球面进行剖分的不规则格网。利用 Voronoi 多边形进行球面剖分，可建立全球地形的不规则三角网模型，这种格网可根据实体数据密度进行自适应调整，它比基于经纬度剖分的格网具有更高的灵活性，但是不能进行递归层次剖分处理。基于规则多面体投影的球面格网系统[49]，目前有五种理想正多面体投影到球面上能产生形状相同的球面多边形，主要是正四面体、正六面体、正八面体、正十二面体和正二十面体。一般来说多面体的面越小，在和球面转换过程中的变形就越小，正四面体和正六面体的面最大，其形状最不接近球面，但是正六面体表面能够方便地剖分为矩形四叉树，所以被广泛采用；正二十面体的面最小，所以在此基础上定义球面格网变形也相对最小，对应的球面格网构建过程是，首先选择用来替代球面的规则多面体，通过适合的多面体投影变换建立起球面与多面体表面的对应关系，然后将多面体表面在平面中展开成基本初始格网，从而将球面问题转化到平面上进行解决，接着只需对平面初始格网进行递归剖分，建立平面层次格网，最后再利用多面体投影的逆变换将各个层次的格网映射到球面上，就可完成整个球面格网系统的构建。

为保证球面格网等积，目前使用最多的投影是施耐德等积多面体投影（Snyder Equal Area Polyhedral Projection）。借助施耐德等积多面体投影，可将平面上生成的格网转化到球面上，因此对平面上格网的剖分方式，直接决定了球面格网种类，能完全覆盖平面格网的常见剖分图形有三角形、正方形、菱形和六边形。目前应用到球面展开的格网中，通常使用三角形、菱形和六边形，因此球面格网可分为球面三角格网系统、球面菱形格网系统和球面六边形格网系统，尤其六边形格网系统应用比较广泛[50]。

地理空间格网理论方法研究的优势在于以整个地球为研究对象，更适合处理全球尺度问题，这同空中交通运行和空域管理面临的问题是一致的。离散格网单元就像地球表面多维电子表格，既可像数据库一样对空中交通数据和空域信息做各种统计，又可利用格网间的集合算子实现空域使用分析和调度决策。实际上从目前地理信息科学及相关技术发展趋势看，无论数字地球还是数字城市，都需要人们改变采用地图投影表达地理空间数据的传统方法,这是因为在过去以纸张为主要信息载体,纸面上只能记录二维信息,由此必须研究空间三维坐标向二维坐标进行转换的理论和方法,在长期的实践中人们找到了地图投影,为空间数据处理提供了自由度。但计算机问世后要把空间数据数字化放到计算机中,人们自然想到用离散而且有拓扑关系的编码描述各种空间要素、用规则排列的格网描述空间位置,这就为开展数字空域技术研究提供了基础,我们完全可以突破平面限制,按照地球真实方式存储、管理空中交通运行和空域信息,建立基于格网的空间坐标系,这是一种不同于目前的地理坐标系的全新坐标系,采用每个格网单元对应的地址码,代替地理坐标在球面上进行各种计算操作,由于地址码既表示位置,又带比例尺和精度信息,所以在实际的空中交通管理之中具有处理多尺度问题的巨大潜力。

## 2. 连续空域剖分思路

空中交通管理是紧密依赖于空间位置关系的一种从战略、预战术到战术分级控制的复杂领域问题,从地理空间剖分视角看,如果能够将一个国家或地区的空中交通运行空间剖分为格网,建立基于地球空间的空中交通格网系统,用于研究分析空中交通航路系统优化、终端区运行、空中交通流量管理、空域容量及空域性能测度问题等,则可能建立起不同于传统基于空间投影二维平面的空中交通管理系统,这是数字地球技术在空中交通管理领域的一种全新拓展应用,我们将其称为数字空域技术。该技术首先表现为将连续空域离散化为空间格网,实现将空中交通运行航行结构、空域规划、空中交通流量、通信导航监视设施设备电磁信号空间覆盖、航空气象数据、设施设备运行状态等数据基于格网进行集成组织,从而有望解决数据之间关联困局,建立信息共享与服务方面的新模式;其次,基于格网的数据集成组织管理后,可实现对空中交通管理多源异构数据信息的多分辨率可视化展现;然后,若空中交通运行的各类数据实现了有序集成,则可以围绕一系列定义指标,开展基于格网的空域状态度量、性能测算、使用评测的数字测度分析。此时空中交通格网系统的每个格网单元兼具空间和对象属性的双重内涵,格网单元的空间位置、空间形状、空间颗粒度体现其空间内涵,而对象属性内涵,则指该格网单元范围的空中交通属性(空中交通流量、空中交通管制间隔适用标准、空中交通安全风险系数、空中交通管制员工作负荷等)。此外,由于对象属性值随时间变化,这样可以给格网单元对象属性值赋予时间戳,从而实现格网单元对象属性值的历史记录与变化表达。对此我们设计了一个三元组数据结构 $G(C, T, A)$ 进行组织空中交通运行的各类数据,其中 $C$ 为格网单元空间编码,$T$ 为时间戳,$A$ 为属性集合。显然该三元组是以 $C$ 为唯一标识符的大数据组织样式,$T$、$A$ 为二维表开集,具有格网单元空间、时间坐标和格网单元对象属性的自描述特性,不仅理论上可无限记录该格网单元任意属性的动态变化,而且内在地实现了格网单元的各类对象属性数据的有机关联。这一基本特征，为实现格网单元的对象属性数据的集成融合、关联分析和可视化表达提供了基本条件，具备实现空中交通运行大数据信息的共享服务的天然优势。考虑到便于测度分析空中交通运行的各类参数指标，我们研究认为，构建覆盖地球表面、紧致均匀、不存在重叠与遗漏的、具有相似面积大小与几何形状的离散格网是当下研究重点。

鉴于我国传统地图分幅样式及地理范围北纬 4°～53°，我们定义了地球南纬 60°～北纬 60° 为中低纬度地区，南纬 60° 以南和北纬 60° 以北为极地地区。对中低纬度地区，采用等经纬度间隔法划分，对于极地地区采用三角形格网划分。中低纬度地区被赤道分成两个纬差 60° 的纬度带，为顾及全球格网规则性与易扩展性，我们采用经度差也为 60° 的划分。在纵向上全球从 180° 经线开始，自西向东以 60° 经度间隔进行纵向的剖分，形成 6 个经度带，编码为 0～5；从赤道开始，南北两侧分别以 60° 纬度线进行横向的剖分，形成中低纬度和极地地区两部分。纵横交错的经纬线构成全球基本格网，如图 2.22 所示。

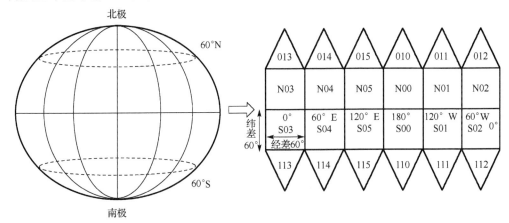

图 2.22　空中交通全球基本格网剖分

我们对北半球中低纬度基本格网 N00 进行剖分，按照 $15 \times 10$ 进行划分，则得到 150 个纬差 4°、经差 6° 的子格网单元，正好对应我国 1：100 万国家基本比例尺图幅范围。子格网编码由父格网编码和子格网在父格网中的行列号组成，如图 2.23 所示。

同理依次剖分可得 1：50 万、1：25 万、1：10 万、1：5 万、1：2.5 万和 1：1 万等我国六种基本比例尺图幅范围所对应的格网单元，编码规则与第一级格网相同，如图 2.24 所示。从第八级开始往下剖分，按等经纬度间隔进行四叉树剖分，各级别格网编码采用两位数字码标识行列数。随着剖分层次的增加，格网分别率也成整数倍增加。

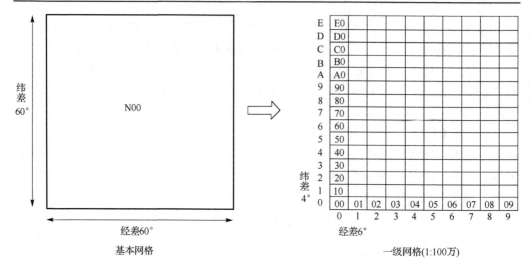

图 2.23　空中交通全球基本格网一级剖分

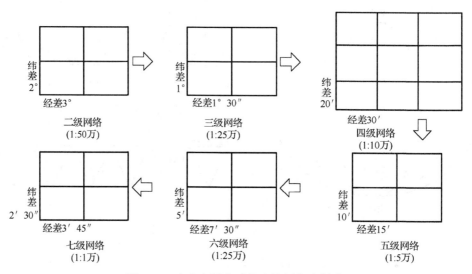

图 2.24　空中交通全球基本格网依次剖分

空中交通全球基本格网立体空间示意，如图 2.25 所示。设定 12800~30500m 空域为高高空空域；8550~12800m 空域为高空空域；3150~8550m 空域为中高空空域；1050~3150m 为中低空空域；1050m 以下空域为低空空域。分圈层进行空间剖分，将球面经纬格网剖分拓展到空间中。

3. 空域数值计算原理

我们基于经纬度分割的空中交通格网系统，将空中交通各类数据信息按空间格网、时间及属性三元组 $G(C,T,A)$ 进行组织集成管理，开展基于格网多分辨率及不同

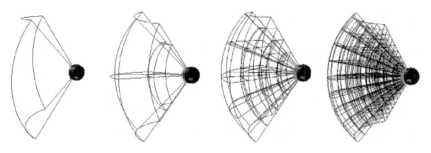

图 2.25 空中交通全球基本格网立体空间示意图

时间尺度、空间尺度下的空中交通运行状态数值计算,具体框架如图 2.26 所示。围绕上述的数据组织架构及计算原理,我们研制了一套数字化空域系统,进行空中交通管理的可视化分析。

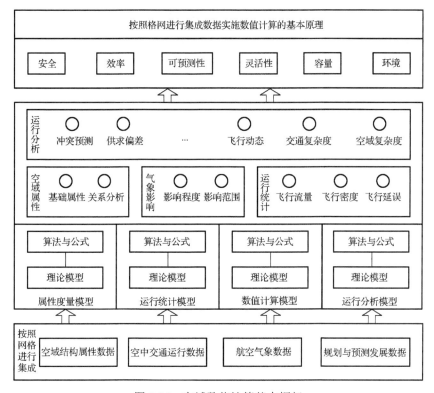

图 2.26 空域数值计算基本框架

## 2.3.2 空域离散用途

我们研究认为,实现连续空域离散化形成格网,存在三个方面的主要用途形式及必要性。

1. 作为特定飞行器的管控方法

从空域精细高效使用角度看，传统以飞行器为中心的空域使用，侧重于空域是一个飞行的物理空间，我们关注点是飞行在哪个位置、空域边界是什么、在多大空间范围内实施等，通过对飞行器运动控制，可以限定飞行实施影响范围，从而不必考虑空域本身的问题。但是随着空中飞行多了之后，高密度运行之中，则对如此多的空中对象实现单独的个体控制，带来一个很大问题，就是个体运动的级联效应问题，即调整一个飞机会影响波及其他飞机甚至是空域内的全部飞机，带来很大的安全性问题，这是一个非常难以处理的问题。从控制理论方面说，这是种多主体控制的复杂性与全局不受控的问题。这个时候如果将空域作为一种空中运动控制的手段措施，则可带来诸多的好处。通过应用规划技术，可实现将高速(高超声速)飞行器、自主飞行无人机等限制在特定航路性质的空域内，实现飞行冲突管理和调配，此时管理飞行不再局限于对飞行器本身的速度大小、飞行方向、位置调配的管理，而是通过空域划分与灵活运用，实现空中交通的运行调配。

2. 用于训练飞行空域的使用调度控制

对于类似军事训练飞行的空域使用问题，传统上主要是基于地理经纬度、高度的空间位置坐标点，划设固定的训练飞行区域，用于管理训练飞行的对象。这种方法带来的问题主要是，空域使用效率较低，难以灵活组合配置空域用于不同科目训练飞行。如果我们将以机场为中心的空域离散化为格网(图 2.27)，则可以通过格网的排列组合实现空域灵活调配与使用控制。

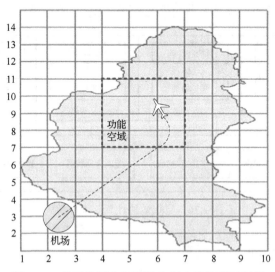

图 2.27　基于格网化的训练飞行空域管理示例图

如图 2.27 所示，通过组合 $(i_5, j_8)$、$(i_5, j_9)$、$(i_5, j_{10})$、$(i_5, j_{11})$、$(i_6, j_8)$、$(i_6, j_9)$、$(i_6, j_{10})$、$(i_6, j_{11})$ 及 $(i_7, j_8)$、$(i_7, j_9)$、$(i_7, j_{10})$、$(i_7, j_{11})$ 格网单元，组成了一个适合特定训练科目所需的一种功能空域，从而实现以离散组合方式，通过规则的空域体组成所需的空域，实现对特定空域使用的精细化管理与控制。

这些格网单元可通过编号编码，将原先基于地理信息空间的经纬度的空域划分与管理，转变成了基于数字编号编码的空域管理与使用控制。训练飞行之前申报飞行计划、调配空域使用将不再基于固定的空域模式，而是利用离散化的格网单元组合成一个个的功能空域，从而可解决空域资源的节约使用和精准使用释放问题。另外，通过改变空域使用激活的程序，离散的格网单元没有被组合成功能空域及功能空域没有被使用激活，或者没有到使用预置时间点前，这些格网单元空域就没有被使用激活，其他航空器和飞行活动则可以正常使用这些格网单元。到了预置时刻，组合成的功能空域被激活，其他航空活动则需要避让这些格网单元空域进行飞行。此外通过这样动态使用控制空域，可以实现更为高效节约的配置空域，增强了空域配置使用的精准度。同时通过格网单元的编号编码的统一授权与更新，可实现军事航空活动与民用航空之间的空域使用信息的高度共享，这样就不会因为保密等原因限制了双方对空域配置、动态使用、信息统一的共同认知。

3. 用于飞行冲突探测的空间分割

通过空域离散化形成格网，可实现以格网单元为基准，统计空中交通飞行密度，测算空管雷达监视、地空通信的电磁信号覆盖性能，分析地基和星基的航空导航精度、可用性、完好性等性能指标，更为重要的一点是基于划分的合适大小的格网单元，可以进行飞行冲突探测与解脱的应用，降低原先计算方法的时间复杂度，改善跨时间尺度的空中对象运动位置预测的发散性带来的冲突探测结论可信度低的问题。随着预测时间的加长，空中运动对象的预测落点位置将以圆立体区域的形式呈现，这是预测之中不可避免的问题，现实之中可以通过空管雷达监视位置更新预测落地位置，从而保持对空中运动对象位置的准备连续可控跟踪。假定迭代推进的飞行冲突判决时刻为 $t_n$，在二维平面内依照预测发散圆的大小，则可确定判决出有关的网格组成的区域，如果该区域内存在其他的飞机，则认为可能存在潜在的未来安全风险，这个风险具有一定的可能性，则可以将此区域格网着色为红色（RED）表示高风险，其他不存在风险的格网区域着色为绿色（GREEN）表示风险极低，对其他可能存在的风险区域着色为黄色（YELLOW）可表示安全风险中等。通过投影的二维平面上的着色区域，我们可以按照时间迭代推进分析未来空中运动对象的时空位置状态，形成安全风险演化趋势图，以作为开展风险防范及空中交通流量与空域协同管理与控制的风险识别依据等。

这种处理方法通过预测空中运动对象落点所处的扩大域，不再详细考虑运动对象的运动速度矢量间相互关系，实现对跨时间尺度的飞行冲突判决，形成了空中飞行潜在风险的热度图。基于这张图可通过计算机图像的快速识别功能，将其反馈到预测时间基点位置的空中运动对象计划飞行路径意图、速度矢量改变上，反复持续地优化飞行路径安排及空域使用，从中寻找出一种更好地安排空中交通运行的策略及飞行的时空安排计划，实施基于热度图的空域离散化的使用控制决策。

上述讨论的连续空域离散化应用的三种场景，不是未来应用的全部，但已说明了我们开展连续空域离散化方法研究的必要性。这是因为，随着现代航空科技的发展，空中运动对象的性能不断改变，飞行速度越来越快、飞行高度越来越高、飞行性能越来越好，大众化普惠航空也快速推进到我们身边，以飞行器为中心构建安全有序高效的管控措施办法，凸显出越来越多的弊端，当只采用一种方法管控为数众多的性能差异很大的飞行对象则越来越难，需要我们创新思路。与此同时，信息技术的快速发展，其硬件产品性能和数据处理能力的不断提升，网络通信技术的飞速发展，计算机系统的信息化与智能化，使得我们过去对于各种工程系统和计算的需求已不仅仅局限于系统功能的扩充上，而是更关注系统资源的合理有效分配和系统性能效能的优化上，以及服务个性化与用户满意度的提升上。当我们的信息空间与连续电磁信号覆盖的飞行空间融合成为一种信息物理空间之后，传统视角看待连续空域的方式必须更新，应用离散化方法从排列组合形式看待空域，把离散格网作为全新空域计算处理的基础，把飞行冲突风险映射到离散格网之中、通过格网的调度管理空域和飞行对象，则是一种未来趋势，也是一种有用的方法。不变的是连续空域外在的物理实体，改变的是我们看待空域的方式及在信息物理空间之间的空域组成样式，这是本书讨论的重点。从而得出我们开展空域离散化的目的是，以空域的空间分割进行飞行管控；以空间分割为基础测算飞行安全风险，降低传统以飞行对象为中心的测算潜在风险的复杂性与难点；实现空中交通管理基于连续空域分割为格网的一系列数值计算，包括安全性、空域容量、航空运行效率、空域的电磁信号覆盖性能、空域使用状况统计、空中交通流量统计与预测控制、航空气象数据空间分割处理等计算，可基于此形成一套全新的交通空域数值计算理论体系。

连续空域离散化处理在空中交通管理之中的作用，我们认为主要有三个方面：一是可对空中交通管理的重要物理基础——空域进行离散化的数值计算，这种计算是通过定义一系列同空中交通管理运行有关的性能指标，基于离散的空域格网单元开展的，故被称为空域数值计算与分析理论，这也是用一种全新的视角进行空中交通管理研究；二是将空域提升为一种飞行管理与控制的手段，由此必须找到对空域的计算处理方法，实现可信、可靠、安全、高效调度管理空域，将传统的固定划分固定应用的模式，转变成灵活动态使用控制空域，并为新型飞行器、高速飞行器运行管理提供技术原理；三是在监测空中交通运行和空域使用状态中，可建立新型的测度指标与方法，基于离散空域格网可以实现对不同电磁信号覆盖、运行性能、间隔标准、飞行密度、管制工作负荷、空中交通复杂度及空域运行复杂度等建立新的测度模型，并可实现快速地识别安全风险、测算空域容量及使用效率，为开展战略性的空中交通管理和空域规划、预战术和战术空中交通管制等提供信息反馈，构建良好的大闭环控制策略等。

## 2.3.3　格网划分方法

连续空域离散化成格网，这些格网是开展计算分析的基础，其大小通常根据研究问题的需要进行确定，具体划分方法如图 2.28 所示。下面我们讨论格网单元大小划分的情形。

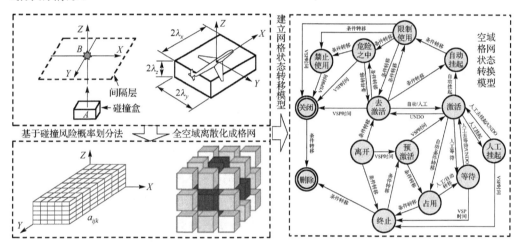

图 2.28　空域格网划分方法示意

### 1.　基于 Reich 模型的格网单元大小确定方法[5]

Reich 最早设想的碰撞概率，应该和三个方面的因素有关，分别是空中交通密度(Traffic Factors)、航空器运动参数(Aircraft Parameters)和导航性能(Navigation Performance)。飞机在空中飞行的全过程中，根据两架飞机的接近程度，可将飞行冲突划分为空中碰撞和危险接近两个等级。空中碰撞即两架飞机之间的距离小于等于飞机机身长度之和的 1/2，危险接近即两架飞机之间的距离小于等于规定的间隔标准，Reich 模型就是根据这两种不同的接近程度建立的。

图 2.29 所示为碰撞模板和临近层示例。假定每架飞机的尺寸大致相同，飞机长度、翼展、高度分别用 $\lambda_x$、$\lambda_y$、$\lambda_z$ 表示。以飞机 A 为中心在纵向、横向、垂直方向上分别以 $2\lambda_x$、$2\lambda_y$、$2\lambda_z$ 虚拟出一个长方体区域，飞机 B 则可以看成一个质点。空中碰撞可看成当飞机 B 碰撞飞机 A 时，飞机 B 的重心正好在飞机 A 碰撞模板的边缘上，

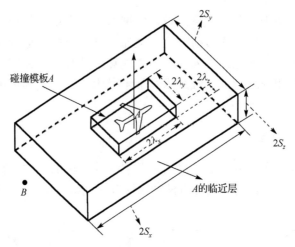

图 2.29　空中碰撞模板和临近层示例

碰撞过程近似看成质点 $B$ 撞击了飞机 $A$ 的模板。临近层上，假设飞机 $A$ 为中心做一个长方体，其长宽高分别为 $2S_x$、$2S_y$、$2S_z$。当飞机 $B$ 在临近层外时，两架飞机之间被视为无碰撞风险，当飞机 $B$ 十分靠近该层时碰撞风险就会上升，当飞机 $B$ 越过临近层边缘位于临近层内时表示发生了危险接近并且有碰撞风险。碰撞风险可用公式表示为

$$碰撞风险 = 交通密度 \times 航空器参数 \times 导航性能 \tag{2.66}$$

在模型中飞机被模型化为长方体(或者后来的圆柱体，英文文献中称为 Disc 模型)，最后得出结论是计算碰撞风险。该模型可分解为三个方向，分别确定横向、纵向和垂直方向的安全间隔。

$$C = P_x P_y P_z \times \left( \frac{|\dot{x}|}{2\lambda_x} + \frac{|\dot{y}|}{2\lambda_y} + \frac{|\dot{z}|}{2\lambda_z} \right) \tag{2.67}$$

其中，$P_x$ 是纵向方向上重叠概率；$P_y$ 是横向方向上重叠概率；$P_z$ 是垂直方向上重叠概率。

横向碰撞模型为

$$C = P_y(S_y) \times P_z(0) \times \frac{\lambda_x}{S_x} \times \left( E_s \times \left( \frac{|\dot{x}_s|}{2\lambda_x} + \frac{|\dot{y}|}{2\lambda_y} + \frac{|\dot{z}|}{2\lambda_z} \right) + E_0 \times \left( \frac{|\dot{x}_0|}{2\lambda_x} + \frac{|\dot{y}|}{2\lambda_y} + \frac{|\dot{z}|}{2\lambda_z} \right) \right) \tag{2.68}$$

纵向碰撞模型为

$$C = P_y(0) \times P_z(0) \times \frac{\lambda_x}{S_x} \times \left( E_s \times \left( \frac{|\dot{x}_s|}{2\lambda_x} + \frac{|\dot{y}|}{2\lambda_y} + \frac{|\dot{z}|}{2\lambda_z} \right) + E_0 \times \left( \frac{|\dot{x}_0|}{2\lambda_x} + \frac{|\dot{y}|}{2\lambda_y} + \frac{|\dot{z}|}{2\lambda_z} \right) \right) \tag{2.69}$$

垂直碰撞模型为

$$C = P_y(0) \times P_z(S_z) \times \frac{\lambda_x}{S_x} \times \left( E_s \times \left( \frac{|\dot{x}_s|}{2\lambda_x} + \frac{|\dot{y}|}{2\lambda_y} + \frac{|\dot{z}|}{2\lambda_z} \right) + E_0 \times \left( \frac{|\dot{x}_0|}{2\lambda_x} + \frac{|\dot{y}|}{2\lambda_y} + \frac{|\dot{z}|}{2\lambda_z} \right) \right) \quad (2.70)$$

上述模型之中，$E_s$ 为飞机同向飞行数占总量的比；$E_0$ 为飞机反向飞行数占总量的比；$|\dot{x}_s|$ 为飞行方向同向的相对速度；$|\dot{x}_0|$ 为飞行方向反向的相对速度；$|\dot{x}|$ 为 $x$ 方向相对速度；$|\dot{y}|$ 为 $y$ 方向相对速度；$|\dot{z}|$ 为 $z$ 方向相对速度；$P_y(S_y)$ 为横向间隔 $S_y$ 的重叠概率；$P_z(0)$ 为垂直重叠概率；$P_y(0)$ 为横向重叠概率；$P_z(S_z)$ 为垂直间隔 $S_z$ 的重叠概率。

通过对特定空域长期的空中交通运行数据进行统计分析，可以得出特定空域基于 Reich 模型计算的有关参数，如果我们设定出横向碰撞的风险系数 $C$，则可以通过式 (2.68) 计算出临近层的 $S_x$ 值，这样就可以采用这个参数作为我们划分格网单元大小的依据。通常临近层参数我们采用空中交通管制的间隔参数作为基本依据，如果取较大的碰撞风险参数，$S_x$ 参数也变小，则我们的空域格网单元可以变小。

**2. 基于飞机尾流间隔的格网单元大小确定**

尾流是飞机机翼产生升力的伴随产物，它会导致跟进的后机发生滚转、俯仰、颠簸、掉高度等严重后果。由于它的非可视性，必须保持两架飞机之间的间隔。尾流间隔不同于空中交通管制间隔标准，它涉及前后两架飞机的分类，由此形成了不同类型飞机之间的尾流间隔。应用尾流间隔标准，我们可作为一种初步确定交通空域格网单元划分的大小基准。

**3. 基于轨迹预测误差的格网单元大小确定**

航空器在空中的位置是地理经度、纬度和高度的三维坐标，而这个三维坐标又是与时间相关联的，如果把空间三维位置和时间放在一起则统称为四维轨迹。四维飞行轨迹预测指预测航空器未来飞行的时空位置，其主要目的在于保证飞行安全、维护空中交通秩序和加速空中交通流量。对于空中交通运行来说，其飞行是基于事先确定的计划航路航线实施的，一般来说，此类的飞行要结合飞机的意图路径开展长时间的轨迹预测，这种预测也称为战略预测或预战术预测。由于计划航路上局部区域可能存在恶劣天气、特殊用途、飞行冲突等情况，飞行员需要针对当时复杂的空域运行情形适当调整航路飞行，表现为增加或改变飞行预先计划的轨迹点，如图 2.30 所示。

图 2.30 中不规则多边形区域为恶劣天气推断分布区域，以深颜色表示，分布在三个区域，区域周围分布有扩展的保护缓冲区域，以浅颜色表示。此时需根据飞机当前和历史信息推断飞行意图，目前可能沿原先计划航线飞行，也可能从危险区域边缘一侧避开危险区域。因此从战略层面预测未来飞行轨迹，需根据现有信息确立

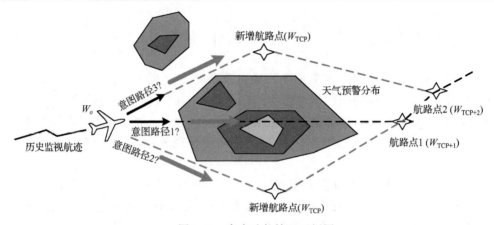

图 2.30　空中改航情况示例图

飞行的下一个轨迹改变关键点(Trajectory Change Points, TCP)。从空中交通管制角度出发开展飞行意图推断十分重要。为了实现此类预战术或战略层面的飞行轨迹可信、可靠预测,我们常通过概率方法描述预测的可能偏差,主要预测要素包括飞行的航向偏移、飞行位置偏移、到达指定关键点的时间与计划时间的偏移(Time To Go, TTG)、速度偏移。航向偏移表示飞机当前航向与计划航向偏差,如图 2.31(a)所示。$\theta_{wi}$ 为飞机到各航路点的方位角;$\theta$ 为飞机当前航向;$d_{wi}$ 为飞机当前航向与前往的航路点 $W_i$ 的偏差量。

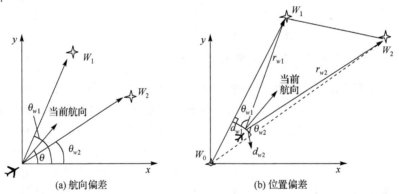

(a) 航向偏差　　　　　　　　　　(b) 位置偏差

图 2.31　航向与位置偏差示例

假设航向偏移服从高斯分布 $N(\mu,\sigma^2)$,均值 $\mu=0$,方差可表示为 $\sigma_h$。对应可以求得 $t$ 时刻航向偏移对应的概率值为

$$p_h(W_i,t) = N(\theta(W_i);0,\sigma_h) = \frac{1}{\sqrt{2\pi\sigma_h}}e^{-\frac{\theta(W_i)^2}{2\sigma_h^2}} \tag{2.71}$$

$$\theta(W_i) = (\theta - \theta_{wi}) \times 180/\pi \tag{2.72}$$

考虑到在空中交通运输中，为体现飞行的舒适性，取 $\sigma_h = 10°$；$i = 1, 2, \cdots, M$；$M$ 表示飞机最近经过航路点的邻近航路点数，理论上这些关键点可成为飞机计划达到的航路点。根据 $3\sigma$ 边缘分布，该方差保证飞机航向分布在计划意图模型航向 $\pm 30°$ 区间之内。

位置偏差，如图 2.31 (b) 所示，飞机经过 $W_0$ 航路点飞向 $W_1$ 过程之中位置偏离计划航线，$d_{w1}$ 表示飞机飞往 $W_1$ 航路点偏离计划航线的垂直偏移量，$r_{w1}$ 表示飞机当前位置到 $W_1$ 的距离，$\varphi_{w1}$ 为两者的夹角。以此类推，航路点 $W_2$ 也得到类似关系。位置偏差对应的概率 $p_d(t)$ 通过计算 $\varphi_{w1}$ 服从均值为 $90°$，方差为 $\sigma_d$ 的高斯分布

$$p_d(W_i, t) = N(\varphi_{wi}; 90, \sigma_d) = \frac{1}{\sqrt{2\pi}\sigma_d} e^{-\frac{(\varphi_{wi} - 90)^2}{2\sigma_d^2}} \tag{2.73}$$

$$\varphi_{wi} = \arccos(d_{wi} / r_{wi}) \times 180 / \pi \tag{2.74}$$

其中，取 $\sigma_d = 10°$；$i = 1, 2, \cdots, M$。

对于飞机以当前速度和离航路点距离计算得到的到达时间与计划时间偏差问题，假设 TTG 偏移符合均值 $\mu = 0$，方差可表示为 $\sigma_T$ 的高斯分布，可求得概率值为

$$p_{\text{TTG}}(W_i, t) = N(\text{TTG}(W_i); 0, \sigma_T) \tag{2.75}$$

其中，$\sigma_T$ 为时间偏移误差方差，根据实际的 TTG 误差规定适当选择值域范围。

速度偏差是通过真实速度与计划速度的比值服从均值 $\mu = 1$，方差可表示为 $\sigma_v$ 的高斯分布，则

$$p_v(W_i, t) = N(\hat{v}_{av} / v_l; 1, \sigma_v) \tag{2.76}$$

其中，$\hat{v}_{av}$ 表示真实速度值；$v_l$ 表示计划速度值；可取 $\sigma_v = 0.1$，根据 $3\sigma$ 边缘分布在飞行意图模型速度的 70%～130%，速度允许范围较大。

根据上述的飞行航向偏差、飞行位置偏差、到达指定关键点的时间与计划时间的偏差、速度偏差等的概率分布，我们可以按照移动窗口处理方式，基于预测迭代周期 $\Delta t$ 向前推进，假设向前递推到第 $i$ 个周期，则预测分布概率 $p^i$，对应的我们可以将离散格网大小设定为 $\sigma / p^i$。

**4. 基于历史数据统计的格网单元大小确定**

从现实情况看，同一航班空中飞行时间总是一定的，有时可能受空中交通管制或气象原因的影响，飞行时间会出现一定程度的波动。对于一特定航班设其飞行时间的二元线性回归模型为

$$y = \hat{\beta}_0 + \hat{\beta}_1 x_1 + \hat{\beta}_2 x_2 \tag{2.77}$$

其中，$y$ 为全程飞行时间；$\hat{\beta}_0$ 为常数项；$\hat{\beta}_1$ 和 $\hat{\beta}_2$ 为偏回归系；$x_1$ 和 $x_2$ 分别表示空中交通管制因素影响因子和气象因素影响因子。设第 $i$ 天该航班实际飞行时间为 $y_i$，选择合适的 $\hat{\beta}_1$ 和 $\hat{\beta}_2$ 参数值，使得实际观测值 $y_i$ 与回归估计值 $\hat{y}_i$ 的偏差平方和

达到最小。空中交通管制影响因素主要是飞抵目的机场时，考虑到目的机场的流量情况会使管制员采取一些措施指挥飞机空中等待或者加速飞行，由于每天的航班计划类似，因此发生情况时管制员对同一航班基本采取类似以往的调配措施。气象影响因素主要是季风，在较长时间范围内特定区域的风向和风速会保持稳定。基于这些特征，定义的管制因素影响因子和气象因素影响因子，其取值范围定义为[−1,1]，表示该因素影响飞行时间的程度。

$$Q = \sum_{i=1}^{n}(y_i - \hat{y}_i)^2 \tag{2.78}$$

考虑到同一航班飞行线路是一定的，且执行该航班飞行任务的飞机机型也基本不变，所以每次飞行的空间轨迹几乎相同。因此飞机在起飞之后 $t$ 时刻所处的位置跟其最近历史飞行轨迹中该时刻的位置存在密切关联性。但由于每次飞行时间长度是不定的，故同一时刻历史位置可能差别较大。为了能在相同的时间区间内对飞行位置进行比较，有必要先将这些历史飞行时间进行归一化处理。这在数据挖掘之中是个数据清理的过程，在完成时间归一化之后，根据 $t$ 时刻的历史位置预测下次飞行该时刻的飞行位置及可能的误差范围，基于这个统计性误差范围，我们可以建立空域格网单元的大小。主要思路是，通过对特定空域航班飞行历史轨迹进行回归分析，确定出每个航班的回归性的基准轨迹，之后分析航班历史飞行轨迹相对该基准轨迹的空中位置误差，确定出该误差方差值，可作为确定格网单元大小的基本依据。

5. 飞行空域固定格网单元划分

还有其他多种方法可用于确定空域格网的大小，这里不再论述。如图 2.32 所示，通过空域格网的划分，建立一定的编号规则，就可以应用于前面讨论的基于格网的空中交通管理。关于具体的应用及建模分析、算法设计等，后续将陆续展开论述。

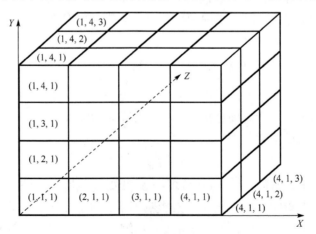

图 2.32　空域格网划分示例图

根据格网单元建立方法，对不同地理层次剖分可建立不同空间矩阵，这些矩阵的"行""列"同剖分的层级结构有关联。

$$连续空域 \xrightarrow{数字离散化} 字空间栅格集合 \xrightarrow{数字描述} 三维空间矩阵 \tag{2.79}$$

首先对三维空间矩阵进行描述，设定 $a_{i \cdot j \cdot k}$ 表示地理划分后第 $i$ 行、第 $j$ 列、第 $k$ 高度层范围上的空域数字格网单元，$a_{i \cdot j \cdot k} \in A_{i \cdot j}$，其中 $k = 1, 2, \cdots, 52$。即 $A_{i \cdot j}$ 表示空域数字格网单元的平面投影对应的二维区域，是地理划分的第 $i$ 行、第 $j$ 列平面格网单元。

$$A_{i \cdot j} = [a_{i \cdot j \cdot 1}, a_{i \cdot j \cdot 2}, a_{i \cdot j \cdot 3}, \cdots, a_{i \cdot j \cdot 52}] \tag{2.80}$$

每个 $a_{i \cdot j \cdot k}$ 都有唯一的标识码，如图 2.32 所示。根据这个编码可以计算出该空域数字格网单元中心点的地理经纬度和所在的高度层；同时给定一个点的经纬度及高度也可以算出唯一的编码值。根据对给定区域的四叉树划分，则每一次划分都可以建立一个三维空间矩阵，对于 $2^n \times 2^n$ 的格网系统（即进行 $n$ 次剖分形成的格网系统），其对应的三维空间矩阵为 $G_{2^n \times 2^n}$，其中

$$G_{2^n \times 2^n} = \begin{bmatrix} A_{1 \cdot 1} & \cdots & A_{1 \cdot 2^n} \\ \vdots & & \vdots \\ A_{2^n \cdot 1} & \cdots & A_{2^n \cdot 2^n} \end{bmatrix} \tag{2.81}$$

如对纬度从南纬 8°线开始至北纬 56°线，经度从东经 54°线开始至东经 150°线，进行 4 次的四叉树划分，其三维空间矩阵：

$$G_{16 \times 16} = \begin{bmatrix} A_{1 \cdot 1} & \cdots & A_{1 \cdot 16} \\ \vdots & & \vdots \\ A_{16 \cdot 1} & \cdots & A_{16 \cdot 16} \end{bmatrix} \tag{2.82}$$

这样对应于不同的四叉树划分，我们依次可以得到 $G_{1 \times 1}$、$G_{2 \times 2}$、$G_{4 \times 4}$、$G_{8 \times 8}$、$G_{16 \times 16}$ 直到 $G_{2^{13} \times 2^{13}}$。

## 2.3.4 格网编码方法

### 1. 空域高度离散方法

根据目前国际民航组织的规定，空中交通管理空域的最高上限高度，是以标准气压高度基准测量的 30500m。按标准气压高度值，对空域进行空间圈层划分。我们设定"高高空空域"范围为 12800～30500m；"高空空域"范围为 8550～12800m；"中高空空域"范围为 3150～8550m；"中低空空域"范围为 1050～3150m；"低空空域"范围为 1050m 以下。按不同种类空域范围，我们共分成 5 个圈层，分别基于同一地理经纬线进行空域圈层划分，编号 00H～04H（十六进制）。

(1)对于 1050m 以下的"低空空域"（第 0 圈层），首先将 150m 以下空域分为

第一层，之后按照 300m 间隔，划分至 1050m 高度限，编号 00H～03H(十六进制)。

(2)对于 1050～3150m "中低空空域"(第 1 圈层)，按照 300m 间隔划分，编号 00H～06H(十六进制)。

(3)对于 3150～8550m "中高空空域"(第 2 圈层)，按照 300m 间隔划分，编号 00H～11H(十六进制)。

(4)对于 8550～12800m "高空空域"(第 3 圈层)，考虑到米制高度层划分之中 8400～8900m 采用 500m 间隔，则我们从 8550m 按照 500m 间隔划分，之后再按照 300m 间隔划分，编号 00H～0CH(十六进制)。

(5)对于 12800～30500m "高高空空域"(第 4 圈层)，此时高度层采用 600m 间隔，则我们从 12800m 按照 600m 间隔划分至 18800m，之后不再分层进行划分，编号 00H～09H(十六进制)。

2. 空域地表投影区离散方法

对 30500m 以下空域的平面投影区，可基于局部的地理经纬度线构建出适用研究我国空中交通管理的基本平面格网系统，如图 2.33 所示。

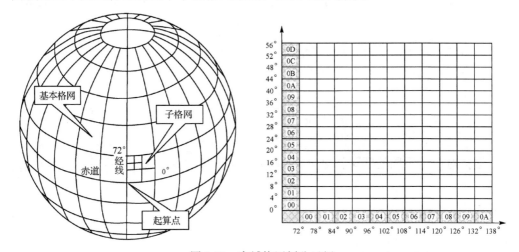

图 2.33　空域格网划分示例

我国地理范围南北位于北纬 3°～54° 之内(最北端北纬 53°33′，最南端北纬 3°52′)；我国地理范围东西位于东经 73°～136° 之内(最西端东经 73°40′，最东端东经 135°2′30″)。我们定义地球南纬 60°～北纬 60° 为中低纬度地区，南纬 60° 以南和北纬 60° 以北为极地地区。我们通过对中低纬度地区采用经纬度间隔法划分，来构建适合管理我国领空范围内飞行活动和空域的空中交通基本格网系统。为顾及全球 1:100 万航空地图的分幅，我们将起算点设置在东经 72°、纬度 0° 处，采用经度差 6°、纬度差 4° 的划分法。在经度上从 72° 经线开始，自西向东按 6° 经度差，直到经度 138°。形成 11 个经度带，依次编号 00H～0AH(十六进制)；在纬度上从 0° 纬线开始自南向北按 4° 纬度差，直至纬度 56°，形成 14 个纬度带，编码从 00H～0DH(十六进制)。

从基本格网开始逐级进行四叉树的划分，递归生成分级的子格网。子格网编码采用由"1"和"3"组合的两位数字码即"11""13""31""33"四个数字码中的一个，其中两位数字码的第一位数字，标识子格网中心点纬度与所在上一级格网中心点纬度的关系，如果子格网中心点纬度大于所在上一级格网中心点纬度，则第一位数字为"3"，否则为"1"；第二位数字，标识子格网中心点经度与所在上一级格网中心点经度的关系，如果子格网中心点经度大于所在的上一级格网中心点经度，则第二位数字为"3"，否则为"1"，具体情况示例如图 2.34 所示。

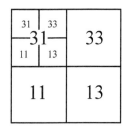

图 2.34　空域格网划分示例

这样得出子格网的四个数字编码可为"11""13""31""33"。子格网继续逐级划分，仍采用这种原则进行编码，这样就可以无限地划分下去。

根据空域依照高度进行圈层划分，再按照飞行高度层划分；平面投影按照我国 1:100 万航空地图分幅为基本格网，再进行四叉树递归划分，这样我们可建立一套三维空间空域格网数字编码方法。对平面基本格网的第 $T$ 级四叉树划分，我们建立的编码结构如图 2.35 所示。

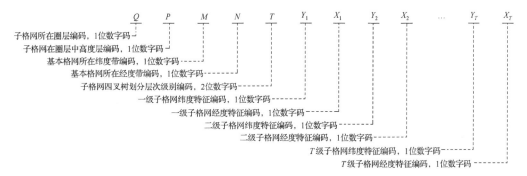

图 2.35　空域格网划分示例

数字编码之中的每 1 位数字码，对应于一个 8 位的无符号整数。编码结构及定义如表 2.1 所示。

表 2.1　编码结构及定义

| 字段 | 位数 | 取值 | 含义 |
| --- | --- | --- | --- |
| $Q$ | 1 位数字码(十六进制) | 取值 00H～04H | 子格网所在圈层编码 |

续表

| 字段 | 位数 | 取值 | 含义 |
|---|---|---|---|
| $P$ | 1 位数字码(十六进制) | 在 0 圈层中取值 00H～03H<br>在 1 圈层中取值 00H～06H<br>在 2 圈层中取值 00H～11H<br>在 3 圈层中取值 00H～0CH<br>在 4 圈层中取值 00H～09H | 子格网在圈层中的高度层编码 |
| $M$ | 1 位数字码(十六进制) | 取值 00H～0DH | 基本格网所在纬度带编码 |
| $N$ | 1 位数字码(十六进制) | 取值 00H～0AH | 基本格网所在经度带编码 |
| $T$ | 2 位数字码(十六进制) | 取值 00H～FFH | 子格网四叉树划分层次级别编码 |
| $Y_1$ | 1 位数字码(十六进制) | 取值 01H 或 03H | 一级子格网纬度特征编码 |
| $X_1$ | 1 位数字码(十六进制) | 取值 01H 或 03H | 一级子格网经度特征编码 |
| $Y_2$ | 1 位数字码(十六进制) | 取值 01H 或 03H | 二级子格网纬度特征编码 |
| $X_2$ | 1 位数字码(十六进制) | 取值 01H 或 03H | 二级子格网经度特征编码 |
| $Y_T$ | 1 位数字码(十六进制) | 取值 01H 或 03H | $T$ 级子格网纬度特征编码 |
| $X_T$ | 1 位数字码(十六进制) | 取值 01H 或 03H | $T$ 级子格网经度特征编码 |

如编码 0203070500030301030301（十六进制）则对应于：

(1) 垂直空间：第 02H 圈层（3150～8550m 的中高空空域）；高度层 03H 号（飞行高度层 4200m，高度范围 4050～4350m）；

(2) 平面位置：07H05H（十六进制）编码对应于纬度间隔 28°～32°、经度 102°～108°的基本格网；

(3) 子格网划分级别：00H03H（十六进制）编码表示对平面基本格网进行了 3 级划分，对应的地理坐标范围是纬度 31°～31°30′、经度 103°30′～104°15′，如图 2.36 所示。

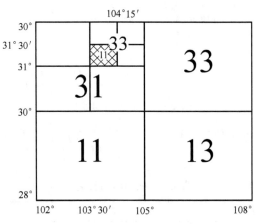

图 2.36　空域格网划分示例

根据子格网划分的方法，我们建立由子格网编码与其高度范围和中心经纬度之间的转换公式。

1) 计算标准气压高度范围

首先根据 $Q$ 对应的值，确定子格网单元所在的圈层；其次根据子格网单元所在的圈层，再根据 $P$ 对应的值，确定子格网单元所在的高层范围及对应的飞行高度层。

2) 计算子格网单元中心点经纬度

第一步，计算出子格网单元所在的基本格网单元的中心点经纬度 $B_s$ 和 $L_s$。

$$B_s = M \times 4 + 2 (单位：°) \tag{2.83}$$

$$L_s = 72 + N \times 6 + 3 (单位：°) \tag{2.84}$$

第二步，计算子格网单元中心点对应的经纬度 $B_T$ 和 $L_T$。

$$B_T = B_s + \sum_{i=1}^{T} \left( (Y_i - 2) \times \frac{2}{2^i} \right) (单位：°) \tag{2.85}$$

$$L_T = L_s + \sum_{i=1}^{T} \left( (X_i - 2) \times \frac{3}{2^i} \right) (单位：°) \tag{2.86}$$

3) 由空间点标准气压高度 Height，计算圈层 $Q$ 和高度层 $P$ 编码

首先根据索引，通过比较 Height 值是否落入"高高空空域"（12800～30500m）、"高空空域"（8550～12800m）、"中高空空域"（3150～8550m）、"中低空空域"（1050～3150m）、"低空空域"（1050m 以下）的范围内，确定出圈层 $Q$ 的编码。

其次依照确定出的圈层 $Q$ 编码，通过比较 Height 值是否落入相应的高度层范围，确定 $P$ 的编码。

4) 由空间点平面投影经纬度和子格网单元级别计算格网单元的编码

假定空间点的平面投影纬度 $B$、经度 $L$，这里的纬度和经度参数值要求处于我国的境内范围才可以计算。

第一步，确定该空间点平面投影点所在的基本格网单元编码 $M$ 和 $N$。

$$M = \text{int}\left( \frac{B}{4} \right) \tag{2.87}$$

$$N = \text{int}\left( \frac{L - 72}{6} \right) \tag{2.88}$$

其中，$\text{int}(\cdot)$ 表示取整的函数。

第二步，根据给定的子格网单元级别 $T$，确定所在级的子格网单元的四叉树编码。

$$Y_t = \begin{cases} 3, & B - B_{t-1} \geq 0 \\ 1, & B - B_{t-1} < 0 \end{cases} \tag{2.89}$$

$$X_t = \begin{cases} 3, & L - L_{t-1} \geqslant 0 \\ 1, & L - L_{t-1} < 0 \end{cases} \tag{2.90}$$

其中，$t = 1, 2, \cdots, T$；$B_{t-1}$ 和 $L_{t-1}$ 由式(2.85)、式(2.86)决定，且 $B_0 = B_s$ 和 $L_0 = L_s$，$B_s$ 和 $L_s$ 为基本格网单元的中心点经纬度。根据上述基于局部经纬度线的空间格网划分进行举例，列表描述不同划分层次的格网单元大小，以及赤道和纬度 52° 附近各层次格网大小，如表 2.2 和表 2.3 所示。

表 2.2　赤道附近空域格网划分

| 划分层次 | 对应经纬度范围 | |
| --- | --- | --- |
| | 纬度范围 | 经度范围 |
| 0 | 0°~4°(长度约 444km) | 0°~6°(长度约 666km) |
| 1 | 0°~2°(长度约 222km) | 0°~3°(长度约 333km) |
| 2 | 0°~1°(长度约 111km) | 0°~1.5°(长度约 166.5km) |
| 3 | 0°~0.5°(长度约 55.5km) | 0°~0.75°(长度约 83.25km) |
| 4 | 0°~0.25°(长度约 27.75km) | 0°~0.375°(长度约 41.625km) |
| 5 | 0°~0.125°(长度约 13.875km) | 0°~0.1875°(长度约 20.8125km) |
| 6 | 0°~0.0625°(长度约 6.9375km) | 0°~0.09375°(长度约 10.40625km) |
| 7 | 0°~0.03125°(长度约 3.46875km) | 0°~0.046875°(长度约 5.203125km) |
| 8 | 0°~0.015625°(长度约 1.734375km) | 0°~0.0234375°(长度约 2.6015625km) |
| 9 | 0°~0.0078125°(长度约 0.8671875km) | 0°~0.01171875°(长度约 1.30078125km) |

表 2.3　在纬度 52°附近各层次格网大小

| 划分层次 | 对应经纬度范围 | |
| --- | --- | --- |
| | 纬度范围 | 经度范围 |
| 0 | 52°~56°(长度约 444km) | 0°~6°(长度约 410.0305km) |
| 1 | 52°~54°(长度约 222km) | 0°~3°(长度约 205.01525km) |
| 2 | 52°~53°(长度约 111km) | 0°~1.5°(长度约 102.507625km) |
| 3 | 52°~52.5°(长度约 55.5km) | 0°~0.75°(长度约 51.2538125km) |
| 4 | 52°~52.25°(长度约 27.75km) | 0°~0.375°(长度约 25.62690625km) |
| 5 | 52°~52.125°(长度约 13.875km) | 0°~0.1875°(长度约 12.813453125km) |
| 6 | 52°~52.0625°(长度约 6.9375km) | 0°~0.09375°(长度约 6.4067265625km) |
| 7 | 52°~52.03125°(长度约 3.46875km) | 0°~0.046875°(长度约 3.20336328125km) |
| 8 | 52°~52.015625°(长度约 1.734375km) | 0°~0.0234375°(长度约 1.60168164km) |
| 9 | 52°~52.0078125°(长度约 0.8671875km) | 0°~0.01171875°(长度约 0.80084082km) |

从表 2.2 和表 2.3 可以看出，对于空中交通管理系统来说，我们对基本格网进行 10 级的递归划分，可划分出长宽约 1km 的空间格网单元，这个大小的格网单元可

以满足进行最小级别划分的空管应用，再小的划分则没有必要。同时可以看出，在中低纬度区域基于经纬度线的划分方法，虽然格网单元大小具有一定的变形，但相比于空中交通管理的航空器之间的间隔标准，这种变形误差是可以接受的。图 2.33 所示的区域可被分成 $11 \times 14 = 154$ 个基本格网单元；如果每个格网经过 9 次划分，则每个基本格网经过 9 层级划分可形成 $4^9 = 262144$ 个最小的子格网单元；则我国空域平面投影的最小子格网单元总数为 40370176 个。如果根据高度层划分为 52 层，则全国空域最小子格网单元总数为 2099249152 个。

# 2.4 空域格网应用示例

## 2.4.1 冲突探测应用

本节介绍一种基于格网单元的飞行冲突探测方法。一般来说，传统的飞行冲突探测，考虑到 $n$ 架飞机，对未来一段时间内飞行进行战略冲突探测，假定每架飞机未来航迹离散为 $M$ 个时间片，飞机之间的欧氏距离计算需要 $D_e$ 次数学操作，则全空域内的飞行一次战略冲突探测计算量 $C_d$ 为

$$C_d = D_e M \frac{n(n-1)}{2} \tag{2.91}$$

根据上述传统方法的计算量估计公式，战略飞行冲突探测规模，将受制于离散时间片、预测时长及飞机总数据量。由此需要发展更为优化的计算方法。我们给出一种基于分类算法的战略飞行冲突探测算法。一般来说，飞行冲突总是发生在飞机周边空域。基于这一事实，我们在水平面上将全空域进行离散为格网单元，如图 2.37 所示。对每个格网单元进行编号，建立有关的冲突探测算法。

如图 2.37 所示，假设格网单元的每行共计 12 个格网单元，则格网单元的编号 $K$，可通过全空域的行号 $J$ 和列号 $I$ 进行表征为

$$K = I + 12J, \quad 0 \leqslant I \leqslant 11; \quad 0 \leqslant J \leqslant 11 \tag{2.92}$$

预测未来一段时间内两架飞机轨迹分布情况，通过格网单元编号的集合进行描述。例如，飞机 1 的预测轨迹在全空域格网内覆盖的编号集合为 {13,25,37,38,50,51,63,64,76,77,89,90,102,103}，飞机 2 的预测轨迹在全空域格网内覆盖的编号集合为 {109,110,98,99,87,88,76,77,78,66,67,68}，两架飞机编号集合为 {13,25,37,38,50,51,63,64,76,77,89,90,102,103,109,110,98,99,87,88,76,77,78,66,67,68}。通过对集合元素进行分类排序，可得到 {13,25,…,76,76,77,77,…,110}，则我们很容易观测出编号为第 76、77 的格网单元是两架飞机的预测轨迹冲突点，进一步根据时间进行判断，

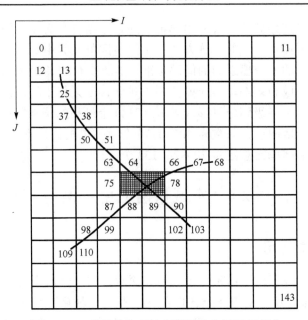

图 2.37　一种战略飞行冲突探测的空间格网划分

是否在同一时刻两架飞机到达该格网单元，就可以得出结论。由此我们可以得到利于分类排序的飞行冲突探测算法，具体步骤如下。

步骤 1：假定空域内 $n$ 架飞机，每一架飞机的计划航迹包含 $M$ 个离散时间分段，这样我们可以分配包含 $M \times n$ 个元素的一维数组 $S$ 及辅助数组 $A$。

步骤 2：将全空域的水平区域为 $L \times L$ 的范围，离散成为格网，则共计包含 $(I_{max}+1)(J_{max}+1)$ 个正方形格网，每个格网单元的大小根据问题研究需要设定，如精细到 5 海里的大小。

步骤 3：将每一架飞机水平面地理坐标 $x$ 和 $y$ 转换到格网单元编号上，则对应格网单元行和列号为

$$I = \frac{x}{L}I_{max} + \frac{1}{2}, \quad J = \frac{y}{L}J_{max} + \frac{1}{2} \tag{2.93}$$

步骤 4：计算出飞机预测轨迹对应于全空域格网单元的编号为

$$K = I + (I_{max}+1) \times J \tag{2.94}$$

步骤 5：将各架飞机的未来预测轨迹点对应的格网单元编号存入数组 $S$ 中，并在对应位置的辅助数组 $A$ 中存入飞机的编号。

步骤 6：对数组 $S$ 按照升序进行元素排序，排序过程中调整数组 $S$ 的元素位置时，对应调整数组 $A$ 的相应元素位置。

步骤 7：扫描数组 $S$ 中的各个元素，如果发现存在相同值的元素，则将其取出来，该值对应格网单元的编号。

步骤 8：对于取出来的存在重复的格网单元编号数组 $K$，则可以求出其对应的行列号：

$$J = \frac{K}{I_{\max} + 1}, \quad I = K - (I_{\max} + 1) \times J \tag{2.95}$$

步骤 9：从辅助数组 $A$ 中对应位置，取出两架飞机的编号，则可以得出这两架飞机之间存在可能的飞行冲突，再根据划分的时间片做进一步的判断，可以得出结论。

对于 $n$ 架飞机，每架飞机的预测轨迹分为 $M$ 段，如果我们使用堆排序法（Heapsort），则平均计算操作次数为 $C_h = 16Mn\log_2(Mn)$；如果我们使用快速排序法（Quicksort），则平均计算操作次数为 $C_q = 8(Mn+1)\log_2(Mn)$。为了进一步降低计算操作次数，我们参照图 2.37 可建立图 2.38 所示的格网单元填充样式。考虑一个包含 144 个元素的大数组，如同前面算法，格网单元编号见式(2.92)，这样两架飞机的预测轨迹可以标注成图 2.38 所示的样式。

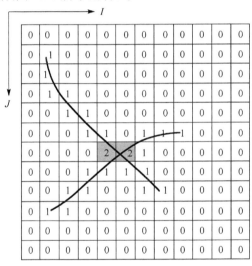

图 2.38　一种战略飞行冲突探测的空间格网填充

初始化这个大数据的元素为 "0"；针对不同的飞机预测轨迹点所处的格网，则增加相应格网单元对应的元素值+"1"；同前面一样的两架飞机预测轨迹，对应编号第 76、77 格网单元值 "2"，这两个格网单元内飞机 1 和 2 之间存在可能的飞行冲突。据此建立基于增量法的飞行冲突探测算法，具体步骤如下。

步骤 1：将全空域的水平区域为 $L \times L$ 的范围，离散成为格网，则共计包含 $(I_{\max}+1)(J_{\max}+1)$ 个正方形格网，每个格网单元的大小根据问题研究需要设定，如精细到 5 海里的大小。

步骤 2：分配 $(I_{\max}+1)(J_{\max}+1)$ 个元素的一维列样式的大数组，并初始化其元素为 "0"。

步骤 3：将每一架飞机水平面地理坐标 $x$ 和 $y$ 转换到格网单元编号上，则对应格网单元行号和列号为

$$I = \frac{x}{L}I_{\max} + \frac{1}{2}, \quad J = \frac{y}{L}J_{\max} + \frac{1}{2} \tag{2.96}$$

步骤 4：计算出飞机预测轨迹对应于全空域格网单元的编号为

$$K = I + (I_{\max} + 1) \times J \tag{2.97}$$

步骤 5：对于大数组的行号为 $K$ 处，对其参数值增加"1"，同时对该大数组该位置，增加 1 个行存储空间，用于记录飞机的编号。

步骤 6：对所有的飞机预测轨迹进行完上述操作后，则进行统计大数组的第 1 列的元素值。

步骤 7：对于存在大于等于"2"的元素，取出对应的行号 $K$，则可以计算出对应格网单元的行列号：

$$J = \frac{K}{I_{\max} + 1}, \quad I = K - (I_{\max} + 1) \times J \tag{2.98}$$

步骤 8：从大数组的对应行号处，取出增加的列的记录飞机编号，则这些飞机在对应格网单元位置的 $J$ 和 $I$ 处存在可能的飞行冲突，通过时间进一步做出判断，可以得出结论。

这样的算法其时间复杂度的具体测算如下，假设每架飞机的预测轨迹分为 $M$ 个片段，则 $n$ 架飞机对大数组的元素+"1"操作，共计有 $M \times n$ 次；从大数组中找出元素值大于等于"2"的操作，共计需要 $(I_{\max} + 1)(J_{\max} + 1)$ 次，则可以得到基于增量法的飞行冲突探测算法复杂度为

$$C_a = Mn + (I_{\max} + 1)(J_{\max} + 1) \tag{2.99}$$

## 2.4.2 数据统计应用

扇区格网如图 2.39 所示。有些指标使用格网进行评价，这包括将空域分为相同的四维时空格网单元格，采集每个单元格数据，然后使用数据计算扇区层面指标。每个单元格在空间和时间方面都有规则的尺寸。当且仅当一个单元格的中心包含在一个扇区的界限之内时，这个单元格才属于这个扇区。

为了防止边界效应，可采用格网的空间位移。在这里对于每一个计算阶段，格网单元在纬度和经度方向都可以移动四次。当计算一个指标时，每一单元格的评价进行四次，每移动一次位置进行一次。单元格的值是这四个值的平均值。

单元格参数：空间方面$\Delta$lat=7.5 海里，$\Delta$long=7.5 海里，$\Delta$alt=3000ft；时间方面：$\Delta t$=10min；格网单元在经度方向和纬度方向都是随机移动的，最大值为$\Delta$lat/2 和

Δlong/2。所选的单元格尺寸为(7.5 海里×7.5 海里×3000ft)。格网单元位移次数设置为 4 次,是在计算所花费时间和计算结果的精度水平之间权衡的结果。"空间格网"指的是单元格的尺寸,这样在图 2.40 中如果我们考虑格网是 1 层厚,则涉及扇区的空间格网包含 19 个单元格。"时间格网"考虑 10min 的时间步长,这样 1h 里有 6 个 10min 的时间步长,因此有 6×19=114 个单元格。

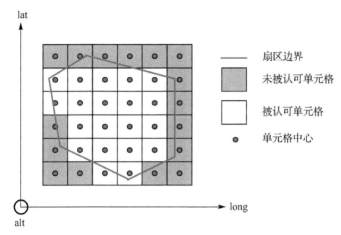

图 2.39　扇区格网划分示例图

### 1. 航班相互作用评价指标详细说明

航班相互作用评价参数是构建热点地图的重要内容,通过统计不同状态的飞行流量,来量化交叉点之间的相互作用。

在每个单元格中,每个航班都是一个由轨迹和阶段组成的"行为"。轨迹是指航班的水平矢量,其阶段是指其垂直姿态。轨迹的水平矢量包括东(E)、西(W)、南(S)、北(N)、东北(NE)、东南(SE)、西北(NW)、西南(SW)八种可能,如图 2.40 所示。阶段包括爬升、巡航、下降三种可能,如图 2.41 所示。

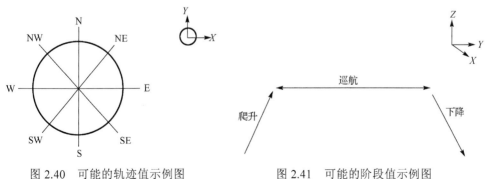

图 2.40　可能的轨迹值示例图　　　　　　图 2.41　可能的阶段值示例图

令"经度""纬度"和"高度"分别为"$X$""$Y$"和"$Z$"。

令 n_types 为一个航班可能行为的总数量。对于每一个单元格，每架飞机的阶段和轨迹在其进入单元格时，就被确定。然后计数属于每种行为的航班数量 $N_i$（即对 $i=1,2,\cdots,\text{n\_types}$）。

在每个单元格中，DIF 指标由式（2.100）给出：

$$\text{DIF}(C_{k,t}) = \sum_{j=1}^{\text{n\_types}} \sum_{i=1,i>j}^{\text{n\_types}} N_i(C_{k,t}) N_j(C_{k,t}) \tag{2.100}$$

其中，$C_{k,t}$ 表示在时间步长 $t$ 的单元格 $k$。这个 DIF 指标取决于时间和空间。

为了汇总结果，我们对每个时间步长取每个单元格的数据。因此，每一小时从每个单元格提取六组数据，每 10min 的时间步长提取一组。

为了汇总在空间层面的 $\text{DIF}(C_{k,t})$，我们计算空间格网上的总和。为了汇总时间层面的 $\text{DIF}(C_{k,t})$，我们计算时间格网上的总和。对于由 $N_{\text{cells}}$ 组成的一个扇区，相应的每天的 DIF 值为

$$\text{DIF} = \sum_{t=0}^{T} \sum_{k=1}^{N_{\text{cells}}} \text{DIF}(C_{k,t}) \tag{2.101}$$

其中，$T$ 表示时间步数。

在扇区层面，其结果是飞行的每分钟 DIF 规范值：

$$\text{DIF}_{\text{perMin}} = \frac{\text{DIF}}{\displaystyle\sum_{t=0}^{T} \sum_{k=1}^{N_{\text{cells}}} d_{k,t}} \tag{2.102}$$

其中，$d_{k,t}$ 是在单元格 $k$ 里的飞机，在以分钟为单位的时间段 $t$ 的飞行总时间。

2. 空中交通飞行状态混合评价指标详细说明

正如 DIF 指标所解释的，任何一架飞机都可能有三个阶段：爬升、巡航、下降。对于每个扇区，每架飞机的状态在进入扇区时决定。用飞机爬升、下降的百分比来作为自变量，建立空中交通飞行状态混合评价指标。

令 cl 为爬升航班的百分比，de 为下降航班的百分比，以下公式给出了混合指标：

$$\text{MIX}(\text{cl},\text{de}) = \frac{200}{9} \times (\text{cl}(16\text{cl}^3 - 32\text{cl}^2 + 11\text{cl} + 5) + \text{de}(16\text{de}^3 - 32\text{de}^2 + 11\text{de} + 5)) \tag{2.103}$$

这个指标的范围为 0～100。

在图 2.42 中，$x$ 轴代表爬升航班的百分比（cl），$y$ 轴代表下降航班的百分比（de），$z$ 轴代表飞行状态混合评价指标。这个图是一个由外部函数 MIX(cl,de) 定义的曲面图。当 cl 和 de 都等于 50%时，函数达到其最大值（100）。对于四种特定情况，函数达到最小值（0）：

(1)cl 和 de 都等于 0%(即巡航(cr)等于 100%);

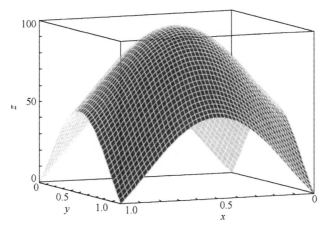

图 2.42  交通量状态指标组合的图解说明

(2)cl 等于 0%,de 等于 100%;

(3)de 等于 0%,cl 等于 100%;

(4)cl 和 de 都等于 100%。

应该注意的是,在考虑 MIX 函数时,最后一种情况不可能存在,因为三种可能状态的总和必须等于 100%(cl+cr+de=1)。

3. 空中交通两机靠近情况评价指标详细说明

这一指标衡量飞行路径靠近的可能性,描述两架飞机(根据其规定飞行路径)在 10 海里半径、1000ft 高的圆柱体内靠近的概率。我们将两机靠近分为三种类型。

(1)"沿着航迹":如果两个航迹之间的角度 $\alpha < 45°$(图 2.43),则检测到一对沿航迹靠近的航班。

(2)"相反方向":如果两个航迹之间的角度 $\alpha < -30°$(图 2.44),则检测到一对反向靠近的航班。

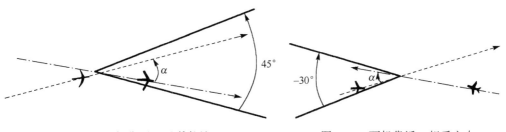

图 2.43  两机靠近:沿着航迹              图 2.44  两机靠近:相反方向

（3）"交叉"：如果两个航迹既不是沿着航迹，也不是反向靠近，则检测到一对交叉靠近的航班。

4. 空中交通量演变情况评价指标详细说明

航班垂直运动的程度，对于描述与飞行剖面有关的交通量复杂度可能很重要。对于一个扇区内的每架飞机，计算其进入和离开扇区时高度之间的绝对差。由于高度的单位为千英尺，因而差值小于 1 千英尺时不予记录。例如，如果一个航班在FL310 进入扇区，在 FL314 离开，该航班的高度差为 0。

5. 空中交通密度评价指标详细说明

单元格总数，即覆盖所研究扇区的单元格总数，这个指标的特征是扇区的面积，它只使用空间格网。多于 3 架飞机的单元格，是指对于每一个扇区，每 10min 内进入其中的飞机超过 3 架的单元格的数量。空中交通密度评价指标指"多于 3 架飞机的单元格"数量占单元格总数的百分比。

6. 空中交通飞机类型分布评价指标详细说明

扇区的每架飞机都有一个高度、状态和类型。其中，高度可以根据飞行计划信息，在进入扇区时确定；状态可以由扇区入口高度和扇区出口高度之间的差值的符号确定；飞机类型信息可以从飞行计划中提取。对于每架飞机，这三个属性与飞机数据库（Base of Aircraft Data, BADA）性能表相互关联。对于每一种飞机类型，性能表规定在各种飞行高度层上最优的飞行速度，爬升/下降率和爬升、巡航与下降条件下的燃油量。数据表中包含的性能数据，是在总能量模式和 BADA 性能系数的基础上计算的。在我们分析中认为实际空速和地速是相等的，因为缺少风速、风向等数据。不在 BADA 文件中的每种飞机类型，都与一种"类似的"飞机类型有关。从性能角度看，都有同样的特性，我们可以从同类型表得到相应的参数（空速）。按照BADA 数据表，所研究扇区的每架飞机的平均地速与实际空速相关。平均地速指标是扇区中确定的所有飞机速度的平均值，指标的单位为节。平均地速的标准偏差是飞机速度的标准偏差，单位为节。

7. 空域扇区范围情况评价指标详细说明

扇区范围即总体积，这是构成扇区的各空域区的体积之和。用表面积（单位为平方海里）乘以空域区所包括的可用飞机数。FL450 以上扇区体积不予考虑。这个指标单位为平方海里×100ft。

平均不可用体积，在每个扇区中评估每个限制区域的体积（使用空域体积的总和）。考虑到每一个限制区域已经开放的时间，与认为扇区已经开放的时间进行比较，确定不可用空域区的比率，这个指标用百分比表示。平均中转时间，是指一个航班在扇区内平均花费的时间，它只是对扇区内航班总数控制的总分钟数的比例，这个指标的单位是 min 和 s。

8. 空中交通流率情况评价指标详细说明

交通流率即每 10min 的交通吞吐量，交通吞吐量对应于每 10min 的时间步长内进入扇区的飞机的平均数量。用这个值乘以 6，可以得到每小时的吞吐量。

9. 空中交通负荷情况评价指标详细说明

对于每个扇区，工作量指标按每 10min 进行评估。首先使用滑窗，可以得出每小时的工作量。然后，以对应的这一小时期间扇区内的航班数，对这个每小时的工作量值进行标准化。最后，每架飞机的平均工作量是每小时每架飞机工作量的平均值。每个航班工作量的标准偏差，可以用来衡量每个航班工作量变化程度的指标。

# 参 考 文 献

[1] 王仲锋, 杨凤宝. 空间直角坐标转换大地坐标的直接解法[J]. 测绘工程, 2010, 19(2): 7-10.

[2] 朱华统. 不同大地坐标系和不同空间直角坐标系换算公式及其应用[J]. 解放军测绘学院学报, 1984, 1: 19-22.

[3] Kolingerov I. TCAS II enhanced/ACAS the worldwide choice[R]. USA: Honeywell, 2015.

[4] Manual on Airspace Planning Methodology for the Determination of Separation Minima[Z]. International Civil Aviation Organization DOC 9689-AN/953, 1998.

[5] Reich P G. Analysis of long-range air traffic systems: Separation standards[J]. The Journal of Navigation, 1997, 50(3): 436-447.

[6] International Civil Aviation Organization. A Unified Framework for Collision Risk Modelling in Support of the Manual on Airspace Planning Methodology for the Determination of Separation Minima (DOC 9689)[Z]. Cir 319, 2009.

[7] Kouzehgarani A N. Mode Identification Using Stochastic Hybrid Models with Applications to Conflict Detection and Resolution[D]. Urbana-Champaign: Aerospace Engineering in the Graduate College of the University of Illinois, 2010.

[8] Prandini M, Hu J H. Application of reachability analysis for stochastic hybrid systems to aircraft conflict prediction[J]. IEEE Transactions on Automatic Control, 2009, 54(4): 913-917.

[9] 牟奇锋. 空中交通管理中的防撞策略问题研究[D]. 成都: 西南交通大学, 2004.

[10] Anderson D. A general collision risk model for distance-based separation on intersecting and coincidence tracks[Z]. ICAO RGCSP WG/A WP/12, 2000.

[11] Folton N L. Airspace design: Towards a rigorous specification of conflict complexity based on

computational geometry[J]. The Aeronautical Journal, 1999, 103 (1020) : 75-84.

[12] Vomácka T, Kolingerová I. Early warning system for air traffic control using kinetic delaunay triangulation[C]. ICCVG 2010, Part II, LNCS 6375, 2010: 350-356.

[13] Lee C. Constrained Path Problems in Air Traffic Management[D]. New York: State University of New York, 2002.

[14] Mark D B, Otfried C, Mark O. 计算几何-算法与应用[M]. 邓俊辉译. 北京: 清华大学出版社, 2008.

[15] 靳学梅. 自由飞行空域中多机冲突探测与解脱技术研究[D]. 南京: 南京航空航天大学, 2004.

[16] Sherali H D, Staats R W, Trani A A. An airspace planning and collaborative decision-making model: Part I—Probabilistic conflicts, workload, and equity considerations[J]. Transportation Science, 2003, 37 (4) : 434-456.

[17] Shamos M I, Hoey D. Geometric intersection problems[J]. Foundations of Computer Science, 1976 : 208-211.

[18] Bentley J L, Ottmann T A. Algorithms for reporting and counting geometric intersections[J]. IEEE Transactions on Computers, 1979,100 (9) : 643-647.

[19] Pach J, Sharir M. On vertical visibility in arrangements of segments and the queue size in the Bentley-Ottmann line sweeping algorithm[J]. SIAM Journal on Computing, 1991, 20 (3) : 460-470.

[20] Brown K Q. Comments on algorithms for reporting and counting geometric intersections[J]. IEEE Transactions on Computer, 1981: 147-148.

[21] Chan T. A simple trapezoid sweep algorithm for reporting red/blue segment intersections[J]. Proceeding of the 6th Canada Conference of Computer Geometric, Saskatoon, Saskatchewan, Canada, 1994: 263-268.

[22] Mairson H G, Stolfi J. Reporting and counting intersections between two sets of line segments[J]. Theoretical Foundations of Computer Graphics and CAD, 1988: 307-325.

[23] Pallottino L, Feron E, Bicchi A. Conflict resolution problems for air traffic management systems solved with mixed integer programming[J]. IEEE Transactions on Intelligent Transportation Systems, 2002, 3 (1) : 3-11.

[24] Bicchi A, Pallottino L. On optimal cooperative conflict resolution for air traffic management systems[J]. IEEE Transactions on Intelligent Transportation Systems, 2000, 1 (4) : 221-231.

[25] Chaloulos G, Hokayem P, Lygeros J. Distributed hierarchical MPC for conflict resolution in air traffic control[C]. American Control Conference, IEEE, Piscataway, NJ, 2010: 3945-3950.

[26] Carpenter B, Kuchar J K. Probability-based collision alerting logic for closely-spaced parallel approach[C]. Proceedings of the AIAA 35th Aerospace Sciences Meeting and Exhibit, Reston, VA, 1997: 2058.

[27] Kuchar J K, Yang L C. A review of conflict detection and resolution modeling methods[J]. IEEE

Transactions on Intelligent Transportation Systems, 2000, 1(4): 179-189.

[28] Idan M, Iosilevskii G, Ben L. Efficient air traffic conflict resolution by minimizing the number of affected aircraft[J]. International Journal of Adaptive Control and Signal Processing, 2010, 24(10): 867-881.

[29] Ny J L, Pappas G J. Joint metering and conflict resolution in air traffic control[J]. Journal of Guidance, Control, and Dynamics, 2011, 34(5): 1507-1518.

[30] Bilimoria K D, Lee H Q. Aircraft conflict resolution with an arrival time constraint[C]. AIAA Guidance, Navigation, and Control Conference, AIAA, Reston, VA, 2002: 1-11.

[31] Lee K. Describing Airspace Complexity: Airspace Response to Disturbance[D]. Atlanta: School of Aerospace Engineering, Georgia Institute of Technology, 2008.

[32] Lee K, Feron E, Pritchett A. Describing airspace complexity: Airspace response to disturbances[J]. Journal of Guidance, Control, and Dynamics, 2009, 32(1): 210-222.

[33] Prandini M, Piroddi L, Puechmorel S, et al. Towards air traffic complexity assessment in new generation air traffic management systems[J]. IEEE Transactions on Intelligent Transportation Systems, 2011, 12(3): 809-818.

[34] Sridhar B, Sheth K S, Grabbe S. Airspace complexity and its application in air traffic management[C]. The 2nd USA/Europe Air Traffic Management R/D Seminar, ATM Seminar, Orlando, FL, 1998: 3013.

[35] Pawlak W S, Brinton C R, Crouch K, et al. A framework for the evaluation of air traffic control complexity[C]. AIAA Guidance, Navigation, and Control Conference, AIAA, Reston, VA, 1996: 732.

[36] Hilburn B. Cognitive complexity in air traffic control: A literature review[R]. Eurocontrol, Brussels, Belgium, 2004.

[37] Tobias L, Scoggins J. Time-based air traffic management using expert systems[J]. IEEE Control System Magazine, 1987, 7(2): 23-29.

[38] van der Eigk A, Mulder M, van Paassen M M, et al. Assisting air traffic controllers in planning and monitoring continuous descent approaches procedures[J]. Journal of Aircraft, 2012, 49(5): 1376-1390.

[39] 纪兵兵, 陈金瓶. 网格划分技术实例详解[M]. 北京: 中国水利水电出版社, 2012.

[40] 童晓冲, 贲进. 空间信息剖分组织的全球离散格网理论与方法[M]. 北京: 测绘出版社, 2016.

[41] Sahr K, White D. Discrete global grid systems, computing science and statistics[C]. Proceedings of the 30th Symposium on the Interface, Computing Science and Statistics, 1998.

[42] Sahr K, White D, Kimerling A J. Geodesic discrete global grid systems[J]. Cartography and Geographic Information Science, 2003, 30(2): 121-134.

[43] 曹雪峰. 地球圈层空间网格理论与算法研究[D]. 郑州: 解放军信息工程大学, 2012.

[44] 李德仁, 肖志峰, 朱欣焰. 空间信息多级网格的划分方法及编码研究[J]. 测绘学报, 2006, 35(1): 52-56.

[45] 牛星光. 地理空间信息多级网格构建研究[D]. 郑州: 解放军信息工程大学, 2008.

[46] 章永志. 顾及我国地理特点的全球空间信息多级网格理论与关键技术研究[D]. 武汉: 华中科技大学, 2014.

[47] Dutton G H. A Hierarchical Coordinate System for Geoprocessing and Cartography[M]. Berlin: Springer, 1998.

[48] Fekete G, Treinish L A. Sphere quadtrees: A new data structure to support the visualization of spherically distributed data[C]. Proceedings of the SPIE, International Society for Optical Engineering, Orlando, FL, 1990, 1259: 242-253.

[49] 贲进. 地球空间信息离散网格数据模型的理论与算法研究[D]. 郑州: 解放军信息工程大学, 2005.

[50] 张永生, 贲进, 童晓冲. 地球空间信息球面离散网格——理论、算法及应用[M]. 北京: 科学出版社, 2007.

# 第3章　空域度量测量方法

空中交通系统发展迅猛，原先粗放式的空域管理方式已不能保证空中交通系统高效与安全的运行，必须实现空域的精细化管理使用，才能实现对空中交通系统发展的有效支撑，这就需要依靠空域数值计算的相关技术。空域数值计算的一个重要方面，就是开展对空域属性性能的度量和测度分析，建立各项分析指标和计算模型，为开展空域精细管理提供技术支撑。其中，要提升精细化水平，需要利用现代信息技术手段，采集整合和挖掘各类空域数据信息资源，通过多维数据分析方法，实现将复杂多变的空域信息转变为可以度量的数字数据，支撑空域精细管理决策[1]。因此，本章根据空域数值计算原理，依照空域离散化之后的格网进行大量数据有序组织，开展对空域管理的计算指标和模型专题研究，奠定数字化空域系统构建的基本理论方法。通过对空域管理已有计算指标和理论方法的研究总结，并结合实际工作经验，我们从空域本身、空域与空域之间、空域与交通运行之间的对象关系出发，提出了三类空域数值计算模型，包括基本属性、关系分析和运行统计等内容，据此凝练了空域基本属性度量、空域几何关系测量和空域运行状态计算三大类指标，形成一套支撑数字化空域系统构建的数值计算体系，这是对我国空域管理基础理论方法的创新发展，其对我国空域规划设计和运行研究具有十分重要的指导意义。

## 3.1　基本概念定义

空域数值计算指标体系，以空域精细管理目标和内容为基准，定位于基础应用层面，为数字化空域系统及相关工具开发与综合应用提供公共基础指标环境，实现对空域数据的收集与规范、多维分析和计算决策的有效统一。为实现此目标必须构建能表征和挖掘空域信息的计算指标，以及形成指标和综合解释指标的计算模型，而模型的构建必须以空域结构属性数据、空域运行状态数据为出发点，并着力于刻画空域单元静态结构、关系与属性以及空域状态、空域使用与告警等特征。通过模型研究与计算指标构建，达到对空域系统精细化描述、空域运行的多层次数据分析与挖掘，实现对空域管理、空中交通流量管理、空中交通管制等核心空管业务的辅助决策支持。计算指标的实现，需要大量基础模型，主要包括空域度量模型、空域关系分析模型、空域运行统计模型、空域运行仿真模型及空域运行评估模型等。这些模型从不同层次实现了对空域动静态属性的刻画，为空域数值计算体系的构建提供了可能。通过构建空域数值计算指标，并将纷繁抽象的空域使用行为结果转变为具体详尽的指标数值，则可实现从对空域状态宏观粗粒度的认识转化为微观精细情况的掌握。通过对各类指标的斟酌与筛选，选择与实际运行管理结合最为紧密的指标项进行归类，我们提出了完整的空域数值计算指标。这些指标既可丰富空域管理对运行的认识维度，又可增加对运行数据的挖掘深度，能更好地实现辅助决策，帮助制定空域运行方案。空域数值计算模型是空域数值计算指标的支撑，每一个基础分析模型都输出了相应的分析指标，以空域数值计算模型与指标为例，其典型输入输出关系[2]如图 3.1 所示。

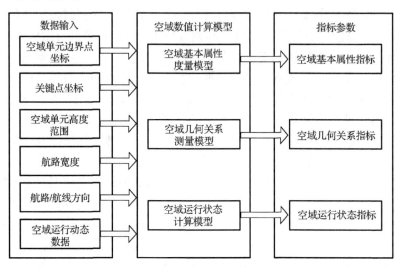

图 3.1　空域数值计算模型与指标关系

空域数值计算指标的建立，标志着空域运行状态的多维描述体系的建立完成。但针对不同的运行需求，如何利用庞大的指标体系对具体的运行方案、实施策略等进行有效分析，还需进一步根据数字化空域管理运行概念和操作流程定义具体的评价方案，从而支撑对空域的各方面行为和状态的综合评价，并为空域运行分析与辅助决策提供重要参考依据。

空域数值计算模型，是从空域管理业务需求出发，针对复杂多变的空域结构规划设计和空域运行问题或需求，提供多层次、多角度的分析与评估模型，构建相应的空域数值计算方法，对应的基本计算指标模型典型架构[3]如图 3.2 所示，其描述了从数据到计算得出指标的流程。

目前根据数字化空域系统的典型应用场景，在获取了航班计划数据、航空器性能数据、飞行计划数据、运行规则、气象数据、飞行程序数据、雷达航迹数据、航行报文数据等一系列基础数据和空域运行数据的前提下，我们可建立相应的空域数值计算模型，开展度量测量和计算分析。

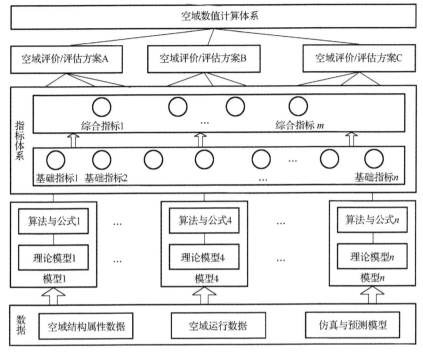

图 3.2　空域计算指标模型结构

目前国外多名学者对空域数值计算指标体系展开了研究[4-7]，重点针对空域运行数据的各类统计分析、空域运行效率等指标开展模型方法建立，其他的研究，还包括对空中交通飞行的历史轨迹聚类分析，如点轨迹聚类方法[8,9]，通过分析路网条件下的欧氏距离进行聚类的不足，展开新定义轨迹的位置和时间特征点，提出用时空距离度量轨迹间的相似性，此外还有采用一种基于谱聚类的空中交通流聚类方法[10,11]，该方法以美国城市对之间飞行轨迹为基础建立邻接矩阵，并采用谱聚类方法分割该邻接图，可以实现大量轨迹稳定聚类。本书研究是在空中交通历史数据，包括大量的飞行轨迹数据处理成为数据样本之后，开展对空域使用的基本性能度量测量方法研究。

针对空域运行分析与设计优化，文献[12]开展空中交通数据智能分析研究，其以空域及交通行为的复杂性为研究基础，相较于传统交通量或容流比来描述空域态势，复杂性度量具有更好的全面性和客观性。在主观层面，复杂性体现了交通态势的动态特征，更全面地反映管制员实际工作负荷；在客观层面，复杂性是针对空域静态结构与交通行为复杂程度的描述。复杂性度量可提供从运行认知到决策的支持，其目标就是将空域运行的复杂度控制在可接受范围内。自 1963 年开始，随着复杂性相关研究的逐渐深入，其指标度量的范畴得到充分的扩展，涵盖了静态空域结构、设施设备、交通密度、航空器动态以及航空器对/群之间关系等多个方面，形成了融合微观与宏观的交通态势的综合描述。在此过程中，复杂性研究中也引入数据挖掘（以聚类为主）及智能分析方法，并用于解决扇区分类、空域结构优化及运行分析等。随着空中交通总量的进一步增长，如何用各类指标描述空中交通拥堵特性成为研究重点。

　　实际上，建立完善的空中交通拥堵度量指标体系是进行空中交通拥堵评估或评价的基础，从空中交通拥堵的不同表现形式，可以从不同的层面进行指标建立：复杂度层面的指标建立、延误层面的指标建立和管制员工作负荷层面的指标建立。复杂度层面的指标建立可用于描述空中交通拥堵的严重程度，而延误层面和管制员工作负荷层面的指标建立主要用于描述空中交通拥堵带来的严重后果。2000 年，Delahaye 等[13]基于复杂性的拥堵定义，提出汇聚性和交通密度等四类复杂性指标。2001 年，Chatterji 等[14]将空域复杂度定义为结构复杂度和流量复杂度两方面，提出空域航空器数量、爬升航空器数量、航空器间隔和航空器分布等 16 项复杂度指标。2001 年，Mondoloni 等[15]指出分形维数可作为衡量不同交通流差异性的指标，研究了分形维数与冲突率对数之间的线性关系，表明较高的分形维数可代表更高的复杂度，提出可将分形维数作为交通复杂性指标。2002 年，Wang 等[16]提出了机场延误指标-进离港航班延误时间，并对延误传播规律进行了研究和分析。2002 年，Holly 等[17]对所选取的 41 个复杂性指标采用相关性分析方法，从中筛选出了 12 个复杂性指标。2005 年，Williams 等[18]采用航班正常率、不同区域流量与容量和不同飞行阶段的延误等指标建立拥堵指标评价体系。2007 年，何毅[19]建立了对地速度方差、飞机冲突数量、飞机垂直速度等复杂性动态密度模型。2008 年，李俊生等[20]考虑到机场航班之间的衔接问题，航班的延误会影响下游航班及其机场，故将进离港航班延误时间作为机场延误指标，采用贝叶斯网络分析方法，建立了关联机场相关航班的延误传播模型。2008 年，岳仁田等[21]参考道路交通拥堵评价方法，充分考虑道路交通和空中交通的差异性，结合空中交通实际运行特点，借鉴国外空中交通流量管理系统优势，建立了以容量值为阈值的拥堵评价指标。2009 年，Kopardekar 等[22]提出速度标准差、航空器数量、汇聚角度等 17 个复杂性指标，并采用克利夫兰空中航路交通控制中心的真实运行数据，得出了最能反映空域复杂性的五个指标：速度标准差、扇区数量、扇区容量、航空器间距小于 8 海里的航空器对数和汇聚角度。2007 年，Mukherjee 等[23]提出了将航班取消数量和航班排队延误同时作为空中交通延误指标。2009 年，Lee 等[24]扩展前人的研究，结合航空器飞行位置和速度的不确定性，建立了空域的向量场模型，并提出了基于特征值和李雅普诺夫的复杂性指标。2009 年，徐涛等[25]将离港航班延误率作为机场交通延误，提出了基于排列支持向量机的航班延误预警模型。2009 年，Lee 等[26]提出将航空器冲突避让的最小航向改变量作为衡量管制员工作负荷大小的度量指标。本书的研究重点是对空域度量测量的基础性对象属性、空间几何关系及各类空中交通运行数据反映空域使用状态的数据，建立相关的指标。

## 3.2 基本属性度量

空域基本属性度量，主要围绕空域本身的空间几何性质进行度量，包括空域单元长度、面积体积及空间结构属性，对其进行定义、描述与计算，建立相应的计算方法与程序。

### 3.2.1 单元长度

1. 指标含义

单元长度在不同的空域单元具有不同的含义。对于航路/航线，其长度为航段的点到点之间的距离；对于扇区、终端区等空域，其长度为空域单元边界长度之和，即周长，按空域高度/高度层不同，其周长可能不同。一般来说，空域单元长度属性指标，适用于扇区、终端区、军事训练空域、空中禁区/限制区/危险区、航路/航线等，具有明确范围及边界的空域可定义该指标，但不适用于机场及位置点的空域。

(1) 航段长度，是指一个航路段或航线段的地理位置上的距离，航路/航线段通常是由一条航路/航线上两个相邻的航路点组成的；取值单位 km，如航段长度 300km。

(2) 航路/航线长度，是指一条固定的航路或者航线的大圆航线长度；取值单位 km，如从北京到上海的航线长度约为 1200km。

(3) 管制扇区/终端区/训练空域/空中禁区/危险区/限制区等具有明确边界范围的空域周长，是指面状空域的边界长度；取值单位 km，如某管制区 01 扇区的周长约为 1200km。

(4) 机场终端区运行剖面，如对爬升-巡航-下降剖面、爬升-巡航剖面、连续下降剖面、连续爬升剖面、连续下降-平飞剖面等的长度进行度量，则根据其连续性分段进行计算累积。

2. 指标说明

空域单元长度属性指标，是用于计算航路/航线的长度，或者面状空域单元的周长，用以反映空域单元的长度属性。该指标可应用于以下几个方面：空域单元长度属性指标可与空域单元瞬时流量配合计算，反映空域单元一定空间范围内管制飞行的航空器密度水平；当空域单元长度较小而瞬时空中交通流量较大时，说明其瞬时线密度较大。

3. 计算模型

空域单元长度计算模型的输入数据，主要是空域单元结构属性数据，如航路点经纬度坐标、扇区/终端区/训练空域/空中禁区/危险区/限制区等的边界点地理经纬度坐标，计算参数见表 3.1。

1) 航段长度(单位 km)

确定航段端点及经纬度 $A(A_1, A_2)$、$B(B_1, B_2)$，则航段长度为如下的近似值为

$$L = 111.12 \cos(1/(\sin A_2 \sin B_2 + \cos A_2 \cos B_2 \cos(B_1 - B_2))) \tag{3.1}$$

2) 航路/航线长度(单位 km)

计算航路/航线长度以航路点($N$ 个点)为依据，计算两点之间航段距离 $L_i(i = 1, 2, \cdots, N-1)$，具体的航段计算方法如式(3.1)所示。在航段距离基础上，再将各个航段距离进行累加之后，得到全航路/航线的长度为 $L = L_1 + L_2 + \cdots + L_i$ $(i = 1, 2, \cdots, N-1)$。

表 3.1　空域单元长度计算参数

| 变量名 | 变量含义 |
|---|---|
| $A(A_1, A_2)$ | 点 $A$ 的经纬度坐标 $(A_1, A_2)$ |
| $B(B_1, B_2)$ | 点 $B$ 的经纬度坐标 $(B_1, B_2)$ |
| $L$ | 航段长度 |
| $L_i$ | 第 $i$ 个航段的长度 |
| $L_{i,j}$ | 第 $i$ 和第 $j$ 个点间的距离 |
| $L_a$ | 规则且对称的空域单元周长 |
| $L^h$ | 规则但不对称的空域单元周长 |
| $L_b$ | 特殊形状的空域单元周长 |

3) 扇区/终端区/训练空域/禁区/危险区/限制区等面状空域周长(单位 km)

计算空域单元的周长，按空域单元的形状规则与否、对称与否进行计算区分。

(1) 规则且对称的空域形状。如图 3.3(a)所示，空域水平投影为多边形，且不同高度层边界对称，其周长按底面多边形周长计算，设边界点 $P_1$，$P_2$，$\cdots$，$P_n$。$P_n$ 的经纬度从位置点获取。分别计算边界点 $L_{1,2}$，$L_{2,3}$，$L_{3,4}$ $\cdots$，$L_{n,1}$，其计算方法参照式(3.1)，则空域周长为 $L_a = L_{1,2} + L_{2,3} + L_{3,4} + \cdots + L_{n,1}$。

(2) 规则但不对称的空域形状。如图 3.3(b)所示，空域沿垂直方向进行水平投影，其不同高度的水平投影为相似的多边形。其周长和空域的高度相关，设空域的顶面边界点为 $P_1$，$P_2$，$\cdots$，$P_n$，底面边界点为 $P'_1$，$P'_2$，$\cdots$，$P'_n$，按照式(3.1)中的方法可计算顶面/底面周长 $L$ 和 $L'$。顶面高度为 $h_1$，底面高度为 $h_2$，空域单元任意高度为 $h_3$，则该高度上对应的空域周长为 $L^h$，其中 $L^h = L + (L' - L)(h_1 - h)/(h - h_2)$。

(3) 特殊形状空域(空域边界可由扇形/圆形/椭圆/曲线+线段等组成)。如图 3.3(c)所示，若空域边界包含圆弧或曲线，其周长由两部分构成：圆弧和位置点连线。其中圆弧由若干位置点定位，将圆弧长近似看成圆弧上各位置点线段长度之和 $L^{arc}$，其算法与式(3.1)类似，但误差较大。非圆弧边界的长度之和为 $L^s$，边界点连线的线段长度之和，计算参照式(3.1)，则有 $L_b = L^{arc} + L^s$。

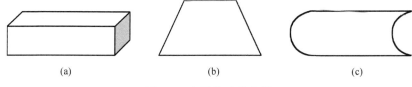

(a)　　　　　　　　(b)　　　　　　　　(c)

图 3.3　空域单元的分类

4）机场终端运行剖面

对空域内包含的爬升-巡航-下降剖面、爬升-巡航剖面、连续下降剖面、连续爬升剖面、连续下降-平飞剖面的长度进行计算。获取下降剖面的转折点信息：$A_i(A_i^x, A_i^y, A_i^z)$ 为下降剖面中第 $i$ 个由下降转为平飞的转折点的经度、纬度和高度值；$B_i(B_i^x, B_i^y, B_i^z)$ 为下降剖面中第 $i$ 个由平飞转为下降的转折点处的经度、纬度和高度值。$O(O^x, O^y, O^z)$ 和 $D(D^x, D^y, D^z)$ 为下降剖面的起点和终点的经度、纬度和高度信息。

（1）剖面中水平部分的长度（单位 km）：

$$L_{AB} = \sum_{i=1}^{n} 111.12 \arccos(\sin A_i^y \sin B_i^y + \cos A_i^y \cos B_i^y \cos(A_i^x - B_i^x)) \tag{3.2}$$

（2）爬升/下降剖面的总长度（单位 km）：

$$L_{OD} = L_{AB} + L_{OA_1} + L_{B_nD} + \sum_{i=1}^{n} L_{B_iA_{i+1}} \tag{3.3}$$

其中，$L_{OA_1} = \sqrt{(L_{OA}^{\text{level}})^2 + (O^z - A_1^z)^2}$ ；$L_{B_nD} = \sqrt{(L_{B_nD}^{\text{level}})^2 + (B_n^z - D^z)^2}$ ；$L_{B_iA_{i+1}} = \sqrt{(B_i^z - A_{i+1}^z)^2 + (L_{B_iA_{i+1}}^{\text{level}})^2}$ 。

（3）连续爬升或连续下降运行剖面的非连续性。剖面的非连续性为：

$$\text{Non} - \text{Con} = \frac{L_{AB}}{L_{OD}} \tag{3.4}$$

（4）下降梯度/爬升梯度：

$$\text{Gra} = \left. \sum_{i=1}^{n-1} \frac{B_i^z - A_{i+1}^z}{L_{B_iA_{i+1}}^{\text{level}}} + \frac{O^z - A_1^z}{L_{OA}^{\text{level}}} + \frac{B_n^z - D^z}{L_{B_nD}^{\text{level}}} \right/ (n+1) \tag{3.5}$$

## 3.2.2　面积体积

1. 指标含义

空域面积是指由空域边界所围成图形表面的大小，与空域单元高度有关。该属性指标适用于扇区、终端区、军事训练空域、禁区/限制区/危险区、航路等面状空域，不适用机场、位置点、航线等点或线类空域。

(1) 航路面积，指航路在水平面上占用空域的投影面积大小；取值单位 $km^2$，如航路段的面积 $300km^2$。

(2) 航路体积，指航路所占据的空间体积大小。航路是具有一定宽度的空中通道，并具有上下高度限制条件，由此航路具有了体积属性；航路由各航段构成的，各航段的宽度划设及高度限制存在差异，因此航路体积度量是基于分段的航段体积度量；取值单位 $km^3$，如 $900km^3$。

(3) 扇区/终端区/训练空域/禁区/危险区/限制区等面状空域的面积，指面状空域单元在水平面上占据的投影区域面积大小，包括禁区、危险区、限制区等；取值单位 $km^2$，如从上海 01 管制扇区面积 $4000km^2$。

(4) 扇区/终端区/训练空域/禁区/危险区/限制区等面状空域的体积，指由此类空域的面状空域单元所占据的空间体积大小；取值单位 $km^3$，如扇区体积 $9000km^3$。

2. 指标说明

空域面积属性指标可通过分别度量扇区/终端区面积、扇区/终端区内航路面积等，获知空域单元实际可用空域的比例情况，反映空域利用率大小或运行态势；该指标可应用于以下方面：空域单元面积属性指标可与空域单元瞬时流量配合计算，反映空域单元一定空间范围内管制飞行的航空器密度水平；当空域单元的面积较小而瞬时流量较大时，说明其瞬时密度较大。空域体积是对立体空间范围的度量，相比而言一般采用空域面积就可以简单表述相关的对比属性，但实际上飞行是在立体空间内进行的，由此精细度量需要用到体积属性。

3. 计算模型

一般来说，空域体积属性指标的计算，依赖于空域面积属性与空域高度范围。空域面积，指空域单元构成的棱台结构的投影面积数据。一般采用基于地理信息系统的计算模型，计算面积时可用格网对覆盖的面积进行划分，之后每个格网分解为一个三角形，从而可以使用三角形面积计算的海伦公式，其中 $D_i$ 表示第 $i(1 \leq i \leq 3)$ 对三角形两顶点对之间的表面距离，根据式 (3.1) 可计算两顶点对之间的距离，用 $S$ 表示三角形的表面积，$P$ 表示三角形周长的一半，则对应的单个小三角形的表面积（单位 $km^2$）为

$$S = \sqrt{P(P-D_1)(P-D_2)(P-D_3)}, \quad P = (D_1 + D_2 + D_3)/2 \qquad (3.6)$$

我们可以计算出管制扇区的面积 $S_{Cell}$，再统计管制扇区内的特殊空域数计算其面积，建立管制扇区内限制区/禁区的数量与面积及比例，以及其他的面积比例。

$$p^{Forbidden} = \sum_{i=1}^{n} S_i^{Forbidden} \bigg/ S_{Cell} \qquad (3.7)$$

其中，$S_i^{Forbidden}$ 为扇区内第 $i$ 个限制区/禁区的面积。

空域单元体积指标的计算，依赖于空域单元的面积，对于体积计算模型来说，其输入数据主要包括航路/扇区/终端区、危险区/限制区、军事训练空域等面状空域单元的边界信息与高度上下限信息等；针对航路体积计算，还需要航段的宽度信息。计算空域单元的体积属性，确定空域单元所占的空间体积数值，计算参数见表 3.2，具体方法如下。

表 3.2　空域面积体积计算参数

| 变量名 | 变量含义 |
| --- | --- |
| $S_{rout}$ | 航段面积 |
| $V_{rout}$ | 航段体积 |
| $V_{rout'}$ | 航段高度层体积 |
| $H_{rout1}$ | 航段高度上限 |
| $H_{rout2}$ | 航段高度下限 |
| $H$ | 航段配置高度层高度 |
| $S_1$ | 扇区/终端区等面状空域的棱台顶面积 |
| $S_2$ | 扇区/终端区等面状空域的棱台底面积 |
| $H_{s1}$ | 扇区/终端区等面状空域的顶面高度 |
| $H_{s2}$ | 扇区/终端区等面状空域的底面高度 |
| $V_s$ | 扇区/终端区等面状空域的体积 |

1）航段体积计算（单位 km$^3$）

设航段面积为 $S_{rout}$（计算面积方法同上），高度上下限为 $H_{rout1}$、$H_{rout2}$，则航段体积计算方法：

$$V_{rout} = S_{rout} \times (H_{rout1} - H_{rout2}) \tag{3.8}$$

航段高度层体积，设高度层配置为 $H$，单位为 m，则航段高度层体积计算如下：

$$V_{rout'} = S_{rout} \times H / 1000 \tag{3.9}$$

其中，$H$ 按照高度不同配置情况不同。

2）扇区/终端区/训练空域/危险区/限制区等面状空域体积计算（单位 km$^3$）

设空域单元的顶面积为 $S_1$，底面积为 $S_2$，空域顶面高度为 $H_{s1}$，空域底面高度为 $H_{s2}$。由于空域可能是规则且对称的立体形状，也可能是不规则/对称的立体，不失一般性地认为空域体积近似为棱台体积，则体积计算为

$$V_s = \frac{1}{3} \left( S_1 + \sqrt{S_1 \times S_2} + S_2 \right) \times (H_{s1} - H_{s2}) \tag{3.10}$$

### 3.2.3　空间结构属性

1. 指标含义

空域结构表征着空域内的空中交通运行结构，用于描述空域内飞行的相对结构复杂性问题及管制复杂性、可能的管制负荷情况等，该指标是空域内与结构相关的关键点、高度等统计信息。

该指标用于对终端区、航路(航段)、扇区等空域单元的结构参数的统计分析，包括：

(1)空域单元内交叉点数量指标。在某一确定时间粒度(如一年)内目标空域单元内交叉点的数量；取值单位"个"，如交叉点数 10 个，表示目标空域单元内有交叉点 10 个。

(2)空域单元内移交点数量。在某一确定时间粒度(如一年)内目标空域单元内移交点的数量；取值单位"个"，如移交点 8 个，表示目标空域单元内有移交点 8 个。

(3)空域单元内可用高度层数量。在某一确定时间粒度(如一年)内目标空域内可用高度层的数量；取值单位"个"，如可用高度层 6 个，表示目标空域单元内的可用高度层数量为 6 个。

(4)空域单元内航路/航线数量。在某一确定时间粒度(如一年)内目标空域单元内航路/航线的数量；取值单位"条"，如航路 4 条，表示目标空域单元内有航路 4 条。

(5)网络结构。主要是针对航路/航线网度量其结构的指标，包括节点度与度平均指标、节点强度与平均网络强度指标、度分布和度度相关性指标、聚类系数、簇度相关性指标、连通系数、特征路径长度、介数、网络聚集系数指标。

2. 指标说明

空域单元结构属性指标，通过统计分析空域静态结构参数，反映空域单元的结构分布，可用于空域利用率的评估、空域运行态势的评估等方面。该指标可与空域单元长度、面积、体积等属性指标配合使用，以反映空域单元的结构设计情况。

3. 计算模型

统计空域单元内与结构相关的关键点、使用高度层等信息，其模型计算数据主要是空域结构数据，并输入符合时间粒度的目标空域有关要求的关键点名称、位置、属性，还有高度层等信息，具体计算参数见表 3.3。

表 3.3　空域结构属性计算参数

| 变量名 | 变量含义 |
|---|---|
| $i$ | 表示时间片序数 |
| $T_i$ | 表示第 $i$ 个统计时间片 |

续表

| 变量名 | 变量含义 |
|---|---|
| $NC_i$ | 表示第 $i$ 个统计时间片内交叉点数量 |
| $NY_i$ | 表示第 $i$ 个统计时间片内移交点数量 |
| $NH_i$ | 表示第 $i$ 个统计时间片内可用飞行高度层数量 |
| $NR_i$ | 表示第 $i$ 个统计时间片内航路数量 |

1）基本结构

交叉点数量：在统计时间片 $T_i$ 内，利用相关的空域数据，获取需要统计的空域单元内交叉点的个数为 $NC_i$。移交点数量：在统计时间片 $T_i$ 内，利用相关的空域数据，获取需要统计的空域单元内移交点的个数为 $NY_i$。可用高度层数量：在统计时间片 $T_i$ 内，利用相关的空域数据获取需要统计的可用高度层个数为 $NH_i$。航路/航线数量：在统计时间片 $T_i$ 内利用相关的空域数据，获取需要统计的空域单元内航路/航线个数为 $NR_i$。

2）网络结构

（1）节点度与度平均：节点 $i$ 的度 $k_{ij}$ 定义为与该节点连接其他节点的数目，即该节点邻边数，可记为 $k_i = \sum_j a_{ij}$，其中 $a_{ij}$ 为节点 $i$ 与其他节点 $j$ 之间的连接边；网络中所有节点 $i$ 的度 $k_{ij}$ 的平均值称为网络的平均度，记为 $\bar{k} = \bar{k}_i = \frac{1}{N}\sum_i k_i = \frac{1}{N}\sum_{ij} a_{ij}$，其中 $N$ 为节点数。

（2）节点强度与平均网络强度：如果考虑边权，一个节点 $i$ 的点强度 $S_i^w$ 定义为 $S_i^w = \sum_{j \in \Gamma_i} w_{ij}$，其中 $\Gamma_i$ 是节点 $i$ 的临近集，$w_{ij}$ 是节点 $i$ 与 $j$ 之间的边权。点权集中了节点的邻居信息和该节点所有连接边的权重；网络的平均点强度定义为 $\bar{S} = \frac{1}{N}\sum_i S_i$。

（3）度分布：$p(k)$ 定义为任选一个节点，它的度正好为 $k$ 的概率。度相关性，表示节点之间根据度值判断节点之间相互连接的选择偏好性。节点 $i$ 所有邻节点 $j$ 平均度 $k_{nn,i} = \frac{1}{k_i}\sum_{j \in V(i)} k_j$，将网络中节点度都为 $k$ 的所有节点 $N_k$ 的邻节点的平均度 $k_{nn,i}$ 进行平均得到 $k_{nn}(k) = \frac{1}{N_k}\sum_{i,k_i=k} k_{nn,i}$，如果 $k_{nn}(k)$ 随 $k$ 增加，即 $k_{nn}(k)-k$ 曲线斜率大于零，表示度大的节点偏好连接其他度大的节点，称为度正相关或同配性；反之如果 $k_{nn}(k)$ 随 $k$ 递减，即 $k_{nn}(k)-k$ 曲线的斜率小于零，表示度大的节点偏好连接其他度小的节点，称为度负相关或异配性；如果 $k_{nn}(k)$ 不随 $k$ 变化（是常数），即 $k_{nn}(k)-k$ 曲线的斜率等于零，说明平均来看，度连接完全随机，对相邻节点的选择没有偏好性，称为度不相关。

(4) 聚类系数：节点 $i$ 的聚类系数 $C_i$，记为 $C_i = \dfrac{2E_i}{n(n-1)}$，$n$ 为节点 $i$ 的邻接节点数，$E_i$ 为节点 $i$ 的邻接点 $n$ 之间实际相连的边数，$\dfrac{n(n-1)}{2}$ 为 $n$ 个节点最大可能连接边数。节点簇 $C_i$ 系数越大，表示节点 $i$ 邻接点之间连接越多。平均聚类系数为 $\bar{C} = \sum_k P(k)C(k)$，其中 $P(k)$ 为网络中任意一个节点度为 $k$ 的概率，$C(k)$ 表示度为 $k$ 的网络节点的平均聚集系数，即度为 $k$ 的网络节点其邻居节点之间存在边的概率。

(5) 簇度相关性：定义度为 $k$ 的所有节点 $N_k$ 的平均簇系数为 $C = N^{-1} \sum_i C_i$。同理，建立节点 $i$ 加权簇系数为 $C^w(i) = \dfrac{1}{s_i(k_i-1)} \sum_{j,i \in V(i)} \dfrac{w_{ij}+w_{ih}}{2} a_{jh}$，其中 $j$ 和 $h$ 是节点 $i$ 的两个相邻节点，$w_{ij}$ 和 $w_{ih}$ 是相应两节点之间的权重，$s_i$ 和 $k_i$ 分别是节点 $i$ 的点强度和度值。如果 $j$ 与 $h$ 是连接的，那么 $a_{jh}$ 为 1，否则为 0。含权的度值为 $k$ 的节点平均簇系数为 $C^w(k)$。

(6) 连通系数：网络的连通系数定义为 $C = \dfrac{1}{\omega \sum\limits_{i=1}^{\omega} \dfrac{N_i}{N} l_i}$，其中，$\omega$ 为网络连通分支数，$N_i$ 为第 $i$ 个连通分支中节点数目，$N$ 为网络节点总数目，$l_i$ 为第 $i$ 个连通分支的平均最短路径，即该连通分支中任意两个节点之间最短连接距离的平均值。

(7) 特征路径长度：网络中两个节点 $i$ 和 $j$ 之间的距离 $d_{ij}$ 定义为连接这两个点的最短路径上的边数。网络中任意两个节点之间距离的最大值称为网络直径，记为 $D$，即 $D = \max\limits_{i,j} d_{ij}$；网络的平均路径长度 $L$ 定义为网络中所有节点对之间距离 $d_{ij}$ 的平均值，即 $L = \dfrac{1}{N(N-1)} \sum\limits_{i \neq j \in G} d_{ij}$，其中 $N$ 为网络节点数。网络的平均路径长度也称为网络的特征路径长度。

(8) 介数：该指标用来衡量信息、物质或能量等在网络上传输时节点或边负载水平，以此反映该节点或边在网络中的重要程度。节点 $i$ 介数定义为 $g(i) = \sum\limits_{s,t \in V, s \neq t} \dfrac{\sigma_{st}(i)}{\sigma_{st}}$，其中，$\sigma_{st}$ 为节点 $s$ 到节点 $t$ 最短路径总数，$\sigma_{st}(i)$ 为节点 $s$ 到节点 $t$ 之间经过节点 $i$ 的最短路径的数量。

(9) 网络聚集系数：$C = \sum_k k(k-1)P(k)C(k)$，参考聚集系数。将网络所有节点簇系数对节点数进行平均，定义为网络的簇系数，记为 $C = \dfrac{1}{N} \sum\limits_{V_i \in V} C_i$，$C$ 值越大，表示整个网络中节点之间联系越紧密，直接联系的程度越大。

# 3.3 几何关系测量

对飞行器连续性走向、航向角及不同单元之间的几何关系进行计算测量,可用于分析空域使用关系及其关联的特性,从而为开展空域结构设计、空中交通运行规划等提供基本测量依据。

## 3.3.1 航路/航线关系

### 1. 指标含义

航路/航线关系分析指标适用于航路/航线空域单元之间的空间位置关系分析,内容包括以下几个方面。

(1)航路/航线段方向角:航路/航线段两点之间连线的真航向角方向,取值单位"度"。

(2)航路/航线平均方向(走向):航路/航线由航段组成,多个航段方向角的平均值为航路/航线的平均方向,即通常说的航路/航线走向或流向。取值单位"度"。

(3)航路/航线非直线系数:对于一条航路/航线来说,其起点和终点之间的大圆航线距离同经过航路/航线各个中间航路点的实际距离比值,用以衡量该航路/航线交通的直线飞行情况。

(4)航路/航线之间关系:两条航路/航线有相同航路点或地理交叉点,且在该点处的可用高度层全部或部分重合,根据交叉点处两航路/航线的中心线夹角 $\theta$ 取值,可以将航路/航线之间的关系设定为交叉关系:$15° \leqslant \theta < 75°$;垂直关系:$75° \leqslant \theta \leqslant 90°$;平行关系:$\theta < 15°$。

(5)航路/航线交叉点的度分布:对于一个交叉点来说,其对应有几条航路/航线在此交叉或者汇聚,这个指标对于分析空中交通流的复杂性及空域网络连通性具有重要作用。

### 2. 指标说明

航路/航线关系指标的计算,依赖于空域单元结构属性指标。该指标主要针对空中交通流向规划给出的航路/航线结构,进行有关的空间关系测量,为开展空域结构设计、空中交通流规划及控制提供支撑。指标统计项中交叉航路/航线的夹角可以反映位于不同航路的航空器在发生汇聚时的紧迫程度,交叉角度较小,航空器之间用于避让的空域就越狭小,相对容易产生更为复杂的交通态势;交叉角度一般,航空器之间用于避让的空域就比较合理,相对容易产生复杂性比较合理的交通态势;交叉角度较大,航空器之间用于避让的空域就比较大,相对容易产生复杂性较低的交通态势。通过这种航路/航线关系的分析,可以为综合评价空域使用提供基础分析支持。

### 3. 计算模型

对航路/航线空域单元之间的关系进行分析，其模型的输入参数，主要是航路/航线数据，包括航路点的名称以及航路点经度、纬度和高度等参数，具体计算参数见表 3.4。

表 3.4　航路/航线关系计算参数

| 变量名 | 变量含义 |
|---|---|
| $\{A_1, A_2, \cdots, A_n\}$ | 表示航路 1 的航路点集 |
| $\{B_1, B_2, \cdots, B_m\}$ | 表示航路 2 的航路点集 |
| $P_{\text{cross}}$ | 表示航路 1 和航路 2 具有相同经纬度的点 |
| $H_1$ | 表示在 $P_{\text{cross}}$ 点处航路 1 的最低高度层 |
| $H_2$ | 表示在 $P_{\text{cross}}$ 点处航路 1 的最高高度层 |
| $H_3$ | 表示在 $P_{\text{cross}}$ 点处航路 2 的最低高度层 |
| $H_4$ | 表示在 $P_{\text{cross}}$ 点处航路 2 的最高高度层 |
| $A_i A_{i+1}$ | 表示航路 1 上由航路点 $A_i$ 和 $A_{i+1}$ 组成的航段 |
| $B_j B_{j+1}$ | 表示航路 2 上由航路点 $B_j$ 和 $B_{j+1}$ 组成的航段 |
| $\theta_1$ | 表示航段 $A_{i-1} A_i$ 和 $B_{j-1} B_j$ 的夹角 |
| $\theta_2$ | 表示航段 $A_{i-1} A_i$ 和 $B_j B_{j+1}$ 的夹角 |
| $\theta_3$ | 表示航段 $A_i A_{i+1}$ 和 $B_{j-1} B_j$ 的夹角 |
| $\theta_4$ | 表示航段 $A_i A_{i+1}$ 和 $B_j B_{j+1}$ 的夹角 |
| $\theta_{\min}$ | 表示 $\theta_1, \theta_2, \theta_3, \theta_4$ 中的最小值 |
| $\{\text{AL}_1, \text{AL}_2, \cdots, \text{AL}_{n-1}\}$ | 表示航路 1 的航段集合 |
| $\{\text{BL}_1, \text{BL}_2, \cdots, \text{BL}_{m-1}\}$ | 表示航路 2 的航段集合 |
| TC | 表示航路角 |
| $\{A\theta_1, A\theta_2, \cdots, A\theta_{n-1}\}$ | 表示航路 1 上各航段的磁航向角 |
| $\{B\theta_1, B\theta_2, \cdots, B\theta_{m-1}\}$ | 表示航路 2 上各航段的磁航向角 |
| $\overline{\theta_1} = \sum\limits_{i=1}^{n-1} A\theta_i$ | 表示航路 1 上各航段的平均磁航向角 |
| $\overline{\theta_2} = \sum\limits_{j=1}^{m-1} B\theta_j$ | 表示航路 2 上各航段的平均磁航向角 |
| $\Delta\theta = \overline{\theta_1} - \overline{\theta_2}$ | 表示航路 1 和航路 2 平均磁航向角的夹角 |
| $\{\cdots A_i, \cdots A_j, \cdots A_r, \cdots\}$ | 表示航路 1 上的各转弯点 |
| $\{\cdots B_i, \cdots B_j, \cdots B_r, \cdots\}$ | 表示航路 2 上的各转弯点 |

1）航路/航线段方向角（单位"度"）

截取目标航路的起点 $A$ 与终点 $B$，并获取它们的经纬度 $A(A^x, A^y)$、$B(B^x, B^y)$，则航路角为

$$\text{TC} = \text{arccot}(\cos(A^x)\tan(B^x)\csc(B^y - B^x)\sin(A^x)\cot(B^y - B^x)) \tag{3.11}$$

2) 航路/航线平均方向(走向)(单位"度")

截取目标空域内的航路起点 $A_i$ 与终点 $B_i$，并获取它们的经纬度 $A_i(A_i^x, A_i^y)$、$B_i(B_i^x, B_i^y)$，则第 $i$ 条航路的航路角为

$$\text{TC}_i = \text{arccot}(\cos(A_i^x)\tan(B_i^x)\csc(B_i^y - B_i^x)\sin(A_i^x)\cot(B_i^y - B_i^x)) \tag{3.12}$$

航路角的平均值为

$$\overline{\text{TC}} = \sum_{i=1}^{n}\text{arccot}(\cos(A_i^x)\tan(B_i^x)\csc(B_i^y - B_i^x)\sin(A_i^x)\cot(B_i^y - B_i^x)) \tag{3.13}$$

航路方向标准差为

$$\sigma^{\text{TC}} = \sqrt{\sum_{i=1}^{n}(\text{TC}_i - \overline{\text{TC}})\Big/n} \tag{3.14}$$

3) 航路/航线非直线系数

确定航路端点及经纬度 $A(A^x, A^y)$、$B(B^x, B^y)$，则航路航线直线长度为

$$L_{AB} = 111.12\arccos(\sin A^y \sin B^y + \cos A^y \cos B^y \cos(B^x - A^x)) \tag{3.15}$$

该值为近似值。

获取航路/航线的实际全长 $L_{AB}^{\text{real}} = \sum_{i=1}^{n}L_i$，其中 $L$ 为该航路包含的所有航段，则非直线系数为

$$\alpha^{\text{Non-linear}} = \frac{L_{AB}^{\text{real}}}{L_{AB}} \tag{3.16}$$

4) 两航路/航线的交叉点判断

步骤 4.1：记航路 1 的点集为 $\{A_1, A_2, \cdots, A_n\}$，航路 2 的点集为 $\{B_1, B_2, \cdots, B_m\}$，若存在航路点名称 $A_i = B_j$，则记为 $P_{\text{cross}}$；

步骤 4.2：设航路 1 在 $P_{\text{cross}}$ 的可用高度层范围为 $(H_1, H_2)$，航路 2 在 $P_{\text{cross}}$ 的可用高度层范围为 $[H_3, H_4]$，如果 $[H_1, H_2]$ 与 $[H_3, H_4]$ 存在交集，则 $P_{\text{cross}}$ 为两航路的交叉点；

步骤 4.3：若不存在相同的航路点，则可遍历航路 1 和航路 2 的所有航线段，判断是否存在地理交叉点，若存在，计算该点的地理坐标，可用高度层的范围是两条交叉航段的可用高度层范围的交集。

5) 两航路/航线的交叉关系判断

步骤 5.1：若航路 1 和航路 2 之间存在交叉点 $A_i = B_j$，可利用大圆航迹的公式分别计算出航线段 $A_{i-1}A_i$、$A_iA_{i+1}$、$B_{j-1}B_j$、$B_jB_{j+1}$ 的真航向角；

步骤 5.2：分别计算以下航段夹角：$A_{i-1}A_i$ 与 $B_{j-1}B_j$，$A_{i-1}A_i$ 与 $B_jB_{j+1}$，$B_{j-1}B_j$ 与 $A_iA_{i+1}$，$A_iA_{i+1}$ 与 $B_jB_{j+1}$，记为 $\{\theta_1,\theta_2,\theta_3,\theta_4\}$；

步骤 5.3：记 $\{\theta_1,\theta_2,\theta_3,\theta_4\}$ 中最小夹角为 $\theta_{\min}$，若 $15°\leqslant\theta_{\min}<75°$，则航路 1 与航路 2 为交叉关系。

6) 两航路/航线的垂直关系判断

步骤 6.1：按交叉关系判断的步骤计算出 $\theta_{\min}$；

步骤 6.2：若 $75°\leqslant\theta_{\min}\leqslant90°$，则航路 1 和航路 2 为垂直关系。

7) 两航路/航线的平行关系判断

步骤 7.1：若航路 1 和航路 2 之间不存在相同的航线段，也无交叉/垂直的关系，记航路 1 的点集为 $\{A_1,A_2,\cdots,A_n\}$，航线段集合为 $\{\mathrm{AL}_1,\mathrm{AL}_2,\cdots,\mathrm{AL}_{n-1}\}$，航路 2 的点集为 $\{B_1,B_2,\cdots,B_m\}$，航线段集合为 $\{\mathrm{BL}_1,\mathrm{BL}_2,\cdots,\mathrm{BL}_{m-1}\}$；

步骤 7.2：分别计算 $\{\mathrm{AL}_1,\mathrm{AL}_2,\cdots,\mathrm{AL}_{n-1}\}$ 的真航向角 $\{A\theta_1,A\theta_2,\cdots,A\theta_{n-1}\}$，真航向角的平均值 $\overline{\theta_1}=\sum_{i=1}^{n-1}A\theta_i$，真航向角标准差系数为 $\sqrt{\sum_{i=1}^{n-1}(A\theta_i-\overline{\theta_1})^2/(n-1)}/\overline{\theta_1}$；计算 $\{\mathrm{BL}_1,\mathrm{BL}_2,\cdots,\mathrm{BL}_{m-1}\}$ 的真航向角为 $\{B\theta_1,B\theta_2,\cdots,B\theta_{m-1}\}$，真航向角平均值为 $\overline{\theta_2}=\sum_{j=1}^{m-1}B\theta_j$，真航向角标准差系数为 $\sqrt{\sum_{j=1}^{m-1}(B\theta_j-\overline{\theta_2})^2/(m-1)}/\overline{\theta_2}$；

步骤 7.3：将 $\{A\theta_1,A\theta_2,\cdots,A\theta_{n-1}\}$ 每相邻航线段真航向角进行比较，若 $A\theta_{i+1}-A\theta_i\geqslant15°$，则航路 1 在 $A_i$ 处发生转弯，记录转弯点 $A_i$；

步骤 7.4：按步骤 4.3 的方式计算航路 2，若存在转弯点，记为 $B_j$；

步骤 7.5：若 $\not\exists A_i$ 且 $\not\exists B_j$，即两条航路都未发生转弯，转入步骤 7.6，若 $\exists A_i$ 且 $\exists B_j$，即两条航路都发生转弯，转入步骤 7.7，若 $\not\exists A_i$ 且 $\exists B_j$ 或者 $\exists A_i$ 且 $\not\exists B_j$，即两条航路中有一条发生转弯，则两条航路的关系为非平行不相交；

步骤 7.6：若两条航路都未发生转弯，计算航路 1 各航线段真航向角的平均值 $\overline{\theta_1}=\sum_{i=1}^{n-1}A\theta_i$，计算航路 2 各航线段真航向角的平均值 $\overline{\theta_2}=\sum_{j=1}^{m-1}B\theta_j$，计算两条航路的真航向角之差 $\Delta\theta=\overline{\theta_1}-\overline{\theta_2}$，如果 $\Delta\theta\geqslant180°$，令 $\Delta\theta=|\Delta\theta-360°|$。若 $0°\leqslant\Delta\theta\leqslant15°$，则判定两条航路为平行关系，否则为非平行不相交关系；

步骤 7.7：若两条航路都发生了转弯，则计算航路 1 的所有转弯点，记为 $\{\cdots A_i,\cdots A_j,\cdots A_r,\cdots\}$，计算航路 2 的所有转弯点，记为 $\{\cdots B_i,\cdots B_j,\cdots B_r,\cdots\}$，航路 1 和航路 2 均以其转弯点分割成若干子集，将两条航路的子集一一对应，使用步骤 7.6 的方法判断航路子集是否平行；若所有子集之间都平行，则判定两条航路为平行关系，否则为非平行不相交关系。

8) 交叉点/汇聚点的度(入度/出度)

获取空域内第 $i(i=1,2,\cdots,n)$ 个交叉点/汇聚点的经纬度信息 $CP_i(CP_i^x, CP_i^y)$ 以及包含这个过点航路/航线信息 $L_j(j=1,2,\cdots,m)$：第 $j$ 条航路/航线过点集合 $\{P_j\}=\{P_{j,1}, P_{j,2}, \cdots, P_{j,n_j}\}$，计算点集 $P_j$ 内与 $CP_i$ 距离最近的点 $\{P_{j,k_j}\}=\{P_{j,k_j} | D_{CP_i, P_{j,k_j}} < D_{CP_i, P_{j,t}}, t=1,2,\cdots,n_j\}$。得到最近点的集合 $\{P_{j,k}\}=\{P_{1,k_1}, P_{2,k_2}, \cdots, P_{j,k_j}\}$，再根据航路/航线过点集合，判断集合 $\{P_{j,k}\}$ 中的元素为 $CP_i$ 的上一个或下一个点，分别归纳至集合 $\{P_{j,k}^{pre}\}$ 和集合 $\{P_{j,k}^{post}\}$ 中。

入度：

$$\text{Degree}_i^{\text{IN}} = \text{card}(\{P_{j,k}^{\text{pre}}\}) \tag{3.17}$$

出度：

$$\text{Degree}_i^{\text{OUT}} = \text{card}(\{P_{j,k}^{\text{post}}\}) \tag{3.18}$$

入度均值：

$$\overline{\text{Degree}^{\text{IN}}} = \sum_{i=1}^{n} \text{Degree}_i^{\text{IN}} \tag{3.19}$$

出度均值：

$$\overline{\text{Degree}^{\text{OUT}}} = \sum_{i=1}^{n} \text{Degree}_i^{\text{OUT}} \tag{3.20}$$

### 3.3.2　空域重叠

1. 指标含义

空域重叠关系指标适用于航路/航线、扇区、终端区、危险区、限制区、禁区、军事训练等空域单元之间的统计分析。其中：

(1) 航路/航线重叠关系，确定航路/航线空域单元之间的重叠关系，并计算相互重叠率；

(2) 航路/航线与面状空域重叠关系，确定航路/航线与面状空域单元间重叠关系，并计算重叠率；

(3) 面状空域重叠关系，确定空域单元之间的重叠关系，并计算重叠率。

2. 指标说明

航路/航线与面状空域重叠率，反映了面状空域单元的实际利用情况。当重叠率较小时，说明面状空域单元利用率较低；当重叠率一般时，说明面状空域单元的利用率较合理；当重叠率较大时，说明面状空域单元的利用率较高。

3. 计算模型

对空域单元之间的重叠关系进行计算分析，其模型输入参数包括航路点的名称，航路点经度、纬度，扇区边界点的经纬度坐标和高度层范围等，具体参数见表 3.5。

表 3.5 空域重叠关系计算参数

| 变量名 | 变量含义 |
|---|---|
| $\{A_1, A_2, \cdots, A_n\}$ | 表示航路 1 的航路点集 |
| $\{B_1, B_2, \cdots, B_m\}$ | 表示航路 2 的航路点集 |
| $H_1$ | 表示在 $P_{\text{cross}}$ 点处航路 1 的最低高度层 |
| $H_2$ | 表示在 $P_{\text{cross}}$ 点处航路 1 的最高高度层 |
| $H_3$ | 表示在 $P_{\text{cross}}$ 点处航路 2 的最低高度层 |
| $H_4$ | 表示在 $P_{\text{cross}}$ 点处航路 2 的最高高度层 |
| $H_{\text{bottom}}$ | 表示重合航段的最低高度层 |
| $H_{\text{top}}$ | 表示重合航段的最高高度层 |
| $L$ | 重合航段的长度 |
| $L_1$ | 航路 1 的总长度 |
| $L_2$ | 航路 2 的总长度 |
| $\Delta S$ | 面状空域投影的重叠面积 |
| $\Delta H$ | 空域单元重叠的高度层 |
| $\Delta V$ | 面状空域重叠的体积 |

1) 航路/航段重叠关系计算

步骤 1.1：判断航路 1 和航路 2 是否有重合航段，若有假设重合航段上航路 1 的可用高度层范围为 $[H_1, H_2]$，航路 2 的可用高度层范围为 $[H_3, H_4]$，计算其重合高度层；

步骤 1.2：若存在重合高度层，设其为 $[H_{\text{bottom}}, H_{\text{top}}]$，计算重合航段长度 $L$，计算航路 1 总长度 $L_1$，航路 2 总长度 $L_2$，则航路 1 的重叠率为 $\frac{L}{L_1} \times 100\%$，航路 2 的重叠率为 $\frac{L}{L_2} \times 100\%$；

步骤 1.3：若不存在重合高度层，则在重合航段部分可计算垂直间隔，航路 1 和航路 2 为(部分)水平重叠关系。

2) 航路/航段与面状空域重叠关系计算

步骤 2.1：设航路 1 的航路点集合为 $\{A_1, A_2, \cdots, A_n\}$，对其中任意点 $A_i$，若其地理坐标属于空域 1 的水平范围内且 $A_i$ 的可用高度层范围与空域 1 的可用高度层范围重合，则称 $A_i$ 包含于空域 1；

步骤 2.2：若 $\{A_1, A_2, \cdots, A_n\}$ 全部包含于空域 1，则称航路 1 被空域 1 包含，重叠率 100%；

步骤 2.3：若 $\{A_1, A_2, \cdots, A_n\}$ 部分包含于空域 1，则称航路 1 穿越空域 1，重叠率为穿越长度/航路总长度。

3) 面状空域重叠关系计算

步骤 3.1：计算空域 1 和空域 2 的水平投影是否有交集，如果有，计算交集的面积，设为 $\Delta S$；

步骤 3.2：计算空域 1 和空域 2 的可用高度层范围是否有交集，如果有，计算重合的高度范围 $[H_{\text{bottom}}, H_{\text{top}}]$，高度差为 $\Delta H$；

步骤 3.3：若 $\Delta S = 0$ 且 $\Delta H = 0$，则称空域 1 与空域 2 不重叠；

步骤 3.4：若 $\Delta S > 0$ 且 $\Delta H = 0$，称空域 1 与空域 2 水平重叠，计算空域 1 面积 $S_1$，空域 2 面积 $S_2$，则空域 1 的水平重叠率为 $\dfrac{\Delta S}{S_1} \times 100\%$，空域 2 的水平重叠率为 $\dfrac{\Delta S}{S_2} \times 100\%$（特殊情况：垂直相邻）；

步骤 3.5：若 $\Delta S = 0$ 且 $\Delta H > 0$，称空域 1 与空域 2 垂直重叠，计算空域 1 上下限高度差 $H_1$，空域 2 上下限高度差 $H_2$，则空域 1 的垂直重叠率为 $\dfrac{\Delta H}{H_1} \times 100\%$，空域 2 的垂直重叠率为 $\dfrac{\Delta H}{H_2} \times 100\%$；

步骤 3.6：若 $\Delta S > 0$ 且 $\Delta H > 0$，计算空域 1 体积 $V_1$，空域 2 体积 $V_2$，重叠部分体积 $\Delta V = \Delta S \times \Delta H$，则空域 1 的重叠率为 $\dfrac{\Delta V}{V_1} \times 100\%$，空域 2 的重叠率为 $\dfrac{\Delta V}{V_2} \times 100\%$。

### 3.3.3 侧向间隔

1. 指标含义

空域侧向间隔指标，适用于航路/航线、扇区、终端区、危险区、限制区、禁区、军事训练等空域单元之间的统计分析。包括：

(1) 航路/航线侧向间隔：计算航路/航线空域单元之间的侧向间隔，取值单位 km；

(2) 面状空域侧向间隔：计算面状空域单元之间的侧向间隔，取值单位 km；

(3) 航线段与面状空域单元侧向之间的间隔：计算航线段与面状空域单元之间的

侧向间隔，取值单位 km，如 100km 表示航线段与面状空域单元之间的侧向间隔为 100km。

2. 指标说明

空域单元侧向间隔指标的计算，依赖于空域单元结构属性指标。该指标主要针对指标统计项中航路/航线侧向间隔、面状空域侧向间隔和航线段与空域单元侧向间隔。空域侧向间隔指标反映了空域设计的安全性情况，当侧向间隔较小时，说明空域设计的安全性较低；当侧向间隔一般时，说明空域设计的安全性较合理；当侧向间隔较大时，说明空域设计的安全性较高。

3. 计算模型

该指标对空域单元之间的侧向间隔进行统计分析，模型输入参数包括航路点的名称，航路点经度、纬度，扇区边界点的经纬度坐标和高度层范围等，具体计算参数见表 3.6。

表 3.6　空域侧向间隔计算参数

| 变量名 | 变量含义 |
| --- | --- |
| $\{P_1, P_2, \cdots, P_n\}$ | 表示航路 1 或面状空域 1 的航路点集 |
| $\{P_1, P_2, \cdots, P_m\}$ | 表示航路 2 或面状空域 2 的航路点集 |
| $\{L_1, L_2, \cdots, L_{n-1}\}$ | 表示航路 1 的航段集合或面状空域 1 的边界线 |
| $\{L_1, L_2, \cdots, L_{m-1}\}$ | 表示航路 2 的航段集合或面状空域 2 的边界线 |

1) 航路/航段侧向间隔计算(同一高度层)

步骤 1.1：判断航路/航段是否有交点，如果有，则侧向间隔为 0，输出交点信息；

步骤 1.2：若航路/航段没有交点，则按以下步骤计算：

步骤 1.2.1：记航路 1 的点集为 $\{P_1, P_2, \cdots, P_n\}$，航线段集合为 $\{L_1, L_2, \cdots, L_{n-1}\}$，航路 2 的点集为 $\{P_1, P_2, \cdots, P_m\}$，航线段集合为 $\{L_1, L_2, \cdots, L_{m-1}\}$，侧向间隔集合 Dis $= \varnothing$；

步骤 1.2.2：记航路 1 上的航路点 $P_i$ 在航路 2 上的航线段 $L_j$ 的投影为 $P_i'$，投影距离为 $P_i P_i'$，若 $P_i'$ 位于 $L_j$ 的航路中心线而非延长线上，则 $P_i P_i'$ 为有效投影距离，将 $P_i P_i'$ 加入集合 Dis；

步骤 1.2.3：依次计算航路 1 上各点 $\{P_1, P_2, \cdots, P_n\}$ 到航路 2 上各航线段 $\{L_1, L_2, \cdots, L_{m-1}\}$ 的正射投影，将其中的有效投影距离依次加入集合 Dis；

步骤 1.2.4：按步骤 1.2.2 和步骤 1.2.3 进行逆运算，得到航路 2 上的各点 $\{P_1, P_2, \cdots, P_m\}$ 到航路 1 各航线段 $\{L_1, L_2, \cdots, L_{n-1}\}$ 的正射投影，将其中的有效投影距离依次加入集合 Dis；

步骤 1.2.5：计算集合 Dis 中的最小值，则为给定航路/航段的侧向间隔，输出结果。

2)面状空域侧向间隔计算(同一高度层)

步骤 2.1：判断面状空域是否水平范围有重合，若有重合，则侧向间隔为 0，输出重合范围；

步骤 2.2：若无重合，则按以下步骤计算：

步骤 2.2.1：记空域 1 的边界点集合 $\{P_1, P_2, \cdots, P_n\}$，边界线段集合 $\{L_1, L_2, \cdots, L_{n-1}\}$，空域 2 的边界点集合 $\{P_1, P_2, \cdots, P_m\}$，边界线段集合 $\{L_1, L_2, \cdots, L_{m-1}\}$，侧向间隔集合 $\mathrm{Dis} = \varnothing$；

步骤 2.2.2：按步骤 1.2.2 和步骤 1.2.3 依次计算空域 1 边界点到空域 2 边界线段的正射投影，将其中的有效投影距离加入集合 Dis；

步骤 2.2.3：按步骤 1.2.2 和步骤 1.2.3 依次计算空域 2 边界点到空域 1 边界线段的正射投影，将其中的有效投影距离加入集合 Dis；

步骤 2.2.4：计算集合 Dis 中的最小值，则为给定航路/航段的侧向间隔，输出结果。

3)航线段与面状空域侧向间隔计算(同一高度层)

步骤 3.1：若航路 1 不被空域 1 包含，也不穿越空域 1，则按以下步骤计算，否则侧向间隔为 0；

步骤 3.2：计算航路 1 与空域 1 在同一水平面的投影(如地平面)，若航路 1 投影不被空域 1 投影包含，也不穿越空域 1 投影，则按以下步骤计算侧向间隔，否则侧向间隔为 0：

步骤 3.2.1：记航路 1 的点集为 $\{P_1, P_2, \cdots, P_n\}$，空域 1 的边界线段集合为 $\{L_1, L_2, \cdots, L_{n-1}\}$，侧向间隔集合 $\mathrm{Dis} = \varnothing$；

步骤 3.2.2：按步骤 1.2.2 和步骤 1.2.3 依次计算航路 1 边界点到空域 1 边界线段的正射投影，将其中的有效投影距离加入集合 Dis；

步骤 3.2.3：计算集合 Dis 中的最小值，则为给定航路/航段的侧向间隔，输出结果。

### 3.3.4　垂直间隔

1. 指标含义

空域垂直间隔关系指标适用于航路/航线、扇区、终端区、危险区、限制区、禁区、军事训练等空域单元之间的统计分析。

(1)航路/航段垂直间隔，计算航路/航线空域单元之间的垂直间隔，取值单位 m。

(2)面状空域垂直间隔，计算面状空域单元之间垂直间隔，取值单位 m。

(3)航路/航段与面状空域单元垂直间隔，计算航线段与面状空域单元之间的垂直间隔，取值单位 m，如 500m 表示航路/航段与面状空域单元之间的垂直间隔为 500m。

2. 指标说明

空域单元垂直间隔指标的计算依赖于空域单元结构属性指标，主要针对指标统计项中航路/航线垂直间隔、面状空域垂直间隔和航路/航线与空域单元垂直间隔。航路/航线垂直间隔反映了空域设计的安全性情况。当不同类型航路/航线垂直间隔较小时，说明空域设计的安全性较低；当不同类型航路/航线垂直间隔一般时，说明空域设计的安全性较合理；当不同类型航路/航线垂直间隔较大时，说明空域设计的安全性较高。面状空域侧向间隔反映了空域设计的安全性情况。当不同类型面状空域垂直间隔较小时，说明空域设计的安全性较低；当不同类型面状空域垂直间隔一般时，说明空域设计的安全性较合理；当不同类型面状空域垂直间隔较大时，说明空域设计的安全性较高。航路/航线与面状空域单元的侧向间隔反映了空域设计的安全性情况。当不同类型航路/航线与面状空域单元垂直间隔较小时，说明空域设计的安全性较低；当不同类型航路/航线与面状空域单元垂直间隔一般时，说明空域设计的安全性较合理；当不同类型航路/航线与面状空域单元垂直间隔较大时，说明空域设计的安全性较高。

3. 计算模型

该指标对空域单元之间的垂直间隔进行统计分析，模型输入参数包括航路点的名称，航路点经度、纬度，扇区边界点的经纬度坐标和高度层范围，具体计算参数见表 3.7。

表 3.7　空域垂直间隔计算参数

| 变量名 | 变量含义 |
| --- | --- |
| $\{L_i, L_{i+1}, \cdots, L_r\}$ | 表示航路 1 和航路 2 的重合航段集 |
| $H_1$ | 表示重合航段 $L_j$ 航路 1 的最低高度层 |
| $H_2$ | 表示重合航段 $L_j$ 航路 1 的最高高度层 |
| $H_3$ | 表示重合航段 $L_j$ 航路 2 的最低高度层 |
| $H_4$ | 表示重合航段 $L_j$ 航路 2 的最高高度层 |
| $\Delta H$ | 表示空域单元之间的重合高度差 |
| $P_{\text{cross}}$ | 表示航路 1 和航路 2 经过的相同航路点 |
| RouteMinH | 表示计算航路与面状空域垂直间隔时，航路的最低可用高度层 |
| RouteMaxH | 表示计算航路与面状空域垂直间隔时，航路的最高可用高度层 |
| SpaceMinH | 表示计算航路与面状空域垂直间隔时，面状空域的最低可用高度层 |
| SpaceMaxH | 表示计算航路与面状空域垂直间隔时，面状空域的最高可用高度层 |

1）航路/航段垂直间隔计算

步骤 1.1：判断航路 1 和航路 2 是否有重合航段，若有，设重合航段为 $\{L_i, L_{i+1}, \cdots, L_r\}$，垂直间隔集合为 $\text{Dis} = \varnothing$，按以下步骤计算：

步骤 1.1.1：对任意重合航段 $L_j$，假设航路 1 的可用高度层范围为 $[H_1, H_2]$，航路 2 的可用高度层范围为 $[H_3, H_4]$，计算垂直间隔为 $\Delta H = \max(H_1, H_3) - \min(H_2, H_4)$，加入集合 $\text{Dis}$；

步骤 1.1.2：若 $\text{Dis}$ 中所有元素都大于 0，则航路 1 和航路 2 的垂直间隔为 $\text{minDis}$；

步骤 1.1.3：若 $\text{Dis}$ 中有元素小于等于 0，则航路 1 和航路 2 为重叠关系，不计算垂直间隔。

步骤 1.2：若无重合航段，则判断航路 1 和航路 2 有没有相同航路点，如果有相同航路点 $P_{\text{cross}}$，航路 1 在 $P_{\text{cross}}$ 的可用高度层范围为 $[H_1, H_2]$，航路 2 在 $P_{\text{cross}}$ 的可用高度层范围为 $[H_3, H_4]$，如果 $[H_1, H_2]$ 与 $[H_3, H_4]$ 没有交集，则称航路 1 和航路 2 在 $P_{\text{cross}}$ 处的垂直间隔为 $\Delta H = \max(H_1, H_3) - \min(H_2, H_4)$。

2）航路/航段与面状空域垂直间隔计算

步骤 2.1：若航路 1 不被空域 1 包含，也不穿越空域 1，则按以下步骤计算，否则垂直间隔无效；

步骤 2.2：计算航路 1 与空域 1 在同一水平面的投影（如地平面），若航路 1 投影被空域 1 投影包含，或者穿越空域 1 投影，则按步骤 2.3 计算垂直间隔，否则垂直间隔无效；

步骤 2.3：将航路 1 各航段的最低可用高度层记为 RouteMinH，最高可用高度层为 RouteMaxH，空域 1 的最低可用高度层记为 SpaceMinH，最高可用高度层为 SpaceMaxH，则航路 1 与空域 1 的垂直间隔为

$$\Delta H = \max(\text{RouteMinH}, \text{SpaceMinH}) - \min(\text{RouteMaxH}, \text{SpaceMaxH}) \tag{3.21}$$

3）面状空域之间的垂直间隔计算

步骤 3.1：若空域 1 和空域 2 有重叠，则垂直间隔为 0；

步骤 3.2：计算空域 1 和空域 2 在同一水平面的投影，若两投影无交集，则垂直间隔无效，若两投影有交集，则按步骤 3.3 计算垂直间隔；

步骤 3.3：假设空域 1 的可用高度层范围为 $[H_1, H_2]$，空域 2 的可用高度层范围为 $[H_3, H_4]$，计算垂直间隔为 $\Delta H = \max(H_1, H_3) - \min(H_2, H_4)$。

# 3.4 运行状态计算

在空域静态结构基础上，组织实施空中交通运行管理控制，而核算空域运行状态实际上就是对空域内空中交通数据进行统计分析，建立相应的计算指标和模型，

对空域结构、空域使用现状及空中交通流规划等的有效性、合理性、可持续性进行测量表征。

## 3.4.1　飞行流量

### 1. 指标含义

空域单元飞行流量指标适用于机场、终端区、航路(航段)、区域、扇区空域单元的统计分析。

(1)指定时刻的空域单元内航空器数量:该指标用来统计空域单元在规定的时刻内运行的航空器数量,反映了空域单元的瞬时流量。

(2)指定时段内空域单元内航空器数量:该指标用来统计空域单元在规定时段内运行的航空器总量,反映了空域单元在一个时间段内的流量情况。

(3)指定时刻内空域单元内各高度层的航空器数量:该指标用来统计空域单元各个高度层在规定的时刻运行的航空器数量,反映了空域单元每个高度层瞬时流量情况。

(4)指定时段内空域单元内各高度层的航空器数量:该指标用来统计空域单元各个高度层在规定的时间段内运行的航空器总量,反映了空域单元每个高度层在一个时间段内的流量情况。

(5)指定空域单元相同统计时段的平均航空器数量:该指标用来统计空域单元在多个相同统计时段内运行的航空器数量总和平均值,反映了空域单元在规定时间段内平均飞行流量情况。

(6)指定空域单元相同统计时段的峰值航空器数量:该指标用来统计空域单元在多个相同统计时段内最大运行航空器架次,反映了空域单元在规定的多个统计时间段内最大流量情况。

### 2. 指标说明

指标主要针对指标统计项中指定时刻的空域单元内航空器数量、指定时段的空域单元内航空器数量、指定空域单元相同统计时段的峰值航空器数量。从空域利用率与空域安全性评估两个方面描述,具体评价参考如下:指定时刻/时段飞行流量同空域单元最大瞬时航班量的比值远高于规定水平,表明空域单元利用率极高,但空域单元内的流量接近空域单元最大服务能力,易发生危险,并不建议;指定时刻/时段飞行流量同空域单元最大瞬时航班量的比值高于规定水平,表明空域单元处于较繁忙状态,空域单元的运行处于理想状态;指定时刻/时段飞行流量同空域单元最大瞬时航班量的比值略高于规定水平,表明空域单元处于半饱和状态,管制员工作负荷不大,空域利用率一般;指定时刻/时段飞行流量同空域单元最大瞬时航班量的比值低于或等于规定水平，表明空域单元处于较空闲状态，管制员工作负荷较小，空域利用率较差，需研究症结所在。

3. 计算模型

该指标描述了规定时段或时刻空域单元内飞行的航空器数量。模型输入参数包括航空器雷达航迹数据(含雷达数据对应的时间、航班号以及飞行高度)，航空器航班数据(含航空器呼号、航空器过点信息、航空器过点时间、航空器过扇区信息、实际进出扇区时间、起飞机场、落地机场等信息)，空域单元结构(含指定城市对航线信息、扇区移交点、进出山区点、扇区可用高度层信息)，具体计算参数见表 3.8。

表 3.8　空域单元飞行流量计算参数

| 变量名 | 变量含义 |
| --- | --- |
| $T_i$ | 表示指定的时刻 |
| $(T_{in}, T_{out})$ | 表示航空器进入和离开空域单元的时间 |
| $K_i$ | 表示指定的第 $K_i$ 个空域单元 |
| $NK_i$ | 表示指定的第 $K_i$ 个空域 $T_i$ 单元在规定时间范围内的航班量 |
| ATD | 表示航班的实际离场时间 |
| ATA | 表示航班的实际到达时间 |
| $(T_{start}, T_{end})$ | 表示指定时段的开始时间和截止时间 |
| $L_i$ | 表示空域单元内第 $L_i$ 个高度层 |
| $NK_iL_j$ | 表示在规定时间范围内，第 $K_i$ 个空域单元内第 $L_i$ 个高度层的航空器的架次 |
| $K_iC_j$ | 表示第 $K_i$ 个空域单元在第 $C_j$ 个时段的航空器数量 |
| flightqueue | 存储基础航班信息的数据表 |

1) 指定时刻空域单元内航空器数量

确定指定的时刻 $T_i$ 和需要统计的空域单元，首先根据空域单元名称，筛选位于空域单元内的航空器 flightqueue 数据，然后根据指定的时刻 $T_i$ 对航空器再次进行筛选，flightqueue 中有每架航空器的进入/离开空域单元时间，假设为 $T_{start}$ 和 $T_{end}$，如果 $T_{start} \leqslant T_i \leqslant T_{end}$，则说明在 $T_i$ 时刻该航空器是在统计的空域单元内的。设第 $K_i$ 个空域单元内的航空器架次为 $NK_i$(初始为 0)。若航空器符合筛选条件则表示航空器在第 $K_i$ 个空域单元内，$NK_i = NK_i + 1$；照此重复，直到 $T_i$ 没有符合条件的航空器存在，至此将第 $K_i$ 个空域单元的航空器数量统计完毕。

如果统计的空域单元是机场，则首先也是根据机场名称筛选符合条件的航空器 flightqueue，然后判断该航空器是进场航班还是离场航班，如果是离场航班，则使用该航空器的 ATD 进行判断，如果 $ATD \geqslant T_i$，则该航空器在机场内，如果是进场航班，则使用该航空器的 ATA 进行判断，如果 $ATA \leqslant T_i$，则该航空器在机场内。其余统计步骤如上。

2) 指定时段空域单元内航空器数量

根据指定的时段 $(T_{start}, T_{end})$（具体形式也可为 $T_{start}$ - $T_{end}$，如 8:45-9:00）和选定的空域单元，筛选位于空域单元内的航空器 flightqueue 数据，然后 flightqueue 中有每架航空器的进入/离开空域单元时间，根据这两个时间再次进行筛选，假设为 $T_{in}$ 和 $T_{out}$，如果 $(T_{in}, T_{out})$ 与统计时段 $(T_{start}, T_{end})$ 有交集，则说明航空器在指定的统计时段内。设第 $K_i$ 个空域单元内的航空器架次为 $NK_i$（初始为 0）。若航空器符合上述筛选条件，则航空器在第 $K_i$ 个空域单元内，$NK_i = NK_i + 1$；照此重复，直到 $T_i$ 没有符合条件的航空器存在，至此将第 $K_i$ 个空域单元的航空器数量统计完毕。

如果统计的空域单元是机场，则首先也是根据机场名称筛选符合条件的航空器 flightqueue，然后判断该航空器是进场航班还是离场航班，如果是离场航班，则使用该航空器的 ATD 进行判断，如果 ATD $\geqslant T_{start}$，则该航空器在机场内，如果是进场航班，则使用该航空器的 ATA 进行判断，如果 ATA $\leqslant T_{end}$，则该航空器在机场内。其余统计步骤如上，则针对机场统计的实际为进离场航班数量之和，可在判断完航班的属性之后分别进行进场、离场航班的数量统计，统计方法和上述相同。

3) 指定时刻空域单元内各高度层的航空器数量

根据指定的时刻 $T_i$ 和选定的空域单元，在新增的空域结构信息表中获取空域单元内高度层的分布和使用信息，假设第 $K_i$ 个空域单元内包含 $L$ 个高度层，在上述统计基础上，设第 $K_i$ 个空域单元内第 $L_j$ 个高度层的航空器架次为 $NK_iL_j$（初始为 0）。若航空器的航迹点在第 $K_i$ 个空域单元第 $L_j$ 个高度层内，则 $NK_iL_j = NK_iL_j + 1$；照此重复，直到 $T_i$ 没有符合条件的航空器存在，至此将第 $K_i$ 个空域单元第 $L_j$ 个高度层的航空器数量统计完毕。

4) 指定时段空域单元内各高度层的航空器数量

根据指定的时段 $(T_{start}, T_{end})$（具体形式可为 $(T_a, T_b)$，如 (8:45, 9:00)）和选定的空域单元，在新增的空域结构信息表中获取空域单元内高度层的分布和使用信息，假设第 $K_i$ 个空域单元内包含 $L$ 个高度层，在上述统计基础上，设第 $K_i$ 个空域单元内第 $L_j$ 个高度层的航空器架次为 $NK_iL_j$（初始为 0）。若航空器的航迹点在第 $K_i$ 个空域单元第 $L_j$ 个高度层内，则 $NK_iL_j = NK_iL_j + 1$；照此重复，直到 $T_i$ 没有符合条件的航空器存在，至此将第 $K_i$ 个空域单元第 $L_j$ 个高度层的航空器数量统计完毕。

5) 指定空域单元相同统计时段的平均航空器数量

结合前面分析，根据选定的第 $K_i$ 个空域单元获取 $N$ 个相同统计时段的航空器数量 $K_iC_j$（表示第 $K_i$ 个空域单元内相同统计时段的航空器数量），则第 $K_i$ 个空域单元的平均航空器数量为

$$\overline{K_iC} = \frac{\sum_{j=1}^{N} K_iC_j}{N} \tag{3.22}$$

6) 空域单元指定时段的峰值航空器数量

结合前面分析, 根据选定的第 $K_i$ 个空域单元获取 $N$ 个相同统计时段的航空器数量 $K_iC_j$ (表示第 $K_i$ 个空域单元内相同统计时段的航空器数量), 则第 $K_i$ 个空域单元的峰值航空器数量就是由 $N$ 个值中最大的筛选出来, 从而得到峰值:

$$K_iC = \max\{K_iC_j\} \tag{3.23}$$

## 3.4.2　飞行密度

### 1.　指标含义

空域单元飞行密度指标适用于终端区、航路(航段)、扇区。空域单元内飞行密度, 用来统计空域单元在规定时刻内运行的航空器架次同空域单元体积的比值, 反映了空域单元利用效率; 取值单位 "架次/$(\times 10^5 \mathrm{km}^3)$", 如 1.5 架次/$(\times 10^5 \mathrm{km}^3)$, 该数值表明了空域单元在规定的时刻内, 平均每十万立方千米范围内有 1.5 架航班。在进一步研究中, 针对指定的空域单元, 在统计时间粒度内, 可以指定密度较高地段。

### 2.　指标说明

飞行密度远高于规定水平, 表明空域单元利用率极高, 但空域单元内的流量接近了空域单元最大服务能力, 易发生危险, 并不建议; 飞行密度高于规定水平, 表明航空器间隔较小, 空域单元利用率较高; 飞行密度略高于规定水平, 表明航空器间隔正常, 空域单元利用率一般; 飞行密度低于或等于规定水平, 表明空域单元航空器间隔较大, 处于较空闲状态, 管制员工作负荷较小, 空域利用率较差, 需研究症结所在。

### 3.　计算模型

模型输入参数包含航班数据(飞行流量)、空域单元结构属性数据(空域体积)。空域单元飞行密度模型最小统计粒度为 "分钟", 时刻间隔为 1 分钟, 具体参数见表 3.9。

表 3.9　空域单元飞行密度计算参数

| 变量名 | 变量含义 |
| --- | --- |
| $T_i$ | 表示指定的时刻 |
| $K_i$ | 表示指定的第 $K_i$ 个空域单元 |
| $NK_i$ | 表示指定的第 $K_i$ 个空域单元在规定时刻内的航班量 |
| $VK_i$ | 第 $K_i$ 个空域单元的体积 |

空域单元飞行密度模型基础统计过程: 根据指定的时刻 $T_i$ 和选定的空域单元, 通过飞行流量指标获取第 $K_i$ 个空域单元内 $T_i$ 时刻的航空器架次为 $NK_i$, 通过空域体积指标获取第 $K_i$ 个空域单元的体积 $VK_i$, 则第 $K_i$ 个空域单元的飞行密度为

$$\text{Flowdy}_i = \frac{Nk_i}{Vk_i} \tag{3.24}$$

## 3.4.3 飞行态势

### 1. 指标含义

指标适用的空域类型包括终端区、航路/航段、扇区。

(1)航空器爬升次数，统计某一空域单元内统计时段内航空器进行爬升的总次数。

(2)航空器平飞次数，统计某一空域单元内统计时段内航空器进行平飞的总次数。

(3)航空器下降次数，统计某一空域单元内统计时段内航空器进行下降的总次数。

### 2. 指标说明

该指标主要针对空域单元内航空器飞行高度变化的统计，反映空域单元航空器飞行高度的调整频率，并可反映出空域单元的运行复杂性。从空域复杂度方面描述，空域单元内航空器爬升或下降的次数不高于某一标准(如平均爬升次数的 120%)，表明本空域单元统计时段内的航空器调配为正常调配量，空域运行复杂性适中。空域单元内航空器爬升或下降的次数高于某一标准，表明本空域单元统计时段内的航空器调配超出正常调配量，航空器运行状态处于频繁变化状态，交通态势复杂，空域运行复杂性偏高。

### 3. 计算模型

模型输入参数主要是航班的雷达数据，包括航班号、过点名称、实际过点时间、实际过点高度、经过扇区名称、经过扇区点时间、经过扇区点名称等。该模型可实现对 15min、1h 等统计粒度内空域单元内航空器的爬升、平飞和下降进行统计，具体计算参数见表 3.10。

表 3.10　空域单元飞行态势计算参数

| 变量名 | 变量含义 |
|---|---|
| $T$ | 统计粒度 |
| $H_i^j$ | 航空器 $j$ 经过 $i$ 点的高度 |
| $N_C$ | 航空器爬升次数 |
| $N_L$ | 航空器平飞次数 |
| $N_D$ | 航空器下降次数 |

步骤 1：在统计粒度 $T$ 内，航空器 $j(j=0,1,\cdots,n)$ 的初始高度为 $H_0^j$；

步骤 2：将航空器 $j$ 经过空域单元内点的高度 $H_i^j$ 与 $H_{i-1}^j (i=1,2,\cdots,m)$ 进行比较，若 $H_i^j = H_{i-1}^j$，则 $i++$，继续执行步骤 2，否则转步骤 3；

步骤 3：将 $H_i^j$ 与初始高度 $H_0^j$ 进行比较，若 $H_i^j - H_0^j \geqslant 300\text{m}$，则判定航空器爬升，且 $H_0^j = H_i^j$；若 $H_i^j - H_0^j \leqslant -300\text{m}$，则判定航空器下降，且 $H_0^j = H_i^j$；

步骤 4：将步骤 3 中得到的 $H_0^j$ 作为当前新的初始高度，$i$ 从步骤 3 中的 $i$ 值开始继续执行步骤 2 和 3，判断航空器是否有爬升或下降，直至 $i = m$ 时结束上述步骤；

步骤 5：若航空器 $j$ 的过点高度变化不符合步骤 3 和 4，则判定航空器为平飞；

步骤 6：回到步骤 1，对下一架航空器执行操作。

结果统计：

初始化航空器爬升、平飞和下降的次数 $N_C = 0$，$N_L = 0$，$N_D = 0$；

当判定航空器爬升时，记录爬升的次数 $N_C = N_C + 1$；

当判定航空器平飞时，记录平飞的次数 $N_L = N_L + 1$；

当判定航空器下降时，记录下降的次数 $N_D = N_D + 1$；

$n-1$ 为统计粒度中空域单元内航空器的总数量（$N_C + N_L + N_D \geqslant n-1$）。

## 3.4.4　管制间隔

### 1. 指标含义

空域单元管制间隔模型支持间隔指标的统计计算，分析了不同条件、不同环境下的航空器放行间隔、运行间隔等多种属性。航空器侧向间隔指标适用于对机场、终端区、航路(航段)、扇区等空域单元的统计分析。

(1) 机场内航空器的最小起飞间隔：机场(同一跑道)在某一确定时间粒度(如 30min、60min)内前后两架航空器起飞的最小间隔。

(2) 机场内航空器的平均起飞间隔：机场(同一跑道)在某一确定时间粒度(如 30min、60min)内前后两架航空器起飞的平均间隔。

(3) 机场内航空器的最小落地间隔：机场(同一跑道)在某一确定时间粒度(如 30min、60min)内前后两架航空器落地的最小间隔。

(4) 机场内航空器的平均落地间隔：机场(同一跑道)在某一确定时间粒度(如 30min、60min)内前后两架航空器落地的平均间隔。

(5) 空域单元内移交点的最小管制间隔：空域单元某一移交点在确定时间粒度(如 60min)内前后两架航空器经过移交点的最小管制间隔。

(6) 空域单元内移交点的平均管制间隔：空域单元某一移交点在确定时间粒度(如 60min)内前后两架航空器经过移交点的平均管制间隔。

(7) 空域单元内管制间隔比值：空域单元内管制员实际使用的管制间隔与管制间隔规定指定的间隔比值。

(8) 终端区内离场移交间隔比值：终端区内不同离场移交点在确定的时间粒度(如 60min)内的平均离场间隔与标准离场移交间隔的比值。

(9)终端区内进场移交间隔比值:终端区内不同进场移交点在确定的时间粒度(如60min)内的平均进场间隔与标准进场移交间隔的比值。

(10)空域单元内的最小侧向间隔:同一时刻空域单元内同一高度层的所有航空器对之间的最小侧向间隔。

(11)空域单元内的平均侧向间隔:同一时刻空域单元内同一高度层的所有航空器对之间的平均侧向间隔。

2. 指标说明

管制间隔低于或等于规定水平,表明空域可能存在危险接近/冲突,应注意检查航空器间的间隔告警等信息,必要时立刻采取调配措施予以解脱。管制间隔略高于规定水平,表明空域运行基本正常,航空器处于安全运行状态,航空器间保持一定的安全裕度。管制间隔高于规定水平,表明空域中航空器间间隔控制得较大,安全水平较高。管制间隔远高于规定水平,表明空域运行安全,几乎不存在安全问题。

离场/进场移交间隔低于或等于规定水平,表明空域可能存在危险接近/冲突,应注意检查航空器间的告警信息,必要时立刻采取调配措施。离场/进场移交间隔略高于规定水平,表明空域运行基本正常,航空器在移交点附近区域处于安全运行水平,通过移交点时保持一定的安全裕度。离场/进场移交间隔高于规定水平,表明空域中航空器的移交间隔控制得较大,安全水平较高。该移交方向上相对空闲或存在流量控制(相较于典型繁忙时的间隔水平)。离场/进场移交间隔远高于规定水平,表明空域运行安全,几乎不存在安全问题,该移交方向上相对空闲。

侧向间隔略高于规定水平,说明存在航空器对的侧向间隔小于安全间隔的情况,处于危险接近甚至冲突状态,必须立即采取调配措施。侧向间隔一般高于规定水平,说明航空器基本处于安全运行水平,航空器之间保持一定的安全裕度。侧向间隔远远高于规定水平,说明航空器之间的侧向间隔远远高于标准水平,非常安全。

3. 计算模型

模型输入参数:①航空器雷达航迹数据,包括航班号、起降时间、过点时间、飞行高度、速度、位置、航向等;②空域单元结构属性数据,包括空域单元移交点信息、航路/航线信息;③管制规定数据。航空器管制间隔模型可适用于小时、天等时间粒度的统计计算,具体参数见表3.11和表3.12。

表3.11　航空器管制间隔计算参数

| 变量名 | 变量含义 |
| --- | --- |
| $T_i$ | 表示第 $i$ 个统计时间片 |
| $N$ | 表示航空器数量 |

续表

| 变量名 | 变量含义 |
|---|---|
| $L$ | 表示移交点数量 |
| $TTO_i$ | 表示航空器的实际起飞间隔 |
| $TTO_{min}$ | 表示最小起飞间隔 |
| $\overline{TTO}$ | 表示平均起飞间隔 |
| $TLD_i$ | 表示航空器的实际落地间隔 |
| $TLD_{min}$ | 表示最小落地间隔 |
| $\overline{TLD}$ | 表示平均落地间隔 |
| $NL_j$ | 表示移交点的航空器数量 |
| $TCP_i a$ | 表示移交点的管制移交间隔 |
| $TCP_{NLmin}$ | 表示移交点的最小管制间隔 |
| $\overline{TCP_{NL_j}}$ | 表示移交点的平均管制间隔 |
| $S_u$ | 表示空域单元实际使用的管制间隔 |
| $S$ | 表示空域单元标准规定的管制间隔 |
| $Spl_i$ | 表示终端区离场移交点的移交间隔 |
| $Spj_i$ | 表示终端区进场移交点的移交间隔 |

表 3.12　航空器侧向间隔计算参数

| 变量名 | 变量含义 |
|---|---|
| $i$ | 表示时刻序数 |
| $T_i$ | 表示第 $i$ 个统计时间片 |
| $T_{start}$ | 表示航空器进入空域单元时间 |
| $T_{end}$ | 表示航空器离开空域单元时间 |
| $T_{in}$ | 表示航空器进入空域单元时航迹数据的时刻 |
| $T_{out}$ | 表示航空器离开空域单元时航迹数据的时刻 |
| $N$ | 表示航空器数量 |
| $L$ | 表示高度层数量 |
| $R$ | 表示半径 |
| $PX_{in}$ | 表示小于 $T_i$ 时刻航迹经度 |
| $PX_{out}$ | 表示大于 $T_i$ 时刻航迹纬度 |
| $PX_i$ | 表示 $T_i$ 时刻航迹纬度 |
| $Lon$ | 表示航空器的经度 |
| $MLon$ | 表示经标准化处理后航空器的经度 |
| $PY_{in}$ | 表示小于 $T_i$ 时刻航迹纬度 |
| $PY_{out}$ | 表示大于 $T_i$ 时刻航迹纬度 |
| $PY_i$ | 表示 $T_i$ 时刻航迹纬度 |

续表

| 变量名 | 变量含义 |
|---|---|
| Lat | 表示航空器的纬度 |
| MLat | 表示经标准化处理后航空器的纬度 |
| $L_{in}$ | 表示小于 $T_i$ 时刻航空器所在高度层 |
| $L_{out}$ | 表示大于 $T_i$ 时刻航空器所在高度层 |
| $L_j$ | 表示 $T_i$ 时刻航空器所在高度层 |
| $NL_j$ | 表示第 $L_j$ 个高度层的航空器数量 |
| Sep | 表示航空器对的侧向间隔 |
| $\overline{Sep}$ | 表示同一高度层的航空器对的平均侧向间隔值 |

1) 起飞间隔模型

假设统计时间片为 $T_i$(具体形式为 $T_a:T_b$),首选根据统计的起飞机场筛选数据,如果航空器雷达航迹的实际起飞时间 $t$ 在统计时段 $T_i$ 内 ($T_a \leq t < T_b$),则获取航空器航迹数据。假设有 $N$ 架起飞航空器,对 $N$ 架航空器按起飞时间从小到大排序;如果 $N=1$,则结束,不用继续统计;如果 $N>1$,则从第二架开始,使用第 $i+1$ 架航空器的实际起飞时间与第 $i$ 架航空器的实际起飞时间相减得到起飞间隔 $TTO_i$,得到 $T_i$ 内 $N-1$ 个起飞间隔。

最小起飞间隔:遍历 $N-1$ 个起飞间隔,找到最小值,则最小起飞间隔为

$$TTO_{min} = \min\{TTO_i\} \tag{3.25}$$

平均起飞间隔:统计粒度 $T_i$ 内共有 $N-1$ 个起飞间隔 $TTO_i$,则平均起飞间隔为

$$\overline{TTO} = \frac{\sum_{i=1}^{N-1} TTO_i}{N-1} \tag{3.26}$$

2) 落地间隔模型

假设统计时间片 $T_i$ 内选定落地机场,如果航空器雷达航迹实际落地时间 $t$ 在统计时段 $T_i$ 内 ($T_a \leq t < T_b$),落地机场与需要统计的一致,则获取航迹数据,最终获取 $N$ 架航空器雷达航迹数据。

对 $N$ 架航空器以落地时间为标准进行从小到大排序;如果 $N=1$,则结束;如果 $N>1$,则从第二架开始,使用第 $i+1$ 架航空器的实际落地时间与第 $i$ 架航空器的实际落地时间相减得到落地间隔 $TLD_i$,依据该方法得到 $T_i$ 内 $N-1$ 个落地间隔。

最小落地间隔:遍历 $N-1$ 个落地间隔,找到最小值,则最小落地间隔为

$$TLD_{min} = \min\{TLD_i\} \tag{3.27}$$

平均落地间隔:统计粒度 $T_i$ 内共有 $N-1$ 个落地间隔 $TLD_i$,则平均落地间隔为

$$\overline{\text{TLD}} = \frac{\sum_{i=1}^{N-1} \text{TLD}_i}{N-1} \tag{3.28}$$

3）移交点管制间隔

假设统计时间片为 $T_i$（具体形式为 $T_a{:}T_b$），选定空域单元，根据结构属性获取空域单元内移交点的数量 $L$ 个及相关信息。

如果航空器雷达航迹的实际过点（移交点）时间 $t$ 在统计时段 $T_i$ 内（$T_a \leqslant t < T_b$），则获取对应的航空器航迹数据，假设初始有 $N$ 架航空器。

对 $N$ 架航空器航迹数据中的移交点进行判断，与空域单元内 $L$ 个移交点进行比较匹配，如果航空器的移交点与第 $L_j$ 个移交点一致，则将该航空器分配给第 $L_j$ 个移交点，分别得到经过第 $L_j$ 个移交点的航空器 $NL_j$ 架。

分别以 $L$ 个移交点的 $NL_j$ 架航空器的过点时间为标准进行从小到大排序。

如果第 $L_j$ 个移交点的 $NL_j = 1$，则结束统计；如果 $NL_j > 1$，则从第二架开始，使用第 $i+1$ 架航空器的实际过点时间与第 $i$ 架航空器的实际过点时间相减得到移交间隔 $\text{TCP}_i$，依据该方法得到 $T_i$ 内 $L_j$ 个移交点的 $NL_j - 1$ 个移交间隔。

移交点的最小管制间隔：针对空域单元内的所有移交点，分别遍历 $L_j$ 个移交点的 $NL_j - 1$ 个移交间隔，则第 $L_j$ 个移交点最小管制间隔为

$$\text{TCP}_{NL\min} = \min\{\text{TCP}_{NL}\} \tag{3.29}$$

移交点的平均管制间隔：统计时间片 $T_i$ 内第 $L_j$ 个移交点的 $NL_j - 1$ 个移交间隔，则第 $L_j$ 个移交点的平均移交间隔为

$$\overline{\text{TCP}_{NL_j}} = \frac{\sum_{i=1}^{NL_j-1} \text{TCP}_{NL_i}}{NL_j - 1} \tag{3.30}$$

上述六种统计形式的输出间隔均以时间为单位，也可以转换为以距离为单位，当需要使用距离间隔时，使用统计的空域单元内航空器的经验速度与时间相乘，即可得到距离间隔。

空域单元内管制间隔利用率：针对统计的空域单元，获取该空域单元的实际使用的管制间隔 $S_u$ 与标准规定的间隔 $S$，使用 $S_u / S$ 即可得到管制间隔利用率。

终端区内离场移交间隔利用率：针对统计的终端区，获取该终端区的离场移交点信息，假设有 $L$ 个离场移交点，根据已得的移交点平均移交间隔 $\text{Spl}_i$，再获取终端区的协议规定离场移交间隔 $S_j$，则 $\text{Spl}_i / S_i$ 即可得到对应离场移交点的间隔利用率。

终端区内进场移交间隔利用率：针对统计的终端区，获取该终端区的进场移

交点信息，假设有 $L$ 个进场移交点，根据已得的移交点的平均移交间隔 $S_{pj_i}$，再获取终端区的协议规定进场移交间隔 $S_j$，则 $S_{pj_i}/S_j$ 即可得到对应进场移交点的间隔利用率。

4) 侧向间隔模型

确定指定的时刻 $T_i$ 和需要统计的空域单元，筛选出位于空域单元内的航空器雷达航迹数据，然后根据每架航空器雷达航迹中的进入（$T_{start}$）/离开（$T_{end}$）空域单元时间再次筛选，如果 $T_{start} \leqslant T \leqslant T_{end}$，则说明在 $T_i$ 时刻该航空器在空域单元内。

因为数据问题，所以部分航空器在 $T_i$ 时刻没有航迹数据，所以在计算侧向间隔前需要对 $T_i$ 时刻没有航迹的航空器插值生成数据，以 $T_i$ 时刻为标准，在该航空器的数据中分别搜索一条时刻小于 $T_i$ 的数据 $T_{in}$ 和时刻大于 $T_i$ 的数据 $T_{out}$，$T_{in}$ 是小于 $T_i$ 的数据中距离 $T_i$ 最近的，$T_{out}$ 是大于 $T_i$ 的数据中距离 $T_i$ 最近的，至此筛选出该航空器的两个航迹数据。假设航空器在 $T_{in}$ 时刻的经度为 $PX_{in}$，纬度为 $PY_{in}$，高度层为 $L_{in}$，在 $T_{out}$ 时刻的经度为 $PX_{out}$，纬度为 $PY_{out}$，高度层为 $L_{out}$，则估测航空器在 $T_i$ 时刻的经度为

$$PX_i = \frac{PX_{out} - PX_{in}}{T_{out} - T_{in}} \times (T_i - T_{in}) + PX_{in} \tag{3.31}$$

纬度为

$$PY_i = \frac{PY_{out} - PY_{in}}{T_{out} - T_{in}} \times (T_i - T_{in}) + PY_{in} \tag{3.32}$$

高度层为

$$L_i = \frac{L_{out} - L_{in}}{T_{out} - T_{in}} \times (T_i - T_{in}) + L_{in} \tag{3.33}$$

5) 记录插值数据，依次处理相同情况的航空器

假设空域单元内有 $N$ 架航空器，根据空域单元内高度层信息，假设空域单元内包含 $L$ 个高度层，根据航空器雷达航迹的高度层数据和空域单元的高度层信息进行归类，将航空器航迹数据划分至对应的高度层内，假设第 $L_j$ 个高度层的航空器架次为 $NL_j$。

计算空域单元内各个高度层的航空器侧向间隔，对第 $L_j$ 个高度层内的 $NL_j$ 架航空器两两计算，计算 $(NL_j - 1)!$ 次。假设地球是一个完美的球体，那么它的半径就是地球的平均半径，记为 $R$。如果以 0° 经线为基准，那么根据地球表面任意两点的经纬度就可以计算出这两点间的地表距离（这里忽略地球表面地形对计算带来的误差，仅仅是理论上的估算值）。设航空器 $A$ 的经纬度为 $(LonA, LatA)$，航空器 $B$ 的经纬度为 $(LonB, LatB)$，按照 0° 经线的基准，东经取经度的正值（Longitude），西经取经度负值（–Longitude），北纬取 90–纬度值（90–Longitude），南纬取 90+纬度值

$(90 + \text{Longitude})$，则经过上述处理过后的两点被计为 $(\text{MLonA}, \text{MLatA})$ 和 $(\text{MLonB}, \text{MLatB})$，可以得到两点距离为

$$C = \sin(\text{MLatA}) \times \sin(\text{MLatB}) \times \cos(\text{MLonA} - \text{MLonB}) + \cos(\text{MLatA}) \times \cos(\text{MlatB})$$
(3.34)

$$\text{Sep} = R \times \arccos C \times \pi / 180$$
(3.35)

其中，$R$ 和 Sep 单位相同，如果采用地球平均半径 6371.004km 作为半径，那么 Sep 的单位就是 km。

如果仅对经度作正负的处理，而不对纬度作 $90 - \text{Latitude}$（假设都是北半球，南半球只有澳大利亚具有应用意义）的处理，那么计算侧向间隔为

$$C = \sin(\text{LatA}) \times \sin(\text{LatB}) + \cos(\text{LatA}) \times \cos(\text{LatB}) \times \cos(\text{MLonA} - \text{MLonB})$$
(3.36)

$$\text{Sep} = R \times \arccos C \times \pi / 180$$
(3.37)

按照计算公式，可依次计算 $(NK_iL_j - 1)!$ 个侧向间隔。

空域单元内的最小侧向间隔：计算空域单元内第 $L_j$ 个高度层的最小侧向间隔时，遍历 $(NK_iL_j - 1)!$ 个侧向间隔，找到最小值，即为该统计项的结果。

空域单元内的平均侧向间隔：计算空域单元内第 $L_j$ 个高度层的平均侧向间隔时，统计时刻 $T_i$ 时第 $L_j$ 个高度层共有 $(NK_iL_j - 1)!$ 个侧向间隔 $\text{Sep}_m$，则平均侧向间隔为

$$\overline{\text{Sep}} = \frac{\sum_{m=1}^{(NK_iL_j-1)!} \text{Sep}_m}{(NK_iL_j - 1)!}$$
(3.38)

### 3.4.5　预警/告警

1. 指标含义

空域单元预警/告警指标适用于终端区、航路(航段)、扇区区域。

(1)空域单元内飞行冲突的预警/告警次数：用来统计空域单元在规定的时段/时刻内由于飞行冲突而产生预警/告警的次数，反映空域单元内产生飞行冲突的可能性大小。

(2)空域单元内特殊代码告警次数：用来统计空域单元在规定时段/时刻内发生特殊代码告警的次数，反映空域单元在一个时间段内产生特殊代码告警的可能性大小。

(3)空域单元内侵入禁区、限制区、危险区的预警/告警次数：用来统计空域单元在规定的时段内航空器进入禁区、限制区、危险区而产生预警/告警的次数，反映空域单元内航空器侵入禁区、限制区、危险区的可能性大小。

(4) 空域单元内低安全高度预警/告警次数：用来统计空域单元在规定的时间段内出现航空器因为低安全高度而产生预警/告警的次数，反映空域单元内发生航空器低安全高度的可能性大小。

2. 指标说明

从空域运行安全评价方面描述，预警/告警次数远高于规定水平，表明空域单元内飞行冲突的次数多，安全性低，空域运行处于告警状态，易发生事故，安全评级为"差"；预警/告警次数略高于规定水平，表明空域单元内飞行冲突的次数较多，安全性较低，空域运行处于告警状态，较易发生事故，安全评级为"中"；预警/告警次数略低于规定水平，表明空域单元的预警/告警次数在可接受范围内，空域单元运行正常，安全评级为"良"；预警/告警次数远低于规定水平，表明空域单元运行安全性很好，飞行冲突次数少，安全评级为"优"。

3. 计算模型

模型输入参数主要是管制规定数据、预警/告警信息。空域单元预警/告警统计指标可适用于日、月、季、年等时间粒度的统计计算，具体计算参数见表 3.13。

表 3.13　空域单元预警告警计算参数

| 变量名 | 变量含义 |
| --- | --- |
| $T_i$ | 统计粒度大小 |
| $NC_i$ | 飞行冲突的预警/告警次数 |
| $NCS_i$ | 特殊代码的预警/告警次数 |
| $NCQ_i$ | 侵入禁区、限制区、危险区的预警/告警次数 |
| $NCD_i$ | 低安全高度预警/告警次数 |

1) 飞行冲突的预警/告警次数

设统计粒度 $T_i$ 预警/告警次数为 $NC_i$（初始为 0）。若在 $T_i$ 内雷达预警/告警信息中包含飞行冲突的预警/告警，则 $NC_i = NC_i + 1$。

照此重复，直到 $T_i$ 没有符合条件的信息存在。

2) 特殊代码告警次数

设统计粒度 $T_i$ 特殊代码告警次数为 $NCS_i$（初始为 0）。若在 $T_i$ 内雷达预警/告警信息中包含特殊代码告警，则 $NCS_i = NCS_i + 1$。

照此重复，直到 $T_i$ 没有符合条件的信息存在。

3) 侵入禁区、限制区、危险区的预警/告警次数

设统计粒度 $T_i$ 预警/告警次数为 $NCQ_i$（初始为 0）。若在 $T_i$ 内雷达预警/告警信息中包含侵入禁区、限制区、危险区的预警/告警，则 $NCQ_i = NCQ_i + 1$。

照此重复，直到 $T_i$ 没有符合条件的信息存在。

4) 低安全高度预警/告警次数

设统计粒度 $T_i$ 低安全高度预警/告警次数为 $NCD_i$（初始为 0）。若在 $T_i$ 内雷达预警/告警信息中包含低安全高度预警/告警，则 $NCD_i = NCD_i + 1$。

照此重复，直到 $T_i$ 没有符合条件的信息存在。

## 3.4.6　灵活利用

1. 指标含义

民航对临时航线、军事训练空域、对空射击空域等特殊空域单元的利用状况称为空域单元灵活利用。指标适用类型：临时航线、军事训练空域、对空射击空域、航路。

(1) 临时航线、军事训练空域、对空射击空域的开放次数：统计临时航线、军事训练空域、对空射击空域在统计时段内的开放次数。

(2) 临时航线、军事训练空域、对空射击空域的开放时间与平均开放时长：统计临时航线、军事训练空域、对空射击空域在统计时段内的开放时间与平均开放时长。

(3) 民航对军事训练空域、对空射击空域的使用高度范围：统计在统计时段内民航对军事训练空域、对空射击空域的使用高度范围。

(4) 临时航线、军事训练空域、对空射击空域每天在开放时段的飞行流量：统计临时航线、军事训练空域、对空射击空域每天在开放时段的民航飞行流量。

(5) 临时航线、军事训练空域、对空射击空域的日小时平均流量、小时平均流量：统计临时航线、军事训练空域、对空射击空域的日小时平均流量、小时平均流量。

(6) 军航穿越航路航线的时间和高度范围：统计军航穿越航路航线的时间和高度范围。

(7) 特殊空域单元的实际使用时长与开放时长的比值：统计特殊空域单元在统计时段内的实际使用时长与开放时长的比值。

2. 指标说明

从空域利用率评价方面描述，特殊空域单元实际使用时长与开放时长的比值低于阈值下限（设定比值），表明民航对该空域的实际使用效率偏低。特殊空域单元实际使用时长与开放时长的比值处于阈值下限与阈值上限（设定比值）之间，表明民航对该空域的实际使用效率一般。特殊空域单元实际使用时长与开放时长的比值高于阈值上限，表明民航对该空域的实际使用效率较高。

特殊空域单元的平均开放时长是指在统计时段内开放总时长与开放次数的比值，当平均开放时长高于设定阈值时，可表明该空域单元对民航开放使用的时长较高；当平均开放时长处于设定阈值区间时，可表明该空域单元对民航开放使用的时长适中；当平均开放时长低于设定阈值时，可表明该空域单元对民航开放使用的时长偏低。

### 3. 计算模型

特殊空域单元的飞行流量指在统计时段内总飞行流量与总开放时长的比值，当比值低于设定阈值时，可表明该统计时段内民航对该空域单元的使用程度较低；当比值高于设定阈值时，可表明该统计时段内民航对该空域单元的使用程度较高。

模型输入参数：①航班雷达数据，包括航班号、过点名称、实际过点时间、实际过点高度、经过扇区名称、经过扇区点时间、经过扇区点名称等；②临时航线、军事训练空域、对空射击空域的名称及其开放标识(0 为关闭，1 为开放)、开放起始时间、开放终止时间、可用高度下限、可用高度上限、军航飞行 4D 航迹、军事训练空域、对空射击空域的位置点信息、军航活动时需要穿越的航路航线名称及活动开始时间、活动结束时间、活动高度下限、活动高度上限。该模型可根据相应统计粒度(如小时或日)要求统计特殊空域单元的使用情况，具体计算参数见表 3.14。

表 3.14　空域单元灵活利用计算参数

| 变量名 | 变量含义 |
| :---: | :---: |
| $T_{start}$ | 特殊空域单元开放起始时间 |
| $T_{end}$ | 特殊空域单元开放终止时间 |
| $N$ | 特殊空域单元开放次数 |
| $h_1$ | 特殊空域单元可用高度下限 |
| $h_2$ | 特殊空域单元可用高度上限 |
| $Flow_i^j$ | 自然日 $i$ 内自然小时 $j$ 的流量 |
| $t_{in}^i$ | 航空器 $i$ 进入临时航线的时间 |
| $t_{out}^i$ | 航空器 $i$ 离开临时航线的时间 |

1) 临时航线、军事训练空域、对空射击空域的开放次数、开放时间和平均开放时长

统计粒度为自然日，在统计时间范围内对特殊空域单元的开放次数、开放时间和开放时长进行统计。具体步骤如下：设某日某特殊空域单元开放起始时间为 $T_{start}$，开放终止时间为 $T_{end}$，统计粒度中自然日数量为 $n$，则指定空域单元的日开放时间为 $T_{start} \sim T_{end}$，日开放时长为 $T_{end} \sim T_{start}$，平均开放时长 $\bar{T} = (T_{end} \sim T_{start}) / n$；初始化指定特殊空域单元的开放次数 $N = 0$，对统计粒度中特殊空域单元的所有开放标识进行判断统计，若开放标识 flag $= 1$，则 $N = N + 1$。

2) 民航对军事训练空域、对空射击空域的使用高度范围

统计粒度为自然日，设某日某特殊空域单元的可用高度下限为 $h_1$，可用高度上限为 $h_2$，则此空域单元的使用高度范围为 $h_1 \sim h_2$。

3）临时航线、军事训练空域、对空射击空域在开放时段的飞行流量

特殊空域单元的飞行流量求法参考 3.4.1 节方法。对统计出来的某一自然日 $i(i=1,2,\cdots,m)$ 内某一自然小时 $j(j=1,2,\cdots,n)$ 的流量 $\text{Flow}_i^j$ 求均值作为日小时平均流量为 $\sum \text{Flow}_i^j / n$，再将 $m$ 天的日小时平均流量进行均值计算，得出 $m$ 天的小时平均流量。

4）军航穿越航路航线的时间和高度范围

统计粒度为自然日，设活动开始时间为 $T_{\text{start}}$，活动结束时间为 $T_{\text{end}}$，活动高度下限为 $h_1$，活动高度上限为 $h_2$，则军航穿越某航路航线的时间为 $T_{\text{start}} \sim T_{\text{end}}$，时长为 $T_{\text{end}} - T_{\text{start}}$，高度范围为 $h_1 \sim h_2$。

5）特殊空域单元的实际使用时长与开放时长的比值

统计粒度为自然日，利用航班 4D 航迹数据，可求得实际使用时长，具体步骤为：对航空器 $i(i=1,2,\cdots,m)$ 而言，若航空器 $i$ 经过此临时航线，则将航空器 $i$ 开始进入临时航线的时间记为 $t_{\text{in}}^i$，离开临时航线的时间记为 $t_{\text{out}}^i$，待对所有航空器判断完成后，再取 $\max(t_{\text{in}}^i, t_{\text{out}}^i) - \min(t_{\text{in}}^i, t_{\text{out}}^i)$ 作为实际使用时长。最终将实际使用时长除以上述开放时长 $T_{\text{end}} - T_{\text{start}}$ 即得出所需比值。

## 3.4.7　机型统计

### 1. 指标含义

该指标描述空域单元在指定时间段内，重型、中型和轻型航空器各自占飞行总量的比例。指标适用类型：空域单元机型统计指标适用于机场、终端区、航路/航段、扇区、关键点。该指标反映了空域单元内飞行流量的分布情况，如统计结果为重型：30%，中型：40%，轻型：30%，该数值表明空域单元在规定的时段/时刻内重型机占了飞行总流量的 30%，中型机占了飞行总流量的 40%，轻型机占了飞行总流量的 30%。

在进一步研究中，还可以将机型统计的规则拓宽如下：①按尾流等级划分：重、中、轻；②按进近性能划分：A、B、C、D、E；③按巡航性能划分：A、B、C、D、E；④按航空器大小划分：大、中、小；⑤按航程远近划分：远程、中程、近程。

### 2. 指标说明

存在单个或者多种机型的比例高于或等于规定水平，表明空域单元内该种机型出现的概率较大，为使用该空域的主要机型；存在单个或者多种机型的比例低于规定水平，表明空域单元内该种机型出现的概率正常，为使用该空域的常规机型；存在单个或者多种机型的比例远低于规定水平,表明空域单元该机型出现的概率不大,为使用该空域的少有机型。

3. 计算模型

模型输入参数主要是航空器航班数据：航班号、航班过点队列、航班过点时间队列、航班过点高度队列、航班过扇区队列、航班进出扇区时间、航班进出扇区点。空域单元机型统计指标可适用于分钟、小时、天等时间粒度的统计计算，具体参数见表 3.15。

表 3.15　空域单元机型统计计算参数

| 变量名 | 变量含义 |
|---|---|
| $n$Total | 空域单元在指定时段内的航班总量 |
| $nH$ | 重型机数量 |
| $nM$ | 中型机数量 |
| $nL$ | 轻型机数量 |
| $T$ | 统计粒度大小 |

空域单元机型统计模型基础统计过程：初始化飞行总量 $n$Total $=0$，重型机数量 $nH=0$，中型机数量 $nM=0$，轻型机数量 $nL=0$。

在统计粒度 $T$ 内，若航空器 $j(j=1,2,\cdots,n)$ 经过指定空域的起止时间段与 $T$ 有交集，则飞行总量 $n$Total$+1$，若航空器 $j$ 为重型，则 $nH+1$，若航空器 $j$ 为中型，则 $nM+1$，若航空器 $j$ 为轻型，则 $nL+1$；在计算统计粒度 $T$ 内，指定空域单元：

重型机比例为

$$\frac{nH}{n\text{Total}}\times100\% \tag{3.39}$$

中型机比例为

$$\frac{nM}{n\text{Total}}\times100\% \tag{3.40}$$

轻型机比例为

$$\frac{nL}{n\text{Total}}\times100\% \tag{3.41}$$

## 参 考 文 献

[1] 朱永文, 唐治理. 数字化空域系统技术研究报告[R]. 北京: 空军研究院, 2018.

[2] 朱永文, 谢华. 空域评估指标体系研究报告[R]. 北京: 空军研究院, 2015.

[3] 唐治理, 蒲钒, 王长春. 空域几何关系测量方法简述[J]. 通信与计算技术, 2019, 39(1): 14-18.

[4] International Civil Aviation Organization. Performance-based navigation（PBN）manual[Z]. International Civil Aviation Organization DOC9613, 2013.

[5]　Blumstein A. The landing capacity of a runway[J]. Operations Research, 1959, 7(6): 752-763.

[6]　Harris R M. Models for runway capacity analysis[R]. The Mitre Corporation, Washington D.C., 1969: 1-94.

[7]　Newwell G F. Airport capacity and delay[J]. Transportation Science, 1979, 13(3): 201-241.

[8]　Lee J G, Han J, Whang K Y. Trajectory clustering: A partition-and-group framework[C]. Proceedings of the 2007 ACM SIGMOD International Conference on Management of Data, Beijing, 2007: 593-604.

[9]　Hwang J R, Kang H Y, Li K J. Spatio-temporal similarity analysis between trajectories on road networks[C]. Perspectives in Conceptual Modeling ER 2005 Workshops, Klagenfurt, 2005, 24-28: 280-289.

[10]　Enriquez M, Kurcz C. A simple and robust flow detection algorithm based on spectral clustering[C]. International Conference on Research in Air Transportation, Berkeley, 2012.

[11]　Enriquez M. Identifying temporally persistent flows in the terminal airspace via spectral clustering[C]. Air Traffic Management R&D Seminar, Chicago, 2013.

[12]　袁立罡. 终端区动态交通特征与运行态势研究[D]. 南京: 南京航空航天大学, 2016.

[13]　Delahaye D, Puechmorel S. Air traffic complexity: Towards intrinsic metrics[C]. Proceedings of the Third USA/Europe Air Traffic Management R & D Seminar, Napoli, 2000.

[14]　Chatterji G B, Sridhar B. Measures for air traffic controller workload prediction[C]. Proceedings of the First AIAA Aircraft Technology, Integration, and Operations Forum, 2001.

[15]　Mondoloni S, Liang D. Airspace fractal dimension and applications[C]. The 3th USA/EUROPE Air Traffic Management R&D Seminar, Washinton D. C., 2001.

[16]　Wang P T R, Tene N, Wojcik L. Relationship between airport congestion and at-gate delay[C]. Proceedings of the 21th Digital Avionics Systems Conference, Washinton D. C., 2002.

[17]　Holly K, Cabeza Y, Callaham M, et al. Feasibility of using air traffic complexity metrics for TFM decision support[R]. Bedford, MA: The MITRE Corporation Report, 2002.

[18]　Williams K, Reichmuth J. An assessment of air traffic management in Europe during the calendar year 2004[R]. Belgium: Eurocontrol, 2005.

[19]　何毅. 空中交通复杂度参数模型的研究[D]. 上海: 同济大学, 2007.

[20]　李俊生, 丁建立. 基于贝叶斯网络的航班延误传播分析[J]. 航空学报, 2008, 29(6): 1598-1604.

[21]　岳仁田, 赵嶷飞, 罗云. 空中交通拥挤判别指标的建立与应用[J]. 中国民航大学学报, 2008, 26(3): 30-35.

[22]　Kopardekar P H, Schwartz A, Magyarits S, et al. Airspace complexity measurement: An air traffic control simulation analysis[J]. International Journal of Industrial Engineering: Theory, Applications and Practice, 2009, 16(1): 61-70.

[23] Mukherjee A, Lovell D J, Ball M O, et al. Using optimization and queuing models to estimate long-term average flight delays and cancellation rates[EB/OL]. http://www.researchgate.net/publication/255580019.

[24] Lee K, Delahaye D, Puechmorel S. Describing air traffic flows using stochastic programming[C]//AIAA Guidance, Navigation, and Control Conference. Washinton D. C., 2009: 6198-6212.

[25] 徐涛, 丁建立, 顾彬, 等. 基于增量式排列支持向量机的机场航班延误预警[J]. 航空学报, 2009, 30(7): 1256-1263.

[26] Lee K, Feron E, Pritchett A. Describing airspace complexity: Airspace response to disturbances[J]. Journal of Guidance Control & Dynamics, 2009, 32(1): 210-222.

# 第4章 空域性能分析模型

空域性能是指空域服务空中交通的能力,是一种对空域管理控制能力与度量空域使用状态的综合性描述。开展空域性能分析,是根据空中交通流量变化情况,对航路航线、飞行空域和管制扇区进行空中交通运行管理计算,为优化空中交通结构提供决策支持。随着空中交通管理的信息物理一体化空间的形成,尤其是近些年新技术的发展应用,如基于性能的导航、基于性能的通信与监视、基于性能的空中交通管理及基于性能的空中交通运行等概念和模式的出现,一些传统计算分析方法逐渐不再适用于新技术应用背景下的空域性能分析。本章在新技术应用实践的基础上,根据当前空域动态管理控制模式应用,提出了关于空域容量评估、考虑气象条件下的空域容量测算、近距平行跑道容量计算、基于区域导航的安全间隔分析以及空域运行复杂度计算等方法模型,从而形成了全新的空域性能分析模型指标体系。实际上空域容量、空域运行安全性和空域运行复杂度是描述空域性能十分重要的指标,它是衡量空域划设和运行方式优劣的关键度量,直接决定了方案落地实施的可行性。

## 4.1 空域容量评估模型

空域容量,即所研究空域在一特定时间内能够接收的最多数量的航空器架次,为该空域的空中交通服务容量。该容量取决于多种因素,包括空中交通服务航路的结构、使用该空域的航空器的导航精度、与天气有关的诸多因素以及空中交通管制员的工作负荷量等。空域容量通常分为运行容量和最大容量。运行容量(实际容量),是指在所研究空域范围内,在可接受的航班延误水平下,给定时间段内能够服务的最大航空器数量。最大容量(饱和容量/极限容量),是指在所研究的空域范围内,给定时间段内能够服务的最大航空器数量,即在延误趋于无穷大时的空域运行容量,它反映了空域极限服务水平。国外对空域容量的研究比较早,从 20 世纪 40 年代开始,美国就有学者研究指出跑道容量问题制约着航空器的起降飞行量,1948 年,Bowen 等首次提出假定服从泊松分布的空中交通流达到模型[1],此后其他学者先后对跑道容量问题进行了深入研究[2,3],逐渐建立了跑道的降落容量与各影响因素之间的关系,形成了跑道容量模型[2],Newell 在 1979 年分析了跑道到达流与起飞流之间的关系,给出了著名的凸状机场容量曲线[3],对跑道运行效率具有重要的参考意义。Harris 首次把导航设备误差及人因(Human Factor)问题结合到容量模型中,提出了考虑随机因素的容量模型[4]，基于该模型美国联邦航空局制定了机场容量评估方法，对不同跑道构型机场进行容量估计。1978 年，Schmidt 通过研究管制员的工作负荷，提出利用排队论方法进行事件分析，深入研究了管制员对例行事件的处理时间，并分析了管制扇区的空中交通流量与航班延误之间的关系模型[5]。针对管制员工作负荷模型的有效性，Sridhar 提出了多元神经网络模型，预测结果有较大改进[6]；与此同时，Majumdar 等和 Manning 等推出了管制员工作负荷测量工具[7,8]。进入 21 世纪，Cloarec 等通过分析交通态势的不同，对不同状况的管制员工作负荷进行测量和定量分析，完善了现有的管制员工作负荷模型[9]，从而形成一套关于空域容量测量评估的方法体系。

## 4.1.1　机场跑道容量

国际民航组织的专家研究多跑道运行已有多年，已经出台了相关的运行文件，如《在平行或近似平行跑道同时仪表运行》（DOC 9643），主要介绍了平行跑道的同时进近、相关离场、隔离运行等多种方式下的相关标准及规定[10]。在《空中交通管理》（DOC 4444）第六章中，介绍了进离场航空器使用平行跑道的运行类型、运行要求和程序[11]。美国联邦航空局在 FAA7110.65U 操作手册中介绍了多跑道目视进近间隔等相关标准及规定[12]。实际上美国从 1975 年起，就把对机场容量的研究作为重点，之后美国联邦航空局联合航空运输中心提出了对于机场跑道容量评估的一些意见，随后研究设计了可用在机场空域及陆侧容量评估的软件工具[13,14]。2006 年，Janic 提出了平行跑道极限容量的概念，并在此基础上建立了相应的容量评估模型[15]。Idrissi 等从对容量的优化分配着手进行分析，考虑了进近定位点的流量，构建了流量约束条件下的最优分配模型[16]。另外，国外研究者也对近距平行跑道从运行理念、可用性、实际现状、程序等多方面进行了大量的分析研究[17-20]。

我们总结机场跑道容量模型，其模型的输入参数，主要是管制间隔、跑道全长、快速脱离道数量以及距跑道入口距离、飞机时间间隔、最后进近速度、跑道数量和使用策略、飞机进离场跑道占用时间。跑道容量是指给定时间段内跑道能够服务的最大飞机架次等。计算参数如表 4.1 所示。

表 4.1　机场容量计算参数

| 变量名 | 变量含义 |
| --- | --- |
| $C$ | 表示跑道容量 |
| $p_{ij}$ | 表示 $j$ 型飞机尾随 $i$ 型飞机的概率 |
| $T_{ij}$ | 表示 $j$ 型飞机尾随 $i$ 型飞机时，它们之间的时间间隔 |
| AROR($i$) | 表示相继到达飞机的跑道占用时间规定，前机 $i$ 清空跑道前后机不会进入跑道 |
| AASR($ij$) | 表示相继到达飞机的时间间隔规定，使相继到达飞机的空中间隔不违反空管最小间隔规定 |

| 变量名 | 变量含义 |
|---|---|
| DROR($i$) | 表示相继起飞飞机的跑道占用时间规定, 起飞飞机清空跑道后其他飞机才能进入跑道 |
| DDSR($ij$) | 表示相继起飞飞机的时间间隔规定, 使相继起飞飞机的空中间隔不会违反空管最小间隔规定 |
| DASR($j$) | 表示起飞/到达飞机的时间间隔规定 |
| $AR_i$ | 表示到达飞机 $i$ 的跑道占用时间 |
| $DR_i$ | 表示起飞飞机 $i$ 的跑道占用时间 |
| $t_d$ | 表示空管规则规定的两架起飞飞机间的最小放飞间隔时间 |
| $\delta_d$ | 表示空管规则规定的允许起飞飞机进入跑道时, 最后进近飞机距跑道入口的最小距离 |
| $V_i$ | 表示前机的最后进近速度 |
| $V_j$ | 表示后机的最后进近速度 |
| $\delta_{ij}$ | 表示两架飞机的最小允许间距 |
| $\gamma$ | 表示公共进近航路的长度 |
| $x_i$ | 表示 $i$ 类飞机从跑道入口减速到退出速度 $V_E$ 所经过的距离 |
| $t_i$ | 表示 $i$ 类飞机从跑道入口减速到退出速度 $V_E$ 所经过的时间 |
| $x_{Ri}$ | 表示 $i$ 类飞机从高速退出速度 $V_E$ 减速到直角退出速度 $V_{RE}$ 所经过的距离 |
| $t_{Ri}$ | 表示 $i$ 类飞机从高速退出速度 $V_E$ 减速到直角退出速度 $V_{RE}$ 所经过的时间 |
| $t_c$ | 表示 $i$ 类飞机转入出口, 清空跑道的时间 |
| $l$ | 表示跑道全长 |
| $l_n$ | 表示第 $n$ 个快速脱离道距跑道入口的距离 |
| $p_n$ | 表示 $i$ 类飞机从第 $n$ 个出口滑行道退出跑道的概率 |
| $p_v$ | 表示相继到达飞机对 $i$, $j$ 在跑道入口处的实际间隔时间小于前机 $i$ 的跑道占用时间的概率 |
| $q_v$ | 表示相继到达飞机 $i$, $j$ 在跑道入口处的间隔时间不违反管制规则的概率 |
| $T_{ij}(\text{AA})$ | 表示相继到达飞机之间的实际间隔时间 |
| $\overline{T_{ij}(\text{AA})}$ | 表示 $T_{ij}(\text{AA})$ 的期望 |
| $M_{ij}$ | 表示不考虑误差时 $i$, $j$ 飞机对在跑道入口处的时间间隔 |
| $B_{ij}$ | 表示管制员加入的缓冲区时间 |
| $e_0$ | 表示 $i$, $j$ 相继到达飞机对间隔时间的随机项 |
| $T_{ij}(\text{DA})$ | 表示起飞/到达飞机的实际间隔时间 |
| $\delta_d$ | 表示 IFR 条件下到达飞机与放飞飞机的最小间距 |
| $E(T(\text{AA}))$ | 表示跑道对到达飞机的平均服务时间 |
| $E(T(\text{DD}))$ | 表示跑道对起飞飞机的平均服务时间 |
| $T = [T_{ij}]_{n \times n}$ | 表示到达飞机的间隔时间矩阵, 矩阵的维数 $n$ 由机队中飞机类型的数目决定 |
| $I = [I_{ij}]_{n \times n}$ | 表示跑道空闲时间矩阵, 矩阵的维数 $n$ 由机队中飞机类型的数目决定 |
| $[\text{AROR}(i)]_{n \times 1}$ | 表示前机跑道的占用时间矩阵, 矩阵的维数 $n$ 由机队中飞机类型的数目决定 |
| DDSR$^*$($ij$) | 表示两机初始航迹夹角大于 45° 时起飞飞机的间隔规定 |
| $p_0$ | 表示这些飞机对在所有起飞飞机对中占有的比例 |

| 变量名 | 变量含义 |
|---|---|
| $A^k = [A_{ij}^k]_{n\times n}$ | 表示过渡矩阵，其中 $A_{ij}^k$ 表示在飞机对 $i,j$ 之间插入 $k$ 架飞机时跑道的空闲时间 |
| $k$ | 表示优先权系数 |
| $n_{ij\,\max}$ | 表示一对降落飞机间可以插入的最大起飞飞机数 |
| $\displaystyle\sum_{i=1}^{n}\sum_{j=1}^{n} p_{ij} n_{ij\,\max}$ | 表示在一对到达飞机间插入的起飞飞机平均架数 |
| $C_A(\text{AA})$ | 表示单跑道降落容量 |
| $C_D(\text{DD})$ | 表示单跑道起飞容量 |
| $C_A(\text{DA})$ | 表示单跑道混合操作时的到达容量 |
| $C_D(\text{DA})$ | 表示单跑道混合操作时的起飞容量 |
| $C(\text{DA})$ | 表示单跑道混合操作容量 |
| $C(\text{TA})$ | 表示两条跑道都用于降落时双跑道容量 |
| $C(\text{TD})$ | 表示两条跑道都用于起飞时双跑道容量 |
| $C(\text{OAOD})$ | 表示一条跑道用于降落，另一条用于起飞时双跑道容量 |
| $C(\text{OMOA})$ | 表示一条跑道用于起飞/降落，另一条跑道用于降落时双跑道容量 |
| $C(\text{OMOD})$ | 表示一条跑道用于起飞/降落，另一条跑道用于起飞时双跑道容量 |
| $C(\text{TM})$ | 表示两条跑道都用于起飞/降落时双跑道容量 |
| $T(\text{AA})$ | 表示同一 ILS 航向道上跑道对到达飞机的平均服务时间 |
| $\delta_{pa}$ | 表示在相邻 ILS 航向道上连续进近的飞机的斜距间隔规定 |
| $\delta_{ig}$ | 表示飞机 $i,g$ 沿跑道方向的纵向最小间隔 |
| $\delta_{gj}$ | 表示飞机 $g,j$ 沿跑道方向的纵向最小间隔 |

跑道容量，一般用跑道对所有类型的飞机服务时间的加权平均值表示：

$$C = \frac{1}{E[T]} \tag{4.1}$$

$$E[T] = \sum_{i=1}^{n}\sum_{j=1}^{n} p_{ij} T_{ij} \tag{4.2}$$

1. 单跑道的运行间隔模型

若忽略不同类型飞机对间隔的随机性，机场使用规则中针对不同类型飞机对的间隔规定可以表示如下：

$$\text{AROR}(i) = \text{AR}_i, \quad \text{DROR}(i) = \text{DR}_i, \quad \text{DDSR}(ij) = t_d, \quad \text{DASR}(j) = \frac{\delta_d}{V_j} \tag{4.3}$$

$$\text{AASR}(ij) = \begin{cases} \dfrac{\delta_{ij}}{V_j}, & V_i < V_j \\[3mm] \dfrac{\delta_{ij}}{V_j} + \gamma\left(\dfrac{1}{V_j} - \dfrac{1}{V_i}\right), & V_i > V_j \end{cases} \tag{4.4}$$

如果考虑不同类型飞机对间隔以及飞机占用跑道时间的随机属性，并假设均服从正态分布；为了确保不以高于 $p_v$ 的概率违反空管最小间隔的规定，管制员一般需要在间隔规定之外加入额外的缓冲时间。假设飞机的跑道占用时间和到达飞机对在跑道入口的实际间隔时间相互独立，并且 $\text{AR}_i \sim N(\overline{\text{AR}_i}, \sigma_R^2)$，$T_{ij}(\text{AA}) \sim N(\text{AROR}(i), \sigma_0^2)$，则

$$(T_{ij}(\text{AA}) - \text{AR}_i) \sim N(\text{AROR}(i) - \overline{\text{AR}_i}, \sigma_0^2 + \sigma_R^2) \tag{4.5}$$

令

$$Z = \frac{(T_{ij}(\text{AA}) - \text{AR}_i) - (\text{AROR}(i) - \overline{\text{AR}_i})}{\sqrt{\sigma_0^2 + \sigma_R^2}} \tag{4.6}$$

则 $Z \sim N(0,1)$ 为标准正态分布。出口滑行道位置和类型直接影响飞机的跑道占用时间，因此

$$\text{AR}_i = t_i + \frac{l_n - x_i}{V_E} + t_c \tag{4.7}$$

如果错过了最后一个快速脱离道，飞机将只能从跑道端口的直角出口滑行道退出跑道，此时

$$\text{AR}_i = t_i + \frac{l - x_{Ri} - x_i}{V_{\text{RE}}} + t_{Ri}, \quad E(\text{AR}_i) = \sum_{n=1}^{N+1} p_n \text{AR}_i(n) \tag{4.8}$$

相继到达飞机对 $i$，$j$ 在跑道入口处的实际间隔时间小于前机 $i$ 的跑道占用时间的概率为

$$p_v = P\left(\frac{(T_{ij}(\text{AA}) - \text{AR}_i) - (\text{AROR}(i) - \overline{\text{AR}_i})}{\sqrt{\sigma_0^2 + \sigma_R^2}} < -\frac{(\text{AROR}(i) - \overline{\text{AR}_i})}{\sqrt{\sigma_0^2 + \sigma_R^2}}\right) \tag{4.9}$$

$$q_v = 1 - p_v = P\left(Z < \frac{(\text{AROR}(i) - \overline{\text{AR}_i})}{\sqrt{\sigma_0^2 + \sigma_R^2}}\right), \quad \text{AROR}(i) = \overline{\text{AR}_i} + \sqrt{\sigma_0^2 + \sigma_R^2}\,\Phi^{-1}(q_v) \tag{4.10}$$

设起飞飞机从开始滑跑到经过跑道端的跑道占用时间与起飞飞机对开始滑跑的实际间隔时间相互独立，且 $\text{DR}_i \sim N(\overline{\text{DR}_i}, \sigma_R^2)$，$T_{ij}(\text{DD}) \sim N(\text{DROR}(i), \sigma_0^2)$，则相继

起飞飞机 $i$，$j$ 违反管制规则概率为 $p_v = P(T_{ij}(\text{DD}) < \text{DR}_i)$，此时

$$\text{DROR} = \overline{\text{DR}_i} + \sqrt{\sigma_0^2 + \sigma_R^2}\,\Phi^{-1}(q_v) \tag{4.11}$$

目视飞行规则（Visual Flight Rules，VFR）条件下由飞行员确保飞机间隔（一般是要求满足最小尾流间隔），进近飞机间最小间隔都在跑道入口处达到，与最后进近路线的长度无关，因此

$$\text{AASR}(ij) = \frac{\delta_{ij}}{V_j} + \sigma_0 \Phi^{-1}(q_v) \tag{4.12}$$

仪表飞行规则（Instrument Flight Rules，IFR）渐近态势下跑道占用时间小于 $T_{ij}(\text{AA})$。则

$$\overline{T_{ij}(\text{AA})} = M_{ij} + B_{ij}, \quad T_{ij}(\text{AA}) = M_{ij} + B_{ij} + e_0 \tag{4.13}$$

相继到达飞机对中，当前机的进近速度小于后机的进近速度时，出现渐近态势，前机到达跑道入口时后机与之间距不能小于最小间隔。因此连续进近飞机的间隔违反空管规则概率可表示为

$$p_v = P\left(\frac{\delta_{ij}}{V_j} + B_{ij} + e_0 < \frac{\delta_{ij}}{V_j}\right), \quad p_v = P(B_{ij} < -e_0), \quad B_{ij} = \sigma_0 \Phi^{-1}(q_v) \tag{4.14}$$

相继到达飞机对中，当前机的进近速度大于后机的进近速度时，出现渐远态势。假设在公共进近航路入口的内侧提供严格意义上的最小间距管制，则前机到达公共进近航路入口内侧距离为 $\delta_{ij}$ 的这一点时后机必须在入口以外，相应的概率为

$$p_v = P\left(\frac{\delta_{ij}}{V_j} + \left(\frac{\gamma}{V_j} - \frac{\gamma}{V_i}\right) + B_{ij} + e_0 < \frac{\delta_{ij}}{V_j} + \left(\frac{\gamma}{V_j} - \frac{\gamma}{V_i}\right)\right), \quad B_{ij} = \sigma_0 \Phi^{-1}(q_v) - \delta_{ij}\left(\frac{1}{V_j} - \frac{1}{V_i}\right) \tag{4.15}$$

综合渐近和渐远两种态势，IFR 条件下相继到达飞机的时间间隔规定为

$$\text{AASR}(ij) = \begin{cases} \dfrac{\delta_{ij}}{V_j} + \sigma_0 \Phi - 1(q_v), & V_i \leqslant V_j \\[3mm] \dfrac{\delta_{ij}}{V_j} + \gamma\left(\dfrac{1}{V_j} - \dfrac{1}{V_i}\right) + \sigma_0 \Phi - 1(q_v) - \delta_{ij}\left(\dfrac{1}{V_j} - \dfrac{1}{V_i}\right), & V_i > V_j \end{cases} \tag{4.16}$$

与相继到达飞机的时间间隔规定类似，连续起飞飞机开始滑跑的实际间隔时间违反空管规则的概率可以表示为

$$p_v = P(T_{ij}(\text{DD}) < t_d) = P(t_d + B_{ij} + e_0 < t_d) = 1 - q_v, \quad B_{ij} = \sigma_0 \Phi^{-1}(q_v) \tag{4.17}$$

$$\text{DDSR}(ij) = t_d + \Phi^{-1}(q_v) \tag{4.18}$$

进近飞机因任何原因需要复飞时，必须保证起飞飞机与复飞飞机间的安全间隔。

设 $T_{ij}(\text{DA}) \sim N(\overline{T_{ij}(\text{DA})}, \sigma_0)$，则

$$T_{ij}(DA) = \frac{\delta_{ij}}{V_i} + B_{ij} + e_0, \quad p_v = P\left(T_{ij}(\text{DA}) < \frac{\delta_d}{V_i}\right) = P\left(\frac{\delta_d}{V_i} + B_{ij} + e_0 < \frac{\delta_d}{V_i}\right) \quad (4.19)$$

$$B_{ij} = \sigma_0 \Phi^{-1}(q_v), \quad \text{DASR}(i) = \frac{\delta_d}{V_i} + \sigma_0 \Phi^{-1}(q_v) \quad (4.20)$$

**2. 单跑道到达容量模型**

若飞机对最小的空中间隔时间小于前机的跑道占用时间，则将飞机对的间隔时间调整为前机的跑道占用时间：

$$T_{ij}(\text{AA}) = \max(\text{AROR}(i), \text{AASR}(ij)) \quad (4.21)$$

将连续、相继到达的飞机对在跑道入口的间隔时间进行加权求和得到跑道平均服务时间：

$$E(T(\text{AA})) = \sum_{i=1}^{n} \sum_{j=1}^{n} p_{ij} T_{ij}(\text{AA}) \quad (4.22)$$

计算跑道对到达飞机平均服务时间的倒数，即为单跑道到达容量：

$$C_A(\text{AA}) = \frac{1}{E(T(\text{AA}))} \quad (4.23)$$

**3. 单跑道离场容量模型**

若飞机对的最小起飞时间间隔小于前机的跑道占用时间，则将飞机对的间隔时间调整为前机的跑道占用时间：

$$T_{ij}(\text{DD}) = \max(\text{DROR}(i), \text{DDSR}(ij)) \quad (4.24)$$

将连续、相继起飞的飞机对开始滑跑的间隔时间进行加权求和得到跑道平均服务时间：

$$E(T(\text{DD})) = \sum_{i=1}^{n} \sum_{j=1}^{n} p_{ij} T_{ij}(\text{DD}) \quad (4.25)$$

计算跑道对起飞飞机平均服务时间的倒数，即为单跑道离场容量：

$$C_D(\text{DD}) = \frac{1}{E(T(\text{DD}))} \quad (4.26)$$

**4. 单跑道混合容量模型**

管制员人为推迟对于到达请求的响应以便在到达飞机间获得足够的间距插入起

飞飞机，相应将跑道使用优先权分为 4 级。

优先级 1：到达飞机使用跑道具有绝对优先权，以最小安全间隔紧密排列。到达飞机的服务请求被最先响应，其队列间的间隔允许插入起飞飞机时起飞请求才会被响应。

优先级 2：到达飞机与起飞飞机使用跑道具有同等优先权。这时起飞流与到达流比例大致持平。

优先级 3：调节到达流与起飞流的比例大约为 1∶2。

优先级 4：起飞飞机使用跑道具有明显优先权。到达流与起飞流的比例大约为 1∶3。

计算矩阵

$$[I_{ij}]_{n \times n} = [T_{ij}]_{n \times n} - [\text{AROR}(i)]_{n \times 1}[1 \cdots 1]_{1 \times n} \tag{4.27}$$

$$E(\text{DDSR}) = (1 - p_0) \sum_{i=1}^{n} \sum_{j=1}^{n} p_{ij} \text{DDSR}(ij) + p_0 \sum_{i=1}^{n} \sum_{j=1}^{n} p_{ij} \text{DDSR}^*(ij) \tag{4.28}$$

$$[A_{ij}^k]_{n \times n} = [I_{ij}]_{n \times n} - [1 \cdots 1]_{1 \times n}^{\text{T}} \times [\text{DASR}(i)]_{n \times 1}^{\text{T}} - (k-1)[1 \cdots 1]_{1 \times n}^{\text{T}} E(\text{DDSR})[1 \cdots 1]_{1 \times n} \tag{4.29}$$

增加 $k$ 值直到 $A_{ij}^k$ 为负，表示该到达飞机对 $i$, $j$ 之间至多能插入 $k-1$ 架飞机，相应的单跑道容量为

$$C(\text{DA}) = C_A(\text{DA}) \left( 1 + \sum_{i=1}^{n} \sum_{j=1}^{n} p_{ij} n_{ij \max} \right) \tag{4.30}$$

对应优先级数 2～4 设定优先权系数 $k$ 分别取 1，2，3，构造 $S$ 矩阵：

$$S = [S_{ij}]_{n \times n} = k[1 \cdots 1]_{1 \times n}^{\text{T}} E(\text{DDSR})[1 \cdots 1]_{1 \times n} - [I_{ij}^{k_{ij}}]_{n \times n} \tag{4.31}$$

$$T_S = [T_{ij}]_{n \times n} + [S_{ij}]_{n \times n} = [T_{ij} + S_{ij}]_{n \times n} \tag{4.32}$$

因此考虑跑道使用优先级的单跑道混合容量为

$$C^*(\text{DA}) = C_A(\text{DA}) + C_D(\text{DA}) = \left( \frac{1}{\sum_{i=1}^{n} \sum_{j=1}^{n} p_{ij}(T_{ij} + S_{ij})} \right) \cdot \left( 1 + \sum_{i=1}^{n} \sum_{j=1}^{n} p_{ij}(n_{ij \max} + k) \right) \tag{4.33}$$

5. 平行双跑道容量模型（两条跑道的起飞流和到达流分别独立）

两条跑道都用于降落时双跑道容量为

$$C(\text{TA}) = 2C_A(\text{AA}) \tag{4.34}$$

两条跑道都用于起飞时双跑道容量为

$$C(\text{TD}) = 2C_D(\text{DD}) \tag{4.35}$$

一条跑道用于降落，另一条用于起飞时双跑道容量为
$$C(\text{OAOD}) = C_A(\text{AA}) + C_D(\text{DD}) \tag{4.36}$$

一条跑道用于起飞/降落，另一条跑道用于降落时双跑道容量为
$$C(\text{OMOA}) = C_A(\text{DA}) + C_D(\text{DA}) + C_A(\text{AA}) \tag{4.37}$$

一条跑道用于起飞/降落，另一条跑道用于起飞时双跑道容量为
$$C(\text{OMOD}) = C_A(\text{DA}) + C_D(\text{DA}) + C_D(\text{DD}) \tag{4.38}$$

两条跑道都用于起飞/降落时双跑道容量为
$$C(\text{TM}) = 2(C_A(\text{DA}) + C_D(\text{DA})) \tag{4.39}$$

6. 两条跑道的到达流相关，到达流与起飞流相互独立

两条跑道都用于起飞时双跑道容量为
$$C(\text{TD}) = 2C_D(\text{DD}) \tag{4.40}$$

一条跑道用于降落，另一条用于起飞时双跑道容量为
$$C(\text{OAOD}) = C_A(\text{AA}) + C_D(\text{DD}) \tag{4.41}$$

一条跑道用于起飞/降落，另一条跑道用于起飞时双跑道容量为
$$C(\text{OMOD}) = C_D(\text{DD}) + C_A(\text{DA})\left(1 + \sum_{i=1}^{n}\sum_{j=1}^{n} p_{ij} n_{ij\max}\right) \tag{4.42}$$

当两条跑道都用于降落时，由于到达流相互影响，平行双跑道采用相关平行进近方式：
$$T_{ij}^{(g)} = \max\begin{cases} \text{AASR}(ij) \\ \text{AASR}(ig) + \text{AASR}(gj) \\ \text{AROR}(i) \end{cases} \tag{4.43}$$

设 $\delta'^2 = \delta_{pa}^2 - D^2$，则同一 ILS 航向道上跑道对到达飞机的平均服务时间为
$$T(\text{AA}) = E(T_{ij}^{(g)}(\text{AA})) = \sum_{i=1}^{n}\sum_{j=1}^{n}\sum_{g=1}^{n} p_{ij} p_g T_{ij}^g(\text{AA}) \tag{4.44}$$

因此，当两条跑道都用于降落时的容量为
$$C(\text{TA}) = \frac{2}{T(\text{AA})} \tag{4.45}$$

当一条跑道用于起飞/降落混合操作，另一条仅仅用于降落时，由于到达流相互影响，平行双跑道采用相关平行进近程序和独立仪表离场程序：

$$T_{ij}^{(g)}(\text{AA}) = \max \begin{cases} \text{AASR}(ij) \\ \text{AASR}(ig) + \text{AASR}(gj) \\ \text{AROR}(i) \end{cases} \tag{4.46}$$

假设间隔时间、空闲时间、过渡矩阵：

$$T_{ij} = \sum_{g=1}^{n} p_g T_{ij}^g(\text{AA}) , \quad [I_{ij}]_{n \times n} = [T_{ij}]_{n \times n} - [\text{AROR}(i)]_{n \times 1}[1 \cdots 1]_{1 \times n} \tag{4.47}$$

$$[A_{ij}^k]_{n \times n} = [I_{ij}]_{n \times n} - [1 \cdots 1]_{1 \times n}^{\text{T}} \times [\text{DASR}(i)]_{n \times 1}^{\text{T}} - (k-1)[1 \cdots 1]_{1 \times n}^{\text{T}} E[\text{DDSR}][1 \cdots 1]_{1 \times n} \tag{4.48}$$

增加 $k$ 值直到 $A_{ij}^k$ 为负，表示该 $i$, $j$ 到达飞机对之间至多能插入 $k-1$ 架飞机，则当一条跑道用于起飞/降落混合操作，另一条仅仅用于降落时的容量为

$$C(\text{OMOA}) = \frac{C(\text{TA})}{2}\left( 2 + \sum_{i=1}^{n}\sum_{j=1}^{n} p_{ij} n_{ij\,\text{max}} \right) \tag{4.49}$$

当两条跑道都用于起飞/降落时的容量为

$$C(\text{TM}) = 2\left( \frac{C(\text{TA})}{2}\left( 1 + \sum_{i=1}^{n}\sum_{j=1}^{n} p_{ij} n_{ij\,\text{max}} \right) \right) \tag{4.50}$$

### 7. 两条跑道的起飞流与到达流都相关

两条跑道都用于起飞时的双跑道容量为

$$C(\text{TD}) = C(\text{DD}) \tag{4.51}$$

一条跑道用于降落，另一条跑道用于起飞时的双跑道容量为

$$C(\text{OAOD}) = C(\text{DA}) \tag{4.52}$$

一条跑道用于起飞/降落，另一条跑道用于起飞时的双跑道容量为

$$C(\text{OMOD}) = C(\text{DA}) \tag{4.53}$$

两条跑道都用于降落时，与"两条跑道的到达流相关并且到达流与起飞流相互独立"时考虑平行相关进近的容量模型完全相同。两条跑道都用于混合操作时的双跑道容量为

$$C(\text{TM}) = C(\text{DA}) \tag{4.54}$$

## 4.1.2 终端区空域容量

对终端区空域容量，学者们主要从数学建模方法上进行研究，例如，Marner 在 1970 年首次将跑道容量概念扩充到终端区上，初步探讨终端区及航路的流量管理和容量估计问题[21]，其他专家在此概念基础上，对终端区容量的问题进行深入的研究

和发展，他们对空域结构做了很大的抽象和简化，建立了估计终端区空域的容量模型，应用数学模型考虑了空域结构、交通流的特征、管制员的规则等因素对终端区空域容量的影响[22]。但是这种方法存在很大的局限性，用数学模型来计算容量，由于不同终端区的机场跑道、影响空域容量的因素太多，并且具有很大的不确定性，如飞机速度、飞机轨迹、飞行员和飞机对管制指令的反应等都会受到很多因素的干扰，同时很多因素对容量可能造成的影响具有不确定性，如终端区航路结构、管制移交点及气象因素等对容量产生的影响目前尚未有完全的研究定论，另外，管制员的人因单纯用数学模型方法难以构造出来，因此此类模型十分复杂并且难以实现。本书通过研究终端区空域容量的数学模型，主要用于定量估计该参数，为开展空域结构规划提供决策支持。

我们建立的终端区空域容量模型，其输入参数主要是航班计划，包括航班号、起降时间、过点时间、飞行高度、速度、位置、航向等；终端区结构属性包括终端区移交点信息（名称、经纬度、进出属性等）、航路/航线信息（名称、包含航路点信息、固有航向等）；安全间隔包括垂直间隔标准、尾流间隔标准等。具体计算参数如表 4.2 所示。

表 4.2　多机场终端区容量计算参数

| 变量名 | 变量含义 |
|---|---|
| $F$ | 航空器集合 $\{1,2,\cdots,f\}$ |
| $R$ | 终端区内的起飞用跑道集合 $\{r_1,r_2,\cdots,r_n\}$ |
| $X$ | 终端区内进离场航线交叉点集合 $\{x_1,x_2,\cdots,x_n\}$ |
| $I$ | 终端区进港点集合 $\{i_1,i_2,\cdots,i_n\}$ |
| $O$ | 终端区离港点集合 $\{o_1,o_2,\cdots,o_n\}$ |
| $M$、$N$ | 进场和离场航线集合 |
| $m_f$、$n_f$ | 航班 $f$ 的进场或离场航线 |
| $t_f^i$ | 航班 $f$ 到达进港点 $i_i$ 的时间 |
| $t_f^o$ | 航班 $f$ 到达离港点 $o_i$ 的时间 |
| $t_f^r$ | 航班 $f$ 在跑道点 $r_i$ 着陆时间 |
| $a_f^r$ | 航班 $f$ 到达跑道 $r_i$ 最后进近定位点的时间 |
| $d_f^r$ | 航班 $f$ 的起飞时间 |
| $\varphi$ | 航班 $f$ 进场时为 0，离场时为 1 |
| $T_{f,(i,j)}^{\mathrm{pre}}$ | 航班 $f$ 在终端网络节点 $(i,j)$ 间飞行的最优时间 |
| $T_{f,(i,j)}^{\mathrm{min}}$ | 航班 $f$ 在终端网络节点 $(i,j)$ 间飞行的最短时间 |
| $T_{f,(i,j)}^{\mathrm{max}}$ | 航班 $f$ 在终端网络节点 $(i,j)$ 间飞行的最长时间 |
| $T_{f,(i,j)}^{\mathrm{ned}}$ | 航班 $f$ 在终端网络节点 $(i,j)$ 间实际飞行时间 |

　　由于多机场终端区包含多个机场，相对于单机场终端区而言，航线网络更加错综复杂，所要考虑的限制也就更多。多机场终端区容量评估主要考虑终端区进离场限制、航路交叉点限制，以及航班起降跑道、相关跑道间相互影响等限制。此外，终端区内将会根据航班繁忙程度、航线走向等划分成多个管制扇区，所以还需考虑各个管制扇区的即时流量限制。因此，多机场终端区内机场之间的相互影响主要体现在航路交叉点和扇区容量方面的限制上。一个终端区在运行过程中将具有一个相对稳定的航线结构，在一定时期内和一定空域环境下不会有明显变化，如图 4.1 所示。

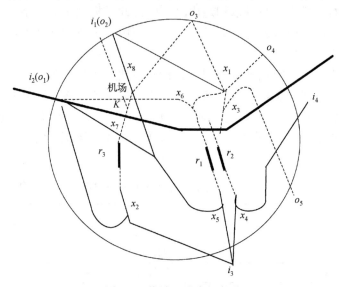

图 4.1　终端区进离场航线

　　从图 4.1 中可以看出，每条进离场航线都可用点组合唯一地表示出来，如进场航线 $(i_1, x_8, x_5, r_1)$。受航空器性能的影响，每种机型对应于某一进离场航段时其最佳飞行时间在不考虑天气、空域运行环境等情况下是相对固定的，这个权值用 $T^{\mathrm{pre}}_{f,(i,j)}$ 表示。参数定义如模型计算变量定义中所示。

　　把问题转换到网络中去，在终端区内存在多条进离场航线，因此可以把整个终端区内的进离场航线视为一个网络图，如图 4.2 所示。图中弧线边的数字为航空器(如 B737)飞过该航段时正常情况下花费的时间，关于这一时间权值的确定在下文中有说明。下面将从网络规划模型角度来考虑终端区容量评估问题。假定 $V$ 为进场航路点节点集合，$K$ 为离场航路点节点集合，APT 表示机场，其均包含于进场和离场航路点集合。终端区网络分为进场航线网络和离场航线网络。对于进场航线网络用 ARR$=(V, S)$ 表示，$S$ 为所有进场航路航段(如

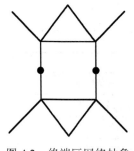

图 4.2　终端区网络抽象

$s_1=(v_1,v_4)$）集合。对于离场航线网络用 DEP=$(K,P)$ 表示，$P$ 为所有离场航路航段集合。每个航班的进场或离场航线由 $S$ 和 $P$ 的部分元素组成，如 $s_1$、$s_2$ 组成了一条进场航线。终端区的容量值是在饱和情况下的最大流量值，对于任何一个终端区而言，所希望的就是进入终端区内（离场、进场）的航空器能够尽早地离开终端区，释放空域资源。如果航班集 $F$ 通过终端区网络所花费的时间最短，那么对应的流量值也就最大。因此对于整个网络的容量计算问题，就可转化为最小费用流问题。

为此，定义目标函数如下：

$$\mathrm{Min}\sum_{f\in F}(1-\varphi)\sum_{s_i\in m_f}\left(T^{\mathrm{ned}}_{f,s_i}+\varphi\sum_{p_i\in n_f}T^{\mathrm{ned}}_{f,p_i}\right),\quad m_f\in M,\quad n_f\in N \tag{4.55}$$

整个终端区网络主要是通过规划终端区内航班队列来实现网络最小费用流问题。由于终端区航班飞行的特殊性，是一种安全生产行为，因此目标函数需要满足如下约束条件：

$$T^{\mathrm{min}}_{f(i,j)}\leqslant T^{\mathrm{ned}}_{f(i,j)}\leqslant T^{\mathrm{max}}_{f(i,j)},\quad (i,j)\in S\ \text{或}\ P \tag{4.56}$$

$$t^{i_i}_{f(t+1)}-t^{i_i}_{f(t)}\leqslant \tau_a,\quad i_i\in I \tag{4.57}$$

$$t^{o_i}_{f(t+1)}-t^{o_i}_{f(t)}\leqslant \tau_d,\quad o_i\in O \tag{4.58}$$

$$a^{r_i}_{f(t+1)}-a^{r_i}_{f(t)}\geqslant \tau_{aa},\quad r_i\in R \tag{4.59}$$

$$d^{r_i}_{f(t+1)}-d^{r_i}_{f(t)}\geqslant \tau_{dd},\quad r_i\in R \tag{4.60}$$

$$d^{r_i}_{f(t+1)}-t^{r_i}_{f(t)}\geqslant \tau_{ad},\quad r_i\in R \tag{4.61}$$

$$t^{r_i}_{f(t+1)}-d^{r_i}_{f(t)}\geqslant \tau_{da},\quad r_i\in R \tag{4.62}$$

其中，$f(t)$ 和 $f(t+1)$ 表示前机和后机；$\tau_a$、$\tau_d$、$\tau_{aa}$、$\tau_{dd}$、$\tau_{ad}$ 和 $\tau_{da}$ 表示时间间隔。式（4.56）表示航空器实际进离场航线飞行所需的时间，其处在一个范围之内（受航空器性能和管制范围规则等的影响）。式（4.57）和式（4.58）表示前后机从同一点进场或离场需要的时间间隔，这一间隔与管制区的移交协议和扇区的繁忙程度有关。式（4.59）和式（4.60）表示前后机都为进场或离场，到达和起飞时应该掌握的时间间隔。式（4.61）和式（4.62）则表示前机进场落地、后机起飞和前机起飞、后机进场落地需保持的时间间隔。对于多机场终端区容量评估问题，航班在不同机场、不同跑道间进离场时会相互影响。这主要体现在航空器通过航路交叉点时在同一高度飞行时要保持一定的安全间隔，如图 4.1 中的 $x_1$。考虑以上情况的约束为

$$d^{x_i}_{f(t+1)}-d^{x_i}_{f(t)}\geqslant \tau_{xd},\quad x_i\in X \tag{4.63}$$

$$a^{x_i}_{f(t+1)}-a^{x_i}_{f(t)}\geqslant \tau_{xa},\quad x_i\in X \tag{4.64}$$

其中，$\tau_{xd}$ 和 $\tau_{xa}$ 表示离场交叉间隔和进场交叉间隔。式(4.63)和式(4.64)表示同为离场和进场航班，前后机通过同一交叉点且高度相同时需保持的间隔。

在考虑了交叉点约束，进离港点约束和同一跑道进离港约束之后，还需考虑不同跑道间运行的相互影响，其约束如式(4.65)～式(4.68)所示：

$$a^{r_i}_{f(t+1)} - a^{r_i}_{f(t)} \geq \tau_{Raa}, \quad r_i \in R; i \neq j \tag{4.65}$$

$$d^{r_i}_{f(t+1)} - d^{r_i}_{f(t)} \geq \tau_{Rdd}, \quad r_i \in R; i \neq j \tag{4.66}$$

$$d^{r_i}_{f(t+1)} - a^{r_i}_{f(t)} \geq \tau_{Rad}, \quad r_i \in R; i \neq j \tag{4.67}$$

$$d^{r_i}_{f(t+1)} - d^{r_i}_{f(t)} \geq \tau_{Rda}, \quad r_i \in R; i \neq j \tag{4.68}$$

其中，$\tau_{Raa}$、$\tau_{Rdd}$、$\tau_{Rad}$ 和 $\tau_{Rda}$ 表示进离场航空器前后机在进入相关跑道时要保持的安全间隔。

### 4.1.3　管制扇区容量

管制扇区容量计算，主要通过测量管制员的工作负荷进行折算，这方面研究中，Schmidt 最早于 1978 年提出了用排队论方法分析管制员工作负荷[23]，讨论了管制员对例行事件的处理时间及扇区交通流量与航班延误之间的关系；1998 年，Pawlak等[24]提出管制员工作负荷模型有效性验证方法；Tofukuji[25,26]提出了在交通繁忙情况下，用管制员工作的完成情况判断管制扇区容量是否达到极限，从而推算出终端区管制扇区的实际最大容量；1989 年，Reaux 等提出建立模型和评估工具，预测管制员工作负荷[27]；1999 年在国际空管展览会上，澳大利亚一个研究小组推出测量管制员工作负荷的工具[28]，该工具可以设计管制扇区大小和确定扇区容量，开展空域和扇区优化分析；此后 Manning 等推出一个工具，可以进行空域系统分析，并利用记录数据对管制员工作负荷和绩效进行计算分析[29]。

我们在这里建立管制扇区模型，其模型输入参数主要是飞行计划数据(航班号、航空器呼号、起飞机场、落地机场、预计起飞时间、预计降落时间等)，雷达数据(航班号、机型、应答机编码、起飞机场、目的机场、实际起飞时间、实际降落时间、航路点、过点时间、过点高度等)。相应的模型计算参数如表 4.3 所示。

表 4.3　管制扇区容量计算参数

| 变量名 | 变量含义 |
| --- | --- |
| $l$ | 表示工作负荷繁忙最高等级 |
| $n$ | 表示扇区内航段数目 |
| $\overline{W}_{ij}$ | 表示繁忙等级 $i$ 时航段 $j$ 上的管制员工作负荷权值，即繁忙等级 $i$ 时航段 $j$ 上单架航空器完成航段飞行的平均工作负荷(单位：秒/架) |
| $N_i(t)_i$ | 表示繁忙等级 $i$ 时时间片 $t$ 内航段 $j$ 上的航空器数目(单位：架) |

| 变量名 | 变量含义 |
|---|---|
| $\overline{W}_{ij}^{\text{com}}$ | 表示繁忙等级 $i$ 时航段 $j$ 上通信工作负荷权值，即繁忙等级 $i$ 时航段 $j$ 上单架航空器完成航段飞行的平均通信工作负荷(单位：秒/架) |
| $\overline{W}_{ij}^{\text{incom}}$ | 表示繁忙等级 $i$ 时航段 $j$ 上非通信工作负荷权值，即繁忙等级 $i$ 时航段 $j$ 上单架航空器完成航段飞行的平均非通信工作负荷(单位：秒/架) |
| $\overline{W}_{ij}^{\text{thk}}$ | 表示繁忙等级 $i$ 时航段 $j$ 上思考负荷权值，即繁忙等级 $i$ 时航段 $j$ 上单架航空器完成航段飞行的平均思考负荷(单位：秒/架) |
| $\overline{W}_{ij}^{\text{pil}}$ | 表示繁忙等级 $i$ 时航段 $j$ 上飞行员通信工作负荷权值(单位：秒/架) |
| $\overline{W}_{ij}^{\text{con}}$ | 表示繁忙等级 $i$ 时航段 $j$ 上管制通信工作负荷权值(单位：秒/架) |
| $\overline{W}_{ij}^{\text{str}}$ | 表示繁忙等级 $i$ 时航段 $j$ 电子进程单等操作工作负荷权值(单位：秒/架) |
| $\overline{W}_{ij}^{\text{co}}$ | 表示繁忙等级 $i$ 时航段 $j$ 协调工作负荷权值(单位：秒/架) |
| $m$ | 表示电子进程单等操作种类总数 |
| $\overline{w}_k^{\text{str}}$ | 表示工作 $k$ 的工作负荷权值(单位：秒/架) |
| $m_k^{\text{str}}$ | 表示工作 $k$ 的操作次数(单位：次) |
| $k$ | 表示电子进程单等雷达屏幕操作次数 |
| $\overline{w}_{ij}^{\text{thk}}$ | 表示繁忙等级 $i$ 时航段 $j$ 单条指令平均思考负荷权值(单位：秒/架) |
| $m_{ij}^{\text{thk}}$ | 表示繁忙等级 $i$ 时航段 $j$ 单架航空器平均指令数(单位：条) |
| $N_i(t)$ | 表示繁忙等级 $i$ 时间片 $t$ 内扇区航空器的数量(单位：架) |

(1)基于管制员工作负荷的容量评估方法,建立的工作负荷模型将工作负荷分为通信工作负荷、非通信工作负荷和思考工作负荷,然后根据不同繁忙程度下管制员体现的工作负荷特征,将工作负荷分为繁忙等级1,繁忙等级2,…,繁忙等级 $l$。

(2)通信工作负荷指扇区内每条飞行路径上各个方向管制员及飞行员通信时间;非通信工作负荷指填写进程单、设备操作等时间;思考负荷指航空器在本扇区指定的航路飞行过程中,管制员计算该航空器航行要素、判断及解决冲突等行为的平均思考时间。根据管制员指挥过程中各项动作的实时统计结果,结合管制员工作负荷计算公式,得到相应的管制员工作负荷结果表和曲线图。管制员工作负荷计算公式如下:

$$W_i(t) = \sum_{j=1}^{n} \overline{W}_{ij} N_i(t)_j, \quad i \in \{1,2,\cdots,l\}, \quad j \in \{1,2,\cdots,n\} \tag{4.69}$$

$$\overline{W}_{ij} = \overline{W}_{ij}^{\text{com}} + \overline{W}_{ij}^{\text{incom}} + \overline{W}_{ij}^{\text{thk}} \tag{4.70}$$

(3)根据管制员工作负荷的模型,可将管制员通信工作负荷、非通信工作负荷和思考工作负荷进行细分,计算相应工作负荷的权值。

通信负荷主要分为管制员通过地空通信系统指挥航空器飞行的管制指令的发布和监听飞行员请求、报告和复诵的指令,这两部分都会产生管制员的工作负荷。故

通信负荷可以表示为

$$\overline{W}_{ij}^{\mathrm{com}} = \overline{W}_{ij}^{\mathrm{con}} + \overline{W}_{ij}^{\mathrm{pil}} \tag{4.71}$$

非通信工作负荷主要分为飞行进程单的操作、雷达屏幕操作和管制协调三个方面。如使用电子进程单，这类负荷可归入雷达屏幕操作，则非通信负荷包括雷达屏幕操作和管制协调两个方面。即主要的工作负荷包括输入偏角、修改高度、测量距离、移交、接受移交、改变上升下降率、直飞、输入航向等工作。故非通信工作负荷可以表示为

$$\overline{W}_{ij}^{\mathrm{incom}} = \overline{W}_{ij}^{\mathrm{str}} + \overline{W}_{ij}^{\mathrm{co}} \tag{4.72}$$

$$\overline{W}_{ij}^{\mathrm{str}} = \sum_{k=1}^{m} \overline{w}_{ij}^{\mathrm{str}} m_k^{\mathrm{str}}, \quad k \in \{1, 2, \cdots, m\} \tag{4.73}$$

平均思考负荷是指航空器在本扇区指定的航段飞行过程中，管制员计算该航空器航行要素、判断及解决冲突等行为思考的平均时间。思考工作负荷测量主要通过熟练管制员主观获取，为了保证测量的准确性，故采取实地调研，采用调查问卷的方法，设计了相应的调查表，并要求所评估扇区一线成熟管制员予以填写，最后进行统计分析。

故思考工作负荷可以表示为

$$\overline{W}_{ij}^{\mathrm{thk}} = \overline{w}_{ij}^{\mathrm{thk}} m_{ij}^{\mathrm{thk}} \tag{4.74}$$

(4)通过流量管理系统中统计预测模块，基于扇区复杂性、航路结构和航班流比例等因素得出各繁忙等级各时间片的各条航段上的航空器数量 $N_i(t)_j$，则繁忙等级 $i$ 时时间片 $t$ 内扇区航空器的数量可以表示为

$$N_i(t) = \sum_{j=1}^{n} N_i(t)_j \tag{4.75}$$

(5)综上所述，在单位时间片 $t$ 内，管制员的工作负荷模型表达式为

$$\begin{aligned} W_i(t) &= \sum_{j=1}^{n} \overline{W}_{ij} N_i(t)_j = \sum_{j=1}^{n} (\overline{W}_{ij}^{\mathrm{com}} + \overline{W}_{ij}^{\mathrm{incom}} + \overline{W}_{ij}^{\mathrm{thk}}) N_i(t)_j \\ &= \sum_{j=1}^{n} (\overline{W}_{ij}^{\mathrm{con}} + \overline{W}_{ij}^{\mathrm{pil}} + \sum_{k=1}^{m} \overline{w}_{ij}^{\mathrm{str}} m_k^{\mathrm{str}} + \overline{w}_{ij}^{\mathrm{thk}} m_{ij}^{\mathrm{thk}}) N_i(t)_j \end{aligned} \tag{4.76}$$

根据所采集的数据，利用管制员工作负荷模型计算出扇区内各航路工作负荷，并由扇区容量评估系统计算相对应的航空器数量，确定工作负荷和航空器数量之间的函数关系。

# 4.2　气象条件下的容量

空域容量参数极易受天气条件影响,而异常天气情况下的空域容量估计则是空中交通流量管理的重要内容。这个问题必须利用预测的流量需求和气象预测前提进行联合分析。为了捕捉天气条件的不确定性,我们可以使用一个随机气象模型。本书研究了通过扇形空域分析和随机气象模型来估计最大空域容量的问题,使用了网络最大流计算算法,计算了给定气象约束集时,某空域的最大容量。然后我们将结论扩展到一个随机气象模型,获得了气象约束条件下的容量分析结果,以及更一般的二维随机气象模型模拟结果。

在空中交通管理中,国家空域系统(National Airspace System,NAS)被分解成若干个管制中心和管制扇区,一个空中航路交通控制中心(Air Route Traffic Control Centre,ARTCC,通常简称为"中心"),其典型构型是被分为多个相互衔接的管制扇区。空中交通管制人员负责数个扇区内的空域控制,而交通管理单元(Traffic Management Unit,TMU)负责扇区间或跨扇区的交通控制。强对流监控系统,用于确定不允许飞机飞行的约束条件("障碍"),出于安全考虑,需减少某个扇区的吞吐量。

为了管理气候异常时跨某个扇区的吞吐量,管制人员对喷气机航路上飞往该扇区的飞机逆流进行观察,以估计计划使用该空域的飞机数,并查阅气象资料来预测天气约束条件。基于此,管制人员将确定采取何种策略来安排飞机安全通过该中心和多个扇区。为了不使扇区管制人员工作负荷过重,对一个扇区内的预期飞机数量(需求)要进行监控。扇区容量由该扇区空中交通管制人员在特定气象和其他约束条件下所能安全处理的飞机数量决定,每个扇区分配一个监控报警参数(Monitor Alert Parameter,MAP),这是个常量,识别了在所给定的 15min 时间间隔内,能安全处理的飞机数量峰值。交通管理协调员(Traffic Management Coordinators,TMC)使用中心监控(Center Monitor,CM)工具,对每个扇区的需求进行监控。CM 工具将 15min 周期分别用绿色、黄色或红色显示。绿色表示该扇区流量在可接受水平之内(由 MAP 值确定);黄色表示一些尚未起飞的航班,将使该扇区预测流量超过可接受水平;而红色则表示已经在飞行的所有航班,将使该扇区预测流量超过可接受水平。这样做的目的是提前规划以减少高于 MAP 的需求,当随时间变化的气象约束条件及几何形状复杂性程度(气象单元的大小和形状)使空中交通情况的不确定性增加时,我们的问题处理将变得更加困难。

空中交通管理中还有一个重要应用,即确定流量评估区域(Flow Evaluation Area,FEA)。因为空域的这些气象影响区域是典型的多边形区域(通常比一个单独的扇区大),在这种情况下,管制人员需将 FEA 引入一幅地图中,并对预期进入该区域的空中交通流量进行分析。通常 FEA 被用来评估受气象条件影响的某个空域区域,其目的是估计作为气象预测函数的该 FEA 内的空域容量。如果对该 FEA 的需求超过了它的容量,则管制人员可能要建立一个流量约束区域(Flow Constrained Area,FCA),对不高于该空域容量的需求进行调控。过量需求,可能通过安排飞机绕 FCA 或盘旋或延迟地面飞机起飞时间等进行处理。在扇区容量和 FEA 容量估计问题上,则存在一个多边形区域,如果气象预测的前瞻时间较短,如 30min 或更少,那么有可能使用一个确定的气象预测进行推理;但是如果气象预测的前瞻时间很长,如 1~6h,那就需要随机气象预测了,因为大尺度气象预测存在明显的发散性。这里我们提出了确定及随机气象模型中的空域容量计算算法。气象预测的误差会带来每个气象单元位置及其大小的不确定性,气象预测期越长,预测的方差就越大。因此在随机问题陈述中,我们研究了气象预测方差对一个空域最大理论容量的影响。

## 4.2.1　相关研究

Wanke 等[30]研究了基于概率的空中交通拥塞管理问题,包括交通流量水平预测及空域容量预测。他们认为 MAP 值不应被视为空域容量的度量值,他们之前的研究工作还对扇区峰值数预测不确定性的统计数据进行了研究[31]。Krozel 等[32]分析了扇区需求预测误差产生的原因,另外他们还研究了特定气象约束条件下飞机抵达时间的估计问题[33],这同样可被用于估计飞机到达某个扇区的时间。Moreau 等[34]提出了一个与飞往某个定位点或扇区的受控交通流有关的随机模型。另外,Meyn[35]提出了空中交通流量需求预测的概率方法。

Rhoda 等[36]研究了飞行员在靠近机场计量管制定位点时,如何偏离或穿越气象单元。他们发现,飞行员一般倾向于避免气象服务(National Weather Service,NWS)3 级或以上的气象单元,本书对此进行了修改并将其作为气象约束条件建模的假设。尽管恶劣风暴天气下的云顶高度也是飞行员在决定避免途中哪些风暴单元时考虑的重要因素[37],但我们的问题陈述并没有对此进行显式建模。

确定的气象预测,对空中交通管理来说应是常态,它通过国家空域系统的气象基础设施获取,通过使用气象探测及雷达处理器(Weather and Radar Processor,WARP)、综合终端气象系统(Integrated Terminal Weather System,ITWS)、廊道综合气象系统(Corridor Integrated Weather System,CIWS)以及空中交通管制员和气象员在空中交通管理系统中的其他工具可获得这些预测结果。基于概率的气象预测现在已经基本成熟,同时也是一个活跃的研究主题,例如,美国的国家对流气象预测(National Convective Weather Forecast,NCWF-2)目前为其国家空域系统提供了 0~2h 的试验性概率预测;结合观测和快速更新循环(Rapid Update Cycle,RUC)数字气象预测,测试版 NCWF-6 将预测期扩展到了 6h。NCWF-6 每 15min 更新一次,并提供预测风暴位置的概率地图。NCWF-6 预测内容还包括回波顶高度和风暴气象。预测结果可单独使用或结合概率使用，如数字气象预测（Numerical Weather Prediction，NWP）的预测集是由变化的 NWP 模型及该模型的边界条件或设定的参数创建的，每个模型运行都提供了一个用于度量预测不确定性的参考指标。基于观测的组合编辑方法，使用随机模型区分了气象预测的不确定性来源，可生成一个微扰组合[38]，在某个特定点发生对流的概率可通过使用该点附近区域的预测阈值计算得到，这使得基于某个点或某个空间距离覆盖范围，直接计算预测概率的方法成为可能。如在NCWF-2 中，对应 NWS 第 3 级的某个阈值，被应用于推测可能的对流天气域，以实现对流概率值的预测。在某个给定点发生对流天气的概率，可用过滤区域内超过阈值的航迹点个数除以过滤区域内总航迹点个数来确定。预测时间延长会增加预测的不确定性，因而过滤区域会随之扩大，可使用线性权重对两个预测结果进行合并，权重随预测周期及预测时刻变化。

　　本书在问题求解中基于最大流/最小割理论[39-42]。容量限制网络 $N = (V, E)$ 是由节点集 $V$ 和边集 $E$ 构成的一张图，边集 $E$ 中的每条边 $e$ 都有一个相关联的正数 $c_e$，称为该边容量，如图 4.3 所示。$N$ 中的一个 s-t 分割是指将 $V$ 划分成不相交的 $S$ 集合和 $T$ 集合，$V = S \cup T$，$S \cap T = \varnothing$，令 $s \in S$，$t \in T$。如果 $i \in S$，$j \in T$ 或 $i \in T$，$j \in S$，连接 $V$ 中顶点 $i$ 和 $j$ 的边 $e \in E$ 穿越该分割。该分割的容量是所有穿过该分割的边的容量总和。该网络的最小分割是一个最小容量分割。最小割/最大流理论认为，s-t 最大流等于该网络最小割的容量[39]。

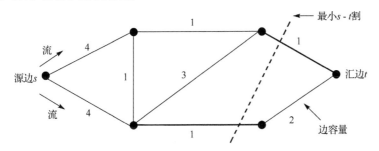

图 4.3　某网络中 s-t 最小割（穿越粗边）确定分割值 2 和 s-t 最大流值 2

　　Iri[40]、Strang[41] 及 Mitchell[42] 研究了网络最小割/最大流的泛化。他们给出了一个多边形 $P$（可能有空洞）来替代离散网络，$P$ 的两条边被标记为源边 $s$ 和汇边 $t$，如图 4.4 所示。$P$ 中的一个流是指 $P$ 中有支撑的一个无散度场 $\sigma$，$\sigma$ 的值是 $\sigma$ 在 $s$（或 $t$）上的积分。$P$ 的 s-t 分割是指将 $P$ 分成 $S$ 和 $T$ 两个集合，$P = S \cup T$，$S \cap T = \varnothing$，使 $s \in S$，$t \in T$。该分割的容量是指 $S$ 和 $T$ 之间的边界长度。$P$ 的最小割是指最小容量分割。

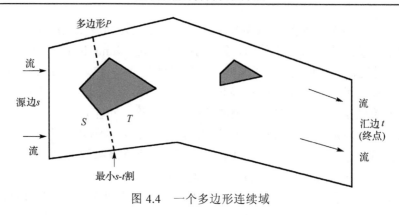

图 4.4　一个多边形连续域

## 4.2.2　算法构建

### 1. 容量估计问题建模

我们将飞行路径 $\pi$ 上的飞机建模为一个点对象，该飞行路径用一系列线段表示。用 $w$ 表示所需导航性能（Required Navigation Performance，RNP），即飞机在指定空域或航路上航空器的机载导航设备的水平导航精度。然后，与航班 $\pi$ 关联的常规航线 $\Pi$ 是从 $\pi$ 开始的、在距离 $w/2$ 内的点的轨迹：$\Pi = \bigcup_{x \in \pi} C(x, w/2)$，这里 $C(c, r)$ 是以 $c$ 点为中心、$r$ 为半径的圆盘[43]。

在这里考虑将问题简化。为了估计最大容量，我们分配了一条将被"永久"删除的常规航线（在我们所需处理的时间长度内），以使其成为安排任何后续常规航线的约束条件。一条常规航线并不表示一条喷气机航线，但它是一个用来确定容量的数学概念[44]。如果每条常规航线都被"头尾相接"的飞机序列占据，则可实现最大吞吐量。如图 4.5 所示，我们考虑了一个简单的矩形扇区例子，并在其中安排由西向东或由东向西的航线。因为该矩形扇区的宽度约为 30 海里，标准 RNP 约为 5 海里，所以如果按"头尾相接"排列飞机，我们估计每条常规航线的容量约为 6 架飞机。尽管这种间距不切实际，在实际环境中也不可能，但它被用来获取容量的理论上界，为了观测飞机的平均间距，飞机安全间隔及列队长度约束可能被用来使问题陈述更为实际。在实际情况中一个扇区某个新 MAP 值会受到与交通模式有关的参数个数影响，如进入点和离开点数量、每条常规航线上的飞机数等。这里的目标不是确定新的 MAP 值，而是研究可能的扇区最大容量，以及如何随恶劣气象分布预测的不确定性而变化。

这里我们将扇区建模为平面上的一个简单多边形、气象约束条件建模为圆盘（或方形）并集（可能重叠），如图 4.5 所示。尽管这些扇区在我们的分析中为简单的矩形，但我们的算法可用于任何扇区形状。考虑矩形扇区简化了问题阐述，特别是根据底部（南）和顶部（北）的标记，矩形的边被分别称为 $B$ 和 $T$，并作为约束条件，因此空中交通流可能只能由东向西或由西向东穿越该扇区。该矩形的左边和右边(西边和东边)将充当源边 $s$ 和汇边 $t$。气象约束条件可能呈现任意的形状和大小。

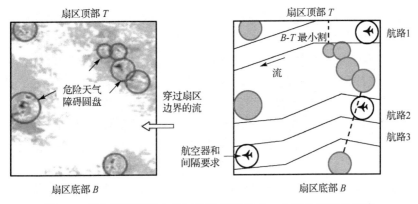

图 4.5　简化扇区模型中将气象数据转换成一个简单的圆盘约束

我们将气象约束条件集建模为圆盘并集,这些圆盘在危险气象单元即 NWS 第 3 级或以上, 这些圆盘指定了飞机无法安全飞行的点, 充当了约束条件("圆盘约束")。围绕每个圆盘约束的安全边际,包含在圆盘半径内。如果气象知识完备,每个圆盘的半径将是已知常量。为了建模气象预测中的不确定性,我们将圆盘半径视为随机变量,该随机变量的方差大小代表了气象预测的不确定性。我们没有关注该不确定性增加的精确特征,这取决于气象预测的提前时间、气象模型格网单元大小以及气象系统的特征。因为本书方法的局限性,我们在分析中注意到气象单元位置以及围绕它们的安全边际,被假定为独立同分布的随机变量,这与实际情况不太相符。不过,可以对我们的分析进行扩展,并以从任何预定义的联合分布中生成所需要的随机变量。

2. 算法

在避免圆盘约束(可能重叠,用 $C$ 表示)的同时, 我们还对确定穿越某个矩形空域的最大吞吐量感兴趣[45]。根据连续最大流/最小割理论,要想找到最大流值,只需计算最小割长度。这反过来可通过计算从 $B$ 到 $T$ 的最短路径长度来评价,其中约束条件的权重赋值为 0(在某个约束条件内,路径长度是"自由的"),该矩形的剩余部分("自由空间")的权重赋值为 1。这些权重表明了一条确定的最小割路径上每单位距离的代价。这里自始至终使用最小割来定义某个空域的容量。

计算最小割等价于在该域的关键图 $G = (V, E)$ 中寻找一条从 $B$ 到 $T$ 的最短路径。图 $G$ 有对应于约束集 $C$ 中每个圆盘约束的顶点集 $V = \{V, T\} \cup C$ ,一个节点对应于 $B$ ,一个节点对应于 $T$ ,边 $E$ 连接每个节点对(图是完全的)。在连续最小割模型中,对应于约束 $i$ 和 $j$ 的边 $e = (i, j)$ 的代价(长度)被定义为欧几里得距离:

$$l(i,j) = \begin{cases} \left\| c_i - c_j \right\| - r_i - r_j, & \left\| c_i - c_j \right\| > r_i + r_j \\ 0, & \text{其他} \end{cases} \quad (4.77)$$

其中，圆盘约束 $i$ 和 $j$ 的中心分别为 $c_i$ 和 $c_j$，半径分别为 $r_i$ 和 $r_j$；$\|\cdot\|$ 表示欧几里得长度。$B$ 或 $T$ 与某个约束之间的某条边的代价，是指该圆盘与分段 $B$ 或 $T$ 之间的距离。图 $G$ 某条边对应于一个线段，将一个约束的最邻近点与另一个约束(或 $B$，或 $T$)连接起来。如果该线段横穿其他约束，那么易见对应边将不会出现在从 $B$ 到 $T$ 的任何最短路径上(因为它可能被代价之和更小的两条边取代)。在离散最小割模型中，对应于约束 $i$ 和 $j$ 的边 $e = (i, j)$ 的代价 $l(i, j)$ 被定义为在长度 $(i, j)$ 范围内拟合的常规航线数。特别地，$l'(i, j) = \lfloor l(i, j) / w \rfloor$，这里 $\lfloor x \rfloor$ 表示向下取整函数(小于或等于 $x$ 的最大整数)。

　　连续最小割模型与离散最小割模型虽有相似之处，但却不同。在连续最小割模型中，我们没有使吞吐量度量值离散化，如我们接受像"该扇区可安排的常规航线有 5.78 条"之类的解，这种流可能以多条极小边代价之和的形式出现(如 5.78=1.2+3.08+1.5)。使用连续流模型，约束 $i$ 和 $j$ 之间的某条边 $(i, j)$ 的代价等于该边的长度 $l(i, j)$，某个最小割的长度恰好等于能穿越该域的连续流数。在离散最小割模型中，我们考虑了飞机所需导航性能 $w$ 并用整数条常规航线来表示某条边的容量。可能穿越圆盘约束 $i$ 和 $j$ 所定义的气象间隔的常规航线数为 $l'(i, j) = \lfloor l(i, j) / w \rfloor$。最大流/最小割理论同样可用于离散案例，使我们能通过计算关键图上的一条最短路径来计算常规航线条数。目前基于飞机间的标准水平间隔，一条常规航线的宽度被假定为 $w = 5$ 海里。为了研究所需最小飞机间距对容量的影响，我们在 $w = 3, 5, 10$ 海里时反复进行了分析，将这些情况称为缩减侧间距、标准侧间距和扩展侧间距需求。这里用最小割表示某个空域的容量，有时也认为这代表了最大吞吐量。应该注意的是，最小割的位置可能随时间或者因安全边际不同而变化，如图 4.6 所示。另外最小割线也可被理解为这样一条线：用于寻找气象约束条件所导致的理论"瓶颈"。

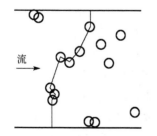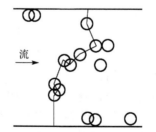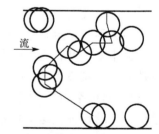

图 4.6　最小割位置随安全边际变化

1)确定型气象模型，计算空域容量

我们首先考虑了存在单独约束集 $C$(假设完全已知)的情况。这里的算法从 $C$ 中，

构建了关键的图 $G$，为找到一条最短路径，我们在该域上对该图进行了如下的搜索。

图 $G$ 中的边代价可能为长度 $l(i,j)$ 或常规航线条数 $l'(i,j)$。计算最小割的算法总结如下。

(1) 给图 $G$ 的各边分配代价 $l(i,j)$ 或 $l'(i,j)$；

(2) 采用 Dijkstra 最短路径算法，计算图 $G$ 中从 $B$ 到 $T$ 的一条最小割代价路径，输出该路径长度 (最小割，等于最大流)。

如图 4.7 所示，其展示了一个带有相应关键图域及采用 Dijkstra 算法对其进行搜索的结果，获得了一棵以 $B$ 为树根的最短路径树，该树包含了一条到 $T$ 的最小割路径。

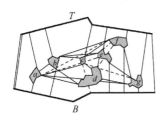
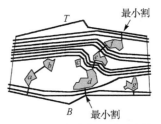

(a) 实线边(定义关键图)连接与最邻近危险气象约束条件　　　(b) 通过Dijkstra算法获得最短路径树上边
　　 (灰色多边形)有关的点；虚线边贯穿约束条件并　　　　　　用来找出10条常规航线的最大容量
　　 被排除在搜索图之外

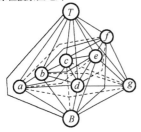
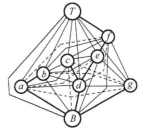

(c) 使用7种气象约束条件及边界$B$与$T$定义关键图节点　　　(d) 关键图中的最短路径树

图 4.7　多边形空域边界内的特定危险气象约束条件

2) 基于随机气象模型计算空域容量

如果给定一系列气象图 (其中每一个点都有相关概率)，我们据此来计算空域容量概率分布。这种基于场景的随机气象模型，允许我们使用与多个气象预测相关的先验信任概率，来获取期望的空域容量及容量的一个概率分布。这里建立的容量算法，可简单地应用于每个气象场景，从而可基于信任概率获取空域容量的一个离散概率分布。

进一步地，我们扩展了如下一个离散随机气象模型。考虑其中存在一个与一系列预测场景有关的离散概率分布模型，这些预测场景中的每一个点都有与之相关的约束集 $C_k$，假设预测 $k$ 有一个与之相关的先验概率 $p_k$，且 $\sum_k p_k = 1$，即 $p_k$ 代表了

预测 $k$ 准确的信任概率。然后，该域容量是一个随机变量 $X$，我们感兴趣的是它的期望值 $E(X)$、方差 $\mathrm{var}(X)$ 及概率分布函数 $F_X(x) = P(X \leq x)$。由 $F_X(x)$ 我们可计算出诸如"至少可容纳 5 条常规航线，即 $P(X \geq 5x) = 1 - F_X(4)$"之类的概率值。

最小割概率分布算法步骤如下。

(1)对每个预测场景 $k$：给与约束集 $C_k$ 关联的关键图 $G_k$ 的各边分配代价 $l(i,j)$ 或 $l'(i,j)$；使用 Dijkstra 最短路径算法，计算 $G_k$ 中从 $B$ 到 $T$ 的最小代价路径，用 $x_k$ 表示该路径长度；

(2)输出 $x_k$ 并计算： $E(X) = \sum_k x_k p_k$，$\mathrm{var}(X) = \sum_k x_k^2 p_k$ 和 $F_X(x) = \sum_{k:x_k \leq x} p_k$。

图 4.8 所示的简单例子对上述算法进行了阐述。该算法分别计算了 $k = 1,2,3$ 及常规航线条数为 4、4 和 7 时的容量。因此期望的空域容量 $E(X) = 70\% \times 4 + 10\% \times 4 + 20\% \times 7 = 4.6$，容量方差为 $\mathrm{var}(X) = 70\% \times 16 + 10\% \times 16 + 20\% \times 49 - 4.6^2 = 1.44$，容量 $X$ 概率分布为 $P(X = 4) = 0.8$ 和 $P(X = 7) = 0.2$。

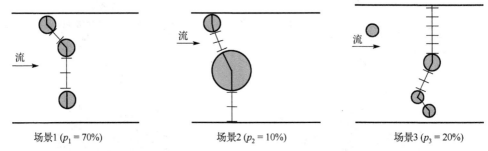

图 4.8　先验信任概率分别为 70%、10% 和 20% 时的 3 个气象预测场景

该随机气象简化模型的缺陷在于：它假设这些场景之一必定发生。但实际上通过一个非常大的场景集(取自某个单独的预测数据集)，我们分析认为现实并不总是这样的，使用随机取样生成了一个圆盘约束集(该约束集拥有由某个真实气象数据集给出的分布)，每个随机生成的圆盘约束集表示了一种类似于(但不完全是)真实气象数据的场景，这些场景的权重相同(所有 $p_k$ 值都相等)。在我们的分析中，我们随后使用了上述算法来计算期望容量 $E(X)$、方差 $\mathrm{var}(X)$ 和 $X$ 的概率分布。这里我们还能使用给定的一个(较小的)不同气象预测(场景)集，每个预测(场景)都有一个信任概率，接下来在每个预测值内使用随机圆盘约束，产生了一个同步的气象数据集，从统计学角度来看该数据集与预测集是相似的。随后我们使用该算法获得了空域容量 $X$ 的分布。我们希望在未来对模型进行扩展，使其能直接使用气象概率图(或图集，每个图以某个先验信任概率作为权重)作为输入，并通过算法直接计算空域容量分布，而不像现在是依靠蒙特卡罗仿真来获取经验分布。

## 4.2.3　一维分析

我们首先研究问题的一个特例，该特例将气象约束条件建模为某个扇区内的共线线段。我们将该特例视为问题的一维版本。对一维问题的研究不仅能使我们获得对问题的某种理解，还可以推广应用于二维气象单元配置的建模。考虑以下场景：某个扇区内存在按 $i = 0,1,\cdots,n$ 索引的 $n+1$ 个气象单元，每个气象单元 $i$ 都是位于某条公共线 $l$ 下的一条线段。第 $i$ 段长度为 $2r_i$ 并以 $l$ 上的某一点 $T_i$ 为中心，这些线段沿 $l$ 重叠。我们认为位置 $T_i$ 是一个定义了更新过程的随机变量，如图 4.9 所示。

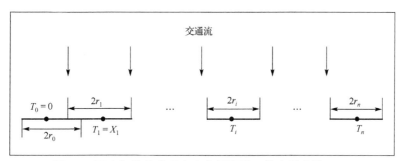

图 4.9　恶劣气象条件下空中交通流量一维水平建模

$$T_0 = 0 \tag{4.78}$$

$$T_i - T_{i-1} = X_i, \quad i = 1,2,\cdots,n \tag{4.79}$$

$X_i$ 呈独立同分布：

$$X_i \sim FX \tag{4.80}$$

这里目标是能在一维气候约束条件存在的情况下，确定最大常规航线条数，并避免常规航线与气象单元间的冲突(交叉)。因此一维最小割或容量为间隔 $[0,T_n]$ 上没有被线段占用总长度 $\sum_{i}^{n} \varDelta_i$，这里 $\varDelta_i = [X_i - (r_i + r_{i-1})]^+$，用 $[x]^+ = (x + |x|)/2$ 表示 $x$ 的正向部分，当 $x \geqslant 0$ 时，$[x]^+ = x$；其他情况时，$[x]^+ = 0$。假设 $f_X(x) = F_X'(x)$ 表示 $X$ 的概率密度函数，我们可计算出期望容量和容量方差：

$$E[\varDelta_i] = \int_{r_i + r_{i-1}}^{\infty} f_X(x)(x - (r_i + r_{i-1}))\mathrm{d}x \tag{4.81}$$

$$E[\text{capacity}] = \sum_{i=1}^{n} \int_{r_i + r_{i-1}}^{\infty} f_X(x)(x - (r_i + r_{i-1}))\mathrm{d}x \tag{4.82}$$

$$\text{var}[\varDelta_i] = \int_{r_i + r_{i-1}}^{\infty} f_X(x)(x - (r_i + r_{i-1}))^2\mathrm{d}x - E[\varDelta_i]^2 \tag{4.83}$$

$$\text{var}[\text{capacity}] = \sum_{i=1}^{n} \text{var}[\varDelta_i] \tag{4.84}$$

一维模型是作为二维模型的一个特例出现的，我们的分析是基于二维模型进行的。特别地，考虑穿越一个高为 $L$ 的矩形扇区的空中交通流量；该扇区中约束条件被建模为具有不同半径的圆盘，圆盘中心沿该扇区内的一条垂直线排列，如图 4.10 所示。气象覆盖率 $W_{x\_coverage}$ 被定义为圆盘覆盖该线的比例。该扇区的容量为最小割长度，是该线未被覆盖部分的长度(点画线)：

$$容量 = L - W_{x\_coverage} \qquad (4.85)$$

即容量随气象覆盖率线性降低。

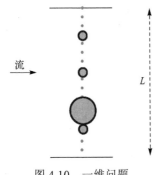

图 4.10　一维问题

### 4.2.4　二维分析

本节将依据气象预测不确定性，对扇区容量影响进行二维分析。分析用到恶劣气象覆盖率和分布误差两个参数。第一个参数是恶劣气象覆盖率 $W_{x\_coverage}$，指危险气象占据的空域比例。分析 $W_{x\_coverage}$ 值等于 $0.1, 0.2, \cdots, 0.7$ 时的情况，假设 $W_{x\_coverage}$ 等于 0.7 时，绘制表示恶劣气象单元的圆盘，一直到圆盘并集占据了至少 70% 的空域面积；第二个参数是圆盘半径分布方差，该方差代表气象预测的不确定性。下面我们描述了该分析的一些细节和结果。

#### 1. 气象模型

在两种类型数据(综合数据和实际数据)上进行二维分析，两种情况下的空域均用 60km×60km 的方形表示。在采用综合数据的分析中，气象单元中心是从某个概率分布中得到的；在采用实际数据的分析中，气象单元中心的分布服从某种典型的气象强度分布。我们针对综合数据的分析，建模了两种不同类型的雷暴分布。第一种被称为爆米花对流，该对流中雷暴是分散形成的，很少或没有明显的系统性(通常是在下午对昼夜高温做出的反应)，用半径随机同分布的圆盘建模了该空域内的单独气象系统，这些圆盘的中心其横坐标和纵坐标都服从 0~60 的均匀分布，因此圆盘中心在整个方形上服从均匀分布；第二种类型的雷暴分布是飑线，我们用一个矩形建模了带有一根飑线的某扇区，还用半径随机同分布的圆盘建模了该扇区内的这种单独气象系统，这些圆盘的中心服从不同分布：中心横坐标服从 21~39 的均匀分布，纵坐标服从 0~60 的均匀分布，因此圆盘中心在集中于方形的竖向矩形上服从均匀分布。

#### 2. 测试设置

测试设置如下。在 $W_{x\_coverage} = 0.1, 0.2, \cdots, 0.8$ 和方差 $= 0.0001, 0.001, 0.01, 0.1, 1, 10,$

100,1000 时进行 100 次以下测试。一个 60×60 的方形空域填满了表示气象约束条件的圆盘。向该空域添加圆盘气象约束条件直到圆盘并集占据了该方形区域的 $W_{x\_coverage}$。如果建模爆米花对流，则这些圆盘的中心在该方形内服从均匀分布。如果建模飑线，则圆盘中心在集中于该方形的 18×60 矩形内服从均匀分布。圆盘半径 $r = r_U + r_G$ 为随机变量，这里 $r_U \to U[1.5,3]$，$r_G \to 0.75 \times \gamma(1/a,a)$，这是一个与某个随机变量 $a$ 成比例的随机数。在生成足够多的圆盘来占据该区域的 $W_{x\_coverage}$ 部分后，从 $B$ 到 $T$ 的一个最小割被找到且其值被记录。对达到预期覆盖率所需的圆盘数分别进行了记录。

测试运行条件如下，首先计算 $B$-$T$ 最短路径，找到容量。为了计算该最短路径，我们使用了前面介绍关键图：该图拥有每个圆盘约束条件的一个节点、用于 $B$ 的一个节点和用于 $T$ 的一个节点，约束条件 $i$、$C(c_i,r_i)$ 和 $j$、$C(c_j,r_j)$ 之间的边长为 $[\|c_i - c_j\| - r_i - r_j]^+$。

随机变量 $\gamma$ 被参数化，结果 $E[\gamma(a,b)] = ab$，$\text{var}[\gamma(a,b)] = ab^2$。按照这种方法，得到 $E[r] = 3$，$\text{var}[r] = \text{var}[r_U] + \text{var}[r_G] = \text{const} + 0.75a$。

3. 结果

针对综合气象数据，测试结果如图 4.11 所示。如所预期的那样，当气象覆盖率增加时，平均容量减小，并在达到 100%气象覆盖率之前的某个点变为 0；当气象覆盖率上升时，容量方差减小。容量也是该气象系统类型及范围的函数。一个独立的单一气象单元或多单元风暴(如爆米花对流)的容量一般要比线性系统的稠密风暴(如飑线)大。在线性恶劣气象系统约束条件存在的情况下，该线性系统相关流的方向是一个重要因素：垂直于该线性系统的一个流要比平行于该线性系统的流受到更多约束。

就某个给定的气象覆盖率而言，容量随 $\gamma$ 方差而变化的幅度不会太大。对较低气象覆盖率(10%～40%)来说，容量在 $\gamma$ 方差等于 100 时稍有下降，随后会小幅上升。对较高的气象覆盖率来说，容量在 $\gamma$ 方差等于 100～1000 时稍有上升，随后会小幅下降。

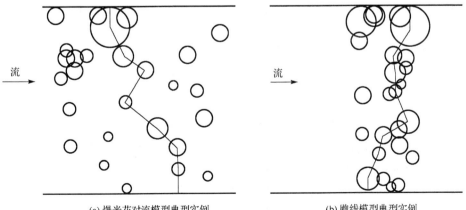

(a) 爆米花对流模型典型实例　　　　　　　　　(b) 飑线模型典型实例

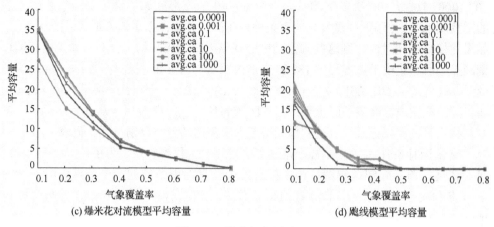

(c) 爆米花对流模型平均容量　　　　　(d) 飑线模型平均容量

图 4.11　综合气象测试

1) 爆米花对流与飑线比较

不同试验结果取决于气象系统是爆米花对流还是飑线,如图 4.12 所示。我们观测结果如下。

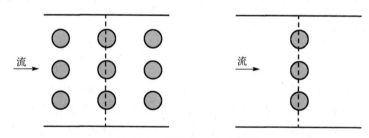

图 4.12　长远气象分布摘要

(1) 在建模飑线时,圆盘中心仅位于占据该空域 30%面积的某个矩形内。因此气象覆盖率不会达到高于 30%的水平(除非出现无法控制的情况或存在一个非常大的圆盘)。

(2) 对爆米花对流来说,容量随气象覆盖率上升而下降的速率要比线性下降慢。实际上,从长远来看,可认为圆盘中心分布于该方形内的一个正方形格网上,如果在 $L \times L$ 的方形内存在 $k$ 个单位圆盘,则 $W_{x\_coverage} \approx k\pi / L^2$,且

$$capacity \approx L - \sqrt{k} \sim 1 - \sqrt{W_{x\_coverage}} \tag{4.86}$$

尽管式(4.86)只粗略估计了容量对气象覆盖率水平的依赖性,但它就是我们在测试中所观测到的那种依赖性,具体如图 4.11 所示。

(3) 容量下降的速率与 $\gamma$ 方差值下降的速率几乎相同。

(4) 对一个给定的气象覆盖率来说,容量值不会与 $\gamma$ 方差相差太多。

2) 考虑飞机所需导航性能

图 4.13 提供了考虑飞机基于性能的导航这种情况时的结果。一般地，我们稍早得出的结论在对容量进行阈值处理时也同样成立。主要的区别是，图像的尖锐程度降低，对飑线建模时尤其如此。这是因为下取整函数 $[x]$ 具有离散不连续特征。

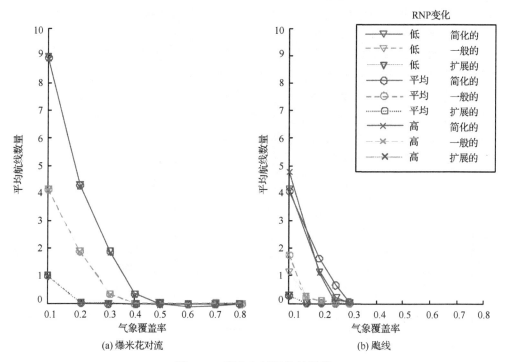

图 4.13　拟合空域平均航线数

## 4.2.5　算法应用

下面介绍容量估计算法在国家空域系统的空中交通流量管理中的应用。空域规划 (Airspace Flow Program，AFP)[16] 是一种交通流量管理 (Traffic Flow Management，TFM) 策略，该策略需要对某个流量约束区域 (Flow Constrained Area，FCA) 的容量进行估计，以解决受恶劣气象限制的空域问题。基于所估计的 FCA 容量，AFP 策略决定哪些飞机必须绕 (或穿越) 该 FCA 飞行，以及飞机何时可以穿越该 FCA。

AFP 需要为 2h 以上的战略性预测做出容量估计，以使其能对安排进入该 FCA 的飞机数做出规划；对该 FCA 在 2h 内的容量进行完善，以建立起飞机飞越该 FCA 的确切航线。在该应用中，FCA 容量的概率估计对战略规划 (2h 或以上的提前量) 十分有用，而在策略上确定穿越该 FCA 的航线需要进行确定性分析。我们估计某个空域容量的算法适合在 AFP 问题中应用。该 AFP 提前规划穿越该 FCA 的航线，并在新的气象预测可用以及当天的预期航班规划(或该 AFP 的时间周期)发生改变时重复该规划过程。气象预测表明，当该 FCA 正在经历该气象时，如图 4.14 所示，为了安全通过该 FCA，就必须提前建立起航线并将其提供给航班和飞行员。该 AFP 要求，尽管气象预测可能每 5min 提供一次预期气象约束条件的"快照"，但必须建立起一条常规航线并开放 30min。给定 5 个气象预测快照，根据上述建模方法，我们确定了该 FCA 在 30min 时间期内可能允许的最低空域容量。这 5 个气象快照下的最低容量被合并到了一个问题中，在考虑时间因素的某个给定飞行高度内，该问题陈述围绕二维气象约束条件对航线进行了规划。该问题的一种可靠解决方法是"基于流的航线规划"，该规划能安排 30min 时间周期内不发生冲突的一组常规航线。类似地，可在下一个 30min 时间期内建立一组新的常规航线。只要制定了该 AFP，那么该规划过程就每 30min 重复一次。

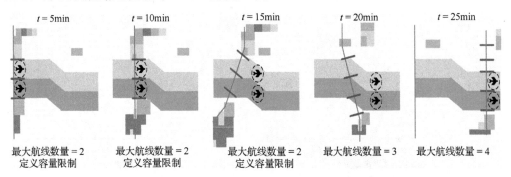

图 4.14　间隔为 5min 时的气象预测

我们展示了如何通过算法精确计算特定域及一组危险气象约束条件下的空域吞吐量，还仔细考察了气象随机特征影响容量的方式。我们分析了一个随机气象模型，该模型根据某个用户指定的概率分布或实际气象数据样本对气象约束条件进行了综合。我们能在某个简化的一维模型中明确分析吞吐量的期望和方差，这与在某个飑线气象系统上获得的结果近似。在更一般的二维模型设置中，我们将吞吐量分别作为气象覆盖率和飞机所需导航性能(RNP)的一个函数进行了分析。如预期那样，当气象覆盖率上升时，吞吐量下降。吞吐量与约束条件规模的方差无关。当方差增大时，空域吞吐量期望值变化更平缓。考虑飞机所需导航性能时取得了相同的结果。吞吐量随气象覆盖率上升而下降的速率取决于气象系统的类型。对飑线对流而言，下降是线性的；但对爆米花对流来说，下降要比线性下降慢。我们提议，将该下降速率作为某个气象系统与该飑线模型接近程度的指示器。

# 4.3　近距平行跑道容量

在服务需求稳定(即持续)的情况下，我们提出了用于计算近距平行跑道的最终进场、离场和混合运行容量分析模型，每个容量被确定为在给定时间段(通常为 1h 或 15min)内所能容纳的相应飞机运行的最大数量，具体来说进场容量模型，假设是在仪表飞行气象条件(Instrument Meteorological Conditions，IMC)和仪表飞行规则(Instrument Flight Rules，IFR)下的基线常规进近程序(Conventional Approach Procedure，CNAP)，实现两种较新的进近：交替进近程序(Staggered Approach Procedure，SGAP)和高角度进近程序(Steeper Approach Procedure，SEAP)。进场容量模型是为评估这些程序使用带来的容量增加潜力。本节需要研究的问题为：给定平行跑道的几何结构和新型的进近程序 SGAP 和 SEAP 及基线 CNAP、空中交通流量管制(Air Traffic Control，ATC)的最低间隔标准等、根据尾流类别区分的机型组合，使用不同的仪表着陆系统(Instrument Landing System，ILS)下滑角能力、最终进场速度以及进场跑道占用时间等，建模分析跑道进场容量是多少？此外离场容量模型参数包括连续进场之间的 ATC 管制间隔、机型组合以及相应的跑道占用时间等。最后，混合运行容量模型参数包括 ATC 进场-离场间隔、跑道占用时间、各种运行的机型组合以及进场和离场的需求比例等。

使用模型来计算大型机场的近距平行跑道最终容量，假设条件为：结合 IMC 条件下的 CNAP 安全要求，使用新型的 SGAP 和 SEAP 程序。模型的输出信息包括相应的容量和它们的变化(根据特定的输入信息)。在改变主要气象(风力)条件和交通流量时，机场可运行不同的跑道配置。这些可以是单条跑道，也可以是一对或几对平行或交叉的跑道以及它们的组合。具体来说，平行跑道的运行取决于它们的间距和主要气象条件。例如，美国许多机场的平行跑道可在目视气象条件(Visual Meteorological Conditions，VMC)下独立运行。在此情况下 ATC 允许在交通可见的情况下使用目视进场的方法。然而当能见度条件劣于目视飞行气象条件时，飞行规则需改变，从目视飞行规则变为仪表飞行规则，在此情况下飞行员不能在视觉上(即"看见和被看见")察觉到彼此的存在，因此几何结构(即间隔)开始严重影响平行跑道的运行。如跑道间距等于或大于 4300ft(在两个跑道的中心线之间)，每个跑道就能独立运行，这意味着对两个飞行员在任一跑道上操作的着陆和起飞以及空中交通管制等都可以采用相对独立的方式进行；如平行跑道间相距 3000~4300ft，可采取独立运行的方法，但只要有精密跑道监视(Precision Runway Monitoring，PRM)系统支持；如平行跑道间相距 2500ft 或以上，可通过使用它们之间的水平-对角间隔规则，解决相互影响的平行进场，此相互影响可能增加飞行员和管制员的工作量，特别是在按飞机尾流类别和进场速度情况下，尤其是机型组合不均匀的情况；最后相隔 2500ft 以下的平行跑道，被称为近距平行跑道，一般作为单跑道运行，这意味着同时进场是不允许的。因此相较于目视气象条件 VMC 下的容量，仪表气象条件 IMC 下的最终容量可能下降约 50%。鉴于此显著性差异，需要解决的问题是如何安全地缩小两个容量之间的差距，并由此减少恶劣气象条件下空中交通拥堵和延误的增加，该问题已成为研究的重点[44]。

### 4.3.1　近距跑道运行

#### 1. 尾流问题

每架进场或离场的飞机后边产生的尾流干扰是影响空中交通管制最低间隔标准设置的重要因素，并成为影响机场跑道容量的主要因素。尾流的主要参数是：强度和方向、移动速度及其衰减时间。它们与飞机的大小成正比，通常与飞机的重量相关，并与飞机的速度和翼展成反比。尾流通常朝着地面，在飞机轨迹的后方及下方进行蔓延。但是如果是平行跑道，尾流可从一个进场/离场轨迹转至相邻跑道的另一个进场/离场轨迹上，其速度几乎与同侧风的速度成正比。如果尾流在到达相邻跑道之前没有衰退，则可对此处的飞机飞行造成危害，从而使机场上的两个跑道的运行模式产生相互的依赖关系。

#### 2. 进场程序

VMC 进场至间隔 2500ft 上的平行跑道是基于这样的假设，即沿着至一个跑道的进场轨迹，其产生的尾流永远不会到达相邻（平行）跑道的其他进场轨迹上。对于近距平行跑道（间隔小于 2500ft）来说，控制尾流到达相邻平行跑道所需的时间可作为间隔调配的一种方法。如图 4.15 所示，其展示了一种简化的水平间隔管理方案。如一对进场至近距平行跑道的飞机 $i$ 和 $k$ 在纵向上间隔一定距离，它们距离的时间差小于飞机 $i$ 产生的尾流到达飞机 $k$ 的相邻跑道或尾流衰减所需的时间，则两架飞机将不会相互影响（即 $t_{ik} < d / v_w$，其中 $t_{ik}$ 为这对飞机 $i$ 与 $k$ 间的间隔时间；$v_w$ 为尾流

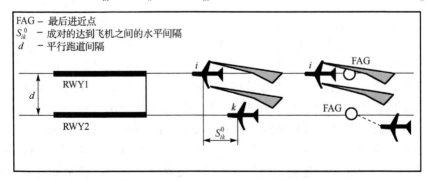

图 4.15　目视飞行气象条件下近距平行跑道的飞机配对进近

从飞机 $i$ 的跑道到达飞机 $k$ 的相邻跑道的速度），换句话说就是飞机 $k$ 飞过 $i$ 的位置时，飞机 $i$ 产生的尾流还没有达到。飞机 $k$ 需被保护的区域近似长度与 $t_{ik}v_k$ 成正比，其中 $v_k$ 为其进场速度。在此情况下飞行员对其各自尾流间隔承担责任，管制员接受并发布执行此程序的许可，因此成对的 VMC 条件下飞机在进场、着陆和离场时，几乎可以并排飞行。

　　在 IMC 条件下，空中交通管制系统对进入近距平行跑道的飞机建立保持纵向间隔的规则，因此两条近距平行跑道将作为具有 IMC 容量的单跑道使用，相较于 VMC 容量其数值更低。为减少此容量差异，飞机在 IMC 条件下的配对程序类似于在 VMC 条件下的配对程序。将同时偏置仪表方法/精密跑道监视（Simultaneous Offset Instrument Approach/Precision Runway Monitoring，SOIA/PRM）应用到进入间隔小于 3000ft 大于 750ft 的平行跑道飞机上，SOIA/PRM 使用仪表着陆系统/精密跑道监控系统（ILS/PRM）进入一个跑道并使用偏置定位型方向辅助（LDA/PRM）进入另一个跑道。LDA/PRM 航线不同于 ILS 航线，其下滑引导截获角 2.5°，向上同高度 3000ft 的航线相交点处，LDA 飞机已经直观地观察到了 ILS 飞机并启动回避策略，在跑道入口 1.5 海里处，保持约 500ft 的高度差，并通过空中交通管制员采用最小雷达间隔将后面的飞机分离开，直到仪表进场程序被转换为目视进场程序。除了使用 PRM，也使用了目前的地面和机载技术。然而程序的安全评估方案和对飞行员、管制员进行足够的培训和授权也是必需的。采用此方法的目的是增加 IMC 条件下的近距平行跑道着陆容量。图 4.16 展示了飞机 $i$ 和飞机 $k$ 已经配对并且飞机 $j$ 和飞机 $l$ 准备开始配对的一种简化方案。

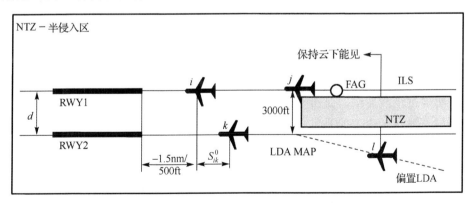

图 4.16　按 SOIA/PRM 方法进近的近距平行跑道飞机配对方案

　　美国联邦航空局提出的终端区域容量增强概念 TACEC 仍处于发展阶段，预计将使用非常先进的导航和通信技术系统，这将显著提高飞机上和地面上的态势感知

能力，从而使 IMC 条件下的进场飞机的配对同 VMC 条件下的配对十分相似，表 4.4
所示为终端区域容量增强技术。

表 4.4　终端区域容量增强技术

| 空中交通流量管理工具<br>（ATC 系统） | (1)中央/终端雷达管制自动化系统协助优化进场流量和跑道分配<br>(2)综合进离场管理（先来先服务）规则，将被具有相似尾流和进场/离场速度特征的飞机连续排序规则所取代 |
|---|---|
| 空中交通监视设备<br>（ATC 系统） | (1)精度改进的雷达，使飞机间最小间隔从 3 海里减至 2.5 海里<br>(2)PRM 包括一个信标雷达和计算机预测显示的精密跑道监视系统，它能使间隔小于 4300ft 的两个和三个相互关联的平行跑道独立运行成为可能 |
| 改进航空电子设备<br>（机载系统） | (1)支持四维轨迹运行的飞行管理系统（Flight Management System），其根据飞行计划使更精确的时间安排成为可能，减少在最后进场点处的进场飞机位置误差<br>(2)广域增强系统（Wide Area Augmentation System，WAAS），其提高了水平和垂直方向上基本 GPS 导航的精度<br>(3)侧向间隔机载信息系统（Airborne Information for Lateral Spacing，AILS），其在接近相隔较近的平行跑道时，可提高导航精度<br>(4)交通告警与防撞系统（Traffic Alert and Collision Avoidance System，TACAS），其显示两架飞机空间位置关系并提供指导，避免潜在碰撞，但在较低高度不运行<br>(5)低能见度着陆和场面操作（Low Visibility Landing and Surface Operating，LVLASO）程序，其减少、控制并预测跑道占用时间<br>(6)自动相关监视技术（Automatic Dependent Surveillance Broadcasting，ADS-B），其提高了在飞机上和地面上的态势感知能力，并且被独立使用<br>(7)交通信息驾驶舱显示（Cockpit Display of Traffic Information，CDTI），其提供了飞机上的综合交通信息显示能力，可缩减飞机之间的飞行间隔标准 |
| 监视和冲突告警设备<br>（机载系统和 ATC 系统） | 分布式空地协同解决方案（Distributed Air Ground Solution），整合了 ADS-B、TACAS 和自由飞行装置等，使飞机-空中交通管制系统同步监视、潜在碰撞告警与解脱等成为可能 |

　　上述技术的实施预计将是逐步的，持续多年，它们的目的是使飞机能够沿着非
常窄（约 200ft）的四维航迹区域导航（Four Dimensional Area Navigation）在近距平行
跑道上实现进场或离场，且每个轨迹都包含有外部段和内部段，外部段将是不同走
廊的不同下滑角，内部段是常见的与所有接近相同跑道的飞机下滑角一致。每个平
行跑道（两个或以上）会被分配一个走廊。在目视飞行气象条件下，这些走廊的平行
跑道基于类似于目前的 VMC 配对方法的飞机配对。四维航迹区域导航将在四维轨
迹和运行环境其他参数改变时同步更新。具体来说，将对飞机产生的尾流及飞机后
边的当前尾流进行测量，目的是创建航线上"无尾流区域"，并实现在更短的时间
和距离上的准确预测，且准确性更高。相关的技术概念会使用 WAAS、GPS 和 CDTI。
最后非常重要的一点是，由于飞机位置的精准度提高并使四维航迹区域导航变窄，
可在现有平行跑道上建造额外的跑道，从而保持机场的基础设施扩建基于现有机场

区域。运行多个平行跑道(每个跑道都支持四维航迹区域导航)会使多对近距进场和
离场飞机形成"波次"化,这些飞机按安全的尾流间隔相互跟随,以此显著增加机
场跑道系统容量。

　　上述进场程序意味着在进近过程中,无须建立空中交通管制的最低水平间隔
标准。目前两个使用空中交通管制水平和垂直间隔标准的程序:交替进近程序和
高角度进近程序被认为是缓解 IMC 条件下尾流影响的未来最可能的解决方案。
SGAP 可在 IMC 条件下应用于最后进近的近距平行跑道,通过建立一个跑道上的
标称着陆入口和另外一个跑道上的错列着陆入口,德国的法兰克福机场对此程序
已进行了研究。如图 4.17 所示,其展示了 CNAP 和 SGAP 间的主要差异。在图 4.17
中"比较重并且比较快的"前机 $i$ 与"比较小并且比较慢的"后机 $k$ 间隔开,通
过空中交通管制建立纵向间隔,在最后进场点(Final Approach Gate,FAG)配对
时建立间隔。

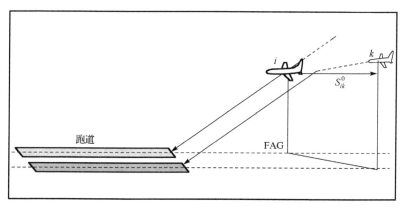

图 4.17　IMC 条件下近距平行跑道 CNAP 进近

　　在图 4.18 中,因为后机 $k$ 着陆入口移位,这对飞机保持垂直间隔,执行 SGAP
程序建立间隔,飞机 $i$ 和 $k$ 的配对建立在飞机 $i$ 位于最后进场点 FAG 时。在图 4.18
中,前机 $i$ 产生尾流在其轨迹后方和下方移动。此外,时间的流逝,增加了距离后
飞机 $k$ 的纵向距离。结合空中交通管制最小垂直间隔标准,这允许飞机在 FAG 处配
对时,纵向上间隔比起始间隔 $S_{ik}^0$ 更小(即 $S_{ik} < S_{ik}^0$)。此飞机配对的间隔距离减小,
一般可促使 IMC 容量的增加。这种程序是建立在现有技术基础上的。至于图 4.18
中的移位入口 $z$,三个仪表着陆系统(ILS)服务于三个着陆入口,但是程序的安全认
证和飞行员、管制员需要充分的培训。

　　高角度进近程序(Steeper Approach Procedure,SEAP),可被视为在 IMC 条件下
的预期进近程序,条件是当有必要在最后进场走廊中避免障碍物时,且如果不能移
位两个(间隔较近的)平行跑道之一的着陆入口时采用的一种程序。目前 SEAP 已

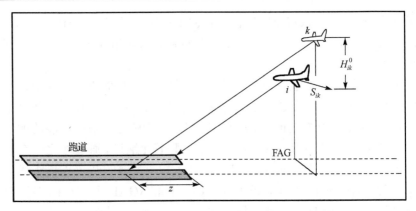

图 4.18　IMC 条件下近距平行跑道 SGAP 进近

应用于欧洲的一些单跑道支线机场，主要用于避免障碍物或减少噪声的影响，而没有被考虑应用于增加 IMC 条件下的容量。该程序初始阶段的特点：①技术上，如被应用于近距平行跑道，SEAP 可建立在两对 ILS（或将来 GNSS）着陆系统上，每个隶属于其中一个跑道或各服务于单跑道的一对微波着陆系统（Microwave Landing System，MLS）上。对于给定的跑道，一个 ILS 提供标准下滑引导角（3°），另一个提供高角度下滑引导角（5°～7°）。单一的 MLS 同时提供两个下滑角，这两个角在给定范围内：3°～7°（当 GNSS 可用时这也将是可能的）。仪表着陆系统（ILS）最好是 IIIb 或 IIIc 类（即决断高度（Decision Height，DH）为零，跑道视距（Runway Visual Range，RVR）为 50ft 或 0ft），从而在最糟糕的能见度条件下也能自动着陆。每个 ILS 有一个不同的信标频率，同下滑航迹（Glide Path，GP）频率相结合，防止服务于同一跑道的 ILS 之间的干扰。因此一架给定飞机既可执行此标准，也可执行偏置的方法，并通过使用现有的 ILS 航空电子设备和飞行管理系统（Flight Management System，FMS）独立着陆。MLS 也能提供相似（自动）着陆。此外空中交通管理系统也可使用 PRM 来监测进场交通。②运行上，SEAP 意味着进场飞机在接近两个 IMC 条件下的近距平行跑道之一时，既可使用此标准，也可使用高角度 ILS 下滑角。具体来说如果飞机配对同 VMC 或 SOIA/PRM 条件相似，前机可被分配此标准，后机可被分配高角度下滑角。

　　如图 4.19 所示，其展示了前面较重的飞机 $i$ 和后面较小的飞机 $k$ 在配对时的简化方案。可看出前机 $i$ 以标准下滑角（$\theta_i$）接近右边的平行跑道，后机 $k$ 以高角度下滑角（$\theta_k$）接近左边平行跑道（$\theta_i < \theta_k$）。前机 $i$ 和后机 $k$ 按照管制保证垂直间隔，$H_{ik}^0$ 在飞机 $i$ 最后进场点处配对时被适当建立起来，此最初的垂直间隔不排除建立水平间隔 $S_{ik}$，但可能没有必要。此外当飞机速度和下滑角的条件被满足时（即 $v_i > v_k \sin\theta_k / \sin\theta_i$），垂直间隔 $H_{ik}^0$ 将持续增加，直到前机 $i$ 着陆。在此情况下如果靠近地面的飞机 $i$ 的尾流不再次上升，在飞机 $i$ 的最后进场轨迹上方的飞机 $k$ 将完全避免其尾流危害。然而沿着相同进场航线的尾流危害仍需要通过建立空中交通管制水平间隔进行控制。③地面设备需求，在每个平行跑道上的照明系统，必须就不同 ILS 或 MLS 下滑角进行适当校准，否则会对飞行员造成困惑，并因此被视为不够安全。

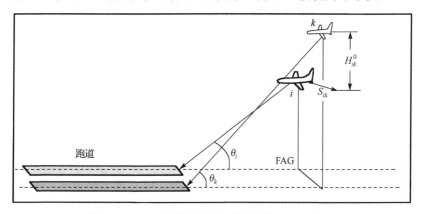

图 4.19　IMC 条件下近距平行跑道 SEAP 进近

### 3. 离场程序

通常 VMC 条件下近距平行跑道的连续离场可成对进行，同进场时相似。飞行员使用相似的原则"看见和被看见"，建立基于时间的间隔规则，此规则能避免尾流在平行跑道之间移动。此外连续成对的飞机按照空中交通管制基于时间的间隔规则进行分离，这能够避免先前的成对飞机中后机产生的尾流。在 IMC 条件下鉴于尾流影响和跑道占用时间，连续离场一般在单跑道上进行。

### 4. 混合运行

在近距平行跑道上的混合运行，指的是在连续成对进场飞机之间插入一架离场飞机，但是很少在同对飞机之间插入。在给定情形下，至少应在连续成对进场飞机 $i$ 与 $k$ 和 $k$ 与 $j$ 之间插入一架离场飞机，这将是可能的，条件是着陆后的进场飞机 $k$ 已经穿过了跑道 2 上的"临界位置"，并且飞机 $j$ 在离场飞机开始从任一跑道起飞时，不比空中交通管制要求的最小间隔标准更接近跑道 1。如果给定的离场在跑道 2 上实现，"临界位置"将是着陆飞机 $k$ 的出口。如果此离场在跑道 1 上实现，"临界位置"将是距着陆飞机 $k$ 的减速入口距离。如果离场在其他一些交叉跑道上，"临界位置"将在飞机 $k$ 通过交叉点之后。

## 4.3.2　基本假设条件

在开发模型时，我们建立以下的基本假设条件。

(1)假设与基线 CNAP 类似的进近程序 SGAP 和 SEAP 已通过了安全试验，以用于提高 IMC 条件下的近距平行跑道容量。

　　(2)明确给出了近距平行跑道的几何结构,包括它们的间隔、SGAP 的交替距离、最终进场航线的长度与跑道着陆出口的位置等。

　　(3)跑道进场/离场入口是用来计算容量的位置所在地。

　　(4)以重量(即尾流类别)与进场速度为特征的所有飞机,均可使用任一跑道。

　　(5)同时执行 SGAP 和 CNAP 程序的飞机,使用标称的 ILS 下滑角(3°);同时执行 SEAP 和 CNAP 程序的飞机,使用高角度 ILS 下滑角(5.5°)(标称的 ILS 下滑角为3°)。

　　(6)CNAP/SGAP 程序或 CNAP/SEAP 程序的分配,取决于进场序列类型,在后一种情况下,依据飞机的尾流类型、进场速度与容量执行 SEAP 程序。

　　(7)在每个平行跑道上,对相继进场或相继离场的飞机进行配对与交替进行放行。

　　(8)空中交通管制系统在进场飞机之间实行基于雷达的纵向与水平间隔、对角与垂直间隔。相继离场的飞机与成对进场-离场飞机,通常由空中交通管制系统基于时间建立相应间隔。

　　(9)飞机抵达它们规定航线的指定位置,几乎与空中交通管制系统预期的抵达时间一致。由于使用先进的技术,这似乎是一个越来越合理的假设。

## 4.3.3　进场容量模型

### 1. 几何结构

　　跑道容量是在给定位置、给定时间段服务需求持续的情况下,根据相继飞机运行间的最小到达间隔时间计算的。此种情况要求应用管制最小-最大间隔标准,用来计算运行量的位置为着陆入口。通常在 SGAP 和 SEAP 中,空中交通管制系统将在纵向建立相同进场轨迹的间隔,并将水平或垂直间隔应用于在不同(平行)进场轨迹上的飞机。图 4.20、图 4.21 展示了 SGAP 与 SEAP 分别根据相同与不同的下滑角,建立的进场基本几何结构关系。

　　当前机位于给定成对飞机 $i$ 和 $k$ 与序列 $i$ 和 $j$ 中时,飞机 $i$ 最终进场跑道为 RWY1;飞机 $k$ 是成对飞机 $i$ 和 $k$ 中的后机,且在序列 $k$ 和 $l$ 中是前机,最终进场跑道为 RWY2。成对飞机 $i$ 和 $j$ 将在 RWY1 跑道上着陆,且成对飞机 $k$ 和 $l$ 将在 RWY2 跑道上着陆,单个飞机在各自跑道着陆序列分别为 $i$、$k$、$j$ 与 $l$。这就意味着在任何一个程序中,成对飞机 $i$ 和 $j$ 受到飞机 $k$ 的影响,且成对飞机 $k$ 和 $l$ 受到飞机 $j$ 的影响。分别将 $a^{t_{ij/k}}$ 与 $a^{t_{kl/j}}$ 设为成对飞机 $i$ 和 $j$ 在受飞机 $k$ 影响在 RWY1 跑道入口最小到达间隔时间,成对飞机 $k$ 和 $l$ 在受飞机 $j$ 影响在 RWY2 跑道入口最小到达间隔时间,$a^{t_{ij/k}} = a^{t_{ik}} + a^{t_{ij}}$ 和 $a^{t_{kl/j}} = a^{t_{kj}} + a^{t_{jl}}$,在该表达式中,$a^{t_{ik}}$ 是序列 $i$ 和 $k$ 在 RWY1/2 跑道入口最小到达间隔时间;$a^{t_{kj}}$ 是序列 $k$ 和 $j$ 在 RWY2/1 跑道入口最小到达间隔时间;$a^{t_{jl}}$ 是序列 $j$ 和 $l$ 在 RWY1/2 跑道入口最小到达间隔时间。

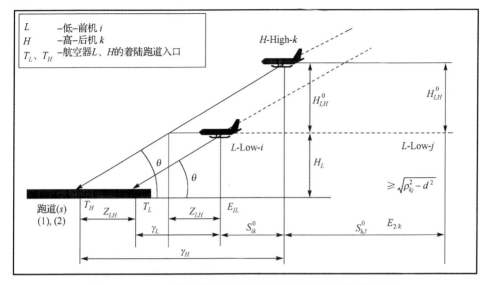

图 4.20　IMC 条件带移位着陆入口的交替进近程序(SGAP)

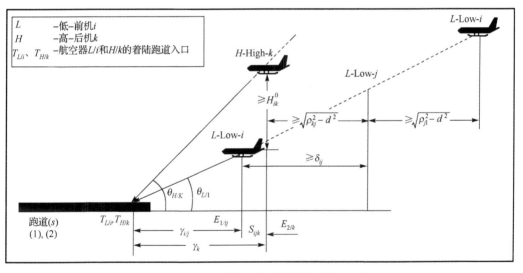

图 4.21　IMC 条件高角度进近程序(SEAP)

在 VMC 条件下，最小时间间隔 $a^{t_{ik}}$、$a^{t_{kj}}$、$a^{t_{jl}}$、$a^{t_{ijk}}$ 与 $a^{t_{kij}}$ 应保证：①当 $t \in (0; t_1 = \gamma_{i/j}/v_i)$ 时，即当飞机 $i$ 位于 FAG E1 与 RWY1 着陆入口之间，且当 $t_2 = t_1 + a^{t_{ik}}$ 时即飞机 $k$ 抵达 RWY2 着陆入口，紧邻的飞机间管制最小间隔仍存在；②飞机 $i$ 必须在飞机 $k$ 穿过 RWY2 入口前在 RWY1 跑道上着陆，飞机 $k$ 必须在飞机 $j$ 穿过 RWY1 入口前在 RWY2 跑道上着陆，飞机 $j$ 必须在飞机 $l$ 穿过 RWY2 入口前在 RWY1 跑道上着陆，即分别为 $t_{ai} \geqslant a^{t_{ik}}$，$t_{ak} \geqslant a^{t_{kj}}$ 和 $t_{aj} \geqslant a^{t_{jl}}$，其中 $t_{ai}$、$t_{ak}$ 及 $t_{aj}$ 分别为飞机 $i$、$k$

及 $j$ 的跑道着陆时间。在给定条件中，该时间为着陆入口与接地点之间的时间间隔；将平行跑道看作单一跑道，该时间为着陆入口与跑道出口之间的间隔时间。

如果指定飞机对 $ij$、$ik$、$kj$、$jl$ 与 $kl$ 间隔在纵向 $(L)$、水平-对角 $(H)$ 及垂直 $(V)$ 上标识，按照上述规则指定的组合到达间隔时间 $a^{t_{ij/k}}$ 与 $a^{t_{kl/j}}$ 如下：

$$a^{t_{ij/k}}(L,H,V) = \max\{(1-u_{ij})a^{t_{ij}}(L)+u_{ij}a^{t_{ij}}(V);(1-u_{ik})a^{t_{ik}}(H)$$
$$+u_{ik}a^{t_{ik}}(V)+(1-u_{kj})a^{t_{kj}}(H)+u_{kj}a^{t_{kj}}(V)\} \tag{4.87}$$

与

$$a^{t_{kl/j}}(L,H,V) = \max\{(1-u_{kl})a^{t_{kl}}(L)+u_{kl}a^{t_{kl}}(V);(1-u_{kj})a^{t_{kj}}(H)$$
$$+u_{kj}a^{t_{kj}}(V)+(1-u_{jl})a^{t_{jl}}(H)+u_{jl}a^{t_{jl}}(V)\} \tag{4.88}$$

其中，$u_{ij}$、$u_{ik}$、$u_{kj}$ 是控制变量，如果管制纵向间隔规则应用于飞机序列 $ij$ 中，且水平-对角间隔规则应用于成对飞机 $ik$ 与 $kj$，取数值为 "0"；否则取数值 "1"，相应的如果管制垂直间隔规则应用于飞机序列 $ij$ 与成对飞机 $ik$ 与 $kj$；$u_{kl}$、$u_{kj}$、$u_{jl}$ 也是控制变量，如果管制纵向间隔规则应用于飞机序列 $kl$ 中，且水平-对角间隔规则应用于成对飞机 $kj$ 与 $jl$，取数值 "0"；否则取数值 "1"，相应的管制垂直间隔规则应用于飞机序列 $kl$ 与成对飞机 $kj$ 与 $jl$。从式 (4.87) 与式 (4.88) 中可以看出，飞机 $ij$ 与 $kl$ 的到达间隔时间相互关联。控制变量 $[u]$ 的数值分配，指定了后面一架飞机将要执行的方法程序类型，并取决于已经分配给定序列中前面一架飞机的方法程序。因此这些数值意味着需应用的管制间隔规则。在 SGAP 中取决于飞机类型，并且在移位入口的情况下需要足够长的着陆距离。至于 SEAP 中将取决于在给定序列中两架飞机的间隔，在任何情况下所有飞机均可履行 CNAP。因此式 (4.87) 能够灵活分配两种方法程序，可以成为综合进离场模型的一部分。假定特定飞机组合在两个跑道上进场是相互独立的事件，可确定 "序列飞机" $ikj$ 与 $kjl$ 的发生概率如下：

$$p_{ij/k} = p_i p_k p_j, \qquad p_{kl/j} = p_k p_j p_l \tag{4.89}$$

其中，$p_i$、$p_k$、$p_j$ 与 $p_l$ 分别是飞机 $i$、$k$、$j$ 与 $l$ 在组合中的比例。

已知最小时间间隔 $a^{t_{ij/k}}$、$a^{t_{kl/j}}$ 及所有飞行序列 $ikj$ 与 $kjl$ 组合的概率 $p_{ij/k}$ 与 $p_{kl/j}$，可计算出作为 "容量测算位置" 的 RWY1 与 RWY2 跑道入口预计到达间隔时间：

$$\bar{t}_{a1} = \sum_{ikj} a^{t_{ij/k}} p_{ij/k}, \quad \bar{t}_{a2} = \sum_{kjl} a^{t_{kl/j}} p_{kl/j} \tag{4.90}$$

可分别计算出每个近距平行跑道的最终进场容量：

$$\lambda_{a1} = 1/\bar{t}_{a1}, \quad \lambda_{a2} = 1/\bar{t}_{a2} \tag{4.91}$$

将单独跑道容量相加可计算出总容量。

**2. 在"容量测算位置"时的到达间隔时间计算**

在式(4.87)中，指定"飞机序列"$ijk$到达间隔时间$a^{t_{ijk}}$的计算中，假定每架飞机均可执行 SEAP 与 CNAP 程序。在这种情况下式(4.88)中"飞机序列"$kjl$的表达式与其类似，并依赖于"飞机序列"$ikj$的执行程序情况。沿着进近轨迹的飞机相对速度，飞机$ikj$之间相互关联或"快"($F$)或"慢"($S$)，给出"飞机序列"$ijk$有 8 种组合。在前四种组合中飞机$i$与$j$被认为是"慢"($S$)或"快"($F$)；飞机$k$被认为是"慢"($S$)。可能的序列组合为$S$-$S$-$S$、$S$-$S$-$F$、$F$-$S$-$S$与$F$-$S$-$F$。在后四种组合中飞机$k$被认为是"快"($F$)。可能的序列组合为$S$-$F$-$S$、$S$-$F$-$F$、$F$-$F$-$S$与$F$-$F$-$F$。选择控制变量$u$，并根据飞机进场安排的高度，为每架着陆序列飞机设置"低"($L$)与"高"($H$)属性。在任何序列中，让"慢"飞机执行 SEAP 程序(即安排高高度飞行$H$)；"快"飞机执行 CNAP 程序(即安排低高度飞行$L$)。飞机序列$kjl$设置类似组合。用于推导计算最小到达间隔时间$a^{t_{ijk}}$的表达式符号如下。

(1)$\gamma_{i/j/k}$分别表示飞机$i$与$j$在 RWY1 跑道上着陆的最终进场航线长度以及飞机$k$在 RWY2 跑道上着陆的最终进场航线长度。

(2)$d$表示近距平行跑道中心线之间的间隔。

(3)$v_{i/k/j}$分别表示飞机$i$、$k$与$j$的最终进场速度。

(4)$\theta_{i/k/j}$分别表示飞机$i$、$k$与$j$的轨迹下滑角。

(5)$\delta_{ij}$表示应用于飞机$ij$中的管制纵向最小间隔。

(6)$\rho_{ik/kj}$分别表示应用于成对飞机$ik$与$kj$的管制水平-对角最小间隔。

(7)$H^0_{i/k/j}$分别表示应用于成对飞机$ij$、$ik$与$kj$的管制垂直最小间隔。

根据程序(CNAP 与 SEAP)及其有关的管制规则、配对飞机类别组合，推导出式(4.87)中的最小时间$a^{t_{ijk}}$表达式，具体计算几何关系如图 4.22～图 4.26 所示。

1)飞机序列$v_i \leqslant v_k \leqslant v_j$

飞机速度/执行程序组合：$S/H$-$S/H$-$S/H$、$S/H$-$S/H$-$F/L$、$S/H$-$F/L$-$F/L$、$F/L$-$F/L$-$F/L$。

当飞机$i$抵达 RWY1 着陆入口时，通过管制最小间隔规则将飞机$i$、$k$、$j$间隔开，确定到达间隔时间$a^{t_{ijk}}$，如下所示：

$$a^{t_{ijk}} = a^{t_{ik}} + a^{t_{kj}} = \max\left\{\frac{(1-u_{ij})\delta_{ij}}{v_j} + \frac{u_{ij}H^0_{ij}}{v_j \sin\theta_j}; (1-u_{ik})\left(\frac{\sqrt{\rho^2_{ik}-d^2}}{v_k}\right) + \frac{u_{ik}H^0_{ik}}{v_k \sin\theta_k} \right.$$
$$\left. + (1-u_{kj})\left(\frac{\sqrt{\rho^2_{kj}-d^2}}{v_j}\right) + \frac{u_{kj}H^0_{kj}}{v_j \sin\theta_j}\right\} \tag{4.92}$$

如图 4.22 所示的飞机$i$与$k$执行 SEAP 程序($u_{ik}=1$)，且飞机$j$执行 CNAP 程

序时垂直剖面几何结构，即 $u_{ij}=u_{kj}=0$；此外如果成对飞机 $jl$ 中 $l$ 是 $F/L$ 组合，$u_{jl}=1$；如果是 $S/H$ 组合，$u_{jl}=0$；因此 $u_{kl}=u_{kj}=0$。

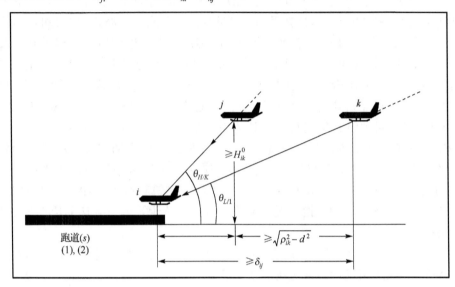

图 4.22　飞机序列组合 $v_i \leqslant v_k \leqslant v_j$（$S/H\text{-}S/H\text{-}F/L$）垂直剖面结构

2）飞机序列 $v_i > v_k \geqslant v_j$

飞机速度/执行程序组合：$F/L\text{-}S/H\text{-}S/H$。

当前面的飞机 $i$ 位于 RWY1 的 FAG 时，依照管制最小间隔规则将飞机 $ik$ 与 $kj$ 间隔开，确定到达间隔时间 $a^{t_{y/k}}$，如下所示：

$$a^{t_{y/k}} = a^{t_{ik}} + a^{t_{kj}} = \max\left\{(1-u_{ij})\left(\frac{\delta_{ij}}{v_j} + \left(\frac{\gamma_j}{v_j} - \frac{\gamma_i}{v_i}\right)\right) + u_{ij}\left(\frac{H_{ij}^0}{v_j \sin\theta_j} + \gamma_i \sin\theta_i\left(\frac{1}{v_j \sin\theta_j} - \frac{1}{v_i \sin\theta_i}\right)\right);$$

$$(1-u_{ij})\left(\frac{\sqrt{\rho_{ik}^2 - d^2}}{v_k} + \frac{\gamma_k}{v_k} - \frac{\gamma_i}{v_i}\right) + u_{ik}\left(\frac{H_{ik}^0}{v_k \sin\theta_k} + \gamma_i \sin\theta_i\left(\frac{1}{v_k \sin\theta_k} - \frac{1}{v_i \sin\theta_i}\right)\right)$$

$$+ (1-u_{kj})\left(\frac{\sqrt{\rho_{kj}^2 - d^2}}{v_j} + \frac{\gamma_j}{v_j} - \frac{\gamma_k}{v_k}\right) + u_{kj}\left(\frac{H_{kj}^0}{v_j \sin\theta_j} + \gamma_k \sin\theta_k\left(\frac{1}{v_j \sin\theta_j} - \frac{1}{v_k \sin\theta_k}\right)\right)$$

$$\tag{4.93}$$

图 4.23 所示为飞机 $i$ 执行 CNAP 程序且飞机 $k$ 与 $j$ 执行 SEAP 程序时的垂直剖面几何结构，即 $u_{ij}=u_{ik}=u_{kj}=0$；此外如果飞机 $l$ 是 $F/L$ 组合，$u_{jl}=1$，如果是 $S/H$ 组合，$u_{jl}=0$；因此在两种情况下 $u_{kl}=u_{kj}$。

3）飞机序列 $v_i > v_k$，$v_k < v_j$

飞机速度执行/程序组合：$F/L\text{-}S/H\text{-}F/L$。

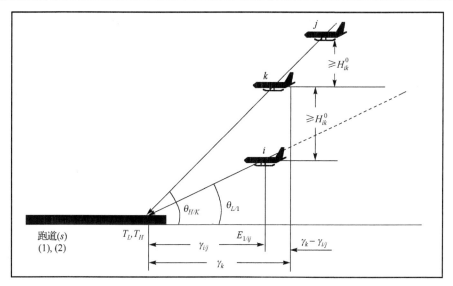

图 4.23 飞机序列组合 $v_i > v_k \geqslant v_j$ ($F/L$-$S/H$-$S/H$) 垂直剖面结构

当前面的飞机 $i$ 位于 RWY1 的 FAG 时，管制最小间隔规则将飞机 $ik$ 间隔开，当飞机 $k$ 抵达 RWY2 的着陆入口时，管制最小分离规则将成对 $kj$ 中的飞机间隔开，确定到达间隔时间 $a^{t_{ij/k}}$，如下所示：

$$
\begin{aligned}
a^{t_{ij/k}} &= a^{t_{ik}} + a^{t_{kj}} \\
&= \max\left\{ (1-u_{ij})\frac{\delta_{ij}}{v_j} + u_{ij}\frac{h_{ij}^0}{v_j \sin\theta_j}; (1-u_{ik})\left( \frac{\sqrt{\rho_{ik}^2 - d^2}}{v_k} + \frac{\gamma_k}{v_k} - \frac{\gamma_i}{v_i} \right) \right. \\
&\quad + u_{ik}\left( \frac{H_{ik}^0}{v_k \sin\theta_k} + \gamma_i \sin\theta_i \left( \frac{1}{v_k \sin\theta_k} - \frac{1}{v_i \sin\theta_i} \right) \right) \\
&\quad \left. + (1-u_{kj})\left( \frac{\sqrt{\rho_{kj}^2 - d^2}}{v_i} \right) + u_{kj}\frac{H_{kj}^0}{v_j \sin\theta_j} \right\}
\end{aligned} \tag{4.94}
$$

图 4.24 所示为时间间隔图，以及飞机 $i$ 与 $j$ 执行 CNAP 程序且飞机 $k$ 执行 SEAP 程序，即 $u_{ij} = u_{kj} = 0$ 且 $u_{ik} = 1$；此外如果飞机 $l$ 是 $F/L$ 组合，$u_{jl} = 1$，如果是 $S/H$ 组合，$u_{jl} = 0$；因此在两种情况下 $u_{kl} = u_{kj}$。

4）飞机序列 $v_i = v_k > v_j$

飞机速度/执行程序组合：$F/L$-$F/L$-$S/H$。

当飞机 $i$ 位于 FAG 且进一步抵达 RWY1 着陆入口时，管制最小间隔规则将飞机 $ik$ 间隔开。当飞机 $k$ 位于 RWY2 的 FAG 时，管制最小间隔规则将飞机 $kj$ 间隔开，确定到达间隔时间 $a^{t_{ij/k}}$，如下所示：

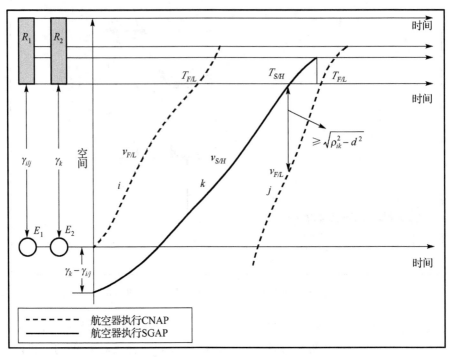

图 4.24　飞机序列组合 $v_i > v_k$，$v_k < v_j$ (F/L-S/H-F/L) 时间间隔图

$$a^{t_{ij/k}} = a^{t_{ik}} + a^{t_{kj}} = \max\left\{(1-u_{ij})\left(\frac{\delta_{ij}}{v_j} + \left(\frac{\gamma_i}{v_j} - \frac{\gamma_i}{v_i}\right)\right) + u_{ij}\left(\frac{H_{ij}^0}{v_j \sin\theta_j} + \gamma_i \sin\theta_i\left(\frac{1}{v_j \sin\theta_j} - \frac{1}{v_i \sin\theta_i}\right)\right);\right.$$

$$(1-u_{ik})\left(\frac{\sqrt{\rho_{ik}^2 - d^2}}{v_k}\right) + u_{ik}\frac{H_{ik}^0}{v_k \sin\theta_k} + (1-u_{kj})\left(\frac{\sqrt{\rho_{kj}^2 - d^2}}{v_j} + \frac{\gamma_j}{v_j} - \frac{\gamma_k}{v_k}\right)$$

$$\left. + u_{kj}\left(\frac{H_{kj}^0}{v_j \sin\theta_j} + \gamma_k \sin\theta_k\left(\frac{1}{v_j \sin\theta_j} - \frac{1}{v_k \sin\theta_k}\right)\right)\right\} \tag{4.95}$$

图 4.25 所示为时间间隔图，以及飞机 $i$ 与 $k$ 执行 CNAP 程序且飞机 $j$ 执行 SEAP 程序，即 $u_{ij} = u_{kj} = 1$ 且 $u_{ik} = 0$；此外如果飞机 $l$ 是 F/L 组合，$u_{jl} = 1$，如果是 S/H 组合，$u_{jl} = 0$；因此在两种情况下 $u_{kl} = u_{kj}$。

5）飞机序列 $v_i < v_k$，$v_k > v_j$

飞机速度/执行程序组合：S/H-F/L-S/H。

当飞机 $i$ 抵达 RWY1 的着陆入口时，管制最小间隔规则将飞机 $ik$ 间隔开。当飞机 $k$ 位于 RWY2 的 FAG 时，管制最小间隔规则将飞机 $kj$ 间隔开，确定到达间隔时间 $a^{t_{ij/k}}$，如下所示：

$$a^{t_{ij/k}} = a^{t_{ik}} + a^{t_{kj}} = \max\left\{ (1-u_{ij})\frac{\delta_{ij}}{v_j} + u_{ij}\frac{H^0_{ij}}{v_j \sin\theta_j} ; (1-u_{ik})\left( \frac{\sqrt{\rho^2_{ik} - d^2}}{v_k} \right) + u_{ik}\frac{H^0_{ik}}{v_k \sin\theta_k} \right.$$

$$\left. + (1-u_{kj})\left( \frac{\sqrt{\rho^2_{kj} - d^2}}{v_j} + \frac{\gamma_j}{v_j} - \frac{\gamma_k}{v_k} \right) + u_{kj}\left( \frac{H^0_{kj}}{v_j \sin\theta_j} + \gamma_k \sin\theta_k \left( \frac{1}{v_j \sin\theta_j} - \frac{1}{v_k \sin\theta_k} \right) \right) \right\}$$

$$(4.96)$$

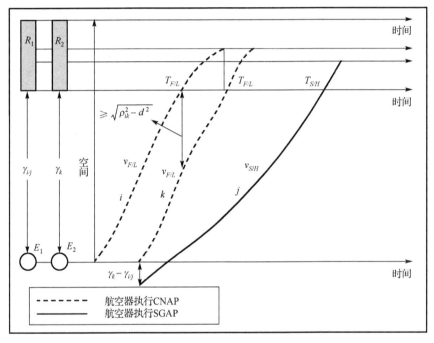

图 4.25　飞机序列组合 $v_i = v_k > v_j$ ($F/L$-$F/L$-$S/H$) 时间间隔图

图 4.26 所示为时间间隔图,以及飞机 $i$ 与 $j$ 执行 SEAP 程序且飞机 $k$ 执行 CNAP 程序,即 $u_{ij} = u_{kj} = 1$ 且 $u_{ik} = 0$;此外如果飞机 $l$ 是 $F/L$ 组合,$u_{jl} = 1$,如果是 $S/H$ 组合,$u_{jl} = 0$;因此在两种情况下 $u_{kl} = u_{kj}$。

## 4.3.4　离场容量模型

考虑到尾流要求,将近距平行跑道作为单一跑道进行离场,在这种情况下离场容量模型与单一跑道的模型完全一致。然而如果两个平行跑道至少间隔 5000ft,成对飞机的离场是有可能的,并且离场容量模型如下所示:将 $mp$ 与 $nq$ 设为成对离场的飞机序列。前面一对使用一个跑道,后面一对使用另一个平行跑道。如果在跑道

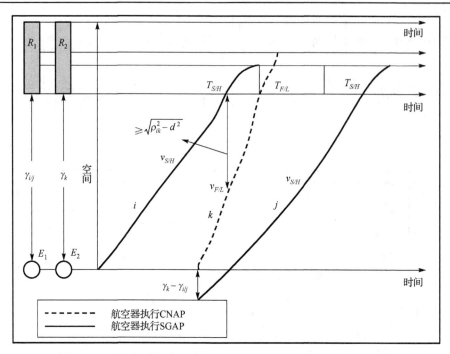

图 4.26　飞机序列组合 $v_i < v_k$，$v_k > v_j$（S/H-F/L-S/H）时间间隔图

出口计算离场容量，可以确定受离场飞机 $n$ 影响的成对离场飞机 $m$ 与 $p$ 之间的最小离场间隔时间，如下所示：

$$d^{t_{mp/n}} = d^{t_{mn}} + d^{t_{np}} \tag{4.97}$$

其中，$d^{t_{mn}}$ 是成对离场飞机 $m$ 与 $n$ 之间的管制最小时间间隔；$d^{t_{np}}$ 是成对飞机 $mn$ 中后面一架飞机与成对飞机 $pq$ 中前面一架飞机之间的管制最小时间间隔。

最小时间 $d^{t_{mn}}$ 与 $d^{t_{np}}$ 取决于飞机尾流的类别及飞机 $m$ 与 $n$ 的离场占用时间 $d^{t_m}$ 与 $d^{t_n}$，即 $d^{t_{mn}} \ge d^{t_m}$，$d^{t_{np}} \ge d^{t_n}$。如果飞机 $m$、$n$ 与 $p$ 的组合是独立事件且它们在离场组合中的比例分别为 $p_m$、$p_n$ 与 $p_p$，时间间隔 $d^{t_{mp/n}}$ 概率为 $p_{mp/n} = p_m p_p p_n$，则可以计算出从单一跑道相继离场飞机之间的平均离场间隔时间 $\bar{t}_d$，如下所示：

$$\bar{t}_d = \sum_{mpn} p_{mp/n} d^{t_{mp/n}} \tag{4.98}$$

用式（4.98）可计算出近距平行跑道的离场容量。

## 4.3.5　混合运行模型

近距平行跑道混合运行时的容量计算模型如下所示，在以下情况下可实现进场成对飞机 $kj$ 之间的第 $m$ 个飞机离场。

$$t_{kj} \ge a^{t_k} + (m-1)t_d + \delta_{d/j} / v_j \tag{4.99}$$

其中，$a^{lk}$ 是成对飞机 $ik$ 中飞机 $k$ 在 RWY2 进场跑道的占用时间，它将妨碍任何离场跑道的使用；$\delta_{d/j}$ 是当开始离场时，给定离场飞机与进场飞机 $j$ 之间的最小管制间隔规则；$v_j$ 是进场飞机 $j$ 的平均进场速度；$t_d$ 是实现给定离场所需的时间。

在式 (4.99) 中如果在相继成对进场飞机 $ik$ 与 $jl$ 之间实现成对飞机离场，$m$ 将等于 2，且 $t_d$ 将表示成对离场飞机之间的管制间隔。此外如果从与给定平行跑道相交叉的其他跑道 (第三跑道) 中实现离场，需要恰当的时间间隔 $\delta_{d/j}$。

如果 $p_{dm}$ 是相继成对进场飞机 $ik$ 与 $jl$ 的发生概率，它可以实现飞机 $m$ 的离场，则可以计算出进场容量 $\lambda_a$ 和离场容量 $\lambda_d$，如下所示：

$$\lambda_d = (\lambda_{a1} + \lambda_{a2}) \sum_{m=1}^{M} m p_{dm} \tag{4.100}$$

其中，$M$ 是在相继成对进场飞机之间满足管制间隔要求的离场飞机数量。

结合式 (4.91) 与式 (4.100)，得出近距平行跑道混合运行时的最终容量：

$$\lambda = \lambda_a + \lambda_d = (\lambda_{a1} + \lambda_{a2})\left(1 + \sum_{m=1}^{M} m p_{dm}\right) \tag{4.101}$$

## 4.4　区域导航间隔分析

目前最小间隔标准或者终端区边界处的飞机列队在多数情况下，不足以确保区域导航 (Area Navigation，RNAV) 进场程序能被成功不间断执行，经常需要空中交通管制员使用雷达进行引导飞机进近，以保证不失去间隔。为保障安全性，本节提出了一种间隔分析方法[46]，用于确定所选计量点处的飞机间距，这样就无须管制员干预，可顺利全程执行区域导航程序。该方法还对飞机执行区域导航程序的不确定因素建立了随机模型，如飞行员的行为、飞机重量和风力等。本节对假设的区域导航进场程序进行了数值模拟和间隔分析，同时对计量点位置及在不同风力状况下模型的有效性进行了分析。

### 4.4.1　基本概念框架

在传统的进场和进近中，管制员安排飞机飞行并在最终进场时，通过引导实现预期的排序和满足规定的管制间隔，给飞行员下达指令规定飞行的高度、速度和航向。引导的主要优势在于其能给管制员提供一定的灵活性，此灵活性目前为止被用于实现进近间距紧凑，从而使机场容量达到最大化。但是引导通常是在低空进行的，导致飞行时间、噪声、排放和燃油消耗量明显高于飞机自主执行进近程序，如图 4.27 所示。

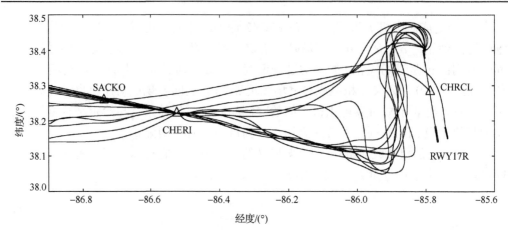

图 4.27　传统程序的飞行样本航迹

　　传统程序的航向改变量特别明显，飞行航迹在机场周边区域的离散分布程度也特别明显。若能减少对飞机的引导，则管制员-飞行员间的地空通话和飞行时间可显著减少，相应的噪声、碳排放量及燃油消耗量也可减少。而区域导航进场，其横向飞行路线由一系列航路点决定，飞机的飞行管理系统及自动驾驶仪指引飞机沿着预排程序的横向航道飞行。区域导航进场可能在超出仪表着陆系统覆盖区域的某一点处终止，或者在此覆盖区域(通常在最后进近点)内终止。在前一种情况下，飞机将被按照仪表着陆的引导进近；在后一种情况下一旦飞机被要求以区域导航程序进场进近，通常不需要引导。图 4.28 描述了区域导航进场与图 4.27 中相同的进场流和跑道。

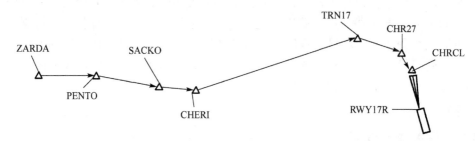

图 4.28　区域导航程序的横向飞行路线

　　目前有两种方法来管理区域导航进场的纵向分量，第一种是管制员下达指令，向飞行员提供飞行高度和速度参数，然后飞行员手动操控或通过自动驾驶仪控制实现；第二种是将航路点处的高度和速度约束在飞行管理系统导航数据库建立预排程序，飞行管理系统和自动驾驶仪进行计算，使飞机沿着满足所有约束条件的航道飞行。在区域导航程序执行中，管制员采用速度控制策略建立管制间隔，并尽可能长时间保持飞机在区域导航航道上，对飞机进行航向引导，仅在速度控制不充分时使用。这里我们把管制员在区域导航进场时的管制策略划分为四个阶段：合并和排序、分隔、监督、干预。中间计量点(或仅是计量点)将下降飞机从巡航飞机和降落至跑道的飞机间隔开，计量点处的连续飞机间的预期间隔被给出，由此可实现在剩余区域导航进场中可确保飞机之间满足规定的间隔标准，从而无须管制员干预。在计量点前，管制员可根据需要任意引导飞机进行合并和排序，并设定飞机间的目标间距以及高度、速度等。这些初始条件被合理设定后，飞机可继续进行区域导航进场，无须进一步引导。此后阶段管制员监视飞机间的间距，并且仅在需要额外的间距来防止违反间隔标准或者有必要进行复飞的情况下进行干预。额外的间距通过改变速度剖面而获得，引导飞机离开区域导航航道并使其达到合理间距后，重新进入航道或者安排进入另一个跑道。这里提出的运行概念，其优势在于尽可能长时间地连续执行区域导航进场。

## 4.4.2　间隔分析方法

在仪表飞行规则下，在相同高度飞机，雷达最小管制间隔标准为飞机运行之间 3 海里，在雷达天线场地 40 海里范围内，飞机运行之间间隔 5 海里，距天线场地 40 海里之外，这些最小标准需根据具体情况确定。尾流程序为某些类别的飞机指定增加最小间隔标准，从而为防止尾流影响提供规避条件。除了最小间隔标准外，空中交通管制单位之间有时还制定管制协议，确定一些飞机队列的限制条件(如 10 海里)，以限制当天的某些时间段内的特定航线或扇区的运行，从而确保飞行安全。

1.　轨迹变化与间隔

对沿同一航道连续飞行进行间隔分析时，距离相对于时间的变化率成为最重要的关系式，如图 4.29 所示，图中横轴表示沿航线的飞行距离，纵轴表示时间。阴影区表示在距离-时间里，每架飞机将来可能在不确定区域。对于在计量点的给定间距(当第一架飞机位于计量点时进行测量)，最后间距(当第一架飞机位于跑道入口时进行测量)呈概率分布，请注意在跑道入口的最后间距的概率密度分布函数通常不是标准的。为简单起见，所有的概率分布均以类似的钟形曲线表示。通过速度最慢的前机轨迹与速度最快的后机轨迹，确定最后间距的最小值；通过速度最快的前机轨迹与速度最慢的后机轨迹，给出最后间距的最大值。

在仪表着陆系统覆盖范围外，终止执行 RNAV 进场程序的飞机，在终止点的间距有着类似情况。因此不失一般性，这里只考虑计算到达最后进近定位点的区域导航进场飞机。对于在计量点处给定了间距，并考虑到因减速以及飞机飞行轨迹的变化导致的间距缩小情况下，我们的计算是在前机位于跑道入口时，可能出现的任何一对连续飞行的飞机间距的最小值。因此，尽管在进场的不同阶段执行不同的最小间隔标准，在跑道入口的有效间隔是必须满足的约束。在计量点实施的给定一对飞机

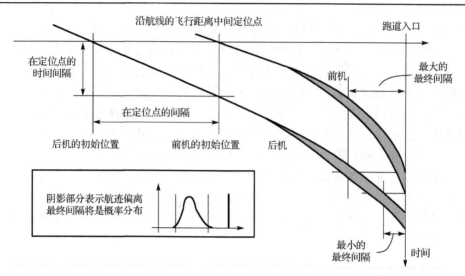

图 4.29  飞行轨迹变化与间隔

的目标间距，主要由计量点处的飞行流量分布状态决定，由该计量点产生了最后间距分布，其最小值等于那对飞机的最小间隔标准。但根据空域容量情况，以这种方式决定的目标间距是保守的，因为实际飞行过程中一架飞机可能不会出现预设的最糟糕的情况。另外，通过分析大量成对飞机的轨迹，我们可估算在计量点给定的间距之后，飞机完成了进近得到的最后间距概率分布。因此，通过调整在计量点的间距以及在跑道入口产生的最后间距的分布估计，直至最后间距有足够概率大于或等于最小间隔标准，便可确定出目标间距。

如图 4.30 所示，图中给出在计量点的目标间距，以及得到的最小间隔标准与最后间距。无须管制员干预便可完成程序的概率(即连续执行的概率)，则是概率分布

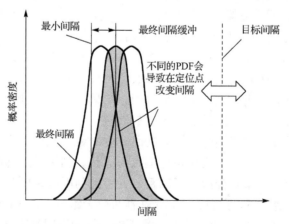

图 4.30  调整计量点的间隔得到的最后间距概率分布

函数从最小间隔标准至无限大的积分，如图中的阴影区所示。采用最后间距缓冲区 $\beta_f$，衡量最后间距比最小间隔标准超出的量，通过用最后间距 $s_f$ 与最小间隔标准的平均值之差，可计算出 $\beta_f$ 值，该值可用于表征选定目标间距的效率指标；另一种指标是在计量点计算的飞机架次量 $C$ 的平均值，其中 $E(T)$ 是到达间距时间 $T(s)$ 在计量点测量的平均值：

$$C = 3600 / E(T) \qquad (4.102)$$

值得一提的是，因距离-时间关系的非线性，不同的概率分布将导致每次都需调整在计量点的间距。也就是说，不仅最后间距的概率分布将会向左或向右移位，其标准偏差与形状也将改变。因此通过调整在计量点的间距，然后检查最后间距来确定目标间距的计算方法效率并不高。接下来我们引入一种方法，确定在计量点的"可行间距"的概率分布，该函数可产生在跑道入口的一个给定最小间隔标准。

2. 逆间隔分析问题

考虑大量成对飞机的飞行轨迹，对具体一对飞机轨迹来说，如图 4.30 中的阴影区将折叠到两条曲线上，形成的示意情况如图 4.31 所示。假设一对飞机中前机轨迹与后机轨迹相互独立，在计量点保证具体一对飞机的最小可行间距，可通过与时间轴平行的方向移动后机轨迹，直至最后间距等于在跑道入口的有效最低间隔标准。事实上沿进场航道在不同点的不同最低间隔标准将生效，如图 4.31 所示的虚曲线。

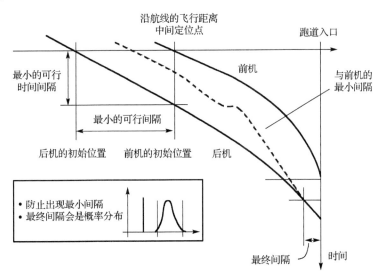

图 4.31　逆间隔分析问题

因此确定已知成对飞机轨迹的最小可行间距及整个进场的最低间隔标准，不应只应用于最终间隔标准。值得注意的是，如果一对航迹在计量点的实际间距大于最小可行间距，无须管制员干预，便可确保飞机安全运行。换句话说，如果最小可行间距小于计量点的实际间距，可连续执行区域导航程序。从图 4.29 和图 4.31 中可以看出，最小可行间距取决于最低间隔标准、计量点位置以及前后机航迹特性。如果前面的飞机飞行较慢，而后面的飞机飞行较快，可能出现相对较大的最小可行间距，反之亦然。对于给定最低间隔标准，轨迹对的最小可行间距呈概率分布，如图 4.31 中所示，用所有成对航迹所获取的最小可行间距数值，确定该概率分布。按照定义，随着航迹对数量的增大，可以得到最小可行间隔数值的频率分布，进而可以得到最小可行间距的概率分布函数。对于选定目标间距，连续执行的概率等于从最小可行间距到目标间距的概率。通过求从零至目标间距的概率函数积分，就可算出该概率值。实际上该概率是一对飞机在计量点进场的间距恰好等于选定目标间距的可能性，此时无须管理员干涉，便可完成飞机进场程序，因此该概率是一个条件概率。已知最小可行间距的概率分布函数，选定的目标间距可立刻给出连续运行的条件概率。

3. 条件概率间隔分析

在确定目标间距时，相继成对飞机中的飞机排序很重要，因为飞机航迹是具体参与飞机的动力学函数，并且适用的最低间隔标准取决于飞机的重量级别。通过互补排序的最小可行间距的概率分布函数，如图 4.32 所示，第一种情况是 A 型飞机在前，B 型飞机在后；第二种是 B 型飞机在前，A 型飞机在后。为简单起见，用同样的形状在原理图中表示两个概率分布函数。事实上概率分布函数的形状可能非常不同，它们之间的差异，其中一个原因是飞机重量级别的不同。例如，当一架重型飞

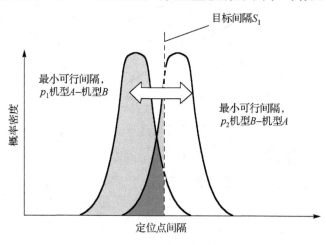

图 4.32　条件概率分析

机领先一架大型飞机时，最低间隔标准大于在互补情况下的最低间隔标准。因此，最小可行间距很可能也将增大。另一个原因是飞机运行特性的差异。例如，如果一架飞机比另一架飞机的降落角度陡，即使两架飞机以相同的指示空速降落，角度较陡的飞机在水平方向拥有更大的速度。当然，概率分布函数之间的差异也可能是两种原因的结合。为简单起见，图 4.32 中未显示同一类型飞机的排序，即 $A$ 型飞机，前面也是 $A$ 型飞机；$B$ 型飞机，前面也是 $B$ 型飞机。

1）独立排序目标间距

已知飞机对 $i$ 的最小可行间距概率密度 $p_i$ 及目标间距 $S_I$，连续执行的条件概率 $P_{Ri}$ 为

$$P_{Ri} = P(\text{uninterrupted} \mid S_T = S_I) = P(s \le S_I) = \int_0^{S_I} p_i \mathrm{d}s \tag{4.103}$$

其中，$s$ 表示最小可行间距；$S_T$ 表示计量点的间距；下标 $R$ 表示该概率是有条件的。通过图 4.32 中两个概率分布函数的阴影区积分可知，连续执行的条件概率是如果（条件是）计量点的间距恰好等于选定的目标间距 $S_I$，那么连续 RNAV 进场违反安全间隔的概率为 0。

如果飞机排序有不同的最小可行间距的概率分布函数，如图 4.33 所示，每架飞机排序的同一目标间距将有一个不同的条件概率。通过概率分布函数中阴影区的不同，在图 4.33 中说明条件概率的差异。如果期望的目标间距与在计量点为整个交通流执行的安全间隔一致，这样每一个 $P_{Ri}$ 的平均值大于或等于期望值。

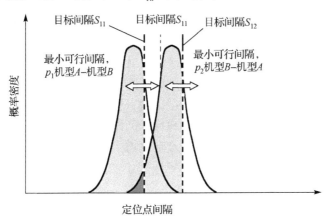

图 4.33　具体排序条件概率分析示意

2）具体排序目标间距

为使所有排序都有相同条件概率，每架飞机排序必须拥有不同的目标间距。如果使用单个目标间距，对一些飞机排序来说太过保守。通过使用具体排序，可增加

空域容量。如图 4.34 所示，使用具体排序目标间距的条件概率示意图，中间带点的垂线表示两飞机排序的独立排序目标间距。该目标间距将给出一个确定的平均条件概率。但是如前所述，独立排序目标间距将为每个飞机排序提供一个不同的条件概率。左边的垂线相当于 $A$ 型飞机在前、$B$ 型飞机在后的目标间距，即等于独立排序目标间距平均值的条件概率。右边的垂线是 $B$ 型飞机在前、$A$ 型飞机在后的目标间距。具体排序目标间距将为不同的飞机排序提供相同的条件概率，如概率分布函数的阴影区所示。

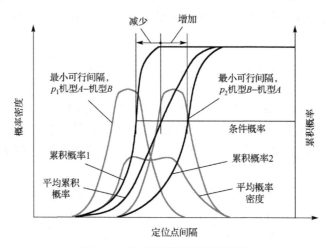

图 4.34　具体排序间隔容量变化

对于相对高的概率，使用具体排序目标间距将提供一个较低的平均目标间距。图 4.34 进一步说明，两飞机排序的累积概率用个体函数表示，并作为平均值。如果使用同一条件概率的具体排序目标间距，其中 $A$ 型飞机在前、$B$ 型飞机在后将需要较小的目标间距；$B$ 型飞机在前、$A$ 型飞机在后将需要较大的目标间距。至于所示的条件概率，$A$ 型飞机在前、$B$ 型飞机在后的目标间距减少大于 $B$ 型飞机在前、$A$ 型飞机在后的目标间距的增加。因此平均目标间距将缩小，空域容量将增加。

随着条件概率的增加，它们之间的差别也增大；给出更小的平均目标间距，可得到更大的空域容量。换句话说，这将导致较小的最后间隔缓冲区。已知飞机对 $i$ 的目标间距 $S_{Ii}$，式(4.103)现在将变成如下所示：

$$P_{Ri} \equiv P(\text{uninterrupted} \mid S_T = S_{Ii}) = P(s \leqslant S_{Ii}) = \int_0^{S_{Ii}} p_i \mathrm{d}s \qquad (4.104)$$

#### 4. 全概率间隔分析

在条件概率间隔分析方法中，一个关键的假设是在计量点的间距恰好等于目标间距。实际情况是管制员和自动化技术都达不到如此精确的程度。因此在计量点的间距总会有一些变化，而且在确定连续执行的全概率时，必须考虑该变化。

1) 进场流的间距特性

如图 4.35 所示，黑色曲线说明受给定目标间距制约(或尾随限制)的间距在计量点的一个假定概率分布函数。

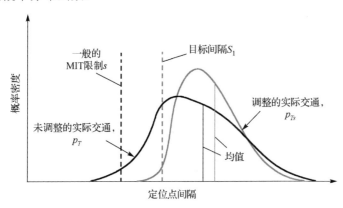

图 4.35　进场交通流的间距分布

如果使用较高的目标间距，在计量点的间距概率分布函数将向更高数值方向移动，即向右移动。在图 4.35 中用灰色曲线加以说明。目标间距增加的交通流被称为调整的交通流。概率分布函数的形状并不对称，因为如果该间距低于目标间距，管制员通常只需进行调整即可。请注意在该图中，函数的尾部延伸至目标间距的左边。这是为了说明在个别情况下，间距可能实际上小于目标间距。但这通常不是一个问题，因为目标间距远远高于计量点的有效最低间隔标准。则由式(4.105)得出未调整的交通流在计量点的平均间距：

$$E(S_T) = \int_0^\infty p_T s \mathrm{d}s \tag{4.105}$$

调整的交通流的平均间距简化为

$$E(S_{Ta}) = \int_0^\infty p_{Ta} s \mathrm{d}s \tag{4.106}$$

实际上式(4.105)与式(4.106)中较低的积分限将是在计量点的有效最低间隔标准，因为从零至最低间隔标准的积分应为零。但为简单起见，这里将 0 作为较低的积分下限。当进场率低于跑道接受率时，平均未调整的交通间距将高于在计量点的有效最低间隔标准。随着进场率的增加，在计量点的间距概率分布函数将变窄，并且平均值将更接近最低间隔标准。通过收集大量实际数据，对计量点进行分析，可以从雷达数据中获得未调整的安全间距分布，也可通过管制员的半实物试验获得间距分布。

2）未调整的交通的全概率

一旦知道了未调整间距的概率分布函数 $p_T$，如图 4.36 所示，便可计算出全概率。

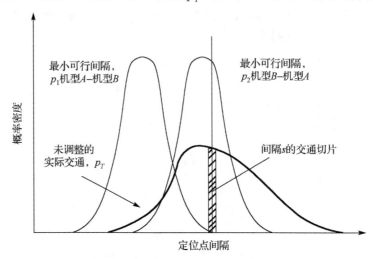

图 4.36　正常交通流量下的概率

飞机对 $i$ 的概率将包含在间距 $s$ 的一小部分交通流中，并且可以连续执行该程序，如式（4.107）所示：

$$\mathrm{d}p_{T,i,s} = p_T \mathrm{d}s \int_0^s p_i \mathrm{d}x \tag{4.107}$$

其中，下标 $T$ 表示未调整交通间距的概率分布函数；等号右边的积分实际上是最小可行间距的累积概率。式（4.108）可得出飞机对 $i$ 在未调整交通情况下连续执行的全概率 $p_{T,i}$：

$$p_{T,i} = \int_0^\infty \left( \int_0^s p_i \mathrm{d}x \right) p_T \mathrm{d}s \tag{4.108}$$

至于飞机对 $i$ 处的进场交通流概率 $p_i$，在未调整交通的情况下，连续执行的整体全概率是所有飞机排序的全概率的加权平均值，即

$$p_T = \sum_i p_i p_{T,i} = \sum_i p_i \int_0^\infty \left( \int_0^s p_i \mathrm{d}x \right) p_T \mathrm{d}s \tag{4.109}$$

式（4.109）给出的概率取决于实际交通状况，即交通组合及未调整交通间距的分布。如果只有很少一部分的重型飞机与小型飞机的排序，较大的最小可行间距的排序及比其他排序更偏右的概率分布函数，这种排序将不会对总体全概率起重大作用。请注意，一旦知道未调整交通间距的概率分布函数及地面速度，便可估算出平均进场率。但是给定平均进场率的未调整交通间距的概率分布函数不是唯一的，即使地面速度不变。式（4.108）与式（4.109）不仅考虑进场率，也考虑了进场

流的随机性。对于相同的平均进场率，较高的随机性将给出一个平直的 $p_T$，并产生较低的全概率。

全概率 $p_T$ 给出一个无须管制员干预便可执行该程序的进场流的航班百分比。该全概率 $p_T$ 是评价该程序是否适合实际交通流的一个指标，即无须在计量点增加一个更高的目标间距。在较少交通状况下，概率分布函数将向右移动，产生比 $p_T$ 大的概率值，这意味着无须管制员干预便可执行该程序的概率比较高。在较拥挤的交通状况下，概率分布函数将向左移动，产生比 $p_T$ 小的概率值。这意味着无须管制员干预便可执行该程序的概率值比较小。

3) 序列非依赖性目标间距

当使用更高目标间距时，调整后的交通流量的间距概率分布函数，如图 4.37 中灰色曲线所示。

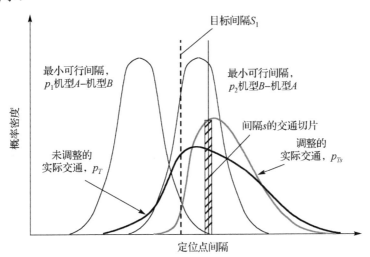

图 4.37　调整的交通流量条件下的概率

按照前述相同的推导，在经过调整的交通流量 $p_{T,a}$ 中飞机对 $i$ 的总概率由式 (4.10) 给出：

$$p_{Ta,i} = \int_0^\infty \left( \int_0^s p_i \mathrm{d}x \right) p_{Ta} \mathrm{d}s \tag{4.110}$$

调整交通流量条件下的综合总概率 $p_{Ta}$ 为

$$p_{Ta} = \sum_i p_i p_{Ta,i} = \sum_i p_i \int_0^\infty \left( \int_0^s p_i \mathrm{d}x \right) p_{Ta} \mathrm{d}s \tag{4.111}$$

从图 4.37 中可以看到，调整后的交通流量的概率分布函数，在未调整的交通流量的概率分布函数的右边，这使得总概率更高。因此总概率法旨在找出最小目标间

距 $S_I$，这样产生的概率密度 $p_{Ta}$ 将确保综合总概率大于或等于期望值。交通便利时，平均交通间距的增长速度将比目标间距的增长速度慢得多。换句话说，飞机到达率的下降速度将比目标间距的增长速度慢得多。这是因为当交通便利时，目标间距的增长主要降低进场流的间距随机性，而非降低平均交通间距的增长。然而当交通拥挤时，目标间距的增长将在某一时刻导致进场率降低。在这种情况下，必须对区域导航程序效益与工作量进行权衡。

4) 序列特异性目标间距

图 4.38 是使用序列特异性目标间距的总概率间隔分析。使用序列特异性目标间距，管制员将根据特定飞机序列的目标间距，调整每个飞机序列在计量点的间距，如图 4.38 中的调整交通间距的概率分布函数，根据实际交通流量注释的灰色曲线所示，即调整的 $p_{Ta1}$ 和 $p_{Ta2}$。注意调整的交通间距的概率分布函数形状都将与不同的目标间距不尽相同。然而这些概率分布函数只取决于使用的未调整的交通间距和目标间距，而非飞机顺序，因为管制员以相同的方式对待每架飞机。基于这种假设，可能为不同交通间距研发一种概率分布函数通用模型，这种模型将适用于不同类型飞机。

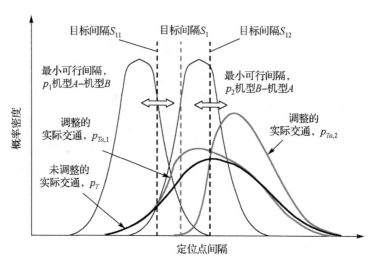

图 4.38　序列特异性总概率法

现在飞机对 $i$ 的调整交通间距的概率分布函数变成 $p_{Ta,i}$。飞机序列 $i$ 将包含在间距为 $s$ 时的一小部分交通流量中，且管制员不干预的情况下执行程序的概率为

$$\mathrm{d}p_{Ta,i,s} = p_{Ta,i}\mathrm{d}s\int_0^s p_i\mathrm{d}x \tag{4.112}$$

其中，下标 $Ta,i$ 表示概率来自每个飞机顺序 $i$ 在目标间距条件下的经过调整的交通间距的概率分布函数。相应地，在无管制员进一步干扰下，交通流中的序列 $i$ 的所

有飞机组合可执行该程序的总概率为

$$p_{Ta,i} = \int \mathrm{d}p_{Ta,i,s} = \int_0^\infty \left( \int_0^\infty p_i \mathrm{d}x \right) p_{Ta,i} \mathrm{d}s \tag{4.113}$$

于是所有飞机序列的综合总概率变为

$$p_{Ta} = \sum_i p_i p_{Ta,i} = \sum_i p_i \int_0^\infty \left( \int_0^s p_i \mathrm{d}x \right) p_{Ta,i} \mathrm{d}s \tag{4.114}$$

注意进场流中所有飞机顺序的概率 $p_i$ 之和等于 1。因此通过选择 $S_{li}$、 $p_{Ta,i}$ 等于期望值，产生的综合总概率也将等于同一期望值。这种观察为使用总概率法确定序列特异性目标间距提供了一种简单的方法，即单独确定每个目标间距。

5. 综合权衡分析

在条件概率和总概率间隔分析法中，利用同样的概率可分别确定每个飞机序列各自的序列特异性目标间距。采用这种方法确定的目标间距都以同样方式对待每个飞机序列，即使它们对吞吐量或综合概率的贡献可能非常不同。在某些情况下为不同的飞机序列分配不同概率可能更好。如果一个特定飞机序列要求最小可行间距比其他序列大得多，且在进场流中这种序列非常罕见，这种飞机序列仅使用一个大目标间距可能是不明智的。更确切地说，在降落过程中，当需要时，如果引导的这种序列中的飞机有一些误差，中等目标间距可用于这种飞机序列。另外，对于要求间距小于最小可行间距的飞机序列，略高于平均概率规定间距的目标间距可被用于这种飞机序列，以允许采用那些序列的更多飞机可在无干扰的情况下进行 RNAV 进场。这种策略的好处是双重的。首先，通过使用序列特异性目标间距（利用不同概率确定的），即使是对于相同的综合概率，吞吐量也可能增加，或相同吞吐量也可获得更高的综合概率。其次，通过消除某些罕见飞机序列名义上可能需要的非常大的目标间距的使用，可避免其他飞机过度落后延迟于那些飞行序列。

利用总概率法，可提出两个序列特异性目标间距相关的优化问题。在第一个优化问题中，对于给出的综合总概率，交通延误可降至最低程度。计量点处的调整后平均交通间距被用作间距调整造成的交通延误的指标。交通延误的一项更直接的指标是计量点处的平均进场时间。两者之间的连接是地面速度。受单个目标间距限制的调整后的平均交通间距通过式(4.106)给出。这种问题中的目标是选择序列特异性目标间距 $S_{li}$，从而使调整后的平均交通间距最小。

$$E(s_{T_a}) = \sum_i p_i \int_0^\infty p_{T_a,i} s \mathrm{d}s \tag{4.115}$$

受下面的约束条件限制：

$$p_{T_a} = \sum_i p_i \int_0^\infty \left( \int_0^s p_i dx \right) p_{T_{a,i}} ds \geqslant p_{T_{a|given}} \tag{4.116}$$

在第二个优化问题中，目标是选择 $S_{Ii}$，从而使综合总概率最小，如式(4.114)所示，即调整后的平均交通间距不应超过未调整的平均交通间距：

$$E(s_{T_a}) \leqslant E(S_T) \tag{4.117}$$

式(4.117)中给出的约束条件意味着，当使用目标间距提高总概率时只有间距的随机性降低了。因为平均间距未增加，未产生其他延误。未调整的平均交通间距由式(4.105)给出。为了清楚起见，第二个问题被重写，选择 $S_{Ii}$，使下述等式得最大值：

$$p_{T_a} = \sum_i p_i \int_0^\infty \left( \int_0^s p_i dx \right) p_{T_{a,i}} ds \tag{4.118}$$

受下面的约束条件限制：

$$\sum_i p_i \int_0^\infty p_{T_{a,i}} s ds \leqslant \int_0^\infty p_T s ds \tag{4.119}$$

在第一个优化问题中，由式(4.115)和式(4.116)定义，随着给出的总概率增加，必定造成其他延误。在第二个优化问题中，由式(4.118)和式(4.119)定义，交通拥挤时，总概率可被限制到某一程度。第二个问题的优化解决方案给出了不产生其他延误条件下可能获得的最高综合总概率。另外，第一个问题的解决方案给出了可为所给期望综合总概率获得的最大吞吐量(通过地面速度与最小间距相连接)。虽然RNAV程序效益及延误的详细分析超出了本书的范围，两个优化问题的公式化为未来进行更严格的权衡分析提供了基础。这种权衡可举例说明如下：为保持吞吐量，计量点的平均间距需要尽可能保持比较小，这样附加延误不会施加到未来到达的飞机。这就建议目标间距的选择，即尽可能接近目前使用的最低间隔标准或MIT(Miles- In-Trail，尾流间隔)限制条件。然而，当不存在干扰时，可获得最佳RNAV进场效益。同样需要注意的是，只有当飞行控制单位能够预测安全间隔违规事件时，才有可能实现这种权衡。此外，如果当前计量点的优化解决方案不符合使用要求时，可以让计量点的位置更加靠近跑道或远离跑道，以便搜索一种更好的设计。

在现行方法中，计量点的 MIT 限制条件或切换点在给定时间以整个交通流的单个数字的形式给出。序列特异性目标间距的使用将增加与控制器合作的变量的数量。例如，有两种飞机类型 A 和 B 的情况下，存在 4 种飞机排序。随着飞机类型数量的增加，飞机排序的数量成几何级数增长。从实际上说序列特异性目标间距的数量必须被限制在一种易管理的水平内。此外 MIT 限制条件被离散[47]，通常以

5 海里增量。然而最佳目标间距为连续变量，因此可能位于当前使用的不连续 MIT 限制值之间。这些目标间距也必须被离散至某种程度，以方便处理。作为一种选择，有相似最小可行间距分配的飞机序列可统一，以便使场景简单化。然后可修改优化方法以便适应离散要求。在任何情况中，为实现最佳操作，离散步长必须从常用的 5 海里中降低。

### 4.4.3　轨迹建模仿真

前文中引入的间隔分析方法需要分析飞机轨迹变量。与传统进场不同，来自不间断 RNAV 进场的大量历史数据通常不是随时可用的。因此必须研发一种计算机仿真模型来生成飞机轨迹。这里给出了这种工具的简单介绍，以便进行进一步的讨论。读者可参考文献[48]、[49]获取完整说明。

1. 蒙特卡罗模拟(Monte Carlo Simulation)工具的组件

即使是对同样的飞行程序，不同机载飞机管理系统(Flight Management System，FMS)构造的飞行路线可能因航班不同而不同，并且在飞行程序执行过程中遇到的不确定性可能导致飞机脱离 FMS 飞行线路。飞机航迹变化的影响因素包括：①飞行类型，即飞机结构设计与动力学方面的差异；②RNAV 降落航线逻辑，即飞机装配与设计方面的差异；③飞机重量，即飞机装载需求和操作条件引起的变化；④驾驶技术，即飞行员和飞行员反应的随机性方面的变化；⑤天气状况，主要是风变化。

蒙特卡罗模拟工具的核心部分是一个快速飞行模拟器。根据运动的非稳态方程，利用一个点质量模型确定飞机的动力学，因此在模拟风效应方面，利用这种方法确定的飞行微分模型比根据运动的稳态方程确定的普通点质量模型更精确。飞机动力参数被建模为攻角、折翼角、着陆装置设置、减速板位置和马赫数的函数。根据飞机制造商提供的空气动力数据和安装的引擎性能数据，为每种飞机类型研发了飞行模型，也模拟自动驾驶仪、自动油门、FMS 横向导航(Lateral Navigation，LNAV)和垂直导航(Vertical Navigation，VNAV)等一些功能。虽然 FMS 计算的横向航道可能更精确，但 FMS VNAV 逻辑更复杂。考虑到相同的程序设计(垂直方面被定义为特定航路点的高度和速度约束)，FMS 计算的垂直航道将根据飞机类型和配置变化。飞机模拟器中的 FMS 模块捕捉到了这些差异。因为 FMS 使用飞机重量和性能参数计算 VNAV 航道，不同飞机重量将导致不同 VNAV 航道，且飞机的动力学模型也不同。从航线飞行中收集的历史数据被用于为每种飞机类型建立飞机着陆重量分配模型。飞行模拟器中包括一个飞行员模型控制飞机襟翼、着陆装置和减速板，对于每种飞机类型，可使用飞机操作手册中的襟翼时间表，或可调整襟翼时间表适应给定 RNAV 程序。风是影响飞机航迹的最重要的单一因素。在其他条件都相同的条件下，

FMS 飞行线路是风力预测及当前风力的函数。进一步说明降落过程中风力不确定性影响飞机沿计算的飞行线路航行的能力。利用反映长期统计期望的标称曲线和反映连续航班间风力变化的短期变化为风力建模。

　　2.　间隔和吞吐量分析工具

　　联合随机飞行员响应模型、随机飞机重量预测模型，以及随机风模型与快速实时飞行模拟器形成一个综合蒙特卡罗模拟工具。该蒙特卡罗工具用于模拟给定 RNAV 到达数百次与不同的机种和配置，在不同的风况下。该模拟轨迹随后被用于间隔分析。蒙特卡罗工具和间隔分析方法形成用于分析间隔和吞吐量的工具，如图 4.39 所示。

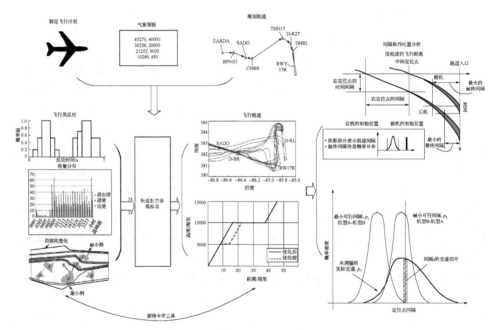

图 4.39　间隔和吞吐量分析工具

　　在各自模拟运行期间，对给定机型，随机模型产生唯一飞机着陆重量。每一模拟运行风速轮廓线也不同。对每个控制动作，飞行员的响应时间随机生成。据推测执行相同程序的连续飞机之间没有直接的相互作用。因此，当一个程序涉及多重机型时，单独模拟每架飞机。风模型的应用需要特别注意，对于每一机型来说，用一个固定的名义上的风速轮廓线模拟飞机的汇集，同时保持其他因素(如飞行员响应和重量等)发生随机变化。用名义上的风速轮廓线加上除其他随机因素之外的飞机间风变模拟另外的集成飞机。分别从领先集合选择一个模拟轨迹和尾随集合选择一个模拟轨迹来组成随机飞机对。

# 4.5 空域的复杂度估计

随着航空基础设施的规模化、新技术应用升级及空中交通数量的大幅增加，空域系统逐渐成为一种十分复杂的大系统，构成了航空交通系统的复杂性难题，空域的复杂性与管制员的工作负荷密切相关。从认识论上看，复杂性意味着研究对象难以进行分割、分析和处理，而对于空中交通复杂性或空域复杂性来说，则是在某一段时间或时间段内，对一给定的空域、扇区或航路系统，综合其结构特征及交通流特征形成的对该系统空中交通内在秩序的客观描述。空域单元复杂度即是对某空域单元复杂性的度量。为了准确评估系统的复杂性，必须全面考虑空域结构和交通模式等因素。因此，需要首先建立空域复杂度评价指标体系。复杂性是从本体论与认识论两方面体现出来的。从本体论角度审视，复杂表示系统研究对象的组成部分多且杂。以往空中交通管理运行中，往往利用简单的航空器架次作为对象评估管制空域的服务能力，但是基于架次的管制员负荷评估方法只适应于交通负荷较低的情形，在高密度、高负荷交通状态下，单纯采用航空器架次实施管制员负荷的评估和预测的局限性逐步体现出来。从认识论角度看，复杂表示研究对象难于理解与解释，即便研究者在完全了解系统各组成部分及其关系信息的情况下，准确描述系统行为也绝非易事。它准确把握了空中交通管理中认知负荷评估的关键特征：即使管制员能够准确获悉空域及其交通的完整信息(如航空器位置、飞行计划和特殊使用空域)，态势演进对他们来说仍可能构成极为繁重的认知层面负荷。认知负荷是管制员对既定或预测交通态势及其演进过程的反馈，作为一种主观认识，它是管制员工作负荷的主要来源。

根据空中交通复杂性的定义，它具有如下三个特性：一是客观性，它并不因管制员工作能力或工作负荷不同而发生变化。对于某一特定的空中交通情况，一旦其相关的客观因素确定，其复杂程度就是确定的，与管制员工作能力高低无关，可以通过复杂性来反映或分析管制员的工作负荷，反之则不妥。二是多层次性，它分为：①结构复杂性，包括空域的几何形态、航路的结构、交叉点和导航设施的数量、天气状况等。②交通流复杂性，包括航班的数目、间隔标准、飞机的速度及航向、飞机间的接近率等。③动态性。虽然对于结构复杂性，其基本是固定的，但交通流复杂性涉及飞机的飞行过程和状态演进，是动态的。

在现有的对空中交通复杂性的表述方式中，动态密度方法是目前最具代表性的方法之一。动态密度方法是联合表征航空器密度、冲突因素、管制员意图等的多个参数来表述空中交通复杂度。动态密度运行概念最先是由美国学者提出的，研究者认为动态密度是一类难以直接观测的多维复杂性测度指标，它们的数值变化是引起管制员任务负荷增减的根本原因。如何确定不同维度复杂性指标的权重，是动态密度研究的核心内容。其基本研究步骤：确定复杂性评价指标体系、选取数据来源、利用数学方法(线性/非线性回归分析、神经网络等)计算并验证复杂性因子权重，获得动态密度模型。现有文献中，Mogford 和 Majumdar 等[50,51]对空中交通复杂性的影响因素进行了研究，结论是管制员工作负荷与许多复杂因素密切相关，因此通过将空域结构和交通流态势等客观因素与管制员工作负荷等主观因素结合，深入研究了管制员工作负荷与复杂性因素的关系，从而形成了一种新的管制员工作负荷评估方法，而这些研究也成为今后空域容量研究的重要发展趋势。

目前空中交通管理领域，对复杂性的研究，主要是对影响空中交通效率的各类要素及各要素之间的相互关系，进行不同层面的探讨，其概念主要有 8 个：空中交通管制复杂性(Air Traffic Control Complexity)、扇区复杂性(Sector Complexity)、空域复杂性(Airspace Complexity)、动态密度(Dynamic Density，DD)、交通复杂性(Air Traffic Complexity)、交通流复杂性(Air Traffic Flow Complexity)、认识复杂性(Cognitive Complexity)、感觉复杂性(Perceived Complexity)。Mogford 等在其文章中提出,空中交通复杂性是交通模式在增加管制员工作负荷方面的动态和静态属性，静态属性主要包括航路空间结构、扇区结构及大小、边界等特性，动态属性主要包括随时间变化的交通统计量等参数[51, 52]。Brinton[53]认为，管制复杂性是在复杂交通态势背景下，在保障航空器安全间隔时，管制员所需的体力和脑力的定量描述结果。Mogford[54]认为，空中交通管制复杂性是扇区复杂性和空中交通复杂性的综合定量描述，管制复杂性是多维模式的，管制复杂性由具体飞行行为和动态天气、计划交通运行模式以及空域结构等行为的变化的相互作用有关。扇区复杂性由航路结构、扇区结构及大小、边界等空域物理层面的要素构成。空中交通复杂性与航空器的爬升、下降、盘旋等活动相关。Flener 等[55]将空中交通复杂性定义为扇区规范化常数、扇区内航空器数量、扇区边界航空器数量与改变高度航空器数量加权和的乘积。空中交通流的复杂性主要体现为高密度交通流中冲突解脱、高度调配等造成的波动，是通信导航监视系统的性能水平，空域容量限制等因素的综合体现与反映。Histon 等[56,57]认为，认知复杂性是与管制员在维持空中交通安全运行的认识过程中的困难程度的反映，空域要素、运行限制要素和交通要素是影响管制员认识复杂性的关键要素。空域结构要素准确描述了空中交通运行的基本环境，如扇区划分、航路结构、航路交叉点及走廊口的空间分布，导航设备的空间分布以及其他与管制员有关的协调协议等。运行限制要素主要是指短期或临时的变化对已有可行管制预案形成的约束和要求，如容量限制、恶劣天气、临时空域管制等限制可用空域的使用，以及其他流量管理限制，如间隔管理、减噪程序、通信频率分配等。交通要素则刻画了动态的和瞬时的空中交通分布状态，如航空器聚类、间距、相对速度、关键空域航空器接近位置分布状况、航空器飞行性能差异、飞行高度、飞行速度和飞行航向改变的数量、通过管制扇区的时间等。

## 4.5.1　复杂性指标

为了有效测算空域,有学者提出了空中交通复杂度与空域容量的关系研究领域,其主要目标是用一个精确的描述能力和复杂性之间关系的性能指标,通过定量的方法评估穿越特定空域的空中交通流的复杂性。这种方法通过对空域的复杂性影响较大的因素权重的调整,计算空域扇区的复杂度参数。影响因素通常分为两大类,一类是静态的,主要是扇区的结构,是与空域环境相关的固定特性参数;另一类是动态的,主要指空域运行状态,空中交通流的变化。Laudeman 等[58]首次给出了基于动态密度的空中交通复杂性定量化计算的数学模型,包括空域的动态特征、航空器密度、空中交通冲突三大类,具体包括航空器的航向改变次数、速度改变次数、高度改变次数、航空器对距离属于 0~5 海里的数量、航空器对距离处于 5~10 海里的数量、25/40/70 海里内的预测冲突数。本节给出了从空域结构特性、交通流特性两个不同维度构建终端区空域复杂度评价指标集,具体的指标体系架构如图 4.40 所示。

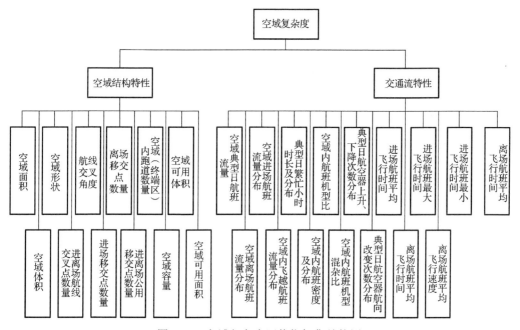

图 4.40　空域复杂度评价指标集结构图

图中相对应内容简单介绍如下。

(1)空域形状。该指标通过三维立体视图展现终端区形状。空域形状越规则,越便于管制员指挥,当形状较为不规则时,容易与其他扇区产生复杂的耦合,从而成为高复杂度的诱发地区。

(2)进离场航线交叉点数量。该指标说明空域内进离场航线交叉点越多,空域运行状况越复杂,管制员需要关注的关键区域也越多。

(3)航线交叉角度。该指标通过表格罗列交叉航线的交叉角度。航线交叉角度可以反映位于不同航路的航空器在发生汇聚时的紧迫程度,交叉角度越小,航空器之间用于避让的空域就越狭小,相对容易产生更为复杂的交通态势。

(4)进场移交点数量。该指标说明航班移交是管制员工作负荷的一个重要来源,则进场移交点处也是管制员重点关注的区域之一,而进场移交点数量可间隔地反映进场移交负荷,对于空域复杂度的产生具有重大的分析意义。

(5)离场移交点数量。该指标说明航班移交是管制员工作负荷的一个重要来源,则离场移交点处也是管制员重点关注的区域之一,而离场移交点数量可间隔地反映离场移交负荷,对于空域复杂度的产生具有重大的分析意义。

(6)空域(终端区)内跑道数量。该指标反映了空域(终端区)内承载起降架次的能力,同时不同机场的跑道构型、结构设置、起降方向的使用均会对终端区内的交通态势产生极大的影响,终端区内跑道数量越多,可能出现的组合问题也就越多。

(7)空域容量。该指标说明根据给定的空域结构、运行条件、管制规定、管制员水平、航空器性能等参数计算空域理论容量,以及基于历史航班计划的、一定延误水平下的运行容量,该值反映了空域可接受的航空器数量,反映空域的服务能力,但该值与复杂性并非呈线性关系,一方面空域复杂度影响着空域容量,另一方面空域容量决定了空域内容纳的航空器数量,这也部分决定了空域复杂度。

(8)空域可用体积。该指标说明由于受限制空域、训练空域影响,有部分空域限制使用,除去此部分体积为终端区的可用体积。空域的可用体积越大,则用于空中交通的范围越广,则在发生冲突时,可用于调配的空域资源也越多。

(9)空域可用面积。该指标说明由于受限制空域、训练空域影响,有部分空域限制使用,除去此部分面积为空域的可用面积。空域的可用面积越大,则用于空中交通的范围越广,如果忽略不同高度层的影响,在发生冲突时,可用于调配的空域资源也会越多。

(10)典型日繁忙小时时长及分布。该指标选取典型日,规定小时流量超过容量的 50% 为繁忙小时,统计其时长,分析其分布规律。该指标反映了空域处于持续繁忙的时段长度,而繁忙时段同时也有可能是复杂度的“高峰”时段,空域内可能出现不同的复杂态势。

(11)空域内航班密度及分布。该指标选取典型日,以 5min 为一时间片,采用快照的方式，获得瞬间流量，并计算航班密度，并描述其分布规律。航班密度越小，说明航空器在空域内分布的越稀疏，交通态势相对简单。

(12)空域内航班机型比。该指标反映了空域内不同机型的比例。不同机型在航空器性能会有一定的差异，管制员会发出不同的指令进行间隔控制，因此在空域中飞行时可能引发不同的问题。

(13)空域内航班机型混杂比。该指标反映了空域内各种机型混杂的情况，混杂比越高，说明空域内每种机型均含有较高的比例，越有可能产生复杂的交通态势。

(14)典型日航空器上升、下降次数分布。该指标统计航空器上升、下降次数及其分布。航空器在上升、下降时可能会穿越不同的高度层，因此可能引发不同的汇聚态势，而终端区内集中了航空器的起飞和着落阶段，高度变化远远多于一般空域单元，发生垂直方向交通冲突的概率也更大。

## 4.5.2　复杂性计算

如图 4.41 所示，在对各指标进行预处理的基础上，利用综合评价方法对空域复杂度等级进行评价。采用灰色关联聚类方法与层次分析法（Analytic Hierarchy

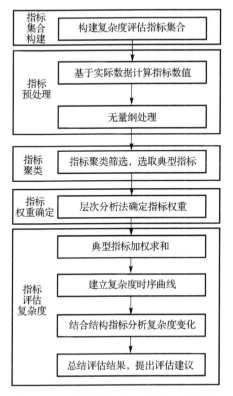

图 4.41　空域复杂度综合评价技术路线

Process，AHP)进行综合评价，将定性分析和定量计算相结合，评价空域复杂度等级。空域复杂度综合评价包含如下几个步骤：从空域结构特性、交通流特性两个不同维度构建空域复杂度评价指标集；对指标进行计算及预处理，实现指标的无量纲化以及一致化；指标灰色关联聚类，选取典型指标；选用层次分析法确定各指标的权重；对各指标加权求和，建立复杂度时序曲线，分析评估结果。

1) 指标聚类

在上述指标中，空域结构特性指标用于反映终端区的静态结构，可用于辅助分析终端区复杂度形成的原因。交通流特性指标是对终端区内交通流属性进行度量，从空域的实际运行状况去挖掘终端区复杂性的特性，而建立复杂度的时序曲线即建立在反映交通流特性的动态指标上。因为指标集合涵盖较多的指标，而其中部分指标可能存在意义上的重叠，不能真正做到从多维反映终端区的复杂度，所以，首先需要对指标集合进行聚类分析，从而形成指标体系。

根据需要评估的终端区，采集经过该空域单元的所有航班 1 天(典型日)内的雷达航迹数据，根据每个指标的准确数学定义，每隔一个固定时间间隔 $t$ 计算一次 $u$ 个指标数值，则 1 天内计算出 $u$ 个指标 $m$ 个时间样本的指标值，得到数据序列如下：

$$
\begin{aligned}
X_1 &= (x_1(1), x_1(2), \cdots, x_1(m)) \\
X_2 &= (x_2(1), x_2(2), \cdots, x_2(m)) \\
&\vdots \\
X_u &= (x_u(1), x_u(2), \cdots, x_u(m))
\end{aligned}
\tag{4.120}
$$

其中，$X_i$ 表示第 $i$ 个指标的时间样本数据序列。对于所有的 $i \leqslant j$，$i, j = 1, 2, \cdots, u$，对所有数据序列进行标准化，去除量纲，记为

$$
X_i^0 = \left( \frac{x_i(1) - \min(X_i)}{\max(X_i) - \min(X_i)}, \frac{x_i(2) - \min(X_i)}{\max(X_i) - \min(X_i)}, \cdots, \frac{x_i(m) - \min(X_i)}{\max(X_i) - \min(X_i)} \right)
$$

计算任意两个指标数据序列 $X_i$ 与 $X_j$ 的灰色绝对关联度 $\varepsilon_{ij}$：

$$
|s_i| = \left| \sum_{k=2}^{n-1} x_i^0(k) + \frac{1}{2} x_i^0(m) \right|
\tag{4.121}
$$

$$
|s_j - s_i| = \left| \sum_{k=2}^{n-1} (x_j^0(k) - x_i^0(k)) x_i^0(k) + \frac{1}{2} (x_j^0(m) - x_i^0(m)) \right|
\tag{4.122}
$$

$$
\varepsilon_{ij} = \frac{1 + |s_i| + |s_j|}{1 + |s_i| + |s_j| + |s_j - s_i|}
\tag{4.123}
$$

根据 $u$ 个指标数据序列两两之间的灰色绝对关联度 $\varepsilon_{ij}$，建立如下特征变量关联度矩阵：

$$\begin{bmatrix} \varepsilon_{11} & \varepsilon_{11} & \cdots & \varepsilon_{11} \\ & \varepsilon_{11} & \cdots & \varepsilon_{11} \\ & & \ddots & \vdots \\ & & & \varepsilon_{11} \end{bmatrix} \tag{4.124}$$

其中，$\varepsilon_{ii}=1$，取定临界值 $r\in[0,1]$，一般要求 $r>0.5$，当 $\varepsilon_{ii}\geqslant r(i\neq j)$ 时，则视 $X_i$ 与 $X_j$ 为同类指标，以此作为指标体系在临界值 $r$ 下的灰色关联聚类，则最终将指标体系分为 $n$ 类指标；$r$ 值可根据用户的需要确定，$r$ 越接近于 1，分类越细，每一组分类中的指标相对越少；$r$ 越小，分类越粗，这时每一组分类中的变量相对越多。使用灰色关联聚类方法可对同类因素的复杂性指标聚类归并，分类后可根据具体的终端区问题选取每类中具有代表性的指标，降低指标表达的维度，减少相同或相似的信息量。

2）指标选取

依据上述聚类结果，最终将指标集合分为 $n$ 类，用户依据自身的管制工作经验及相关理论研究，分别从各聚类中选取具有代表性的指标（一类选一个），共 $n$ 个，因为在指标聚类中已将所有指标数据进行了标准化处理，所以无须再进行标准化的工作，直接依据 $n$ 个指标 $m$ 个时间样本的标准化指标数据继续进行指标权重的设置与终端区复杂度数值的确立。

3）指标权重确定

在多指标评价中，各指标在反映终端区复杂度上影响因子不同，根据终端区类型、吞吐量等会有一定的差别，同时决策者在主观上也有一定的侧重，本模型中采用层次分析法来判定典型指标的权重。使用层次分析法，首先要建立层次结构模型，层次结构模型一般分为三层，最上面为目标层，最下面为方案层，中间是准则层或指标层，在终端区复杂度评估模型中，需使用层次分析法，确定中间指标层对目标层的影响程度，即上述典型指标对终端区复杂度的影响程度。

设指标层有 $n$ 个因素，$X=\{x_1,x_2,\cdots,x_n\}$，两两因素之间进行比较，比较时取 1～9 尺度，用 $a_{i,j}$ 表示第 $i$ 个因素相对于第 $j$ 个因素的比较结果，则有成对比较矩阵 $A$：

$$A=(a_{ij})_{m\times n}=\begin{bmatrix} a_{11} & a_{12} & \cdots & a_{1n} \\ a_{21} & a_{22} & \cdots & a_{2n} \\ \vdots & \vdots & & \vdots \\ a_{n1} & a_{n2} & \cdots & a_{nn} \end{bmatrix} \tag{4.125}$$

比较尺度含义如表 4.5 所示，由数字化空域系统使用人员或决策者根据实际情况和主观经验确定。

表 4.5　尺度含义

| 尺度 | 含义 |
| --- | --- |
| 1 | 第 $i$ 个因素与第 $j$ 个因素的影响相同 |
| 3 | 第 $i$ 个因素比第 $j$ 个因素的影响稍强 |
| 5 | 第 $i$ 个因素比第 $j$ 个因素的影响强 |
| 7 | 第 $i$ 个因素比第 $j$ 个因素的影响明显强 |
| 9 | 第 $i$ 个因素比第 $j$ 个因素的影响绝对地强 |

注：2，4，6，8 表示第 $i$ 个因素相对于第 $j$ 个因素的影响介于上述两个相邻等级之间。

利用特征根法确定权向量，对每个成对比较矩阵计算最大特征值及其对应的特征向量，利用一致性指标、随机一致性指标和一致性比率做一致性检验。若检验通过，特征向量（归一化后）即为权向量；若不通过，需要重新构造成对比较矩阵，最后得到的权向量为 $w = \{w_1, w_2, \cdots, w_n\}$。

4）建立复杂度时序曲线

根据确定的指标权重，对 $n$ 个指标 $m$ 个时间样本的标准化数据加权求和，依次得到每个时间样本对应的复杂度评估值，建立复杂度时序曲线：

$$Z_j = \sum_{i=1}^{n} w_i \times X_i^0(j) \tag{4.126}$$

5）提出评估意见

结合空域结构的静态指标，解释终端区复杂度数值高低变化的原因，寻找形成复杂度的根源，并就根源对该空域提出降低复杂度的调整意见。

### 4.5.3　轨迹复杂性

以往的空中交通复杂度评估都是基于当前的空中交通态势或基于历史的飞行轨迹，所得到的值也只能反映当前或过去的空中交通复杂程度。在对空域进行动态配置时，管制员需要预测未来一段时间内的空中交通态势来计算空域复杂度的变化情况，以有效应对空中交通流变化，并相应做出科学的空域动态配置。航迹推测按照美国空中交通管理局的分类方法，一般分为常规航迹推测、最坏情况航迹推测和似然航迹推测，常规航迹推测一般是按照飞行计划进行预测，属于一种理想状况下的航迹推测，但是飞机在运行中很有可能发生改航等问题，这时航迹推测是不准的，同时飞行计划中的参数也是不准确的，如巡航马赫数和飞行高度等，某些算法会用一些经验值来修正数据，但是这并不能反映单个飞机的真正意向。最坏情况航迹推测方法一般将各种可能发生的危险因素都加以考虑，相对来讲是一种保守型航迹推测。似然航迹推测方法将一些不确定因素造成的误差加以分析，建立模型对飞机未来的航迹加以预测，似然航迹推测一般分两种方法，一种是基于常规航迹增加修正误差的方法，还有一种是通过建立一系列可行性模型，然后对其进行概率性分析。

本书采用随机线性混杂模型对飞行器动态和飞行意图进行建模，以此为基础预测出飞机的似然四维轨迹，并计算出飞机在交通中的时间和空间的邻近度，即飞机占据特定空域的概率，从而得出三维空域的复杂度映射和复杂度标量值。这既考虑了各种不确定因素对飞行轨迹的影响，提高了预测的精度，同时将飞行意图包含在模型中，增强了模型的长周期预测能力。

1. 基于飞行意图参考的似然轨迹预测

飞行轨迹预测是通过利用当前时刻的测量值来估计飞机将来的飞行轨迹或飞行状态。基于轨迹预测结果，来判断飞机是否进入指定空间中任意一点的邻域。似然轨迹预测方法是通过将飞机位置的概率密度函数传导到将来的时刻来预测飞行轨迹并计算位于某一点的概率。

飞机的轨迹预测值实际上为一系列飞机将来位置的概率密度函数，利用这些概率密度函数，我们可计算出飞机在预测时域内进入空域中某一点的邻域的概率。计算该概率最直接的方法是采用蒙特卡罗法，但该方法计算量较大。为了解决这个问题，采用高斯概率密度函数来近似飞机位置的概率密度函数，因此飞机到该点的距离为高斯随机变量的二次形式。基于这种特性，可采用劳伦级数展开来近似计算两架飞机之间距离的累计概率分布，这可提高冲突概率计算的效率。通过选择劳伦级数的阶次，该算法的误差可以达到任意小。

1) 基于意图信息的飞机动态模型

一个典型的飞行动态包括多种飞行模式，如匀速、协调转弯等。包含意图信息的飞机动态可用随机线性混杂模型来描述，每一个离散状态与一个飞行模式匹配，每一个 $A_q B_q$ 对应为不同飞行模式。随机线性混杂系统模型包含一组离散时间连续状态模型，每一个模型对应一个状态，如下所示：

$$x(k) = A_{q(k)}x(k-1) + B_{q(k)}w(k) \tag{4.127}$$

$$q(k+1) = \lambda(q(k), x(k), \theta) \tag{4.128}$$

其中，$x(k) \in X \in R^n$ 为状态向量；$q(k) \in Q = \{1, 2, \cdots, n_d\}$ 为时刻 $k$ 的离散状态变量，$Q$ 为所有离散状态的集合；$A_q$ 和 $B_q$ 为对应每一离散状态 $q \in Q$ 的系统矩阵；$w(k) \in R^p$ 为均值为零，方差为 $Q(k)$ 的高斯过程噪声，$w(k)$ 与初始状态 $x(0)$ 不相关；$\theta \in \Theta = R^l$ 和 $\gamma : Q \times X \times \Theta \to Q$ 为离散状态转换函数，由如下定义：

$$\gamma(i, x, \theta) = j, \quad [x^T \quad \theta^T]^T \in G(i, j)$$

其中，$G(i, j)$ 为保护条件。针对每一种组合 $(i, j)$，保护条件 $G(i, j)$ 为混杂空间 $\Omega = X \times \Theta$ 的一个子集。

本节主要利用状态依赖转换(保护条件)来对基于意图信息(或飞行计划)的飞行

模式转换进行建模：

$$G(i,j) = \left\{ \begin{bmatrix} x \\ \theta \end{bmatrix} \middle| x \in X, \theta \in \Theta, L_{ij} \begin{bmatrix} x \\ \theta \end{bmatrix} + b_{ij} \leq 0 \right\} \tag{4.129}$$

由于各种不确定性，飞行模式往往是在航路点附近发生转换，而不是精确在航路点上，为考虑这一不确定性，令 $\theta \sim N\left(\theta; \overline{\theta}, \sum_\theta\right)$ 为一个均值为 $\overline{\theta}$、方差为 $\sum_\theta$ 的 $l$ 维高斯随机向量。$L_{ij}$ 为一个 $\zeta \times (n+l)$ 的矩阵，$b_{ij}$ 为一个 $\zeta$ 维的向量。

下面举例简单说明保护条件的推导过程。如图 4.42 所示，为飞机下降时在垂直平面的曲线，其中飞机的连续状态为 $x = [\eta \quad h]^{\mathrm{T}}$，假设飞机的意图为当越过航路点 $\theta^*$ 时，从水平飞行状态(模式 1)改变为下降飞行状态(模式 2)。由于导航误差、阵风等干扰，模式转换难以精确地在 $\theta^*$ 点转变。令模式转化的不确定性为 $\theta \sim N\left(\theta; \theta^*, \sum_\theta\right)$，其中 $\theta^*$ 由航路点位置决定，$\sum_\theta$ 则根据飞机的导航性能来取值，随即保护条件可以表示为

$$G(1,2) = \left\{ \begin{bmatrix} x \\ \theta \end{bmatrix} \middle| x \in X, \theta \in \Theta, [0 \ -1 \ 1] \begin{bmatrix} x \\ \theta \end{bmatrix} + b_{ij} \leq 0 \right\} \tag{4.130}$$

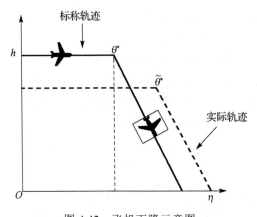

图 4.42　飞机下降示意图

2) 基于意图信息的似然轨迹预测

考虑在预测时间域 $T$，三维空间 $S \in R^3$ 中飞行的 $N$ 架飞机 $\{a_n \mid n = 1, 2, \cdots, N\}$，令 $(\xi, \eta, h)$、$(\overline{\xi}, \overline{\eta}, \overline{h})$ 为分别为飞机在坐标系中的位置和速度，飞机状态可定义为

$$x = [\xi \quad \overline{\xi} \quad \eta \quad \overline{\eta} \quad h \quad \overline{h}] \in X \in R^6$$

飞机的连续状态 $x^{a_n}(k)$ 的演变符合离散时间连续动态方程式(4.128)，离散状态

（飞行模式）$q^{a_n}(k)$ 的演变符合离散状态方程式(4.129)。

根据当前时刻 $k_c$ 的状态，由混杂估计算法可计算出飞行模式 $p[q^{a_n}(k_c)]$ 的概率分布函数和连续状态的概率密度函数(我们用 $\mathrm{Pr}\{\cdot\}$ 表示一个事件的概率，$p[\cdot]$ 表示概率密度函数)，连续状态的概率密度函数可以由式(4.131)给出：

$$p[x^{a_n}(k_c)] = \sum_{i\in Q} p[x^{a_n}(k_c)|q^{a_n}(k_c) = i]\mathrm{Pr}\{q^{a_n}(k_c) = i\}$$
$$= \sum_{i\in Q} N(x^{a_n}(k_c);\hat{x}_i^{a_n}, p_i^{a_n}(k_c))\mathrm{Pr}\{q^{a_n}(k_c) = i\} \tag{4.131}$$

其中，$\hat{x}_i^{a_n}$ 为在飞行模式 $i$，时间为 $k_c$ 的连续状态估计；$P_i^{a_n}(k_c)$ 为响应的误差方差。

根据飞机动态模型式(4.128)和式(4.129)，一架飞机将来的轨迹实际上为表述在 $S$ 中飞机位置概率测度的一系列概率密度函数。根据当前时刻 $k_c$ 的估计结果，轨迹预测算法首先计算出离散状态 $p[q^{a_n}(k_c)]$ 的概率分布函数和在所有 $k\in T$ 的不同离散状态 $p[x^{a_n}(k_c)|q^{a_n}(k_c) = i]$ 条件下的连续状态的概率密度函数。

采用单个高斯随机变量来近似 $p[q^{a_n}(k_c)]$：

$$p[x^{a_n}(k)] \approx N(x^{a_n}(k);\hat{x}_i^{a_n}(k), P_x^{a_n}(k)) \tag{4.132}$$

其中，$\hat{x}_i^{a_n}(k)$ 为均值；$P_x^{a_n}(k)$ 为方差矩阵。

定义 $z^{a_n}(k)(k\in T)$ 为时刻 $k$ 坐标系 $(\xi,\eta,h)$ 的预测飞机位置：

$$z^{a_n}(k) := Cx^{a_n}(k), \quad C = \begin{bmatrix} 1 & 0 & 0 & 0 & 0 & 0 \\ 0 & 0 & 1 & 0 & 0 & 0 \\ 0 & 0 & 0 & 0 & 1 & 0 \end{bmatrix} \tag{4.133}$$

飞机位置的概率密度函数为

$$p[z^{a_n}(k)] \approx N(z^{a_n}(k);\hat{z}^{a_n}(k), P_z^{a_n}(k))$$
$$= N(z^{a_n}(k);C\hat{x}^{a_n}(k), CP_x^{a_n}(k)C^{\mathrm{T}}) \tag{4.134}$$

在接下来的部分，我们将省去变量的上标 $a_n$。轨迹预测算法由以下四步组成。

(1) 初始化轨迹预测算法。令 $Z^{k_c}$ 为时刻 $k_c$ 的观测值，根据混杂估计算法，我们可以获得当前各种离散状态下的连续状态的概率密度函数 $p[x(k_c)|q(k_c) = i, Z^{k_c}] = N(x(k_c);\hat{x}_i(k_c), P_i(k_c))$ 和当前离散状态的概率密度函数 $p[q(k_c)|Z^{k_c}]$。

(2) 计算混合概率。针对所有 $i, j\in Q$ 的混合概率定义为

$$\mu_{ji}(k) := \mathrm{Pr}\{q(k) = i \mid q(k+1) = j, Z^{k_c}\}$$

根据贝叶斯定理有

$$\mu_{ji}(k) = \frac{1}{c_j}\mathrm{Pr}\{q(k+1) = i \mid q(k) = j, Z^{k_c}\}p[q(k)|Z^{k_c}] \tag{4.135}$$

其中，$c_j$ 为归一化常数。

由于飞行意图信息可以表达成方程式 (4.130) 中的随机线性保护条件，且当 $\Theta \neq \varnothing$ 时 $\theta \in \Theta = R^l \sim N\left(\theta; \overline{\theta}, \sum\limits_{\theta}\right)$ 具有多变量高斯分布，式 (4.135) 中的离散状态转换概率 $\Pr\{q(k+1)=j \mid q(k)=i, Z^{k_c}\}$ 可写为

$$\Pr\{q(k)=i \mid q(k+1)=j, Z^{k_c}\} = \Phi\left(L_{ij}\begin{bmatrix} \hat{x}_i(k) \\ \overline{\theta} \end{bmatrix} + b_{ij}, L_{ij}\begin{bmatrix} P_i(k) & 0 \\ 0 & \sum\limits_{\theta} \end{bmatrix}L_{ij}^{\mathrm{T}}\right) \quad (4.136)$$

其中，$\Phi\left(\overline{y}, \sum\limits_{y}\right)$ 为均值为 $\overline{y}$ 方差为 $\sum\limits_{y}$ 的高斯累积分布函数：

$$\Phi\left(\overline{y}, \sum\limits_{y}\right) := \Pr\{y \leqslant 0\} = \int_{-\infty}^{0}\int_{-\infty}^{0}\cdots\int_{-\infty}^{0} N(y; \overline{y}, \textstyle\sum) \mathrm{d}y_1 \mathrm{d}y_2 \cdots \mathrm{d}y_\zeta$$

(3) 根据全概率定理：

$$p\left[x(k+1) \mid q(k+1)=j, Z^{k_c}\right]$$
$$= \sum_{i \in Q} p\left[x(k+1) \mid q(k+1)=j, q(k)=i, Z^{k_c}\right]\Pr\left\{q(k)=i \mid Z^{k_c}\right\} \quad (4.137)$$

假设每一个概率密度函数 $p[x(k+1) \mid q(k+1)=j, Z^{k_c}]$ 为高斯分布，并把式 (4.137) 近似为单个高斯概率密度函数：

$$p[x(k+1) \mid q(k+1)=j, Z^{k_c}] \approx N(x(k+1); \hat{x}_j(k+1), P_j(k+1)) \quad (4.138)$$

其中

$$\hat{x}_j(k+1) = A_j\hat{x}_{j0}(k), \qquad P_j(k+1) = A_j P_{j0}(k)A_j^{\mathrm{T}} + B_j Q_j B_j^{\mathrm{T}}$$

$$\hat{x}_{j0}(k) = \sum_{i=1}^{n_d}\mu_{ji}(k)\hat{x}_i(k)$$

$$P_{j0}(k) = \sum_{i=1}^{n_d}\mu_{ji}(k)\{P_i(k) + (\hat{x}_i(k) - \hat{x}_{j0}(k))[\hat{x}_i(k) - \hat{x}_{j0}(k)]^{\mathrm{T}}\}$$

时刻 $k+1$ 的离散状态概率为

$$p\left[q(k+1)=j \mid Z^{k_c}\right] := \alpha_j(k+1) = \sum_{i=1}^{n_d}\Pr\{q(k+1)=j \mid q(k)=i, Z^{k_c}\}\alpha_j(k)$$

(4) 计算连续状态和离散状态预测值的组合，时刻 $k+1$ 的离散状态预测为

$$\hat{q}(k+1) = \max_j \Pr\{q(k+1)=j \mid Z^{k_c}\}$$

根据全概率定理，时刻 $k+1$ 的连续状态预测值的概率密度函数为

$$p[q(k+1)\,|\,Z^{k_c}] = \sum_{i=1}^{n_d} (p[x(k+1)\,|\,q(k+1)=j,Z^{k_c}] \times \Pr\{q(k+1)=j\,|\,Z^{k_c}\}) \quad (4.139)$$

根据时矩匹配法，式(4.139)中的 $n_d$ 项的和可近似为一个高斯概率密度函数[54]：

$$p[q(k+1)\,|\,Z^{k_c}] \approx N(x;\hat{x}(k+1),P(k+1))$$

其中

$$\hat{x}(k+1) = \sum \alpha_j(k+1)\hat{x}_j(k+1\,|\,k+1)$$

$$P(k+1) = \sum_{j=1}^{n_d}\{P_j(k+1\,|\,k+1) + \alpha_j(k+1)[\hat{x}_j(k+1\,|\,k+1)-\hat{x}(k)]\} \times [\hat{x}_j(k+1\,|\,k+1)-\hat{x}(k)]^{\mathrm{T}}$$

重复步骤(2)～(4)，可计算出所有 $k \in T$ 的飞机状态。这时，利用式(4.139)可计算出预测时间段 $T$ 的似然轨迹的概率密度函数。

2. 基于似然轨迹预测的空中交通复杂度评估

本节将根据所得到的飞机位置的概率密度函数来计算 $A_i$ 在时间段 $t_p$ 占据 $x$ 的概率。在时刻 $k$，假设随机飞机 $a$ 相对点 $x$ 的距离是 $\rho$：

$$\rho(k) = z^a(k) - x$$

其中，$z^a(k)$ 为式(4.138)定义的高斯随机变量；$\rho$ 的概率密度函数可写为

$$p[\rho(k)] = N(\rho(k);\overline{\rho}(k),\textstyle\sum_\rho(k))$$

$$\overline{\rho}(k) = \hat{z}^a(k) - x, \quad \sum_\rho(k) = P_z^a(k)$$

由此可知，$A_i$ 在 $x$ 的占据概率为

$$\Pr\{C\,|\,T\} := \max_{k\in[k_c+1,k_c+k_p]}\Pr\{C(k)\}$$

其中，$\Pr\{C(k)\}$ 为 $A_i$ 在时刻 $k$ 的 $x$ 占据概率：

$$\Pr\{C(k)\} = \iiint_{\rho_{12}(k)\in D} p[\rho_{12}(k)]\mathrm{d}\rho_{12}(k) \quad (4.140)$$

式(4.140)不存在解析解，只能采用数值方法进行计算，蒙特卡罗仿真是一种有效的方法，但所需的计算量较大。由式(4.140)可知，$A_i$ 在时间段 $t_p$ 占据 $x$ 的概率为高斯随机变量的二次形式，通过将其进行劳伦级数展开获得数值解，该算法可以通过增加级数项使得近似误差任意小。详细的算法如下。

首先，将式(4.140)重写成

$$\Pr\{C(k)\} = \iiint_{\rho_{12}(k)\in D} p[\rho_{12}(k)]\mathrm{d}\rho_{12}(k) = \Pr\{\rho_{12}(k)\in D\} = \Pr\{\kappa(k)\leqslant 1\} \quad (4.141)$$

其中

$$\kappa(k) = \rho_{12}(k)^{\mathrm{T}} \Psi \rho_{12}(k), \qquad \Psi = \begin{bmatrix} \dfrac{1}{s^2} & 0 & 0 \\ 0 & \dfrac{1}{s^2} & 0 \\ 0 & 0 & \dfrac{1}{H^2} \end{bmatrix}$$

考虑一般的情况，$\Psi \in R^{M \times M}$ 为不定埃尔米特矩阵(正定矩阵可以用相同的方法求解)且二次型为如下：

$$\kappa = \omega^{\mathrm{T}} \Psi \omega \tag{4.142}$$

其中，$\omega \in R^M$ 且 $p[\omega] = N\left[\omega; \bar{\omega}, \sum\limits_{\omega}\right]$。首先，寻找一个正交矩阵 $\tilde{P}$，以对角化埃尔米特矩阵 $\sum\limits_{\omega}^{(1/2)} \Psi \sum\limits_{\omega}^{(1/2)}$ 使得

$$\tilde{p}^{\mathrm{T}} \sum\limits_{\omega}^{(1/2)} \Psi \sum\limits_{\omega}^{(1/2)} \tilde{p} = \mathrm{diag}(\lambda_1, \lambda_2, \cdots, \lambda_M),\ \tilde{p}\tilde{p}^{\mathrm{T}} = I$$

$\lambda_1, \cdots, \lambda_M$ 为矩阵 $\sum\limits_{\omega}^{(1/2)} \Psi \sum\limits_{\omega}^{(1/2)}$ 的特征值。$\omega$ 的二次型 $\kappa = \omega^{\mathrm{T}} \Psi \omega$ 可重写成

$$\kappa(k) = \sum_{j=1}^{M} \lambda_j (U_j + b_j)^2 \tag{4.143}$$

其中，$U_j(u) \sim N(u; 0, 1)$ 相互独立，且 $b^{\mathrm{T}} = [b_1, b_2, \cdots, b_M] = \left(\tilde{P}^{\mathrm{T}} \sum\limits_{\omega}^{-(1/2)} \bar{\omega}\right)^{\mathrm{T}}$。令 $U = [U_1, U_2, \cdots, U_M]^{\mathrm{T}}$，可得 $U \equiv \tilde{P}^{\mathrm{T}} \sum\limits_{\omega}^{-(1/2)} (\omega - \bar{\omega})$（$\equiv$ 表示在分布上等于），然后删除所有特征值 $\lambda_1, \lambda_2, \cdots, \lambda_M$ 中重复的以保证特征值 $\lambda_k (k = 0, 1, \cdots, N-1)$ 两两不同，$m_k$ 为每个特征值的重数，令

$$F = \sum_{k=0}^{N-1} m_k$$

针对不同的特征值 $\lambda_k$，定义 $\mu_k^2 = \sum b_j^2$。则式(4.142)中二次型的概率密度计算转化为求如下函数的拉普拉斯逆变换：

$$\Pr\{\kappa \geq y\} = -\frac{1}{2\pi i} \oint_c \frac{1}{s} \mathrm{e}^{-sy} \Phi(s) \mathrm{d}s$$

其中，$y > 0$ 为任意给定的数；$C$ 为位于 $s$ 右半平面的圆周线；$\Phi(s)$ 为

$$\Phi(s) = \exp\left\{-\frac{1}{2}\sum_j \mu_j^2 + \frac{1}{2}\sum_j \frac{\mu_j^2}{1-\lambda_j s}\right\} \prod_{j=1}^{N} \frac{1}{(1-\lambda_j s)^{m_j}} \tag{4.144}$$

为了计算式 (4.144) 的拉普拉斯逆转换，对每一个具有重数为 $m_k$ 的特征值 $\lambda_k$，定义：

$$g_k(s,y) = \exp\left\{\frac{1}{2}\sum_{j\neq k} \frac{\mu_j^2}{\alpha_{kj} - \lambda_j s} - sy\right\} \prod_{j=1}^{N} \frac{1}{(\alpha_{kj} - \lambda_j s)^{m_j}} \tag{4.145}$$

在式 (4.145) 中，当 $j \neq k$ 时 $\alpha_{kj} = 1 - \lambda_j / \lambda_k$，$m_{kj} = m_j$，当 $j = k$ 时 $\alpha_{kk} = -1$，$m_{kk} = 1$。通过迭代计算 $g_k$ 的导数直到 $n$ 阶。

由于

$$\ln g_k(s,y) = \frac{1}{2}\sum_{j\neq k} \frac{\mu_j^2}{\alpha_{kj} - \lambda_j s} - sy + \sum_{j\neq k} m_j \ln\left(\frac{1}{\alpha_{kj} - \lambda_j s}\right)$$

通过归纳有

$$[\ln g_k(s,y)]^{(n)} = \frac{1}{2}\sum_{j\neq k} \frac{n!\lambda_j^n \mu_j^2}{(\alpha_{kj} - \lambda_j s)^{n+1}} + \sum_{j\neq k} m_j \frac{(n-1)!\lambda_j^n m_j}{(\alpha_{kj} - \lambda_j s)^n}$$

对 $g_k^{(1)} = g_k(\ln g_k)^{(1)}$ 两边求 $n-1$ 阶导数，可得

$$g_k^{(n)} = \sum_{l=0}^{n-1} \binom{n-1}{l} g_k^{(l)} (\ln g_k)^{(n-1)}, \quad n \geqslant 1 \tag{4.146}$$

利用式 (4.146)，对一个给定的 $g_k^{(0)}(0,y)$ 可迭代计算出 $g_k^{(n)}(0,y)$。然后，定义 $\beta_k = \mu_k^2 / (2\lambda_k)$，通过劳伦级数展开计算出式 (4.143) 中的概率：

$$\Pr\{\kappa \leqslant y\} = 1 - \exp\left\{-\frac{1}{2}\sum_j \mu_j^2\right\}$$

$$\times \sum_{\lambda_k > 0}\left\{\frac{1}{(-\lambda_k)^{m_k-1}}\exp(-\lambda_k^{-1}y) \times \sum_{n=m_k-1}^{\infty} \hat{g}_k^{(n)}(0,y)\frac{(-\beta_k)^{(n-m_k+1)}}{n!(n-m_k+1)!}\right\} \tag{4.147}$$

在式 (4.147) 中，令 $y=1$ 且对前三项求和，可计算出式 (4.141) 和式 (4.147)。

## 4.5.4 验证分析

为了对上述方法进行仿真验证，考虑如下三维场景，如图 4.43 所示。其中有 7 架飞机沿三条不同的计划飞行轨迹飞行，三角表示飞机初始位置，星号表示航路点，实线表示飞机计划飞行轨迹，圆圈表示飞机飞行的目的点。假设飞机初始位置误差标准差为 $\mathrm{diag}(1500,800,150)$，参数 $s=10000\mathrm{m}$，$H=300\mathrm{m}$，预测时间域为 $T=[0,16]\mathrm{min}$。在 $XY$ 平面内的均匀格网点上计算空域复杂度映射，格网尺寸为 $1\mathrm{km}$，图 4.44 和图 4.45 分别给出了预测时域内的一阶和二阶复杂度映射，从下至上四幅图分别对应 $[t_0,t_0+\Delta]$、$[t_0+\Delta,t_0+2\Delta]$、$[t_0+2\Delta,t_0+3\Delta]$、$[t_0+3\Delta,t_0+4\Delta]$ 四个时间段的复杂度映射，其中 $\Delta=4\mathrm{min}$。

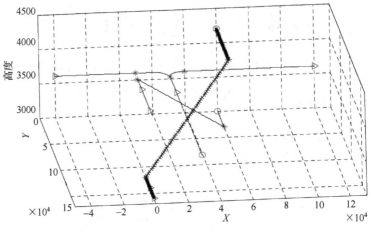

图 4.43　空域中的飞机计划飞行轨迹图（单位：m）

由图 4.44 可以看出空域的一阶复杂度映射与 $XY$ 平面（水平面）内飞机可能出现的位置对应，从图 4.45 对应的二阶复杂度映射可以看出，在最初的一个时间段内空域中没有出现两架飞机间距离小于最小间隔的情况，但是在时间段 $[t_0+2\Delta, t_0+3\Delta]$ 内，空域中存在一阶和二阶复杂度同时较大的区域，这表明该区域是需要管制员重点关注，在条件允许时应对在该时间段内经过该区域的飞行计划进行调整。

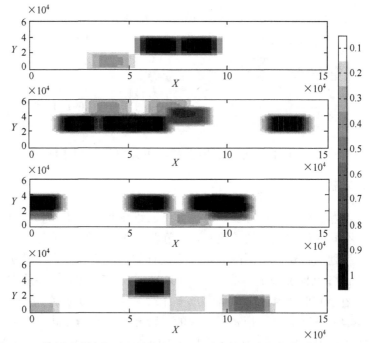

图 4.44　在预测时域的不同时间段 $XY$ 平面内的一阶复杂度映射（单位：m）

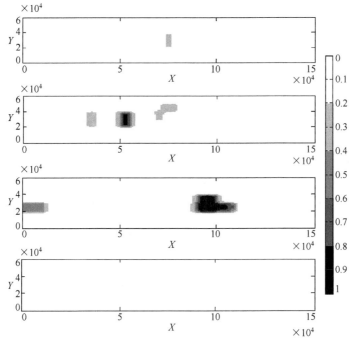

图 4.45　在预测时域的不同时间段 $XY$ 平面内的二阶复杂度映射(单位：m)

总结上述研究，我们将飞行动态和飞行意图信息结合起来用于轨迹预测，随机线性混杂模型适合于对飞机运动进行描述，轨迹预测算法通过合并随机线性混杂系统中的每一个模式的预测结果而计算出将来的轨迹估计，这提高了长周期轨迹预测结果的精确度。根据一阶或二阶空中交通复杂度映射的定义，将复杂度预测问题转化为高斯随机变量的二次型求解问题，并采用劳伦级数计算出复杂度映射。该算法可以准确预测长周期的空中交通复杂度，这为空域动态配置提供了条件。

## 参 考 文 献

[1]　Bowen E G, Pearcey T. Delays in the flow of air traffic[J]. Journal of Royal Aeronautical Society, 1948, 52: 251-258.

[2]　Blumstein A. An analytical investigation of airport capacity report[R]. Cornell Aeronautical Lab.TA-1358-8-1,Buffalo,1960.

[3]　Newell G F. Airport capacity and delay[J]. Transportation Science,1979,13(3)：201-241.

[4]　Harris R M. Models for runway capacity analysis[R]. Massachusetts：The MITRE Corporation Technical Report MTR-4102,1969.

[5]　蒲钒, 唐治理, 柴保华. 连续爬升空域优化[J]. 通信与计算技术, 2019, 39(3)：13-18.

[6]　Sridhar B. Neural network based air traffic controller workload prediction[C]. Proceedings of the American Control Conference, San Diego, 1999: 2620-2624.

[7]　Majumdar A, Ochieng W, Polak J. Estimation of European airspace capacity from a model of controller workload prediction[C]. Proceedings of the American Control Conference, San Diego, 1999: 2620-2624.

[8]　Manning C A, Mills S H. Investigating the validity of performance and objective workload evaluation research[R]. Federal Aviation Administration, 2001.

[9]　Cloarec D, Kirsteen P, Francois V, et al. Cospace 2003 controller model based study assessment of airborne 8 tasks in the extended TMA[R]. Eurocontrol Experimental Centre, 2003: 1-68.

[10]　CIRCULAR 207-AN/126. 在平行或近似平行跑道上同时进行的航空器仪表飞行[Z]. 蒙特利尔：国际民航组织，1995.

[11]　ICAO. Procedures for a Navigation services rules of the air and air traffic services[Z]. Montreal: International Civil Aviation Organization, 1996.

[12]　Order FAA. 7110.65 N: Air traffic control[Z]. Washington D. C.: Federal Aviation Administration, 2002.

[13]　Federal Aviation Administration. Measuring airport landside capacity[R].FAA-RD-68-135.

[14]　Federal Aviation Administration. Technical report on airport capacity and delay studies[R]. Report FAA-RD-76,1976.

[15]　Janic M. A model of the ultimate capacity of dual dependent parallel runways[R]. Delft: OTB Research Institute Technical University of Delft, 2006.

[16]　Idrissi A, Li C M. Modeling and optimization of the capacity allocation problem with constraints[EB/OL]. International Conference on Research, Innovation and Vision for the Future , Ho Chi Minh City , 2006.

[17]　Hammer J. Case study of paired approach procedure to closely spaced parallel runway[J]. Air Traffic Control Quarterly,2000,8（3）:223-252.

[18]　Bone R, Olmos O B, Mundra A. Paired approach operational concept[C]. The 20th Conference of Digital Avionics Systems, Daytona Beach, 2001.

[19]　Eftekari R, Hammer J, Havens A, et al. Feasibility analyses for paired approach procedures for closely spaced parallel runways[C]. Integrated Communications, Navigation and Surveilance Conference, Herndon, 2011.

[20]　Mundra A, Cooper W, Smith A, et al. Potential benefits of paired approach procedure to closely spaced parallel runways in instrument and marginal visual conditions[C]. Digital Avionics Systems Conference, São Paulo, 2008.

[21]　Marner G R. Conceptual questions in air traffic control design[J]. Navigation: Journal of The Institute of Navigation, 1970, 17（4）: 375-380.

[22] Janic M, Tosic V. Enroute sector capacity model[J]. Transportation Science, 1991, 25(4): 215-224.

[23] Schmidt D K. A queuing analysis of the air traffic controller's workload[J]. IEEE Transactions on Systems, Man, and Cybernetics, 1978, 8(3): 492-498.

[24] Pawlak W, Goel V, Rothenberg D, et al. Comparison of algorithms for the dynamic resectorization of airspace[C]. AIAA Guidance, Navigation, and Control Conference and Exhibit, American Institute of Aeronautics and Astronautics, Reston, 1998: 67-74.

[25] Tofukuji N. An enroute ATC simulation experiment for sector capacity estimation[J]. IEEE Transactions on Control Systems Technology, 1993, 1(3): 138-143.

[26] Tofukuji N. An airspace design and evaluation of en-route sector by air traffic control simulation experiments[J]. Electronics and Communications in Japan, Part 1 (Communications), 1996, 79(8): 103-113.

[27] Reaux R A, Murphy E D, Stewart L J, et al. Building a modeling and simulation analysis tool to predict air traffic controller workload and performance[J]. Proceedings of the Human Factors and Ergonomics Society Annual Meeting, 1989, 33(2): 23-34.

[28] Gahan M. Development of an air traffic controller workload model[C]. The 44th Annual Air Traffic Control Association Conference Proceedings, San Francisco, 1999.

[29] Manning C A, Mills S H, Fox C M. Using air traffic control task load measures and communication events to predict subjective workload[R]. Federal Aviation Administration, 2002.

[30] Wanke C, Song L, Zobell S, et al. Probabilistic congestion management[C]. The 6th USA/Europe Seminar on ATM R&D, Baltimore, 2005.

[31] Wanke C, Callaham M, Greenbaum D, et al. Measuring uncertainty in airspace demand predictions for traffic flow management applications[C]. AIAA Guidance, Navigation, and Control Conference, Austin, 2003.

[32] Krozel J, Rosman D, Grabbe S. Analysis of en route sector demand error sources[C]. AIAA 2000-5016, AIAA Guidance, Navigation, and Control Conference, Monterey, 2002.

[33] Krozel J, Lee C, Mitchell J. Estimating time of arrival in heavy weather conditions[C]. AIAA Guidance, Navigation, and Control Conference, Portland, 1999.

[34] Moreau D, Roy S. A stochastic characterization of en route traffic flow management strategies[C]. AIAA Guidance, Navigation, and Control Conference, San Francisco, 2005.

[35] Meyn L. Probabilistic methods for air traffic demand forecasting[C]. AIAA Guidance, Navigation, and Control Conference Monterey, 2002.

[36] Rhoda D, Pawlak M. The thunderstorm penetration/deviation decision in the terminal area[C]. The 8th Conference on Aviation, Range, and Aerospace Meteorology, Dallas, 1999: 308-312.

[37] de Laura R, Evans J. An exploratory study of modeling en route pilot convective storm flight

deviation behavior[C]. The 12th Conference on Aviation, Range, and Aerospace Meteorology, Atlanta, 2006.

[38] Seed A. A dynamic and spatial scaling approach to advection forecasting[J]. Journal of Applied Meteorology, 2003, 42: 381-388.

[39] Ahuja R K, Magnanti T L, Orlin J B. Network Flows: Theory, Algorithms, and Applications[M]. Englewood: Prentice Hall, 1993.

[40] Iri M. Survey of Mathematical Programming[M]. Amsterdam: North-Holland Publishing, 1979.

[41] Strang G. Maximal flow through a domain[J]. Math Program, 1983, 26: 123-143.

[42] Mitchell J S B. On maximum flows in polyhedral domains[J]. Journal of Computer System Science, 1990, 40: 88-123.

[43] Krozel J, Jakobovits R, Penny S. An algorithmic approach for airspace flow programs[J]. Air Traffic Control Quarterly, 2006, 14(3): 203-229.

[44] Janic M. Modelling the capacity of closely-spaced parallel runways using innovative approach procedures[J]. Transportation Research Part C 16, 2008: 704-730.

[45] Mitchell J S B, Polishchuky V. Airspace throughput analysis considering stochastic weather[C]. AIAA Guidance, Navigation, and Control Conference and Exhibit, Keystone, 2006.

[46] Ren L L, Clarke J P B. Separation analysis methodology for designing area navigation arrival procedures[J]. Journal of Guidance, Control, and Dynamics, 2007, 30(5): 1319-1330.

[47] Kopardekar P, Green S, Roherty T, et al. Miles-in-trail operations: A perspective[C]. AIAA Paper 2003-6700, 2003.

[48] Ren L, Ho N T, Clarke J P B. Workstation based fast-time aircraft simulator for noise abatement approach procedure study[C]. AIAA Paper 2004-6503, 2004.

[49] Ren L. Modeling and Managing Separation for Noise Abatement Arrival Procedures[D]. Cambridge: Massachusetts Institute of Technology, 2006.

[50] Majumdar A, Ochieng W. Factors affecting air traffic controller workload: Multivariate analysis based on simulation modeling of controller workload[J]. Transportation Research Record, 2002, 2(1): 58-69.

[51] Mogford R H, Guttman J A, Morrow S L, et al. The complexity construct in air traffic control: A review and synthesis of the literature[R]. Federal Aviation Administration Technical Center, Atlantic City, DOT/FAA/CT-95/22, 1995.

[52] Delahaye D, Puechmorel S. Optimization of Air Traffic[M]. New York: John Wiley & Sons, 2013.

[53] Brinton C R. An evaluation of air traffic control complexity: Final report[R]. NAS2-14284, Washington D. C., 1996.

[54] Mogford R H. Development of metrics for measuring complexity and dynamic density in air

traffic control[EB/OL]. http://www.faa.gov/library/onlinelibraries/aerospaceeses medicine/sd/media/Mogford.pdd. NASA[2019-12-26].

[55] Flener P, Pearson J, Garcia-Avello C, et al. Air-traffic complexity resolution in mufti-sector planning using constraint programming[J]. General Information, 2007, 13(6): 323-328.

[56] Histon J M, Hansman R J, Aigoin G, et al. Introducing structural considerations into complexity metrics[J]. Air Traffic Control Quarterly, 2002, 10(2): 115-130.

[57] Histon J M, Hansman R J, Gottlieb B, et al. Structural considerations and cognitive complexity in air traffic control[C]. Digital Avionics Systems Conference Proceedings, 2002, 1:1C2-1-1C2-13.

[58] Laudeman I V, Shelden S G, Branstrom R, et al. Dynamic density: An air traffic management metric[R]. NASA-TM-1998-112226, 1998.

# 第 5 章　空域优化成效评价

空域结构的优化必然会导致整个空中交通系统的各项相关性能表现发生变化，所以制定一套空域优化成效的评价方法是衡量空域结构变化优劣的重要手段。空域优化成效评价方法由多个关乎空中交通系统运行的关键性能指标及计算模型构成。随着空中交通运输业的迅猛发展，空中交通流量急剧增加，航班延误问题已成为除安全问题外，广大民航从业人员和旅客最关注的问题之一，是制约空中交通运输发展的一大瓶颈。本章以延误相关指标与延误预测方法为主导、空域容量评估和航路延展延误率计算为支撑，构建空域优化成效评价方法。在空域优化后的航班延误方面，采用科学方法挖掘空域优化后航班延误形成原因并对航班延误进行精确预测，是预防和控制航班延误的重要手段。然而建立科学完善的航班延误指标体系和航班延误分析模型仍是当前研究的难点。据此本章主要内容是根据航班延误的影响因素和特点，建立航班延误指标构建模型，并提出航班延误的分析方法，然后针对优化后的空域进行容量评估和航路延展率计算，为评价空域结构优化成效及使用提供支撑。

## 5.1　基本概念定义

航班延误已成为影响和困扰全球航空运输业发展的难题，因此将其作为空域优化成效评价中最关键的评价指标。航班延误程度的急剧加深，会产生不同程度的负面影响：一是航班延误增加了空中交通管理难度；二是航班延误增加航空器飞行油耗，加大航班运行经济和环境成本，并减少航空公司顾客信誉度；三是航班延误容易引发旅客与航空公司和机场当局等部门矛盾，影响航空运输业正常运营秩序。因此对航班延误进行分析并提出相应的策略减少和缓解航班延误现象，提高航班运行效率是目前航空运输业界亟待解决的一个重要问题。实际上航空器飞行需经历滑出（Taxi-out）、航路（En-Route）、滑入（Taxi-in）等三个阶段。飞行的不同阶段任何一个环节出现延误都会导致航班延误，并且不同国家和地区根据其自身需求对航班延误的定义也有所不同。欧控组织(Eurocontrol)于 2007 年在其出版的研究报告 *A Matter of Time: Air Traffic Delay in Europe* 将延误定义为：delay occurs "when a planned event does not happen at the planned time"，即延误指计划的事件在计划的时间没有发生。但在实际计算航班延误时，欧美发达国家和我国对航班延误的计算也有所不同。2009年，Jetzki[1]针对欧洲航班延误传播严重的特点，利用欧控组织延误分析中心办公室收集的数据，对欧洲航班延误传播现象进行了大量细致深入分析，从飞行时间和中

转时间角度定义了与传播延误相关的关键性能指标(Key Performance Indicator,
KPI),包括航班延误时间差值指标(Delay Difference Indicator-Flight,DDI_F)、航班
飞行时间超量指标(Block Time Overshoot,BTO)、航班中转时间差值指标(Delay
Different Indicator-Ground, DDI_G)、航班中转时间超量指标(Ground Time
Overshoot,GTO)、航班中转延误指标(Turn-around Delay Indicator, TDI)和超量指
标(Turn-around Time Overshoot,TTO)。其中,DDI_F 和 BTO 指标被欧控组织用于
分析航班飞行计划的鲁棒性[2]。2013 年,Chiraphadhanakul 等[3]经过总结将航班延
误指标分为三类:15 分钟准点性能(15-On Time Performance)、航班延误传播指标和
乘客延误指标。

1)15 分钟准点性能

15 分钟准点性能度量的是航班延误不超过 15 分钟的航班比例,这是一个在工
业界和公众广泛使用的标准指标。美国运输部使用该指标评估航班性能并发布航空
公司的运行状况等级,从而使很多航空公司关注该指标。尽管该指标得到了广泛的
使用,但是它不是用于评估航空公司整体性能最好的指标,主要原因如下:①它没
有提供航班延误分布的任何信息,这导致两个航空公司具有相同的 15 分钟准点性
能,如果一个航空公司的平均延误比另一个航空公司的平均延误大,那么无法客观
地对两个航空公司的运行性能进行比较;②它没有捕获航空公司网络的延误传播,
在欧美引起航班延误的主要原因是航班的晚点到达,如果在航班计划中没有足够的
松弛时间,那么晚点到达的航空器产生的延误将向相同路线的后续航班传播;③它
没有反映乘客延误,假设一个航班晚点到达 10 分钟,即使从该指标角度考虑它是正
点到达的,在航班上的乘客可能会错过其后续的航班并将为下一个可乘的航班等待
数小时,这就导致如果两个航班有相同的 15 分钟准点性能,从乘客延误的角度不能
确定哪个航班具有更好的性能。

2)航班延误传播指标

因为航空公司航班航线互联的原因,某一航段引起的延误将会传播并导致在后
续航段上产生更大的延误。每个航段的延误可以分解为两个部分:①传播延误,
当位于某一航段的航空器在前一航段发生延误,并且在两个航班之间没有足够的
时间间隙来周转时将会产生传播延误,该延误与航空器的飞行路径有关。②非传
播延误,该延误由航空器飞行延误和航空器滑行延误产生。因为该延误独立于航
空器的路径,称该延误为独立延误。一般情况下,传播延误的定义仅仅考虑由于
航空器到达较晚产生延误,对于对面工作人员和飞行员操作失误造成的延误考虑
较少。

如图 5.1 所示,显示了在相同路径上的两个航班 i 和 j 的离/到港时间以及延误之
间的关系。实线表示每个航班的计划离港时间(Planned Departure Time,PDT)和计

划到港时间（Planned Arrival Time，PAT），虚线表示每个航班的实际离港时间（Actual Departure Time，ADT）和实际到港时间（Actual Arrival Time，AAT）。航班 $i$ 和航班 $j$ 之间计划中转时间（$PTT_{ij}$）是 $PDT_j$ 与 $PAT_i$ 之间的差值。$PTT_{ij}$ 必须大于中转航空器所需的最小中转时间 $MTT_{ij}$。$MTT_{ij}$ 依赖于连接机场、航空器类型和航班 $i$ 和 $j$ 之间的其他需要。$PTT_{ij}$ 中超过 $MTT_{ij}$ 的额外时间称为松弛时间（$Slack_{ij}$）。如果航班 $i$ 的到港延误大于 $Slack_{ij}$，某些延误不能被吸收将被传播给航班 $j$。因此，航班 $j$ 的所有离港延误（Total Departure Delay，TDD）由航班 $i$ 传播给航班 $j$ 的传播延误 $PD_{ij}$ 和航班 $j$ 的独立离港延误（Independent Departure Delay，IDD）组成。相似地，航班 $j$ 的所有到港延误由 $PD_{ij}$ 和独立到港延误（Independent Arrival Delay，IAD）组成。

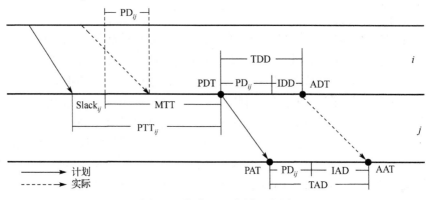

图 5.1　航班延误传播示意图

3）乘客延误指标

乘客延误通过在乘客最后目的地的实际到港时间和计划到港时间的差值进行度量。乘客航程中如果一个或多个航班被取消，或者连续航班之间的连接时间少于从到港到下一航班离港所需的最小连接时间，那么乘客的航程被认为中断。

一般地，航班延误低估了乘客延误，因为小的航班延误可能会导致乘客中断后续航班连接，乘客不得不为下一个可用航班等待数小时。另外，航班延误统计不能反映航班取消的影响程度，航班取消将导致很多旅客的行程中断。尽管中断行程旅客数量很少，但是这些中断行程的旅客占据了整个乘客延误很大的比例。目前，业界使用航班准点性能不能反映乘客旅行的经历。首先，准点性能仅仅基于航班数据，研究表明基于航班的性能不能很好地反映旅客的行程。这些基于航班的指标在航班取消和错过航班时未能考虑乘客的延误。其次，准点性能指标仅仅表示了航班的准点性能。该指标不能描述由航班不准点而导致的乘客行程的延误大小。

欧美发达国家对航班延误的分析较为深入，构建了较为成熟的航班延误指标，建立了比较完善的航班延误数据库，并提出一系列的航班延误数据分析方法；我国的航班延误分析技术虽取得了一定的成果，但还有以下问题需要进一步深入研究：①航班延误指标制定方面。目前欧美发达国家构建的航班延误指标基本从其使用的角度进行构建，导致构建指标体系片面、不完善和混乱，需要对现有指标体系进行梳理，从不同侧面构建完整、全面的航班延误指标体系。而航空交通系统是一个复杂的巨系统，系统的内在组成和外在因素都有可能导致航班发生延误，并且系统中的各相关方对航班延误的认知也不尽相同。因此需认真分析航空器运行过程和其中参与的主体，构建较为全面、科学的航班延误指标体系，满足系统中各方对航班延误需求。②航班延误预测方面。航班延误受到气象、交通流量控制、航空公司和机场等多种因素的影响，具有很强的非线性特性，如何建立科学的航班延误预测模型，对准确预测航班延误非常重要；并且提前较长一段时间对航班延误情况进行预测，对于航班运营和旅客进行航班选择具有重大意义。航班延误预测方法从过去的线性预测方法向现在的非线性预测方法方向发展，从只考虑单个预测因素向考虑多种预测因素的预测方法方向发展。现有预测方法在对单个航班延误进行预测时，很少考虑航空器在上游多个机场的延误情况，导致航班延误预测效果不理想。本书将利用上游机场的航班延误信息结合航班历史运行数据，采用合适的方法实现对航班延误的精确预测。③航班延误关联规则分析方面。目前，对航班延误的分析主要采用统计的分析方法，没有将隐藏在海量航班延误历史运行数据中的丰富知识和规则有效提取出来，为空管决策提供参考和支持。因此，需要针对形成航班延误的影响因素，采用先进的数据挖掘方法发现数据中存在的关联、关系和规则。④航空公司运行质量评估方面。航班延误的严重程度直接反映了航空公司和机场的运行情况，与机场和航空公司所能提供服务质量的声誉直接相关，通常机场和航空公司一般选择准点率作为其运行质量的评估指标，在具有相同准点率情况下，其延误程度或者延误航班数量也不相同，很难对其服务质量进行客观比较。因此，需要选择合适的航班延误指标和评估方法对机场和航空公司运行质量进行科学评估。

## 5.2　航班延误指标体系

　　航空运输系统是由机场、航空公司、空管部门和旅客等不同相关方共同组成的一个复杂开放巨系统，该系统同时还受到外部各种因素的影响，这就导致航班延误分析的复杂性。因此，建立科学的航班延误指标对全面地分析航班延误特性具有重要的意义。

　　国内外研究学者和相关研究机构都对航班延误指标进行了广泛的研究。文献[1]从延误传播的角度提出延误的关键性能指标；文献[3]对现有的航班延误指标进行了总结，将延误指标分为准点性能、延误传播和乘客延误指标；文献[4]从航空交通运输系统中参与用户的角度提出了航班延误指标；文献[5]分析了不同用户对航班延误的期望和定义以及计算延误方法；文献[6]提出了一种用于分析航空运输系统服务质量的概念模型；文献[7]从不同使用角度定义一系列的航班延误变量。综上所述，目前欧美发达国家已建立了相对比较成熟的航班延误指标，并在其工业系统中得到了广泛的应用。但是已建立的航班延误指标，基本都是从其使用的角度出发进行定义，不能全面地反映航空交通运输系统的运行情况。本书在分析影响航班延误影响因素和现有航班延误指标的基础上，提出了航班延误指标构建模型。

## 5.2.1　航班延误定义

　　一般情况下，航空公司会制定相应航班计划向社会提供航空运输服务。航班计划是规定正班航班飞行的航线、机型、班次和班期时刻的计划。航空器在实际的运行过程中，如果没有按照航班计划中的班期时刻表运行，那么就可能会发生延误。航空器在飞行的过程中，通常经历滑出(Taxi-out)、航路(En-Route)、滑入(Taxi-in)等三个阶段[2]。飞行全过程如图 5.2 所示。

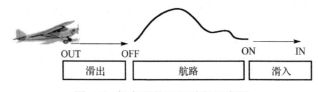

图 5.2　航空器的飞行过程示意图

　　滑出阶段，指的是航空器离开停机位置(OUT)到起飞的阶段(OFF)；航路阶段，指航空器从起飞(OFF)到降落(ON)的阶段；滑入阶段，指航空器从降落(ON)到航空器到达停机位(IN)的阶段。这三个阶段的相关时间可由飞机通信寻址与报告系统(Aircraft Communications，Addressing and Reporting System，ACARS)中的推出报、起飞报、着陆报和滑入报分别记录。

　　根据航空器的不同飞行阶段，美国联邦航空局和欧控组织将航班延误分为到港延误和离港延误，其计算方法如下。

　　**定义 5.1**　到港延误=实际到港时间–计划到港时间。

　　**定义 5.2**　离港延误=实际离港时间–计划离港时间。

　　中国民用航空局在《民航航班正常统计办法》[8]中规定的航班延误计算方法如下。

　　**定义 5.3**　航班延误时间=实际离港时间–(计划离港时间+5 分钟)。

　　通常来说，乘客主要关心实际离港/到港时间与航班时刻表中规定的离港/到港时间是否一致，并且国内相关航班延误应用软件也采用欧美发达国家方法计算航班延误。因此，这里将采用欧美发达国家到港/离港延误的计算方法，以符合航班旅客的体验。欧美发达国家通常认为，如果到港延误和离港延误时间大于 15 分钟，则视为航班发生延误。

上述定义的航班延误指标为公众通常关心的指标，实际上在复杂的航空巨系统中，没有单个最好的指标可以全面地反映航空系统运行的各个方面，不同的性能指标也不能相互替换。另外，不同的利益相关方所感兴趣的性能指标也不相同。如乘客关注的主要是航空公司的服务水平，航空公司可能关注的是航班计划的整个运行代价。因此还需要定义不同的性能指标以便能全面反映航空系统的运行性能。

在定义与航班延误相关的性能指标体系之前，需对航班延误进行准确的定义。由于航班延误涉及不同的用户、不同的飞行阶段、不同的延误因素，对其定义应该具有宏观性和包容性，这里将采纳欧控组织对延误的定义[9]。

**定义 5.4**　航班延误：延误指计划的事件在计划的时间没有发生。

该定义能够囊括航空交通运输系统所产生的所有延误。

从目标上看，由于航班是承载乘客或货物的重要手段，航班运行状态的好坏直接关系着航班承运质量的好坏，对航班延误研究的最终目的是要提高航空交通网络的运行质量。航班延误分析的研究是手段，不是最终目的。但从航班延误研究本身来看，研究的目标是提出航班延误指标体系、航班延误分析方法、航班延误评估与控制机制。

1) 航班延误指标体系的研究

指标的含义是揭示、宣布、指明或使人了解等，是反映总体现象的特定概念和具体数值。通过一个或多个具体的指标，可以认识所研究现象的特征，说明一个简单的事实。如果把若干有联系的指标结合在一起，就可以从多方面认识和说明并比较复杂现象的许多特征及其规律。航班延误指标体系的研究是航班延误分析研究的第一步，它是航班延误评估和控制的基础。虽然目前国内外很多学者和组织提出了一些航班延误指标体系，但由于影响航班延误的因素众多，目前提出的指标体系仍然需要进一步的完善。

2) 航班延误分析方法研究

航班延误数据是一种典型大数据，这些数据具有海量、不完全、有噪声、模糊和随机的特点，可以使用数据挖掘方法从这些大规模的数据中抽取非平凡的、隐含的、未知的、有潜在使用价值的信息。基于数据挖掘的航班延误分析方法，主要包含航班延误预测和航班延误关联规则分析两类。航班延误影响因素涉及航空公司、机场、空管部门及旅客多个方面，可从这些航班延误影响因素中提取有用的航班延误特征，使用数据挖掘方法对航班延误进行预测；使用关联规则分析方法分析影响航班延误因素之间的关系。

3) 航班延误评估与控制机制研究

评估是指对管理对象应用确定的度量尺度，采用相应的评判方法，将所得到结果与事先预定目标进行比较，得出结论和改进过程。对于航班延误状态的评估，其评估可分为三个不同的阶段：航班延误预测评估、航班延误运行时评估和航班延误的历史评估。航班延误预测评估指在航空交通网络规划设计期间，采用数学工具或仿真的方法对可能产生的航班延误状态进行评估，为航空交通网络建设提供依据；航班延误运行时评估指在航空交通网络运行过程中，对航班延误进行实时评估，它可以实时发现航空交通网络问题，为决策者提供实时的决策依据；航班延误的历史评估指以航空交通系统历史运行数据为基础，通过对运行数据的统计、分析，评估系统在正常的运行条件下，过去某一段统计时间段内的运行质量，它可以为航空交通网络优化、规划提供依据。本书提出的航班延误状态评估，主要研究航班延误的历史评估。航班延误的评估不是最终目的，评估的最终目的是控制和提高航空交通网络运行质量，更好地提高网络效率，航空交通系统的控制机制是实现该目的主要手段之一。在实现对航班延误综合评估后，根据得到的评估结果，再提出相应的控制机制。

## 5.2.2　延误因素分类

1. 美国航班延误影响因素分类

从 2003 年起美国交通统计部门就开始收集和报告航班准点性能数据和航班延误原因。美国航空系统性能指标数据库（Aviation System Performance Metric，ASPM）[10]将航班到港延误影响因素分为：航班承运人、极端气象、国家航空系统（National Aviation System，NAS）、安全和延误到港等。

（1）航班承运人原因（Carrier Delay）：航班承运人延迟是航空承运人控制范围内发生的延误。航空承运人引发的延误包括飞机清洁、飞机受损、等待连接的乘客或工作人员到达、行李、鸟击、货物配载、餐饮、加油、接送残疾乘客、保养、登机速度慢或座位选择等原因。

（2）极端气象原因（Weather Delay）：经过航班承运人的判断，会导致航班延误的气象，如风暴、火山爆发等。

（3）NAS 原因（NAS Delay）：由于国家空域系统中的通信、导航、监视等空管设备性能不好，导致非极端气象条件交通运输量等引发的航班延误。

（4）安全原因（Security Delay）：安全漏洞或检测设备在检测区域不运行超过 29 分钟，导致航班延误。

（5）延误到港原因（Late Arrival Delay）：由于航空器在上游机场发生延误，导致后面机场到港时间也发生延误，这种现象也称为延误传播。

2. 欧控组织航班延误影响因素分类

欧控组织使用国际航空运输协会（International Air Transport Association，IATA）出版的延误分类代码对航班延误进行分类，IATA 将延误代码划分为 11 个部分[6]，如

表 5.1 所示。

表 5.1 标准的 IATA 延误代码

| IATA 代码 | 定义 |
|---|---|
| 0~9 | 其他,航空公司内部代码 |
| 11~18 | 乘客和行李的处理 |
| 21~29 | 货运和邮政 |
| 31~39 | 航空器和扶梯处理 |
| 41~48 | 技术和航空器设备 |
| 51~58 | 航空器损坏和自动化设备故障 |
| 61~69 | 航班运行和工作人员 |
| 71~77 | 气象 |
| 81~89 | 空中交通流量管理/机场和政府管理 |
| 91~96 | 延误传播 |
| 97~99 | 其他方面 |

3. 中国航班延误影响因素分类

2013 年中国民用航空局颁发的《民航航班正常统计办法》从天气、航空公司、流量、航班时刻安排、军事活动、空管、机场、联检、油料、离港系统、旅客、公共安全等方面对航班延误影响因素进行分类[8]。①天气因素:天气条件低于机长最低运行标准;天气条件低于飞机最低运行标准;天气条件低于机场最低运行标准;因天气原因临时增减燃油或装卸货物;因天气造成机场或航路通信导航设施损坏情况;因天气导致跑道积水、积雪、积冰;为避开天气而改变航路;因高空逆风造成实际运行时间超过标准航段运行时间;航空器进行除冰、除雪检查或等待除冰、除雪;天气原因造成的航班合并、取消、返航和备降;天气原因(发展、生成、消散等各阶段)造成空管或机场保障能力下降;其他天气原因。②航空公司原因:公司计划;运行保障;空勤组;工程机务;公司销售;地面服务;食品供应;货物运输;后勤保障;代理机构;其他航空公司原因。③流量原因:实际飞行超过区域管制扇区保障能力;实际飞行超过终端管制区保障能力;实际飞行超过机场跑道、滑行道或停机坪保障能力;航路通信、导航或监视设备校验造成保障能力下降。④航班时刻安排原因:航班时刻安排超过空管或机场保障能力。⑤军事活动原因:军航训练、转场、演习、科研项目等限制或禁止航班飞行,造成保障能力下降;军方专机禁航;其他军事活动原因。⑥空管原因:空管人为原因;空管系统的设备故障;气象服务未及时提供;航行情报服务未及时提供或有误;其他空管原因。⑦机场原因:机场跑道、滑行道等道面损坏或灯光故障;机场活动区有异物;人、畜、车辆进入跑道或滑行道;机场责任范围内发生的鸟害;机场所属设施、设备(含通信、导航设备)

故障；等待停机位或登机口分配；机场原因导致飞机、保障车辆等待；候机区秩序；机场运行信息发布的不及时；安检原因；机场通信、导航或监视设备校验造成保障能力下降；机场施工等造成了保障能力下降；机场净空条件不良或跑道、滑行道、停机坪构型不合理造成保障能力下降；机场或跑道宵禁造成保障能力下降；其他机场原因。⑧联检原因：因联检单位(边防、海关、检验检疫)原因未及时为旅客办理手续，造成旅客晚登机；其他联检原因。⑨油料原因：未按计划供油；油品质量不符合规定要求；加油设施设备故障；加油时损坏飞机；其他油料原因。⑩离港系统原因：离港系统故障，延误或不能办理旅客登机手续；其他离港系统原因。⑪旅客原因：等待旅客；登机手续不符合规定；旅客突发疾病；旅客丢失登机牌，重新办理乘机手续；旅客登机后要求下机，重新进行客舱及行李安全检查；旅客拒绝登机、霸占飞机；其他旅客原因。⑫公共安全原因：因举办大型活动或发生突发事件，造成保障能力下降或安检时间延长；航班遭到劫持、爆炸威胁；发生可能影响飞行安全的事件；公共卫生事件；其他公共安全原因。综上所述，虽然美国、欧控组织和我国在对航班延误分类细节上有所不同，但基本都包含了所有延误发生情况。对这些航班延误划分方法进行比较，如表 5.2 所示。

表 5.2　航班延误分类比较

| | 美国 | 欧控组织 | 中国 |
|---|---|---|---|
| 航班延误分类 | 航班承运人原因 | 乘客和行李的处理<br>货运和邮政<br>航空器和扶梯处理<br>技术和航空器设备<br>航空器损坏和自动化设备故障<br>航班运行和工作人员<br>其他方面 | 航空公司原因<br>航班时刻安排原因 |
| | 极端气象原因 | 气象原因 | 天气因素 |
| | NAS 原因 | 空中交通流量管理/机场和政府管理 | 流量原因、军事活动原因、空管原因、机场原因、联检原因、油料原因、离港系统原因 |
| | 安全原因 | 空中交通流量管理/机场和政府管理 | 公共安全原因 |
| | 延误到港原因 | 延误传播 | 无 |

## 5.2.3　延误指标构建

### 1. 美国航班延误指标体系

美国运输部和联邦航空局通过航空公司服务质量性能数据库(Airline Service Quality Performance，ASQP)、航空系统性能指标(Aviation System Performance Metrics，ASPM)和航空运行和延误网络(OPSNET)收集航空延误信息[7]。三个数据库的目的、范围和测量方式如表 5.3 所示。

表 5.3　美国航空延误数据库的目的、范围和测量方式

| | ASQP | ASPM | OPSNET |
|---|---|---|---|
| 目的 | 提供空中旅行信息给消费者，确保航空公司能够提供更加准确的航班计划报告 | 作为联邦航空局的一种工具用于跟踪航班所有阶段的延误，包括登机口离港、滑出、机场离港、空中、滑入和登机口到港 | 该数据库用于测量空中交通管制设施的性能以及空管系统的效率。该数据库是记录交通流计数和延误的官方系统 |
| 范围 | 美国承运其本土 1% 运量的商业航空公司都需要上报运行和延误数据 | 包括美国 77 个机场的 28 个商业和货运航空公司，并包含离/到港这些机场的国际交通流 | 包括所有运行——商业航空公司、货运航空公司、空中巴士、通用航空和军事航空，包括航空器的离开、到达以及飞跃 |
| 测量方式 | 如果航班到达或离开停机位超过 15 分钟，那么认为航班发生延误。记录的延误主要包括停机位到港延误、停机位离港延误和撤销轮挡延误 | 如果离港或到港时间与计划航班时间或飞行计划相比超过 15 分钟，那么认为航班延误。系统能够记录的延误包括停机位离港延误、滑出时间、机场离港延误、空中时间、滑入延误、停机位到港延误和撤销轮挡延误 | 在管制情况下，如果飞行员请求滑出时间、请求起飞时间在空中等待的时间超过 15 分钟，那么认为航班发生延误 |

　　由表 5.3 可知，美国基本按照航班飞行的各个阶段对航班延误进行记录。图 5.3 显示了在美国境内管理和控制空中交通流的联邦政府设施，并且采用三个数据库记录航班延误的位置。ASQP 和 ASPM 依据航空公司航班计划或飞行计划计算延误，OPSNET 计算在管制情况下发生的延误。

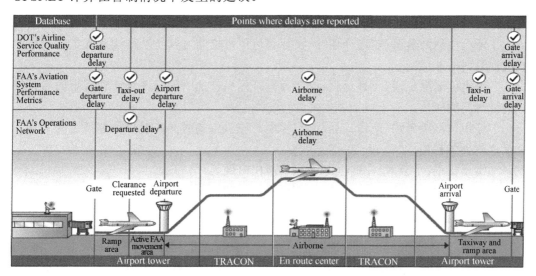

图 5.3　美国联邦航空局数据库报告延误的位置以及数据类型

这些数据库中航班延误的不同计算方式将导致在一个数据库中认为航班发生了

延误而在另一个数据库中没有发生航班延误。例如，如果航班的工作人员迟到，那么与航空公司航班计划相关的航班延误将发生，可能导致航班在航班计划规定的 15分钟后离开，该延误将在 ASQP 和 ASPM 数据库中记录；如果该航班在 FAA 的控制下，航班按照正常流程起飞，而不认为航班发生了延误，该延误值在 OPSNET 数据库中不会出现。相反，如果航班准备起飞，并且在停机位没有出现延误；但是在 FAA 的管制下，FAA 设施由于天气、交通流量或别的原因主动发起了交通流量的管理，使航班在离港机场延迟起飞时间超过 15 分钟，那么这样的延误时间将被记录到 OPSNET 数据库中，但是不会记录到其他两个数据库中。根据航班飞行的不同阶段，美国 ASPM 从单个航班、机场、城市对、城市对航路、效率、运行性能、滑行时间、吞吐量、气象因子等角度定义了不同的相关延误指标，绝大部分的延误指标都是从单个航班延误指标中衍生出来，单个航班延误指标的相关定义如下[11]。

空中延误(Airborne Delay)：由空中等待导致的延误。

机场起飞延误(飞行计划)：实际起飞时间减去飞行计划停机位开出时间(Flight Plan Gate Out)加上正常滑出时间得到的估计延误值。

机场起飞延误(航班计划)：实际起飞时间减去航班计划停机位开出时间(Scheduled Gate Out)加上正常滑出时间得到的估计延误值。

机场起飞时间差值(飞行计划)：实际起飞时间与飞行计划规定起飞时间的差值。

机场起飞时间差值(航班计划)：实际起飞时间与航班计划规定起飞时间的差值。

轮挡延误(Block Delay)：实际轮挡时间与计划轮挡时间之间的差值。

停机位到港延误(飞行计划)：实际到达停机位的时间与飞行计划规定的到达停机位时间的差值。

停机位到港延误(航班计划)：实际到达停机位的时间与航班计划规定的到达停机位时间的差值。

停机位离港延误(飞行计划)：实际离开停机位的时间与飞行计划规定的离开停机位时间的差值。

停机位离港延误(航班计划)：实际离开停机位的时间与航班计划规定的离开停机位时间的差值。

滑出延误：实际滑出时间减去正常滑出时间。

滑入延误：实际滑入时间减去正常滑入时间。

2. 欧控航班延误指标体系

成立于 1998 年的欧控性能评估委员会(Performance Review Commission，PRC)每年都会对欧洲空中交通管理性能进行评估，它从安全性(Safety)、容量(Capacity)、环境(Environment)、费效(Cost-efficiency)等四个方面从顶层对系统性能进行分析，并在分析容量时使用与延误相关的指标进行分析。在 2019 年出版的性能评估报告

(Performance Review Report，PRR)中，给了一个用于测量与空中交通管理相关的服务质量的概念框架[6]，如图 5.4 所示。

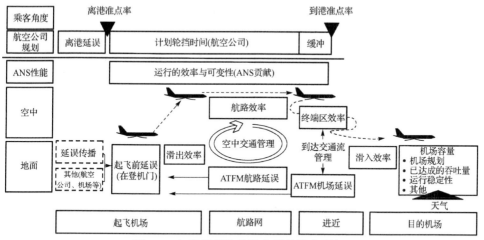

图 5.4　与空管相关的服务质量概念框架

图 5.4 从不同层次和角度给出相关性能指标对服务质量进行分析，主要指标包括准点率、各飞行时间的可变性、离港延误、到港延误、延误传播、航路 ATFM(Air Traffic Flow Management)延误以及机场 ATFM 延误等。该概念框架的最顶端从乘客的角度使用准点率将实际性能与航空公司航班计划进行比较。虽然准点率性能指标只是从乘客角度得出的指标，但是其涉及多个利益相关方(航空公司、地面处理者、机场运行者、管制员等)以及航班计划中的缓冲时间用于保证准点性能。

从运行角度看，相对于航班计划的所有变化产生的波动都对效率具有很大的影响。运行的可预测性对于航班计划具有很大的影响，同时对于管制和机场容量的提供也具有很大的影响。可预测性越低则将需求和容量进行匹配越困难。

图 5.5 为从空域用户角度对不同飞行阶段的飞行时间的可变性(Variability)描述。运行可变性由空域用户预测能力决定，该指标对航班计划执行具有很大影响。该指标主要关注空域用户经历的与航班某个阶段相关的分布宽度。变化越大，实际旅行时间就越宽，那么在航班计划中就需要更多的缓冲时间用于维持良好的准点率性能。离港延误和到港延误与美国定义的航班延误相同。ATFM 机场延误(ATFM Airport Delay)指的是在指定地点由交通量引发的延误；ATFM 航路延误(ATFM En-Route Delay)为在指定的空域和特殊点由交通量引发的延误。延误传播(Reactionary Delay)指的是由航班在上游机场延误导致航班在下游机场发生的延误。

### 3. 与延误传播相关的关键性能指标

确定延误传播程度主要包括两个因素：一是主延误(Primary Delay)的特点(延误

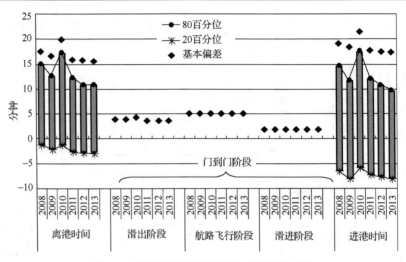

图 5.5　不同飞行阶段的所需时间的可变性

在一天中发生时间、延误长度）；二是空中交通网络吸收主延误的能力（计划轮挡时间或中转时间中的缓冲）。用于测量和描述延误传播的关键性能指标主要包括主延误对航空公司模型的敏感性、与航空公司航班计划相关的延误等[1]。

1）主延误对航空公司模型的敏感性

主延误对航空公司模型的敏感性可以使用延误传播/主延误率来衡量，计算方法如下：

$$\text{Ratio} = \frac{\sum \text{reactionary\_delay}}{\sum \text{primary\_delay}} \tag{5.1}$$

比值越高，运行系统对主延误就越敏感，主延误会产生更多的延误传播。该指标从高层次描述了延误传播的影响并可以揭示不同商业模型在延误传播上的差异。

2）与航空公司航班计划相关的延误指标

如图 5.6 所示，航空器运行转进过程中，计划的中转时间和轮挡时间在吸收和减少主延误和后续的延误传播中起着重要的作用。

图 5.6　航空器运行转进过程

（1）与轮挡时间相关的指标。

轮挡时间被定义为撤轮挡时间（Off-Block，OUT）和上轮挡（On-Block，IN）的差值。轮挡时间相关指标，如图 5.7 所示。

航班延误时间差值指标（Delay Difference Indicator-Flight，DDI_F）和轮挡时间超量指标（Block Time Overshoot，BTO）可用于描述轮挡阶段的运行性能。

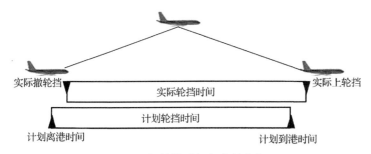

图 5.7　与轮挡时间相关的指标

DDI_F 是计划轮挡时间与实际轮挡时间的差值，计算方法如下：

$$DDI\_F = Actual\_block\_time - Scheduled\_block\_time \tag{5.2}$$

BTO 指的是在一定时间内超过计划轮挡时间的航班比例。作为 DDI_F 的补充，两个指标的有机结合可以描述轮挡阶段性能。

$$BTO = \frac{超过计划轮挡时间航班数}{所有航班总数} \times 100\% \tag{5.3}$$

（2）与中转时间相关的指标。

中转时间相关指标将实际中转时间与计划中转时间进行比较。与 DDI_F 和 BTO 指标相似，航班中转时间差值指标（DDI_G）和航班中转时间超量指标（GTO）用于理解航空公司是否遵守计划地面时间。

DDI_G 是计划中转时间与实际中转时间的差值，计算方法如下：

$$DDI\_G = Actual\_ground\_time - Scheduled\_ground\_time \tag{5.4}$$

GTO 指的是在一定时间内超过计划地面时间的航班比例。计算方法如下：

$$GTO = \frac{超过计划地面时间航班数}{所有航班总数} \times 100\% \tag{5.5}$$

为了更好地认识中转过程，中转延误指标（TDI）和中转时间超量指标（TTO）被用于地面阶段的延误时间分析。

TDI 等于 DDI_G 但是中和了早到航班。如果出现早到航班，那么将实际到港时间设置为计划到港时间。TDI 的计算方法如下：

$$TDI = Actual\ ground\ time - Scheduled\ ground\ time \tag{5.6}$$

IF　Actual IN previous flight< STA previous flight

THEN Actual Ground Time=Actual OUT– STA previous flight

该指标显示了航空公司在所有地面运行阶段吸收和增加延误的趋势。

与 GTO 相似，TTO 指标表明了超过计划地面时间(当有早到航班时，将早到航班中和)的航班比例。TTO 的计算方法如下：

$$TTO = \frac{周转期间内延误增加的航班数}{所有航班总数} \times 100\% \tag{5.7}$$

TDI 和 TTO 指标表明延误是否在地面时间中添加，如果有延误添加，那么添加的延误大小有多大。

4. 乘客延误指标

乘客延误时间(Passenger Trip Time)是乘客计划的停机位到达时间与乘客实际停机位到达时间的差值，该时间不仅包括航班飞行的时间，还包括由航班取消、中转或旅客错失航班而进行重新订票引起的等待时间。文献[12]给出了相关的乘客延误指标，相应的乘客延误指标与航班延误指标如图 5.8 所示。

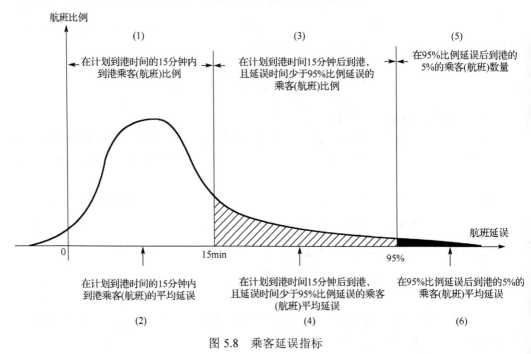

图 5.8　乘客延误指标

由图 5.8 所示，乘客延误指标和航班延误指标可以分为 6 类：

(1)在计划到港时间的 15 分钟内到港乘客(航班)比例；

（2）在计划到港时间的 15 分钟内到港乘客（航班）的平均延误；

（3）在计划到港时间 15 分钟后到港，且延误时间少于 95% 比例延误的乘客（航班）比例；

（4）在计划到港时间 15 分钟后到港，且延误时间少于 95% 比例延误的乘客（航班）平均延误；

（5）在 95% 比例延误后到港的 5% 的乘客（航班）数量；

（6）在 95% 比例延误后到港的 5% 的乘客（航班）平均延误。

5．航班延误指标模型

从前面分析可以看到，航班延误涉及多种影响因素，各个不同的飞行阶段，面向不同的用户使用者。以往研究通常从单一视角构建航班延误指标，这样导致航班延误指标体系构建不完善和不清晰。本书将用户角度、航班飞行过程、指标层次、指标统计等不同角度设计航班延误指标，如图 5.9 所示，并构建相应的模型。

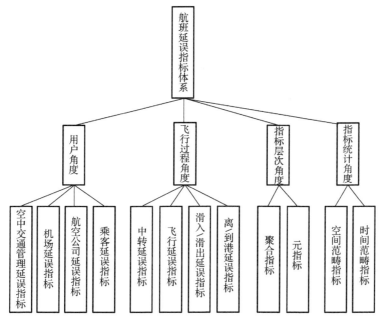

图 5.9　航班延误指标构建模型

（1）用户角度。延误由多个利益相关方使用，包括管制部门、机场部门、航空公司和乘客。不同的用户对延误的使用不同，需要根据其各自的需求定义相应的延误指标。空中交通管理部门在测量延误时，主要是期望满足航空公司和机场的期望与乘客的期望。一般来说，空管部门通常关心由于管制系统使航空器在停机位滞留、航空器缺少跑道、在跑道上等待、在滑行道上等待、在航路上等待，从而使延误超过15分钟的航班。机场通常关心吞吐量和平均延误。机场一般通过其整体能力保持在最大机场容量之下测量其对延误的影响。如果机场运行整天都保持在最大容量之下，那么从机场的角度，就不会有由机场原因所引发的延误。航空公司从多个角度看待延误。主要地，他们以航班计划时间作为参考来计算延误。航班延误是实际停机位到港时间或离港时间与计划停机位到港时间或离港时间的差值，在此基础上可计算离港或到港准点性能。乘客认为他们离港或到港时间与计划到港时间相比不能匹配，那么就认为发生了延误。但是，如果一个航班离港时发生了延误，而在到港时准时到达，那么离港时发生的延误将很容易被遗忘。反之，如果提前到港却长时间等待停机位，即使航班能够准时到达停机位，航班也可认为发生了延误。乘客可以在多种情况下认为航班发生了延误：前序航班发生延误，导致没有航班器执飞飞行计划中的航班；机械、航空器清洗及工作任务缺失导致乘客不能登机；在乘客登机后某些原因导致航空器不能准点离港；航空器离港，但经历长时间滑行，航空器最后起飞，乘客认为离开跑道时发生延误；航班由于天气原因，增加了未预期的飞行时间，导致在目的机场延误；航班在目的机场降落，但是等待开机门，即使能够在计划到港时间之前开机门，乘客也认为发生延误。另外，空管部门、机场部门和航空公司航班延误发生的原因都不尽相同，要实现航空交通运输系统的精细化管理，在制定宏观层面的航班延误指标时，还需要统计各种航班延误原因导致的航班延误时间。

(2)飞行过程角度。航班飞行过程分为滑出、飞行、滑入以及中转等各个不同阶段，不同阶段受不同的因素和用户的影响，需要在不同阶段制定相应的延误指标。将航班延误指标分为离/到港延误指标、滑入/滑出延误指标、飞行延误指标和中转延误指标。

(3)指标层次角度。元指标能够反映航班运行的特定属性，若干个元指标组成一个指标集合，用于反映航班运行状态。如描述到港延误的指标有：单航班到港延误时间、平均到港延误时间、准点率等。聚合指标是将已有的、从不同视角描述航班运行的元指标聚合成一个指标，使其能够反映航班运行。指标聚合就是将得到的元指标按照某种算法进行处理的过程，最常用的评估算法是线性加权算法。根据聚合的层次不同，聚合指标也可以成为更高一层聚合指标的元指标。

(4)指标统计角度。从时间统计角度看，航班运行中的所有元指标和聚合指标都是航空交通网络在某一时间点上的运行状况，无法反映系统在某一时间段内的状况；而决策者有时更关心的是指标在一个时间段内的统计情况，如指标的时间平均值和稳定值等；根据指标时间统计值，管理者可以对系统运行情况进行更深层次的认识。从空间统计角度看，系统中的聚合指标描述的是系统中单部分的运行状况，没有对其之间的差异性和关联性进行分析，从而不能描述系统各部分质量的差异和关联性。从空间统计的角度可对系统各部分的运行状况进行统计，求得平均值和稳定值，为决策者调整系统提供依据。

## 5.3　延误回归预测研究

目前国内外相关学者对预测航班延误强度和航班是否发生延误的方法进行了研究。文献[13]提出了将基于贝叶斯网络的航班延误传播模型用于分析航班衔接时的延误传播过程，用于预测下游机场航班的离/到港延误；文献[14]建立多机场多航班有色-时间 Petri 网模型用于从理论上预测单架航班从源机场起飞的各个飞机的下游机场是否出现航班延误并预测延误时间；文献[15]分析了单架航班执行多个任务时航班延误状态之间的关系，构建航班延误状态空间模型；文献[16]对连续进港航班之间的延误传递情况进行了分析，建立了延误的状态空间模型；文献[17]提出一种将时间和网络延误状态作为解释变量的基于网络的空中交通延误预测模型，该模型能够较好地预测城市对之间的延误状态和延误强度，并计划对单航班延误进行预测；文献[18]采用回归分析方法识别产生延误的重要因素，使用支持向量机分类方法预测是否会发生延误，使用非参数二次回归算法预测延误强度；文献[19]提出使用数据挖掘方法对航班是否发生延误以及延误强度进行预测。综上所述，现有航班延误预测模式主要分两类：一类是利用单架航班在上下行衔接机场之间的航班运行数据建立模型进行航班延误预测；另一类是利用所有航班长期运行历史数据建立模型进行航班延误预测，两类航班延误预测性能都不高。本书将针对在一天中执行多次任务的航空器，利用其在下游某一机场的历史航班运行数据和当天上游机场的航班运行数据，采用支持向量机回归(Support Vector Machine Regression，SVR)方法建立航班延误预测模型，预测下游某一机场的航班到港延误。

### 5.3.1　支持向量机回归原理

假设样本 $T = \{(x_1, y_1), \cdots, (x_l, y_l)\}$，在线性条件下，SVR 使用线性函数 $f(x, w) = (w \cdot x) + b$ 对样本进行拟合。在非线性条件下，则将样本映射到高维特征空间，在高维特征空间中建立线性模型 $f(x, w) = (w \cdot \phi(x)) + b$。其中，$\phi(x)$ 是将样本映射到高维空间的非线性变换，SVR 可以表示为

$$\min \frac{1}{2} \|w\|^2 + C \sum_{i=1}^{l} (\xi + \xi_i^*) \tag{5.8}$$

$$\text{s.t.} \quad f(x_i, w) - y_i \leqslant \varepsilon + \xi_i, \quad i = 1, 2, \cdots, l$$

$$y_i - f(x_i, w)_i \leqslant \varepsilon + \xi_i^*, \quad i = 1, 2, \cdots, l$$

$$\xi_i \geqslant 0, \quad \xi_i^* \geqslant 0, \quad i = 1, 2, \cdots, l$$

其中，$\|w\|^2$ 代表与模型复杂度相关的因素；$C$ 为惩罚系数；$\xi$ 表示敏感损失函数，

松弛变量 $\xi_i$，$\xi_i^*$ 表示样本偏离 $\xi$ 不敏感区域的程度。惩罚系数 $C$ 和不敏感系数 $\xi$ 对 SVR 的性能有着重要的影响。对于问题(5.8)，可以通过求解模型的 Lagrange 对偶问题获得原问题的最优解：

$$f(x) = \sum_{i=1}^{l}(a_i^* - a_i)k(x_i,x_j) + b \tag{5.9}$$

其中，$k(x_i,x_j)$ 称为核函数，满足 Mercer 条件且 $k(x_i,x_j)=\phi(x_i)\cdot\phi(x_j)$。核函数 $k(x_i,x_j)$ 的选取在 SVM 方法中是一个较为困难的问题，至今没有一定的理论方面的指导，核函数的作用相当于使样本投影到一个很高维的空间中，将其转化为一个线性回归问题，然后再构造最优回归曲线。因此，核函数的选取直接影响了曲线的泛化能力，SVM 中不同的内积核函数将形成不同的算法。目前，研究最多的核函数主要有三类：多项式核函数、径向基核函数(Radial Basis Function，RBF)和 Sigmoid 核函数。

### 5.3.2　延误相空间重构方法

研究表明一个混沌系统产生的轨迹经过一定时期变化后，最终会做一种有规律的运动，产生一种规则的、有形的轨迹，这种轨迹在经过类似拉伸和折叠后转化成与时间相关的序列时，呈现出混乱的、复杂的特性。Packard 等建议用原始系统中的某变量延迟坐标来重构相空间，Takens 证明可以找到一个合适的嵌入维，即如果延迟坐标的维数 $m \geq 2d+1$，$d$ 是动力系统的维数，在这个嵌入维空间里可以把有规律的轨迹恢复出来。这就是相空间重构理论[20]。

在重构相空间中，时间延迟 $\tau$ 和嵌入维数 $m$ 的选取非常重要，研究表明如果 $\tau$ 太小，将不能展示系统的动力特征，$\tau$ 太大使得简单轨道变得复杂并且会减少有效的数据点数；同样 $m$ 太小嵌入空间无法包容动力系统的吸引子，从而无法全面展现系统的动力学特性，$m$ 太大不仅会减少可用数据长度，增加计算工作量，而且可能增大预测误差。

#### 1.　航班延误的时延计算方法

目前，延时 $\tau$ 的选择方法主要有自相关法、平均位移法、去偏复自相关法、互信息法等[20,21]。由于互信息法适用于大数组、非线性问题，这里采用互信息法计算延时，计算方法为

$$I(\tau) = \sum_{n=1}^{N}P(x(n),x(n+\tau))\log\left(\frac{P(x(n),x(n+\tau))}{P(x(n)\cdot P(x(n+\tau))}\right) \tag{5.10}$$

其中，$I(\tau)\geq 0$；$P(\cdot)$ 为概率。$I(\tau)$ 指出从一个序列得到的关于另一个序列的信息量；Fraer 建议 $I(\tau)$ 达到第一个极小点所对应的 $\tau$ 作为嵌入时间延迟[22]。

## 2. 嵌入维数的计算方法

求取嵌入维数的方法主要有关联指数饱和法、假近邻法、Cao 方法[23]等，这里选用 Cao 方法对 $m$ 进行选取。定义：

$$a(i,d) = \frac{\left\| y_i(d+1) - y_{n(i,d)}(d+1) \right\|}{\left\| y_i(d) - y_{n(i,d)}(d) \right\|} \tag{5.11}$$

其中，$i = 1, 2, \cdots, N - d\tau$；$\|\cdot\|$ 为欧氏距离，满足 $\left\| y_k(m) - y_l(m) \right\| = \max \left| x_{k+j\tau} - x_{l+j\tau} \right|$，$0 \leqslant j \leqslant m-1$；$y_i(d+1)$ 是 $d+1$ 次嵌入维重构空间的第 $i$ 个向量。如果 $d$ 是一个嵌入维，在 $d$ 维相空间邻近的两个点在 $d+1$ 维相空间依然邻近，这样的点对被称为"真实邻近点"，反之被称为"假邻近点"。Cao 引入一个量：

$$E_1(d) = E(d+1)/E(d) \tag{5.12}$$

其中，$E(d)$ 为 $a(i,d)$ 的平均值，可表示为

$$E(d) = \frac{1}{N - d\tau} \sum_{i=1}^{N-d\tau} a(i,d) \tag{5.13}$$

Cao 发现，当 $d$ 比某一个 $d_0$ 大时，$E_1(d)$ 停止变化，于是 $d_0 + 1$ 便给出了序列的最小嵌入维。同时 Cao 还定义 $E_2(d)$ 用于区分确定性混沌信号和随机信号，如果是随机信号 $E_2(d)$ 对任何 $d$ 为 1，对于混沌信号 $E_2(d)$ 将不会始终为 1。

## 3. 最大 Lyapunov 指数的计算方法

Lyapunov 指数反映了系统在局部范围内收缩与发散的速度。目前，计算 Lyapunov 指数常用的方法有 Wolf 法、Jacobian 法、$P$-范数法和小数据量法。小数据量法操作方便，具有对小数据组比较可靠、计算量小和相对易操作等优点。因此，这里选用 Rosenstein 提出的小数据量法计算 Lyapunov 指数。Rosenstein 小数据量法是一种只计算混沌时间序列最大 Lyapunov 指数的简便方法，其基本原理如下：在时间序列相空间重构后，寻找轨道上第 $j$ 点 $Y_j(t_0)$ 的最近临近点 $Y_{j'}(t_0)$，即

$$d_j(0) = \min \left\| Y_j(t_0) - Y_{j'}(t_0) \right\|, \quad |j - j'| > p \tag{5.14}$$

其中，$p$ 为时间序列的平均周期，它可以通过 FFT 分析估计得到。Sato 等根据可以通过轨道上每个点和其最邻近点演化的平均发散速率来估计最大 Lyapunov 指数这一思想，推导出可以通过下式计算最大 Lyapunov 指数：

$$\lambda_1(i,k) = \frac{1}{k \Delta t} \frac{1}{M-k} \sum_{j=1}^{M-k} \ln \frac{d_j(i+k)}{d_j(k)} \tag{5.15}$$

其中，$k$ 是常数；$d_j(i)$ 为基本轨道上第 $j$ 对最邻近点对经过 $i$ 个离散时间步长后的距离；$\Delta t$ 为样本周期；$M$ 为重构相空间点的个数。$\lambda_1(i,k)$ 随着演化时间 $i$ 的增大而

变化，最大 Lyapunov 指数的几何意义是量化初始轨道随指数发散的参量，有

$$d_j(i) \approx C_j \mathrm{e}^{\lambda_1(i \cdot \Delta t)}, \quad C_j = d_j(0) \tag{5.16}$$

对式(5.16)两边取对数，得到

$$\ln d_j(i) = \ln C_j + \lambda_1(i \cdot \Delta t), \quad j = 1, 2, \cdots, N - (m-1)\tau \tag{5.17}$$

最大 Lyapunov 指数相当于上述这组直线的斜率，可以通过最小二乘法得到，得到最大 Lyapunov 指数为

$$y(i) = \frac{1}{\Delta t} < \ln d_j(i) > \tag{5.18}$$

其中，$< \cdot >$ 表示对所有的点取平均值。

### 5.3.3　差分进化算法的原理

差分进化算法(Differential Evolution, DE)由 NP(种群规模)个 $D$(决策变量个数)维参数矢量 $x_i^j (i = 1, 2, \cdots, \mathrm{NP}; \ j = 1, 2, \cdots, D)$ 在搜索空间进行并行搜索最优解。DE 算法的基本操作包括变异(Mutation)、交叉(Crossover)和选择(Selection)三种[24]。

随机选择两个不同的个体矢量相减生成差分矢量，将差分矢量赋予权值之后加到第三个随机选择的个体矢量上，生成变异矢量，该操作称为变异。变异矢量与目标矢量进行参数混合，生成试验矢量(Trial Vector)，这一过程称为交叉。如果试验矢量的适应度优于目标矢量的适应度，则用试验矢量取代目标矢量而形成下一代，该操作称为选择。在每一代的进化过程中每一个体矢量作为目标矢量一次。初始种群是在搜索空间随机生成的，且要求初始种群覆盖整个搜索空间。初始群体一般采用均匀分布的随机函数来产生，如下所示：

$$x_i^j = x_{\min}^j + \mathrm{rand}(0,1) \cdot (x_{\max}^j - x_{\min}^j), \quad j = 1, 2, \cdots, D \tag{5.19}$$

其中，$x_i^j$ 表示第 $i$ 个种群的第 $j$ 维变量的初始值；$x_{\min}^j$、$x_{\max}^j$ 分别表示第 $j$ 维变量的最小值和最大值；$\mathrm{rand}(0,1)$ 表示采用均匀分布生成的在 $[0,1]$ 的随机数。

1. 变异操作

在初始化之后，DE 算法使用变异操作对现有种群中的每个个体 $X_{i,G}$ 生成一个变异向量 $V_{i,G}$。对于在第 $G$ 代中的每个目标向量 $X_{i,G}$，可以通过一定的变异策略生成相关的变异向量 $V_{i,G} = \{v_{i,G}^1, v_{i,G}^2, \cdots, v_{i,G}^D\}$。在 DE 算法中常用的变异策略如下。

(1) "DE/rand/1"

$$V_{i,G} = X_{r_1^i G} + F \cdot (X_{r_2^i G} - X_{r_3^i G}) \tag{5.20}$$

(2) "DE/best/1"

$$V_{i,G} = X_{\mathrm{best},G} + F \cdot (X_{r_2^i G} - X_{r_3^i G}) \tag{5.21}$$

(3) "DE/rand-to-best/1"

$$V_{i,G} = X_{i,G} + F \cdot (X_{\text{best},G} - X_{i,G}) + F \cdot (X_{r_1^i,G} - X_{r_2^i,G}) \tag{5.22}$$

(4) "DE/best/2"

$$V_{i,G} = X_{\text{best},G} + F \cdot (X_{r_1^i,G} - X_{r_2^i,G}) + F \cdot (X_{r_3^i,G} - X_{r_4^i,G}) \tag{5.23}$$

(5) "DE/rand/2"

$$V_{i,G} = X_{r_1^i,G} + F \cdot (X_{r_2^i,G} - X_{r_3^i,G}) + F \cdot (X_{r_4^i,G} - X_{r_5^i,G}) \tag{5.24}$$

其中，索引 $r_1^i, r_2^i, r_3^i, r_4^i, r_5^i$ 是从[1,NP]随机产生的相互独立的随机数，并与 $i$ 不同，这些索引在每个变异向量每次都随机生成；尺度因子 $F$ 是一个用于缩放不同向量的正控制参数；$X_{\text{best},G}$ 是在第 $G$ 代中所有种群中具有最优适应度值（Fitness）的最优个体向量。

2. 交叉操作

在变异操作之后，对每个目标向量 $X_{i,G}$ 和相应的变异向量 $V_{i,G}$ 使用交叉操作生成试验向量：$U_{i,G} = (u_{i,G}^1, u_{i,G}^2, \cdots, u_{i,G}^D)$。DE 算法使用均匀分布的交叉操作，定义如下：

$$U_{i,G} = \begin{cases} v_{i,G}^j, & \text{rand}_j[0,1] \leqslant \text{CR 或} j = j_{\text{rand}} \\ x_{i,G}^j, & \text{其他} \end{cases}, \quad j = 1, 2, \cdots, D \tag{5.25}$$

其中，交叉率 CR 是一个由用户指定的在[0,1]范围内的常量，该变量控制了从变异向量中复制的参数值比例；$j_{\text{rand}}$ 是一个在[1,D]中随机选择的整数。如果 $\text{rand}_j[0,1] \leqslant \text{CR}$ 或 $j = j_{\text{rand}}$ 交叉操作将复制变异向量 $V_{i,G}$ 中的第 $j$ 个参数到试验向量 $U_{i,G}$ 的相应元素中。否则，它将直接复制相应的目标向量 $X_{i,G}$。另外也可以采用指数交叉的方式进行交叉操作。

3. 选择操作

如果新产生的试验向量的某些参数值超过了规定的上下限范围，那么在预先指定的上下限范围内随机和均匀地重新初始化这些向量。同时，所有这些试验向量的目标函数值被评估。每个试验向量的目标函数值 $f(U_{i,G})$ 与现有种群中的目标向量的函数值 $f(U_{i,G})$ 进行比较。如果试验向量的目标函数值小于或等于目标向量的函数值，那么试验向量将取代目标向量并进入下一代的种群，否则目标向量将保留到下一代。选择操作如下所示：

$$X_{i,G+1} = \begin{cases} U_{i,G}, & f(U_{i,G}) \leqslant f(X_{i,G}) \\ X_{i,G}, & \text{其他} \end{cases} \tag{5.26}$$

在实际运行过程，上述三个步骤在每一代中进行不断重复直到满足特定的结束标准，DE 算法的具体实现过程如下。

步骤 1：设置代的数量 $G = 0$，并且随机初始化含 NP 个个体的种群 $P_G = \{X_{1,G}, \cdots, X_{\text{NP},G}\}$，其中，$X_{i,G} = \{x_{i,G}, \cdots, x_{i,G}\}, i = 1, 2, \cdots, \text{NP}$，$X_{i,G}$ 的取值范围为 $[X_{\min}, X_{\max}]$，

$X_{\min}=\{x_{\min}^1,\cdots,x_{\min}^D\}$，　$X_{\max}=\{x_{\max}^1,\cdots,x_{\max}^D\}$。

步骤2：While 不符合停止标准

　　　　DO

　　步骤2.1　变异步骤

/*对每个目标向量$X_{i,G}$生成一个变异向量$V_{i,G}=\{v_{iG}^1,v_{iG}^2,\cdots,v_{iG}^D\}$ */

　　　　For $i=1$ to $NP$

通过式(5.22)~式(5.26)生成与目标向量$X_{i,G}$相关的变异向量$V_{i,G}=\{v_{iG}^1,v_{iG}^2,\cdots,v_{iG}^D\}$。

　　　　END For

　　步骤2.2　交叉步骤

/*为每个目标向量$X_{i,G}$生成试验向量$U_{i,G}=(u_{i,G}^1,u_{i,G}^2,\cdots,u_{i,G}^D)$ */

　　　　（a）二元交叉

　　　　For $i=1$ to NP

　　　　$j_{\text{rand}}=\lfloor \text{rand}(0,1)*D \rfloor$

　　　　　　For $j=1$ to $D$

$$U_{i,G}=\begin{cases} v_{i,G}^j, & \text{rand}_j[0,1]\leqslant\text{CR或}j=j_{\text{rand}} \\ x_{i,G}^j, & \text{其他} \end{cases}$$

　　　　　　END For

　　　　END For

　　　　（b）指数交叉

　　　　For $i=1$ to NP

　　　　　　$j_{\text{rand}}=\lfloor \text{rand}(0,1)*D \rfloor,L=0$

　　　　　　$U_{i,G}=X_{i,G}$

　　　　　　Do

　　　　　　　　$u_{i,G}^j=v_{i,G}^j$

　　　　　　　　$j=<j+1>_D *$

　　　　　　　　$L=L+1$

　　　　　　WHILE $(\text{rand}[0,1)<\text{CR \& }L<D)$

　　　　END For

　　步骤2.3　选择步骤

　　　　/*选择*/

　　　　For $i=1$ to NP

　　　　　　评估试验向量$U_{i,G}$

　　　　　　If $f(U_{i,G})\leqslant f(X_{i,G})$，THEN $X_{i,G+1}=U_{i,G}$，$f(X_{i,G+1})\leqslant f(X_{i,G})$

　　　　　　　　If $f(U_{i,G})\leqslant f(X_{\text{best},G})$，THEN $X_{\text{best},G}=U_{i,G}$，

$$f(U_{\text{best},G}) = f(X_{i,G})$$

　　　　　　　　END If

　　　　　END If

　　END For

　　步骤 2.4　增加代数 $G = G+1$

步骤 3：END While

## 5.3.4　多任务航班延误分析

　　各个航空公司在某一段时间内在固定机场之间将执飞相同的航班 $F$，而执飞该航班的单架航空器在一天中将执行多次航班飞行任务。设执飞航班 $F$ 的航空器在一天飞行过程中起降机场的数量为 $P(P \geqslant 2)$，如果航空器在上游机场 $i$ 发生离港航班延误 $d_i$，那么航班 $F$ 在下游机场 $j$ 到港时将受到波及，产生到港延误 $a_j$。典型数据分析在机场 $A \rightarrow B \rightarrow C$ 之间依次执飞相同航班的 160 组航班延误数据为例，分析上下游航班延误之间的关系，$A$、$B$ 机场的离港延误和 $C$ 机场的到港延误，如图 5.10 所示。

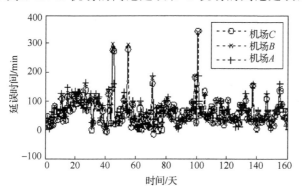

图 5.10　上下游机场的航班延误曲线

　　机场 $C$ 的某航班到港延误与执飞该航班的航空器在机场 $A$ 和机场 $B$ 的离港延误变化趋势较为一致，采用 MATLAB 的 Corr 函数求得机场 $C$ 到港延误与机场 $A$ 离港延误之间的相关系数为 0.8064，机场 $C$ 到港延误与机场 $B$ 离港延误之间的相关系数为 0.9848，上游机场的离港延误与下游机场到港延误的相关性明显，并且离下游机场越近的上游机场的离港延误对下游机场的到港延误影响越强。因此，可用预测当天的上游机场离港延误以及下游机场历史到港延误建立基于 SVR 的航班延误预测模型，对当天下游机场的航班延误进行预测。

## 5.3.5　航班延误的预测模型

　　以航班 $F$ 在下游机场 $j$ 的 $N$ 天历史航班延误数据序列 $a_j(n)(n=1,2,\cdots,N)$ 和执飞该航班的航空器在上游机场 $i$ 产生的 $N$ 天历史离港航班延误时间序列 $d_j(n)(n=1,2,\cdots,N)$，建立基于 SVR 的航班延误预测模型，其结构如图 5.11 所示。

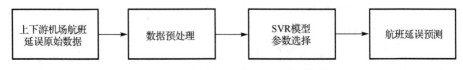

图 5.11　航班延误的 SVR 预测模型

如图 5.11 所示，首先将上、下游机场航班延误原始数据映射为输入样本向量，然后对输入样本向量进行数据预处理，通过 SVR 训练寻找模型最佳的参数构建航班延误预测模型，最后输入预测样本向量对航班延误进行预测。

**1. 航班延误数据输入向量**

由于航班延误受到气象、交通流量控制、航空公司和机场等多种因素的影响，航班延误具有很强的非线性特性，如何从历史数据中获取其内在信息和规律，对准确预测航班延误非常重要。

混沌理论中的相空间重构方法[20]将非线性序列映射到高维空间，可以有效地获取非线性序列中存在的动力学特征信息。对于给定的航班延误数据时间序列 $\{x(n),(n=1,2,\cdots,N)\}$，采用相空间重构法，可以得到 $N-(m-1)\tau-1$ 个新的数据空间：$[x(n-(m-1)\tau),\cdots,x(n-\tau),x(n)]$。其中，$m$ 为航班延误时间序列的嵌入维数，$\tau$ 为时间延时。

在构造航班延误数据输入向量时，将下游机场航班延误的历史数据作为预测的内在因素，采用相空间重构的方法获取内在 $c$ 因素的输入变量 $[a_j(n-(m-1)\tau),\cdots,a_j(n-\tau),a_j(n)]$，而当天上游机场的航班离港延误作为外在因素的输入变量 $d_i(n+1)$，$n\in[(m-1)\tau+1,N-1]$。最终得到 SVR 的输入变量向量：

$$Y(n)=[a_j(n-(m-1)\tau),\cdots,a_j(n-\tau),a_j(n),d_i(n+1)], \quad n\in[(m-1)\tau+1,N-1]$$

利用该输入变量向量可对航班延误进行预测，可以构造映射 $f:R^m\to R$，使得

$$\tilde{x}(n+1)=f(Y(n)) \tag{5.27}$$

其中，$\tilde{x}(n+1)$ 为预测值；$f$ 函数为预测模型，在这里为 SVR 模型。

**2. 数据预处理**

研究表明对 SVR 的输入数据进行预处理有利于提高 SVR 预测的精度和速度，通常将数据归一化到[0,1]或[−1,1]的范围内，一般采用线性函数的归一化方法，也可以采用范数的规格化方法：

$$y_i=x_i/\sqrt{x_1^2+x_2^2+\cdots+x_N^2} \tag{5.28}$$

其中，$x_i, y_i \in R$，实验表明采用范数的归一化方法优于采用线性函数的归一化方法，这里将采用范数的归一化方法。

3. 模型参数的选择

SVR 的核函数有线性核函数、多项式核函数、RBF 核函数和 Sigmoid 核函数。研究表明 RBF 核函数相比其他核函数不仅具有较少的参数还具有良好的性能，这里将选择 RBF 核函数进行延误预测。确定核函数后还需要确定惩罚系数 $\varsigma$、不敏感系数 $\xi$，以及核函数中的系数 $\delta$。参数选择可以采用格网搜索方法或优化算法，考虑到模型在实际应用中的可行性，这里将选用优化算法进行模型参数选择。优化算法采用 5-折交叉验证得到的均方差值为适应度值进行模型参数的选择，当适应度值达到预定值或者连续多次不变时，训练停止。最后，将最小适应度值对应的参数作为模型参数构建航班延误预测模型，对航班延误进行预测。

## 5.3.6　实例研究分析

1. 航班延误时间序列相空间重构参数的选取

在重构相空间中，时间延迟 $\tau$ 和嵌入维数 $m$ 的选取好坏对于是否能够反映系统动力学特性非常重要。这里将采用互信息法[21]计算延时，使用 Cao 方法[23]对 $m$ 进行选取，采用小数据量方法计算 Lyapunov 指数[21]，以检验 $C$ 机场到港航班延误的时间序列是否存在混沌现象。

由图 5.12 所示的互信息函数变化曲线可知，互信息函数曲线第一个极小值点的延时为 1 天；通常取互信息曲线达到第一个极小点所对应的延时作为嵌入延迟时间，因此航班延误时间序列的延迟时间取 $\tau = 1$ 天。

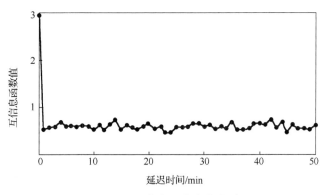

图 5.12　互信息函数变化曲线

图 5.13 为 Cao 定义的变量 $E_1(m)$ 和 $E_2(m)$ 的变化曲线，$E_1(m)$ 是一个由 $m$ 到 $m+1$ 维的变化参数，当随着 $m$ 的增大，而 $E_1(m)$ 到达饱和时，$m+1$ 即为最小嵌入维数。

由图 5.13 可知，$E_1(m)$ 随着 $m$ 的增大趋于饱和，当 $m=6$ 时 $E_1(m)$ 变化较小，那么取 $m=7$ 为航班延误时间序列的嵌入维数。$E_2(m)$ 是一个区分确定性混沌信号和随机信号的变量，如果是随机信号 $E_2(m)$ 对任何 $m$ 为 1，对于混沌信号 $E_2(m)$ 将不会始终为 1。由图 5.13 可知 $E_2(m)$ 在 1 附近上下波动，因此该延误序列为混沌时间序列。

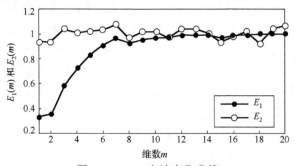

图 5.13　Cao 方法变化曲线

图 5.14 中，$k$ 为离散事件演化步数，$y(k)$ 为所有邻接点对经过 $k$ 步演化后的距离对数平均值。由图 5.14 可知，$k$ 为 8 之前一段曲线近似为一条直线，该直线的斜率为延误时间序列的最大 Lyapunov 指数，由线性最小二乘法得到该直线斜率为 0.1666（为正），则该延误时间序列具有混沌特性。

利用相空间重构理论对 5.3.5 节中的下游机场 $C$ 的到港航班延误时间序列进行相空间重构，结合当日上游 $A$ 机场同一航空器的离港延误得到 153 个样本，利用前 145 个样本进行模型的训练，后 8 个样本用于预测。

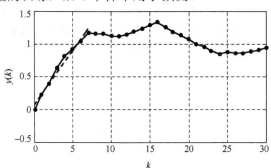

图 5.14　最大 Lyapunov 指数计算曲线

## 2. 采用优化算法的 SVR 模型参数选择

根据经验，模型选择的参数搜索区间为：$c \in [0.1,1000]$，$\varepsilon \in [0.001,1]$，$\sigma \in [0.001,32]$。这里采用差分进化算法对模型参数进行选择，并与粒子群优化（Particle Swarm Optimization，PSO）算法和遗传法（Genetic Algorithm，GA）对模型参数进行选择效果进行比较。所有优化算法的种群个体数 NP = 20，最大迭代次数为 $G = 100$，如果适应度值连续 20 次变化小于 1 则停止搜索。DE 算法采用 DeMat 工具箱[25]实现，使用标准的 DE/rand/1 模式，其参数设置为：变异因子 $F = 0.85$，交叉概率 CR $= 1$。PSO 算法采用 PSOT 工具箱[26]实现，使用线性递减惯性权重的算法，算法的参数设置为：$w_{max} = 0.9$，$w_{min} = 0.4$，$c_1 = c_2 = 2$。GA 算法采用 Gatbx 工具箱[27]实现，采用二进制编码的遗传算法的参数设置为：交叉概率=0.7，变异概率=0.1。

　　优化算法随机对模型的最优参数进行搜索，每次搜索结果将会不同，为了比较算法搜索的稳定性，将 3 种优化算法各运行 50 次。为了验证 3 种优化算法得到模型的泛化能力和预测精度，使用训练和预测时得到的均方误差(Mean Square Error，MSE)和平均相对误差(Mean Absolute Percentage Error，MAPE)对这几种算法得到的模型进行比较。MSE 和 MAPE 的计算方法如下：

$$\text{MSE} = \frac{1}{N}\sum_{i=1}^{N}(y_i - y_i')^2 \tag{5.29}$$

$$\text{MAPE} = \frac{1}{N}\sum_{i=1}^{N}\left|\frac{y_i - y_i'}{y_i}\right| \times 100\% \tag{5.30}$$

其中，$y_i$ 和 $y_i'$ 分别为某时刻的实际和预测航班延误。三种优化算法的训练和预测时的 MSE、MAPE 如图 5.15～图 5.18 和表 5.4 所示。

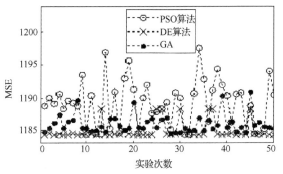

图 5.15　训练时的 MSE

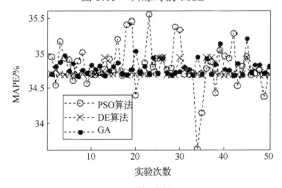

图 5.16　训练时的 MAPE

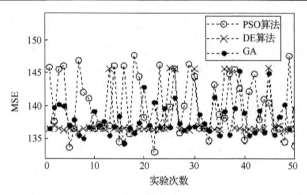

图 5.17　预测时的 MSE

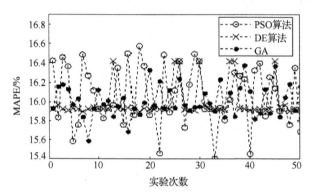

图 5.18　预测时的 MAPE

表 5.4　三种优化算法性能比较

| 类型 | 指标 | PSO 算法 | DE 算法 | GA |
|---|---|---|---|---|
| 训练 | MSEmax | 1197.50 | 1188.30 | 1190.90 |
| | MSEmean | 1189.10 | 1184.90 | 1186.00 |
| | MSEmin | 1184.31 | 1184.32 | 1184.50 |
| | MAPEmax | 35.56% | 34.95% | 35.22% |
| | MAPEmean | 34.83% | 34.75% | 34.80% |
| | MAPEmin | 33.63% | 34.70% | 34.68% |
| 预测 | MSEmax | 147.60 | 145.63 | 145.20 |
| | MSEmean | 140.18 | 137.74 | 137.96 |
| | MSEmin | 132.93 | 136.06 | 134.22 |
| | MAPEmax | 16.58% | 16.42% | 16.38% |
| | MAPEmean | 16.06% | 15.99% | 16.01% |
| | MAPEmin | 15.41% | 15.89% | 15.59% |

　　由表 5.4 和图 5.15、图 5.16 可知，PSO 算法在模型训练时能够获得最小的 MAPE/MSE 值，但其波动较大，DE 算法能够获得平均和最大 MAPE/MSE 的最小值，GA 算法性能介于两种算法之间。以三种算法在训练时得到的平均 MSE/MAPE 中位数作为参考，统计三种优化算法得到最优模型的概率，PSO 算法、DE 算法和 GA 训练时得到的 MSE 小于 1186.00 的比例分别为 26%、86% 和 64%，MAPE 小于 34.80% 的比例分别为 54%、86% 和 58%，训练模型的平均时间分别为 27s、21s 和 25s。因此，DE 算法与另外两种算法相比，进行模型训练时具有较好的稳定性，能够以较高的概率和速度获得最优模型。

　　由表 5.4 和图 5.17、图 5.18 可知，PSO、DE 和 GA 算法获得模型在预测时能够分别得到最小、平均和最大 MAPE/MSE 值。以三种算法获得模型预测时得到的平均 MSE/MAPE 中位数作为参考，PSO、DE 和 GA 算法获得模型预测时的 MSE 小于 137.96 的比例分别为 44%、86% 和 60%，MAPE 小于 16.01% 的比例分别为 50%、86% 和 58%。因此，DE 算法与另外两种算法相比，获得模型进行预测时具有较好的稳定性，能够以较高的概率获得最优预测值。综上所述，DE 算法能够以较高的概率获得最优模型，这里将采用 DE 算法获得模型的最优参数。

　　为了验证提出模型的优越性，将该模型与只采用下游机场航班到港延误历史序列而不考虑上游机场离港航班延误而构建的单一因素 SVR 模型进行比较。单一因素 SVR 模型也使用 DE 算法选择模型参数，模型参数设置范围不变，两个模型得到的最优预测值如图 5.19 所示。

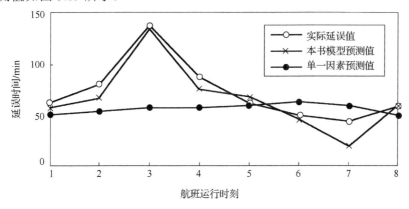

图 5.19　采用不同因素的延误预测分析

　　由表 5.4 和图 5.19 可知，该模型得到 MAPE 最小值为 15.89%，MSE 为 136.06，平均预测误差为 9.35min；单一因素 SVR 模型得到 MAPE 最小值为 28.50%，MSE 为 1169.67，平均预测误差为 23.89min。因此，这里预测模型的预测精度，要优于单一因素 SVR 模型的预测精度，平均预测误差能够减少 14.54min。

　　为了进一步验证提出模型的有效性，将目前广泛应用的相关向量机（Relevance

Vector Machine，RVM)[28]构建的预测模型与该预测模型进行比较。RVM 采用 SparseBayes 工具箱[28]实现，RVM 使用相同的 RBF 核函数，核函数的参数（$\delta \in [0.001,1000]$）使用 DE 算法进行选择,两个模型得到的最优预测值如图 5.20 所示。

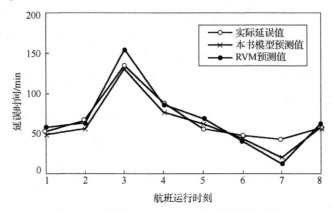

图 5.20　采用 SVR 和 RVM 的延误预测分析

由表 5.4 和图 5.20 可知,RVM 预测模型得到 MAPE 为 18.97%, MSE 为 220.98,平均预测误差为 10.97min；提出的模型与 RVM 预测模型相比，MAPE 能够提高 3.08%,平均预测误差能够减少 1.62min。因此,提出的模型与 RVM 预测模型相比,在整体上预测误差更小,更适合航班延误预测。

## 5.4　延误分类预测研究

目前,国内外学者对航班是否发生延误的预测方法进行了深入的研究。文献[9]使用 Weka 中的 NB 树、J48 方法、决策表、PART 算法和 OneR 算法针对美国运输部的航班延误数据,提取航班延误数据中航班承运人等 7 种特征比较了 5 种数据挖掘方法进行航班延误分类的效果分析,结果表明 NB 树具有较好的分类效果。该文献并没有考虑气象对航班延误预测的影响。文献[29]使用朴素贝叶斯方法、支持向量机方法和随机森林方法针对 2007～2008 年美国运输部的航班延误数据,提取芝加哥奥黑尔机场美国航空公司的航班特征、航空器类型和气象特征等数据对三种数据挖掘方法进行航班延误分类效果进行了比较,结果表明支持向量机具有较好的效果。文献[17]提出一种将时间和网络延误状态作为解释变量的基于网络的空中交通延误预测模型,该模型能够较好地预测城市对之间的延误状态和延误强度,并计划对单航班延误进行预测。文献[18]使用 20 个计算机组成的集群构建的 Apache Hadoop 运行朴素贝叶斯方法和随机森林树方法,对 1987～2013 年产生的航班数据进行航班延误分类分析,研究表明随机森林树具有较好的分类效果。文献[30]利用与航班同一时刻到达相同机场的航班数等多种属性,构建了基于 C4.5 决策树的航班延误预测模型,使用国内机场大型数据进行仿真表明构建模型比贝叶斯模型的预测准确性高。综上所述,目前航班延误分类预测的研究主要分为两个方面:一是使用多种属性特征反映航班延误规律,从最初考虑航班计划特征和航空器特征逐步发展到考虑气象特征以及航空交通网络状态特征;二是使用先进的数据挖掘算法提高航班延误分类预测的精度。这里在构建航班、延误预测模型时将重点考虑航空交通网络状态特征对航班延误的影响,将上游的航班延误状态特征加入预测因素中,并使用梯度提升决策树(Gradient Boost Decision Tree,GBDT)的方法构建航班延误预测模型,以提高航班延误预测精度。

## 5.4.1　梯度提升决策树

### 1. 分类回归树

分类回归树(Classification and Regression Tree,CART)由分类树和回归树两部分组成,CART 算法是种结构简单的二叉树算法,它将测试样本集分为两个子样本集,构造生成的决策树的每个非叶子节点上都只有两个分枝。以 $D$ 代表当前样本集, $T$ 代表当前候选属性集,则 CART 算法 cartformtree (D) 的描述如下[31]。

(1)创建根节点 $N$;

(2)为 $N$ 分配类别;

(3)if (都属于同一类别 or 样本中只剩下一个样本)

　　　　Do (返回 $N$ 为叶子节点,并为它分配属性)

(4)for 每个 $T$ 中的属性执行该属性上的一个划分,计算划分的 Gini 系数;

(5) $N$ 的测试属性 test_attribute 为 $T$ 中具有最小 Gini 系数的属性;

(6)划分 $D$ 得到 $D_1$、 $D_2$ 两个子集,调用 cartformtree ($D_1$)、cartformtree ($D_2$)。

CART 算法选择具有最小 Gini 系数的属性作为测试属性,Gini 越小,则样本的纯净度越高,划分效果越好。假设样本集 $D$ 中包含 $n$ 个类,则基尼系数 Gini 定义为

$$\text{Gini}(D) = 1 - \sum_{j=1}^{k} (p_j)^2 \tag{5.31}$$

其中, $p_j$ 是样本集 $D$ 中包含类 $j$ 的概率。如果将 $D$ 划分为 $D_1$ 和 $D_2$ 两个子集,则此次划分的 Gini 系数为

$$\text{Gini}_{\text{split}}(D) = \frac{s_1}{s}\text{Gini}(D_1) + \frac{s_2}{s_3}\text{Gini}(D_2) \tag{5.32}$$

这里采用的梯度提升决策树中使用的弱分类算法将选用 CART 算法。

2. 梯度提升决策树

Friedman 于 1999 年提出了梯度提升决策树算法，可用于分类和回归，通过集成多种弱预测模型的方式生成预测模型[32,33]。对于训练集 $\{(x_i,y_i),\cdots,(x_n,y_n)\}$，梯度提升决策树的目标是找到一个函数 $F^*(x)$，使 $x$ 映射到 $y$ 的损失函数 $L(y,F(x))$ 到达最小：

$$F^*(x) = \underset{F(x)}{\arg\min}\, E_{x,y}[L(y,F(x))] \tag{5.33}$$

损失函数根据回归和分类有所不同，梯度提升决策树中常用的损失函数[34]如表 5.5 所示。

**表 5.5　梯度提升决策树中使用的损失函数**

| 类型 | 损失函数 | $-\partial L(y_i,f(x_i))/\partial f(x_i)$ |
|---|---|---|
| 回归 | $\frac{1}{2}\|y_i-f(x_i)\|^2$ | $y_i-f(x_i)$ |
| | $\|y_i-f(x_i)\|$ | $\mathrm{sign}(y_i-f(x_i))$ |
| | Huber | $y_i-f(x_i)$，对于 $\|y_i-f(x_i)\|\leqslant\delta_m$ <br> $\delta_m\mathrm{sign}(y_i-f(x_i))$ 对于 $\|y_i-f(x_i)\|>\delta_m$，其中 <br> $\delta_m=\alpha_m-\mathrm{quantile}\{\|y_i-f(x_i)\|\}$ |
| 类 | Deviance | 第 $k$ 个组件：$I(y_i=g_k)-p_k(x_i)$ |

假设预测函数 $F(x)$ 以 $P=\{p_1,p_2,\cdots\}$ 为参数，并可以写成若干个弱分类器相加的形式，其中 $P=\{\beta_m,\alpha_m\}_0^M$，第 $m$ 个弱分类器的表达形式为 $\beta_m h(x;\alpha_m)$，其中 $h(x;\alpha_m)$ 表示第 $m$ 棵决策树，向量 $\alpha_m$ 表示第 $m$ 棵决策树的参数，$\beta_m$ 表示第 $m$ 棵决策树在预测函数中的权重：

$$F(x;P) = \sum_{m=0}^{M}\beta_m h(x;\alpha_m) \tag{5.34}$$

那么对于 $N$ 个样本点 $\{x_i,y_i\}^N$，问题等于找到最优参数 $(\beta_m,\alpha_m)$，$m=0,1,2,\cdots,M$，使得

$$(\beta_m,\alpha_m) = \arg\min\sum_{i=1}^{N}L(y_i,F_{m-1}(x_i)+\beta h(x_i;\alpha)) \tag{5.35}$$

梯度提升决策树的求解迭代过程如下。

(1) 定义初始化弱分类器为常数 $\rho$，其中 $F_0(x)$ 表示初始化的弱分类器，常数 $\rho$ 使得初始预测损失函数达到最小值：

$$F_0(x) = \arg\min\sum_{i=1}^{N}L(y_i,\rho) \tag{5.36}$$

(2) 在每次迭代中都构造一个基于分类树的弱分类器，并设第 $m$ 次迭代后得到

的预测函数为 $F_m(x)$，相应的预测损失函数为 $L(y,F_m(x))$，为使预测损失函数减少最快，第 $m$ 个弱分类器 $\beta_m h(x,\alpha_m)$ 应建立在 $m-1$ 次迭代生成的损失函数的梯度下降方向，其中 $-g_m(x_i)$ 表示第 $m$ 次迭代的弱分类器的建立方向，$L(y_i,F_m(x_i))$ 表示前 $m-1$ 次迭代生成的预测损失函数，表达式采用 Deviance 损失函数。

$$-g_m(x_i)=-\left(\frac{\partial L(y_i,F_m(x_i))}{\partial F(x_i)}\right)_{F(x_i)=F_{m-1}(x_i)}, \quad i=1,2,\cdots,N \tag{5.37}$$

基于求得的梯度下降方向，参数 $\alpha_m$ 是使决策树 $h(x,\alpha_m)$ 沿此方向逼近的参数值，即

$$\alpha_m=\arg\min_{\alpha,\beta_m}\sum_{i=1}^{N}(-g_m(x_i)-\beta_m h(x_i;\alpha))^2 \tag{5.38}$$

其中，$\beta_m$ 是沿此方向搜索的最优步长，即

$$\beta_m=\arg\min_{\beta}\sum_{i=1}^{N}(-g_m(x_i)-\beta_m h(x_i;\alpha))^2 \tag{5.39}$$

（3）更新每次迭代后得到的预测函数，即 $F_m(x)=F_{m-1}(x)+\beta_m h(x;\alpha_m)$，若相应的预测损失函数满足误差收敛条件或生成的分类树达到预设值 $M$，则终止迭代。

为了提高梯度提升决策树的范化能力，需要对模型中树数量 $M$、学习因子 $\upsilon$、树大小 $J$、采样率进行仔细的调整。增加梯度提升树的数量 $M$ 能够减少训练集上的误差，但是过大的 $M$ 可能导致过拟合。最优值 $M$ 可以通过在验证数据集上监视预测误差实现[33]。在每个弱分类器前乘上学习因子 $\upsilon$，可以避免过拟合的现象[33]，学习因子 $\upsilon$ 的值域为 0～1，$\upsilon$ 值越小，学习越保守，达到同样精度需要的迭代次数 $M$ 越大；$\upsilon$ 值越快速，越容易出现过拟合。

$$F_m(x)=F_{m-1}(x)+\nu\cdot\beta_m\cdot h(x;\alpha_m) \tag{5.40}$$

树大小可以根据数据集进行调整，树大小控制着模型中变量之间进行交互的程度。如果树大小为 2，那么变量之间没有交互。研究表明树大小在 $4\leqslant j\leqslant 8$ 区间时提升决策树工作良好，树大小为 2 时对于很多应用效果不太好[33]。Friedman 受 Breiman 的 Bagging 方法的启发对梯度提升决策树进行了小幅修改，他提出在算法的每个迭代中，使用训练集的采样子集生成基学习器。子采样大小是训练集的 $f$ 比例，当 $f=1$ 时，算法等同于确定的算法。$f$ 值越小能够引入越多的随机性到算法中，可以有效地避免过拟合[33]。

梯度提升决策树的算法流程如下。

步骤 1：输入训练集 $\{x_i,y_i\}^N$，迭代数量 $M$，学习速率 $\nu$

步骤 2：设置 $F_0(x)=\arg\min\sum L(y_i,\rho)$ //初始化基学习器

步骤 3：

      For $m$=1 to $M$ do:

$$-g_m(x_i) = -\left(\frac{\partial L(y_i, F(x_i))}{\partial F(x_i)}\right)_{F(x_i)=F_{m-1}(x_i)}, \quad i = 1, 2, \cdots, N \; //梯度方向$$

$$\alpha_m = \underset{\alpha, \beta}{\arg\min} \sum (-g_m(x_i) - \beta h(x_i; a))^2 \; //决策树中的参数$$

$$\beta_m \underset{\beta}{\arg\min} \sum L(y_i, F_{m-1}(x_i) + \beta h(x_i; \alpha_m)) \; //决策树的加权因子$$

$$F_m(x) = F_{m-1}(x) + v \cdot \beta_m \cdot h(x_i; \alpha_m) \; //更新预测函数$$

END For

END algorithm

## 5.4.2　航班延误预测模型

选择影响航班延误的多种特征 $a_j(n)(n = 1, 2, \cdots, N)$，建立基于梯度提升决策树的航班延误预测模型，其结构如图 5.21 所示。

图 5.21　航班延误的梯度提升决策树预测模型

如图 5.21 所示，首先将影响航班延误的多种特征数据作为输入样本向量，然后对输入样本向量进行数据预处理，通过梯度提升决策树训练寻找模型最佳的参数构建航班延误预测模型，最后输入预测样本向量对航班延误进行预测。

1.　航班延误预测特征选择

影响航班延误的因素涉及多个方面，主要包括航班计划、航空器机型、气象以及航空交通网络运行状态等。

文献[19]使用美国运输部的航班运行数据实现对航班离港延误的预测，它根据属性是否与航班延误相关或者相关属性反映的信息是否重复等标准完成对航班延误属性的选择，最后选择属性如表 5.6 所示。

表 5.6　8 种航班延误属性

| 属性 | 数据类型 | 描述 |
| --- | --- | --- |
| Day_of_Month | 数值 | 每月的天，取值范围：1～31 |
| Day_of_week | 数值 | 每周的天，取值范围：1～7 |
| Origin | 数值 | 三字符缩写表示的机场 |
| Carrier | 标称 | 两字符缩写表示的航班承运人 |
| Departure_Time | 数值 | 计划离港时间，取值范围：0000～2400 |

续表

| 属性 | 数据类型 | 描述 |
| --- | --- | --- |
| Dep_Delay_New | 数值 | 使用分钟表示的离港延误，早到为 0 |
| Dep_Del 15 | 标称 | 如果延误时间大于 15 分钟为 1，否则 0 |
| Distance | 数值 | 在离港后航班的飞行距离 |

文献[29]使用 2007～2008 年的美国运输部的航班运行数据对芝加哥奥黑尔机场的离港延误进行分类预测，该文献从航班特征、航空器特征以及气象特征等三个方面选择航班延误因素特征。航班特征主要包括航班的离/到港时间、目的机场、航班的飞行距离，除了飞行距离外，将其余航班特征数据转换成标称类的数据；航空器特征主要包括航空器的型号、机龄和引擎类型；气象特征包括雪、雷、雨和风暴等标称类型数据，以及风速、温度和湿度等数值类型数据。

文献[17]在构建航班延误预测模型时主要考虑了航空交通网络的时间和空间特性。时间特性包括一天中的时间、一周的天、一年的月，所有这些数据均被看作标称数据进行处理，一天中的时间变量将一天中的每个小时作为一个分类，一年中的月使用季节的概念分为三类：9～11 月(低延误阶段)、1～5 月(中等延误阶段)、6～8 月以及 12 月(高延误阶段)；空间特性主要包括 NAS 延误状态、延误天的类型、前一天的类型以及能产生重要影响的机场和 OD 对的航班延误。

文献[30]使用国内某机场的运行数据对航班延误的到港延误进行分类预测，提取了 11 种属性实现对航班延误 4 种分类的预测，提取的属性特征如表 5.7 所示。

表 5.7　11 种航班延误属性

| 属性 | 数据类型 | 描述 |
| --- | --- | --- |
| Month | 数值 | 航班月份，由于所用的数据从 2011 年 5 月 26 日至 2012 年 1 月 1 日的航班，故取值为 1 或 5～12 的整数 |
| DayOfWeek | 数值 | 航班星期，取值为 1～7 的整数 |
| Origin | 标称 | 始发站，取值为国内外 119 个机场的代码 |
| StopNum | 标称 | 航班抵达 URC 机场前经停机场的个数，取值为 0、1、2 |
| PlaneType | 标称 | 机型，取值为 75 种不同机型代码，如 B737 |
| FlightTask | 标称 | 航班执行的飞行任务，如正班、加班、补班、公务、航摄等，取值为 19 种航班任务的代码 |
| Airline | 标称 | 航空公司，取值为 47 个航空公司的代码 |
| FlightType | 标称 | 航班属性，取值为 5 种属性代码，如国际航班 J、国内航班 N |
| ArriTimeOfPlan | 标称 | 计划抵达时间，取值为已分段的 6 种标识，如 0～4、4～8 等 |
| FlightNum | 数值 | 与航班同一时刻到达机场的航班数，时间段取为前后 5 分钟 |
| Delay | 标称 | 延误等级，取值为 0、1、2、3 |

这里使用我国航班延误运行数据构建预测模型实现对到港航班延误的分类，获

取的运行数据主要包括：航班运行时间、离/到港机场、计划离/到港时间、实际离/到港时间、航班承运人、航线、前序航班、飞行距离、机型、天气、温度、湿度、风向等信息。由于天气、温度、湿度、风向等相关气象信息采集不完全，这里将不使用这些数据，最后提取的航班延误特征如表 5.8 所示。

表 5.8　7 种航班延误属性

| 属性 | 数据类型 | 描述 |
| --- | --- | --- |
| 离港机场 | 标称 | 使用三字符缩写表示离港机场，这里使用的离港机场是上游的第 2 个机场 |
| 计划离港时间 | 数值 | 计划离港时间，取值范围为：0～1440 |
| 计划到港时间 | 数值 | 计划到港时间，取值范围为：0～1440 |
| 离港延误状态 | 数值 | 如果航班延误时间大于 15 分钟为 1，否则为 0 |
| 航班承运人 | 标称 | 两字符缩写表示的航班承运人 |
| 一周的天 | 数值 | 星期一到星期天，取值范围：1～7 |
| 机型 | 标称 | 航空器的机型 |

这里采用的航班延误特征与以往选用特征最大不同之处在于，选择了上游机场航班延误状态，考虑了上游机场的航班延误对下游机场航班延误的影响。

2. 数据预处理

航班延误特征中航班承运人、机型和离港机场都为标称数据类型，研究表明将标称数据类型进行编码处理有利于提高模型的预测性能[34,35]。假设某一航班延误特征含有 $N$ 个标称数据 $t_i(n=1,2,\cdots,N)$ ，那么可以将该延误特征使用 $N$ 个 0 或 1 的数据 $[e_1,e_2,\cdots,e_N]$ 进行编码表示，如果特征数据 $t_i$ 存在，那么 $e_i=1$ ，其余数据为 0。

3. 梯度提升决策树模型参数的选择

梯度提升决策树中树数量 $M$、学习因子 $\upsilon$、树大小 $J$、采样率都对模型的泛化能力有着很大的影响。这里将选用格网搜索方法对模型参数进行选择。格网搜索算法采用 5-折交叉验证得到的召回率为适应度值进行模型参数的选择，当适应度值达到预定值或者连续多次不变时，训练停止。最后，将最大适应度值对应的参数作为模型参数构建航班延误预测模型，对航班延误进行预测。

## 5.4.3　实例研究分析

1. 数据来源

基于全国航班运行数据，然后提取到达北京首都国际机场航班的到港信息以及上游第 2 个机场的离港信息，提取的信息包括计划离/到港时间、航班承运人、离港机场、一周的天、离/到港航班延误状态和机型。经处理后共获得 45803 条数据，其中 75%的数据用于模型的训练，25%的数据用于测试。

## 2. 预测模型参数的选择和性能分析

预测模型采用 Scikit-learn 工具包[36]实现, 梯度提升决策树的参数采用格网搜索方法使用 5-折交叉校验的方式实现, 5-折交叉校验以召回率最大为目标。

为了验证提出的分类模型的优越性, 将该模型与随机森林 (Random Forest, RF)、支持向量机分类 (SVM Classfication) 和决策树 (Decision Tree) 构建的模型进行比较。梯度提升决策树数量设定为范围为 [100, 200, 400, 500, 1000], 树大小设定范围为 [1, 2, 4, 6]; 学习速率设定为 [0.1, 0.01, 0.001, 0.0001], 采样率设定为 [0.4, 0.6, 0.8, 1.0]; 随机森林树数量设定范围为 [10, 100, 200, 400, 600, 800, 900, 1000], 分裂准则设定范围为 [gini, entropy]; 支持向量机分类的核函数为 RBF 核函数, $C$ 的范围为 [1, 10, 100, 1000], 核函数参数 $\delta$ 的范围为 [0.1, 0.01, 0.001, 0.0001]; 决策树分裂准则设定为 [gini, entropy], 树的最大深度为 [2, 4, 6, 8]。

为了验证 4 种分类算法得到模型的泛化能力和预测精度, 使用精确度 (Precision)、召回率 (Recall) 以及 $F$ 度量 ($F$-Measure) 对这几种算法的模型进行比较。

$$Precision = \frac{TP}{TP + FP} \tag{5.41}$$

$$Recall = \frac{TP}{TP + FN} \tag{5.42}$$

$$F = \frac{2 \times (Precision \times Recall)}{(Precision + Recall)} \tag{5.43}$$

其中, TP (True Positive) 为真阳性的数目; FP (False Positive) 为假阳性的数目; FN (False Negative) 为假阴性的数目。

采用格网搜索方法, 梯度提升决策树的模型参数为: 树大小为 1000, 采用率为 0.8, 学习速率为 0.1, 最大深度为 4。支持向量机分类的模型参数为: 核函数为 "RBF", $C$ 为 100, 核函数参数 $\delta$ 为 0.001。随机森林的模型参数为: 树大小为 600, 分裂准则为 "gini"。决策树的分裂准则为 "entropy", 最大深度为 8。4 种分类算法进行格网搜索的时间如图 5.22 所示, 训练得到模型的最优召回率如图 5.23 所示。

由图 5.22 可以看到, 4 种算法中, 梯度提升决策树进行最优模型参数搜索时花费的时间最多, 支持向量机分类、随机森林和决策树次之; 由图 5.23 可以看到, 4 种算法中, 梯度提升决策树和支持向量机分类获得模型的预测效果最好, 随机森林和决策树次之。四种算法使用最优参数构建模型和进行预测的时间如图 5.24 和图 5.25 所示, 预测性能如表 5.9 所示。

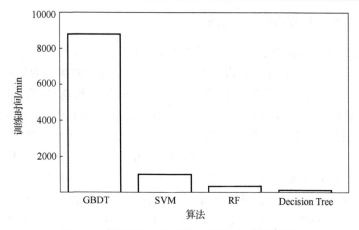

图 5.22　四种算法进行模型训练时所需的时间

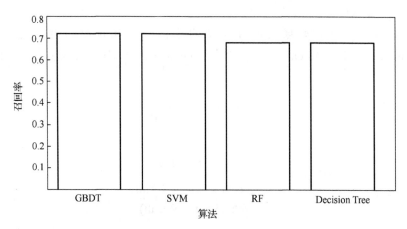

图 5.23　四种算法进行模型训练时得到的模型最优召回率

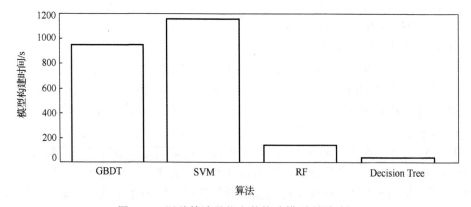

图 5.24　四种算法最优参数构建模型所需时间

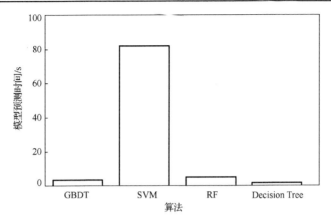

图 5.25　四种算法行为预测所需时间

表 5.9　四种算法的预测性能

| 算法 | 精确度 | 召回率 | $F$ 度量 |
| --- | --- | --- | --- |
| GBDT 算法 | 0.71 | 0.72 | 0.70 |
| SVM 算法 | 0.70 | 0.71 | 0.70 |
| RF 算法 | 0.68 | 0.68 | 0.68 |
| 决策树算法 | 0.67 | 0.69 | 0.65 |

由图 5.24 和图 5.25 可知,在构建模型时 SVM 算法所需时间最长,其次是 GBDT 算法、RF 算法和决策树算法;在进行预测时,预测时间最短的是决策树算法,其次是 GBDT 算法。由表 5.9 可知,四种算法中 GBDT 算法在精确度、召回率和 $F$ 度量三个指标上都具有最好的性能。

为了进一步验证模型的性能,不使用上游航班的离港延误信息,使用四种算法构建不使用上游航班延误信息的预测模型。四种算法不使用上游航班时,模型最优召回率如图 5.26 所示。四种算法构建模型的预测性能如表 5.10 所示。

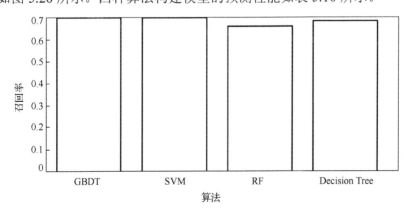

图 5.26　四种算法不使用上游航班训练时模型最优召回率

表 5.10　不使用上游延误信息的四种算法预测性能

| 算法 | 精确度 | 召回率 | $F$ 度量 |
|---|---|---|---|
| GBDT 算法 | 0.69 | 0.70 | 0.68 |
| SVM 算法 | 0.68 | 0.69 | 0.68 |
| RF 算法 | 0.66 | 0.67 | 0.66 |
| 决策树算法 | 0.66 | 0.67 | 0.62 |

由图 5.26 可知，当不使用上游航班延误状态构建模型时，GBDT 算法、SVM 算法和 RF 算法的最优模型得到的预测性能都有所下降。由表 5.10 可知，当不考虑上游航班延误时，四种算法构建模型的预测精度都有所下降。

## 5.5　延误关联规则分析

目前，国内外相关学者正在采用数据挖掘的方法对海量数据中的相关特征进行分析，以期能找到相关规律为航班延误控制提供决策依据。针对航班延误运行数据的关联规则分析刚刚起步，文献[37]认为数据挖掘的目标是从海量的数据中研究数据中的相关信息，相关信息可以通过算法和手动方式自动完成，这些算法通过匹配特殊指标查找模式集合，但是模式查询结果的好坏依赖于指标的阈值大小，提取信息的大小甚至大于初始数据的大小；他们认为可视化数据挖掘可以帮助专家关注于专家感兴趣模式的特殊数据域，但相关规则的提取受限于处理多维数据的数量。因此，他们提出了将自动关联规则提取方法与可视化手动挖掘方法相结合的方法，通过散点图可视化，利用可视化变量分配，生成关联规则。文献[38]提出在识别潜在异常航班名单的基础上，构建机场关联模型，寻找异常航班在机场间的影响程度；文献[39]提出了航班延误波及关联模型，用于分析延误波及的程度、延误波及的机场、延误波及的区域，并识别不同季节、日期、航空公司、距离、地区、枢纽机场间的波及情况。目前航班延误关联规则的生成，一般采用 Apriori 算法[40,41]，该算法简单但是效率不高。这里以到达某一机场航班在上游机场的运行数据和在该机场的运行数据为研究对象，采用 FP-growth 算法[42]分析影响到港延误发生的各种因素以及关系，为决策者缓解和控制航班延误提供决策依据。

### 5.5.1　关联规则算法

1. 关联规则的形式化描述

设 $I = \{i_1, i_2, \cdots, i_m\}$ 是 $m$ 个项的集合，$D$ 是一组事务集。$D$ 中的每个事务 $T$ 是项的集合，显然满足 $T \subseteq I$，$T$ 有唯一的标识 TID。关联规则形如 $S \Rightarrow Y$，其中，$X \subset I$，$Y \subset I$，并且 $X \cap Y = \varnothing$。规则 $X \Rightarrow Y$ 在事务集 $D$ 中的支持度(Support)是事务集中包含

$X \bigcup Y$ 的事务数与所有数之比，记为 Support$(X \Rightarrow Y)$，即 Support$(X \Rightarrow Y)=$ $|\{T:X \bigcup Y \subseteq T, T \in D / |D|\}$。规则 $X \Rightarrow Y$ 在事务集中的可信度(Confidence)是指包含 $X$ 和 $Y$ 的事务数与包含 $X$ 的事务数之比，记为 confidence$(X \Rightarrow Y)$，即

$$\text{confidence}(X \Rightarrow Y) = |\{T:X \bigcup Y \subseteq T, T \in D\}|/|T:X \subseteq T, T \in D| \qquad (5.44)$$

给定一个事务集 $D$，挖掘关联规则问题就是产生支持度和可信度分别大于用户给定的最小支持度(Minsupp)和最小可信度(Minconf)的关联规则[40,41]。

### 2. Apriori 算法原理

Apriori 算法是由 Agrawal 等于 1994 年提出的布尔关联规则挖掘频繁项集的原创算法。该算法使用基于支持度的剪枝技术，控制候选集指数增长。关联规则挖掘问题过程如下。

通过给定的支持度，寻找所有频繁项目集，即满足 Support 不小于 Minsupport 的所有项目子集。Apriori 算法是一种最具有影响的挖掘布尔关联规则频繁项集的算法。Apriori 使用一种称为逐层搜索的迭代方法，$k$-项集用于探索$(k+1)$-项集。首先，找出频繁 1-项集的集合，该集合记为 $L_1$，$L_1$ 用于找频繁 2-项集的集合 $L_2$，而 $L_2$ 用于找频繁 3-项集的集合 $L_3$，通过迭代循环，直到不能找到频繁 $k$-项集。寻找每个 $L_k$ 需要一次数据库扫描。具体流程如下。

(1)遍历数据库，记录每个项出现的次数，即计算每个项的支持度。收集所有支持度不低于最小支持度的项，从而构成频繁 1-项集的集合 $L_1$。

(2)采用 $L_1 \times L_1$ 算法得到频繁项集，形成候选 2-项集的集合 $C_2$。

(3)再次遍历数据库，计算 $C_2$ 中每个候选 2-项集的支持度，收集所有支持度不低于最小支持度的项，从而构成频繁 2-项集和集合 $L_2$。

(4)采用 $L_2 \times L_2$ 算法得到频繁项集，形成候选 3-项集的集合 $C_3$。

(5)再次遍历数据库，计算 $C_3$ 中每个候选 3-项集的支持度，收集所有支持度不低于最小支持度的项，从而构成频繁 3-项集的集合 $L_3$。

反复执行上述过程，直到新的候选项集 $C_k$ 为空时为止。Apriori 算法需对数据库进行多次遍历，每次遍历均由两个阶段组成：连接和剪枝。

(1)连接步：为找 $L_k$，通过 $L_{k-1}$ 与自己连接产生候选 $k$-项集的集合。该候选项集的集合记为 $C_k$。设 $l_1$ 和 $l_2$ 是 $l_{k-1}$ 中的项集。记号 $l_i[i]$ 表示 $l_i$ 的第 $j$ 项。为了有效地实现 Apriori 算法，假定事务或项集中的项按字典序排序。执行连接 $L_{k-1} \times L_{k-1}$；其中 $L_{k-1}$ 的元素是可连接的，如果它们前 $k-2$ 个项相同。即有 $L_{k-1}$ 的元素 $l_1$ 和 $l_2$ 是可连接的，如果 $(l_1[1]=l_2[1]) \wedge (l_1[2]=l_2[2]) \wedge \cdots \wedge (l_1[k-2]=l_2[k-2] \wedge l_1[k-1]=l_2[k-1])$。条件 $(l_1[k-1]=l_2[k-1])$ 是简单地确保不产生重复。连接 $l_1$ 和 $l_2$ 产生的结果项集是 $\{l_1[1], l_1[2], \cdots, l_1[k-1]=l_2[k-1]\}$。

(2)剪枝步：$C_k$ 是 $L_k$ 的超集，等效于 $C_k$ 的成员可以是也可以不是频繁的，但所有的频繁 $L$ 项集都包含在 $C_k$ 中。扫描数据库，确定 $C_k$ 中每个候选的计数，从而确定 $L_k$。然而，$C_k$ 可能很大，因此所涉及的计算量就很大。为了压缩 $C_k$，可以用以下办法使用先验性质。任何非频繁的 $k-1$ 项集都不是频繁 $k$ 项集的子集。因此，如果一个候选 $k$ 项集的 $k-1$ 项子集不在 $L_{k-1}$ 中，则该候选也不可能是频繁的，从而可以从 $C_k$ 中删除。

Apriori 算法的流程如下（使用逐层迭代方法基于候选产生找出频繁项集）。

输入：

　　(1)$D$：事务数据库

　　(2)min_sup：最小支持度阈值。

输出：$L$、$D$ 中的频繁项集。

方法：

Procedure apriori $(D, \text{min\_sup})$

　　(1)$L_1$=find_frequent_1_item sets $(D)$

　　(2)for (k=2; $L_{k-1} = \varnothing$ ;k++) {

　　(3)　　　$C_k$ = aprioiri_gen$(L_{k-1})$

　　(4)　　　for each 事务 $t \in D$ {

　　(5)　　　　$C_t$ = subset$(C_{k-1})$ ;

　　(6)　　　　for each 候选 $c \in C_t$

　　(7)　　　　　c.count + +;

　　(8)　　　}

　　(9)　　　$Lk = \{c \in C_k | \text{c.count} \geq \min \text{sup\_count}\}$

　　(10)}

　　(11)return $L = \bigcup_k L_k$ ;

Procedure apriori_gen $(L_{k-1}:\text{frequent}(k-1)\text{ item set})$

　　(1)　　for each 项集 $l_1 \in L_{k-1}$

　　(2)　　　for each 项集 $l_2 \in L_{k-1}$

　　(3)　　　　if $(l_1[1] = l_2[1]) \wedge \cdots \wedge (l_1[k-2] = l_2[k-2] \wedge l_1[k-1] = l_2[k-1])$
　　　　　　then{

　　(4)　　　　　$c = l_1 \times l_2$

　　(5)　　　　if has_infrequent_subset$(c, L_{k-1})$ then

　　(6)　　　　　　delete $c$;

　　(7)　　　　else add $c$ to $C_k$;

　　(8)}

　　(9)return $C_k$;

Procedure has_infrequent_subset $(c$: candidate $k$ itemset； $L_{k-1}$： frequent $(k-1)$ itcmset)

(1) for each $(k-1)$ subset $s$ of $c$

(2) 　　if　$s \notin L_{k-1}$ then

(3) 　　　　return TRUE；

(4) return FALSE；

Apriori 算法的流程图如图 5.27 所示[42]。通过给定的最小可信度，在每个最大频繁项目集中，寻找 confidence 不小于 minconfidence 的关联规则。一旦由数据库中的事务找出频繁项集，由它们产生强关联规则。置信度可用式(5.45)表示：

$$\text{confidence}(A \Rightarrow B) = p(B \mid A) = \frac{\text{support\_count}(A \cup B)}{\text{support\_count}} \tag{5.45}$$

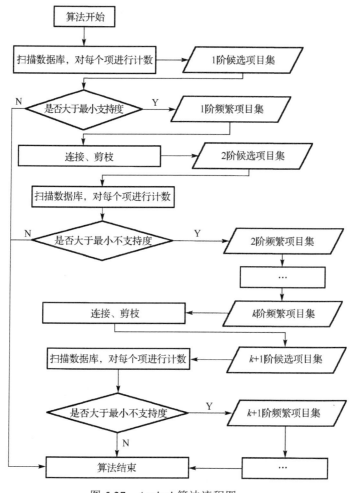

图 5.27　Apriori 算法流程图

其中，support_count($A \bigcup B$) 是包含项集 $A \bigcup B$ 的事务数，support_count($A$) 是包含项集 $A$ 的事务数。根据上式，关联规则可以产生如下：

（1）对于每个频繁项集 $I$，产生 $I$ 的所有非空子集。

（2）对于 $I$ 的每个非空子集 $s$，如果 $\dfrac{\text{support\_count}(l)}{\text{support\_count}(s)} \geqslant \text{min\_conf}$，则输出规则 "$s \Rightarrow (l-s)$"，其中，min_conf 是最小置信度阈值。

### 3. FP-growth 算法原理

2013 年，杨海燕针对 Apriori 算法效率不高的问题，提出了不产生候选集项的频繁模式增长算法，简称 FP-growth 算法[43]。

该算法的主要思想是将事务数据库高度压缩进 FP-tree 结构。因此，FP-tree 结构中包含了事务数据库中的所有信息，然后对该数据结构进行迭代，通过模式增长的方式挖掘频繁模式。FP-growth 算法的主要框架如下：

输入：事务数据库 $D$；最小支持度阈值 minsup。

输出：频繁模式的完全集。

步骤 1：构建 FP-tree

（1）扫描数据库一次，产生长度为 1 的频繁项目候选集 $C_1$ 及其支持度。对候选集 $C_1$ 按照支持度降序排列，生成频繁项目集合 $L_1$。

（2）创建 FP-tree 根节点，标记为 "null"。

①选择 $D$ 中的频繁记录，按照 $L_1$ 中的次序排列。排列后的结果为 $\lceil p|P \rceil$，其中 $p$ 是第一个项目，而 $P$ 是剩余项目列表。

②如果 $P$ 不为空，递归调用 insert_tree($\lceil p|P \rceil$，$T$）；如果节点 $T$ 有子女节点 $N$ 使得 $N$.item-name=$p$.node-name，则节点 $N$ 的计数加 1；否则创建一个新节点 $N$，将其计数设为 1，连接到它的父节点 $T$，并通过节点链将其连接到具有相同 node-name 的节点。

步骤 2：通过调用 FP_growth(FP_tree,null) 实现频繁模式挖掘，过程如下：

Procedure FP_growth(Tree，$\alpha$)

（1）if (Tree 只含单个路径 P) then

（2）　　for $\forall \beta$，且 $\beta \subset P$

（3）　　　　generate $\beta \bigcup \alpha$ and compute $\sup(\beta \bigcup \alpha) = \min \sup(\beta)$

（4）else

（5）　　for each $\alpha_i \in p$

（6）　　　　generate $\beta = \alpha_i \bigcup \alpha, \sup(\beta) \min \sup(\alpha_i)$

（7）　　　　construct $\beta$ s conditional pattern base

（8）　　　　and then construct a FP-tree on this conditional pattern-base $\text{Tree}_\beta$

(9)　　　　　if　Tree$_\beta$ ≠ ∅　then

（10）　　　　　调用FP_growth(Tree$_\beta$,$\beta$)

由于该算法不需要生成候选项集,FP 树删除了非频繁项集,减少了有效数据量,从而提高了扫描速度。

### 5.5.2　关联规则挖掘

航班延误关联规则模型主要包括航班延误特征的提取、航班延误特征值的离散化处理以及航班延误关联规则模型的构建。

#### 1. 航班延误特征的提取

影响航班延误的特征有多种,包括航班计划特征、航空器特征、气象特征、飞行距离等。航班特征包括离/到港机场、计划/实际离到港时间、离到港延误值、航班承运人等;航空器特征包括机型、机龄等;气象特征包括雷、雨、电、风、温度、湿度等。

#### 2. 航班延误特征值的离散化处理

一般来说,关联规则分析方法都是针对离散的数据,如果航班延误特征值中存在连续的数值,则必须对各个特征量数据进行数据预处理,也就是在进行关联特征挖掘之前将所有数据离散化,离散化处理分为布尔离散化和多值离散化,布尔离散化是将所有连续值映射为 0 或 1 的布尔值,而多值离散化则是将连续值映射为多个离散值。

#### 3. 航班延误关联规则模型的构建

在对航班延误特征值进行处理后,可选择合适的支持度和可信度使用 FP-growth 算法或 Apriori 算法生成相应的航班延误关联规则。

### 5.5.3　实例研究分析

#### 1. 数据来源及数据处理

基于全国航班数据,提取的信息包括计划离/到港时间、航班承运人、离港机场、一周的天、离/到港航班延误状态、机型。其中,离/到港时间使用 dep/arr 1-24 表示;航班承运人使用二字代码表示,离港机场使用三字代码表示,一周的天使用 day 1~7 表示,离/到港延误状态使用 dep/arr delay-ontime 表示,机型使用三字代码表示。

#### 2. 关联规则生成

模型中控制关联规则生成的主要是支持度和置信度两个参数。在生成关联规则时，支持度设定为 0.05～0.15，置信度设置为 0.68。为了比较两种算法的性能，测试两种算法在不同支持度下关联规则生成的时间，如图 5.28 所示。

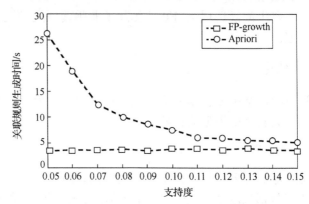

图 5.28　两种算法生成关联规则的运行时间

由图 5.28 可知，FP-growth 算法在任何支持度下其运行效率远远高于 Apriori 算法，并且在支持度较小时性能尤为突出。从上面分析可以看到，随着支持度的不断增加，规则的数量在不断地减少，与到港延误相关的因素主要包括离港延误、航空公司和机型等。

这里提出采用 FP-growth 的航班延误关联规则分析模型。首先将航班计划特征、航空器特征、气象特征和飞行距离作为航班延误特征；然后采用离散化的方法对延误特征中连续数据进行离散化处理；最后采用 FP-growth 方法挖掘航班延误关联规则，与 Apriori 算法相比，该方法能够有效地提高关联规则的挖掘效率。

## 5.6　其他空域优化指标

计划航路延展率与实际航路延展率已经在相关学者的研究成果中有所提及[2,5,6]。基于航迹的效能评估常用于分析低效运行导致的运行效率与环境影响。

1）航路延展率

欧控组织在效能回顾报告中已经利用航路延展率去评估空域内航空器的水平飞行效率。本次空域优化结果评价选择了航路延展率指标，并分别从航路和终端区域的空域状况对水平飞行的飞行效率进行分析。如图 5.29 所示，$A$ 是航路阶段的实际航迹，$D$ 是航路阶段的大圆航迹，$H$ 则是 $A$ 或 $D$ 在机场之间大圆连线上的投影。因此，得到计算公式如下：

$$航路延展率（受航路条件影响）=(A-D)/D \tag{5.46}$$

$$航路延展率（受终端区条件影响）=(D-H)/H \tag{5.47}$$

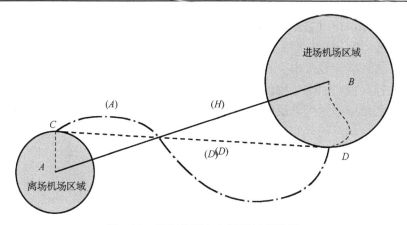

图 5.29 实际航迹与大圆航迹示意图

2）计划航路延展率/实际航路延展率

计划航路延展率是通过最新的领航计划报得到的计划飞行距离与大圆航迹进行对比，从而反映计划层面的水平飞行效率。类似地，实际航路延展率则是用实际航迹的飞行距离代替了计划距离。指标的统计将囊括区域内运行的所有航班。

计划航路延展率对比最新的领航计划报与大圆航迹，最新的领航计划报是计划阶段的最终结果，考虑了航路网络中最短的可能路径与可选路径，如图 5.30 所示。因此，这个指标可以作为航班运行过渡阶段低效率性的表征。最短可能路径是由航路网络的设计决定的。在过去，航路网络结构受到导航系统的限制，并需要空中交通管制来配置间隔。随着管制和飞行性能的提升，对固有航路结构的需求开始下降，未来自由飞行的普及度将越来越高。这对计划与实际的航路延展率都是一种促进。最短的可选航路是将航路可用性文件（Route Availability Document，RAD）和条件航

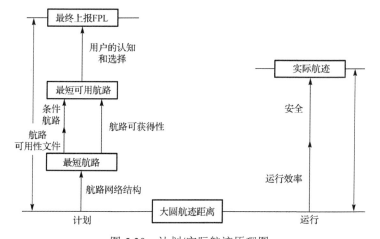

图 5.30 计划/实际航迹原理图

路（Conditional Route，CDR）纳入考虑范围后得出的结果。航路可用性文件与条件航路分别从交通流的规划与对航路开放时间的限制对航路的可获取性进行了约束。最短可选航路与领航计划报中上报航路的区别是由空域用户对航路运行状况了解不足或者其他运行与商业因素导致的。

　　实际航路延展率也可以反映航空器运行对环境的影响。这里将影响航路延展的因素划分为安全运行间隔和空域隔离运行。安全运行间隔体现了交通安全管理的限制，因此延展不可能降低为零。空域隔离运行则是由系统、空域、扇区等非运行因素造成的低运行效率。

　　显然，实际航路延展率可以代替燃油效率，作为基于风的高效利用燃油的航路选择。但是，基于风的最佳航路选择又并不是空域用户所常用的，他们更多考虑总成本。

<h2 style="text-align:center">参 考 文 献</h2>

[1]　Jetzki M. The Propagation of Air Transport Delays in Europe[D]. Aachen: RWTH Aachen University, 2009.

[2]　de Wandeler Y. Planning for delay: Influence of flight scheduling on airline punctualit[R]. Eurocontrol, 2007.

[3]　Chiraphadhanakul V, Barnhart C. Robust flight schedules through slack re-allocation[J]. EURO Journal on Transportation and Logistics, 2013, 2: 277-306.

[4]　赵嶷飞, 张亮. 航班延误统计指标体系及延误等级评估研究[J]. 交通运输工程与信息学报, 2009, 17(2):9-15.

[5]　Rakas J. Defining and measuring aircraft delay and airport capacity thresholds[R]. Eurocontrol, 2014.

[6]　Performance Review Commission. Performance review report: An assessment of air traffic management in europe during the calendar year 2013[R]. Eurocontrol, 2013.

[7]　United States Government Accountability Office. Setting on-time performance targets at congested airports could help focus FAA's actions[R]. Government Accountability Office, 2010.

[8]　中国民用航空局. 民航航班正常统计办法[R]. 2013.

[9]　Guest T. A matter of time: Air traffic delay in Europe[R]. Eurocontrol, 2007.

[10]　FAA. Aviation system performance metrics（ASPM）[EB/OL]. http://aspmhelp.faa.gov/index.php/ Aviation_System_Performance_Metrics_(ASPM).

[11]　FAA. ASPM: Individual flights: Definitions of variables[EB/OL].http://aspmhelp.faa.gov /index.php?title=ASPM:_Individual_Flights:_Definitions_of_Variables&oldid=5517.

[12]　Wang D Y, Sherry L, Larson M, et al. Statistical comparision of passenger trip delay and flight delay metrics[J]. Transportation Research Record: Journal of the Transportation Research Board,

2008, 2052（SN）: 72-78.

[13] 李俊生，丁建立. 基于贝叶斯网络的航班延误传播分析[J]. 航空学报，2008，29（6）: 1598-1604.

[14] 丁建立，陈坦坦，刘玉洁. 有色-时间 Petri 网航班延误模型及波及分析[J]. 计算机集成制造系统，2008，14（12）: 2334-2340.

[15] 陈海燕，王建东，徐涛. 基于延误波及的航班延误状态空间模型[J]. 信息与控制，2012，41（2）: 251-255.

[16] 陈海燕，王建东，徐涛. 动态数据驱动的航班预测研究[J]. 武汉理工大学学报（交通科学与工程版），2012，36（3）: 463-466.

[17] Rebollo J J, Balakrishnan H. Characterization and prediction of air traffic delays[J]. Transportation Research Part C: Emerging Technologies, 2014, 44（3）: 231-241.

[18] Lawson D, Castillo W. Predicting flight delays[EB/OL]. http://cs229.stanford.edu/proj2012/ CastilloLawson-PredictingFlightDelays.pdf.

[19] Stefanski T. Predicting flight delays through data mining[EB/OL]. http://cs-people.bu.edu/ dgs/courses /cs105/hall_of_fame/timoteo.html.

[20] 吕金虎，陆军安，陈士华. 混沌时间序列分析及应用[M]. 武汉：武汉大学出版社，2002.

[21] Fraser A M. Independent coordinates for strange attractors from mutual information[J]. Physical Review A, 1986, 33（2）: 1134-1140.

[22] Lillo F, Miccich S, Mantegna R N, et al. ELSA project: Toward a complex network approach to ATM delays analysis[EB/OL]. https://www.researchgate.net/pubilication/265151797.html.

[23] Cao L Y. Practical method for determining the minimum embedding dimension of a scalar time series[J]. Physica D, 1997, 110（5）: 43-50.

[24] Qin A K, Huang V L, Suganthan P N. Differential evolution algorithm with strategy adaptation for global numerical optimization[J]. IEEE Transactions on Evolutionary Computation, 2009, 13（2）: 398-417.

[25] Price K, Storn R. Differential evolution （DE） for continuous function optimization[EB/OL]. http://www1.icsi.berkeley.edu/~storn/code. html.

[26] Birge B. Particle swarm optimization toolbox[EB/OL]. http:// www .mathworks.com/matlab central/ fileexchange/7506-particle-swarm-optimization-toolbox.

[27] Pohlheim H. Genetic algorithm toolbox for MATLAB[EB/OL]. http://www.acse.dept.shef.ac.uk/ cgi-bin/gatbx-download.

[28] Tipping M. Sparse Bayesian models and the RVM[EB/OL]. http://www.miketipping.com/ index.htm.

[29] Bandyopadhyay R, Guerrero R. Predicting airline delays[EB/OL]. http://cs229.stanford.edu/proj2012/ BandyopadhyayGuerrero-PredictingFlightDelays.pdf.

[30] 程华, 李艳梅, 罗谦, 等. 基于 C4.5 决策树方法的到港航班延误预测问题研究[J]. 系统工程理论与实践, 2014, 34(增刊): 239-247.

[31] 赵小欢, 夏靖波, 李明辉. 基于随机森林算法的网络流量分类方法[J]. 中国电子科学研究院学报, 2013, 8(2): 184-190.

[32] 于新. 无线网络中端到端视频流业务的用户体验质量预测及优化技术[D]. 杭州: 浙江大学, 2013.

[33] Wikipedia. Gradient boosting[EB/OL]. http://en.wikipedia.org/wiki/Gradient_boosting.

[34] Hastie T, Tibshirani R, Friedman J. The Elements of Statistical Learning[M]. 2nd ed. Berlin: Springer, 2008.

[35] Cloga. 用 Sklearn 做判别分析（分类）[EB/OL]. http://cloga.info/python/2014/20/07/classify_use_Sklearn/.

[36] Pedregosa F, Varoquaux G, Michel V, et al. Scikit-learn: Machine learning in Python[J]. Journal of Machine Learning Research, 2011,12: 2825-2830.

[37] Bothorel G, Serrurier M, Hurter C. Mining aeronautical data by using visualized driven rules extraction approach[EB/OL]. http://hal-ebac.archives-ouvertes.fr /hal-00867875.

[38] 丁建立, 李学森, 吕晓杰. 基于 DCS-DES 组合的机场航班延误预测方法[J]. 计算工程与设计, 2010, 31(17): 3882-3886.

[39] 牛亦. 基于数据挖掘技术的航班延误 DSS 研究[D]. 成都: 电子科技大学, 2010.

[40] Han J W, Kamber M, Pei J. 数据挖掘概念与技术[M]. 3 版. 范明, 孟小峰, 译. 北京: 机械工业出版社, 2012.

[41] 武丽芬. 基于决策树分类算法和 Apriori 算法的数据挖掘在电信行业的应用研究[D]. 太原: 太原理工大学, 2008.

[42] 张春杰. 基于 Apriori 算法的校园空调的节能研究[D]. 杭州: 杭州电子科技大学, 2014.

[43] 杨海燕. FP_growth 算法改进及其在连锁快餐业关联菜品挖掘中的应用[D]. 合肥: 合肥工业大学, 2013.

# 第6章　空域动态规划方法

　　根据既定的航班时刻表，飞行需求应是可预计的确定值，但由于存在诸多影响飞行活动的不确定性因素，航班时刻表时常发生变化，如航班的取消、离场时间改变以及特殊航班的加入等，都给航空器指挥带来了很大的难度。单纯地通过空中交通流量管理限制交通需求并不是解决飞行需求与空域资源不匹配的最佳方式，从空域供给的方面来做工作是更好的方向，如通过空域的动态配置来提高空域的利用率，缓解空中拥堵。如果空域是具备对交通的自适应智慧型空域，将从根本上解决空域供给的问题。空域动态管理的最基本原理是通过动态管理空域从而减少飞行需求和容量的不平衡，如动态航路、动态扇区规划和运行为代表的动态空域管理手段。动态航路是基于飞行需求或天气等情况动态运行的，其开放和关闭时间取决于飞行需求变化。在现有空域结构基础上，当飞行需求临时增加或者空域容量降低时，合理开放临时航线可从总体上优化航路结构，增加空域容量，缓解固定航路上的空中交通流量拥挤状况，从而提高航路网络对飞行需求的适应能力。当交通流量较大时，空域管理部门通常将空域划分为若干个扇区，每个扇区设立一个管制席位，进行空中交通的指挥和协调工作，以保障用户飞行安全和通畅。目前在对空域扇区进行划分时缺乏精确的定量分析，使得一些管制席位(或扇区)工作负荷较小，工作相对较为清闲，设备的利用率和管制员的工作效率较低；而另外一些席位(或扇区)则处于繁忙状态，管制工作负荷超出管制员所能承受程度，对飞行安全产生不利影响。可以说，目前的空域扇区规划缺乏科学性和合理性，以至于各扇区的管制工作负荷很不均衡，这种不合理状况限制了空域的整体容量，也降低了空域的利用率和安全性。此外，空中交通分布的变化也会造成原有的空域扇区规划的管制员工作负荷不均衡，需进行动态扇区规划设计满足扇区管制工作负荷均衡性的要求。因此，研究科学、合理的空域扇区规划方法成为提高空中交通安全水平、合理分配和使用空中交通管制资源(设备设施、人员)及有效利用空域资源的关键性技术问题。空域动态管理的实现方式由一个国家的空域管理体制和管理机制决定，本章详细介绍了我国空域动态空域管理的组织管理和实施步骤、动态空域规划触发因素等，并对研究扇区动态配置的相关数学基础理论做了阐述。基于空域资源由固定划分、隔离使用向动态配置、灵活使用管理模式转变的国际化趋势背景，结合我国空域资源精细化、集约化管理技术最新发展，从以指标量化描述空域资源使用、测算空域运行复杂度入手，开展灵活使用空域的航路航线、空域扇区动态配置方法研究，为提高空域资源整体利用率提供理论技术支持。

# 6.1　基本概念定义

空域动态管理的目标为维护国家安全，兼顾民用、军用航空的需要和公众利益，统一规划，合理、充分、有效地利用空域。总体设计思想：一是建立我国空域管理的组织机构，包括国家空域监管部门和军民航各级空域管理部门，明确国家空域监管部门以及军民航各级空域动态管理部门的权利和责任；二是制定我国空域动态管理的运行机制，使得军民航空域用户能够共同制定空域政策和发展规划，并协商确立空域使用计划，共同实施管制；国家监管部门能够制定国家空域使用计划，协调解决军民航空域用户的空域使用矛盾，帮助军民航空域用户动态地分配空域，同时对军民航空域使用需求、计划和协调机制进行定期评估，征求空域使用相关部门的意见建议，不断完善运行协调机制。

### 1. 空域动态管理架构

空域动态管理包括战略、预战术、战术三个层次，各层次都有各自的权利和任务。同时作为空中交通管理的重要组成部分，空域管理在三级管理的各个阶段与空中交通服务和空中交通流量管理有着密切合作。

空域战略管理层——计划阶段。由国家空域决策部门制定全国空域的发展政策和规划，负责制定战略空域管理的相关政策、实施办法和程序，规定军民航的协调程序和方法以及优先原则，确定空域运行管理部门——预战术管理层的责任和权利，并定期对空域预留和隔离等进行审查，在需求发生变化的时候，尽快改变对某些空域的限制，不断提高空域灵活使用效率。由国家空域决策部门制定《空域动态管理程序》，并督促各相关单位按照《空域动态管理程序》具体实施。

空域预战术管理层——预判阶段。由国家空域运行管理部门负责二级、三级空域管理中的空域分配和公布空域使用计划及更新计划；军民航通过空域运行管理部门提出各自使用空域的需求，协调形成初步使用计划。国家空域运行管理部门在国家空域决策部门的指导下开展工作，其职能和权限由决策部门规定。此外，考虑到我国目前空域管理的实际情况，可以在国家空域运行管理部门下设 7 个分部，对应我国目前 7 大管理区，分别负责各自管理区内的空域使用问题。涉及跨管理区的空域使用问题，由国家空域管理部门决定。

空域战术管理层——行动阶段。军民航双方直接协调联系，通报指定空域使用情况，尽快释放占用空域以便其他用户使用。遇到临时出现的空域需求时，军民航可按照军民航实时协调程序的规定进行协商。

### 2. 空域动态管理程序

空域动态管理实施程序包括以下几个步骤。

（1）动态空域组织。由空域战略管理层先从战略角度对军方使用的空域进行固定的划设，并且白天和晚上使用的空域有所区别。夜间民航飞行流量相对减少，因此，军方训练空域面积大于白天训练空域。但每次军方使用空域前，需要经过预战术管理层的协调，同意后才能使用。预战术管理层是一个由军民航双方各派人员组成的机构。在飞行实施前两日，区域管制单位/流量管理席应评估预计的交通情况。飞行实施前一日 10:00 前，区域管制单位/流量管理席应将动态空域和动态航路的申请提交地区空域管理部门，相关军民航单位应将其他空域申请提交地区空域管理部门。飞行实施前一日14:00前,地区空域管理部门应将飞行实施当日06:00至下一日06:00之间的空域使用计划发布给相关单位。飞行实施前一日 16:00 前，流量管理系统根据空域使用计划确定并发布可用动态空域信息，航空器运营人可根据此信息申请更优的航迹，管制单位应根据国家空域政策部门制定的优先原则批准或拒绝申请。在飞行实施的当日，地区空域管理部门应实时监视空域内活动，当军方活动提前结束后，释放临时隔离区，并制定修改的空域使用计划，修改的计划发布至少一小时之后才正式生效。

（2）优化航路计划。根据国家经济和航空发展需求，对我国的航路航线网络进行调整优化，减少拐点、报告点，特别应按照“空中立交桥”的思想构筑航路航线，建立单向飞行的航线，避免航路航线之间的交叉穿越。

（3）空域临时分割计划。除飞行危险区、限制区和禁区外，国家应极大程度地减少对不同使用目的的空域的长期分割，一般仅按计划实行实时的临时隔离。而且，在这些空域中的特定任务没有开始前或已经完成后，该部分空域均纳入统一的空域配置计划中，为广义的空中活动所利用，即在无军航活动时，民航应有权使用空域。

（4）动态空域触发因素。天气、空管保障设备故障、飞行流量超过扇区或航路/航线段容量、流量超过管制员负荷是启动动态空域的主要因素。管制员工作负荷和复杂度是决定是否实施动态化扇区的最关键的决策因素。在飞行实施的前一日，AMC 应该根据明日预计飞行计划、天气预报和军方需求划出可作动态空域使用的空域范围，分析航路及扇区容量，对扇区复杂度和管制员工作负荷预测、流量预测、天气情况预测，判断可能需要激活动态空域的时刻，并做出空域使用计划，如根据动态空域规划触发要素影响范围模型建立的临时航路；根据国际民航组织关于平行航路设计准则，在分析通信、导航、监视设施保障能力基础上建立的平行航路，或根据流量变化趋势和空域用户需求变化,动态分割、合并、组合现有空域(管制扇区)，并在航班飞行计划中提出；或者遇到意外因素时，如设备故障或者天气突变，可由飞行员空中提出请求。

（5）空域动态容量监视。在飞行实施的当日,空域管理部门应实时监视空域容量,根据实时预报情况(2小时预报)，启动动态空域使用方案，当飞行员在空中提交需要使用动态航路或空域的要求时，对前一日制定的空域使用计划进行修改，并记录在数据库中。对动态空域使用方案的评估与选择，如数据库中的最优航线，自动生成和优化的动态航路，基于容量和管制员负荷的管制扇区优化等，都由 ATFM 系统输出结果。

(6)动态空域信息发布。动态空域的激活是在要求下执行的，通过军民航协调沟通，以及流量管理中心与管制部门、航空公司沟通协调得出方案后，系统发布信息。信息接收对象为所涉及航空器所属的航空公司、当前管制单位和下一个管制单位。空域管理部门通过 ATFM 系统发布空域使用计划和修订的空域使用计划。各相关单位均可以通过统一的信息平台获取该信息。各相关单位可实时获取动态空域使用情况，但无修改权限。信息发布必须有一定的提前量。同时在飞行实施当日，空域管理部门应实时监视空域容量，并在由于情况变化需要对前一天制定的空域进行再分配时，修订空域使用计划并发布。

### 3. 动态规划触发因素

动态空域规划的触发因素主要有：危险天气、通信/导航/监视设施失效、临时禁飞空域和空域拥塞。其中，危险天气是触发动态空域规划的主要因素，主要包括雷暴、积冰、晴空颠簸和台风等天气现象。当出现这些天气现象时，需要对它们的影响范围和移动速度进行及时分析预测，才能有效地进行绕飞航路设计，减少对航班的影响。通信/导航/监视设施失效在动态空域规划中表现为两种状况：一种是失效设备所影响的空域保证能力降低，从而造成空域容量下降；另一种是造成空域中局部范围无法提供设施保障。第一种情况可采用与空域拥塞相同的方法，通过分流航路来解决；第二种情况可将影响区域作为禁飞区域，采用设计危险天气绕飞航路的方法减小其对飞行的影响。临时禁飞空域是指为了保障一些特殊活动(如奥运会等)而设定的限制飞行活动的空域。通常采用绕飞航路的方法减少其对飞行活动的影响。空域拥塞是指关键点或局部范围飞行流量超过容量限制，造成航空器空中等待或对航空器实施流量控制。无论关键点还是局部空域拥塞，均可采用分流或绕飞航路方法，减少通过拥塞部位的飞行流量，消除拥塞现象。

### 4. 研究发展现状

文献[1]针对终端区空域动态配置，研究了空中交通流优化及空域配置方案，提出了动态空域计算程序。从现有研究情况看，空域动态配置研究主要集中在管制扇区优化方面，其主要用图论、计算几何以及约束规划等方法，通过建立不同的数学模型进行优化设计，且大部分都是基于二维平面划分展开的。1984 年美国联邦航空局发布《终端区扇区的建立及有效性》，90 年代先后有多位学者进行相关问题的讨论，1994 年，Delahaye 等使用遗传算法进行扇区优化理论研究[2]，使用在空域中随机确定节点，将空域划分成多个有限元，每个有限元都对应有相应的管制员工作负荷，该方法存在一些缺点，即节点的随机选取会导致各个有限元空域中管制员工作负荷难以统计，无法应用到实际的交通系统中。2003 年，Trandac 等[3]提出利用约束规划方法对扇区进行优化划分，基于二维空域扇区，列出了一系列约束，从而保证空域扇区的划分符合实际情况，从而确定二维扇区划分结果，但该方法有其特殊的研究背景，即必须是在理想的自由飞行条件下。Yousefi 等[4]首次提出空域的正六边形分割，正六边形分割相对于矩形和三角形不仅可以避免出现锐角结构，而且还可以减少同一架次航空器两次以上进入相同扇区所产生的额外管制员工作负荷，最后通过线性规划的聚类算法实现了基于均衡管制员工作负荷的管制边界划分。文献[5]提出了一种基于管制员工作负荷和空域复杂度的扇区优化方法，该方法将美国国家空域系统按照高度划分为三个高度区间，然后对每个区间进一步划分成 2566 个空域有限单元，最后进一步统计每个空域单元的管制员工作负荷，该方法只考虑了同高度层之间的协调工作负荷，无法应用于复杂性最高的终端区空域。Klein[6]基于正六边形格网单元，提出了一种新的快速空域分割算法，先对空域进行正六边形分解，然后依据历史交通雷达数据进行仿真，求取每个空域单元的雷达航迹点数目，据此统计每个空域单元的管制员工作负荷情况，然后设定空域单元作为初始扇区中心，最后运用一种增长算法实现扇区的划分。文献[7]利用权重图的方法基于高峰航空器数量对空域进行了有条件的划分，当交通量比较大的时候，将空域划分成许多小的扇区，而交通量较小的时候，将空域组合成比较大的扇区，该算法使用了网络流图算法近似捕获流模式。文献[8]利用计算几何方法进行扇区划分，基于二维空间划分、馅饼切割几何算法和动态扇区规划，实现动态空域配置。

## 6.2　连续爬升空域优化

本节讨论交通流之间存在复杂交互的情况下连续爬升操作的空域设计新方法。本节方法以混合整数线性规划(Mixed Integer Linear Programming, MILP)来表达，以最大程度提高离场程序每个航路点上的高度上限，考虑了与其他离场和进场的交通流之间的间隔以及飞机的爬升性能。该方法应用到了某国际机场的离场程序中，以展示它的效果。

由于航空交通需求量不断增大，飞机操作产生的温室气体排放成为全球航空业担心的主要问题。为了减少飞机的温室气体排放和燃耗，有关人士探究了有助于提高飞机飞行效率和生态友好程度的先进空域设计概念。连续降落方式(Continuous Descent Approach, CDA)和连续爬升操作(Continuous Climb Operation, CCO)就是在这方面推出的两种方法，目的是分别提高飞机操作中降落和爬升阶段的飞行效率。路易斯维尔国际机场还运用了以系统分析原理为基础的方法来制订一种减噪进近程序。人们还进行了飞行测试以验证连续降落方式的环保效果。洛杉矶国际机场也采取类似的方法制订了一种连续降落方式。本节则推出了一种迭代的程序设计过程，并探究了这种过程在燃料燃烧和噪声冲击方面的主要益处。最近大量研究都着重于优化离场程序，其中一篇分析了达拉斯/沃思堡国际机场离场飞机采取连续爬升方式的案例，结果表明，在采用连续爬升程序的情况下，离场飞机爬升效率更高，而且减少中间平飞的时间。另一项研究则提出了一种制订优化纵向离场剖面的方法，以最大程度减少对机场周围的噪声冲击。还有人采取另一种方式，运用多目标优化技巧来制订一种减噪离场程序，以最大程度降低人口密集区上空的噪声滋扰偏差。其他的研究工作则着重于制订支持决策的工具来促进空中交通管制员对连续降落方式或连续爬升操作的实施。有一项研究提出了一种基于概率的决策支持工具，以帮助空中交通管制员在开始指示连续降落之前判定飞机之间合适的间隔。尽管连续降落方式和连续爬升操作具有环保方面益处，但是在拥有多座机场的复杂的终端管制区（Terminal Control Area, TCA）内高密度空中交通期间，却不一定每次都能使用这两种方式。在多座机场彼此靠近的情况下，难免会出现离场和进场程序之间复杂的交互，往往就必须在交叉点执行垂直间隔的程序。离场和进场程序的航路点上还会被施加种种高度限制，而这样的限制就使得飞机无法进行连续降落或连续爬升。理想的情况是能够取消高度限制，而且不同程序沿途上飞机之间的间隔可以单纯依靠空中交通管制员的战术性空中交通管理来确保。不过在复杂的终端管制区内，须保证交叉程序之间的空间间隔，这样可以减轻管制员在保证安全间隔方面的工作负荷。

本节提出了一种用于连续爬升操作的空域设计新方法。该方法强调了不同程序之间的交互，而以前的研究更多地注重优化单独的进场或离场程序。我们提出的方法对离场程序进行了优化，以便在考虑与其他交叉程序之间的间隔的前提下尽可能减少对航路点上的高度限制。我们以混合整数线性规划来表达问题，并将我们所提出的方法应用到某国际机场的离场程序中，以验证它的效果。

## 6.2.1　研究对象

航路点上的高度限制可以为飞机提供可能的爬升或降落剖面范围，从而确保与其他交叉程序之间的间隔。理想的情况是尽可能减少高度限制，从而为各种类型的飞机执行连续爬升操作留出空间。但是如图 6.1 所示，程序之间的交互是难免的，而这些交互就妨碍了在垂直方向上实行没有高度限制的离场程序。

这里将对这一离场程序进行优化。我们制订了混合整数线性规划来最大程度减少对这一程序的航路点高度限制。本节方法考虑了各种制约因素，包括与其他进离场程序之间的间隔以及飞机的爬升性能。我们把航路点的横向坐标视作固定不变，同时也探究了将横向坐标作为决策变量来纳入的可能性。

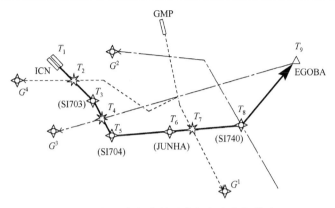

图 6.1　飞行程序与其他进离场程序之间的交互

## 6.2.2　数学公式

我们以图 6.1 所示的飞行程序来详细说明所提方法的数学公式。在图 6.1 中，我们把要优化的目标离场程序用实线表示，至于与目标程序交叉的其他程序，则以虚线表示离场程序，以点画线表示进场程序。图中还采用 $\{T_1, T_2, \cdots, T_N\}$ 来表示目标程序 $T$ 的每一个航路点高度。对于每个航路点，$T_i$ 用以下公式来进一步参数化：

$$T_i = \begin{bmatrix} L_i \\ U_i \end{bmatrix} \tag{6.1}$$

其中，$U_i$ 和 $L_i$ 分别是为第 $i$ 个航路点指定的高度上下限；$N$ 是指目标程序 $T$ 中航路点的总数。我们用 $\{G_1^k, G_2^k, \cdots, G_N^k\}$ 来表示有可能与目标程序 $T$ 交叉的第 $k$ 个程序 GK 的每个航路点的高度。对于每个航路点，$G_j^k$ 用以下公式来进一步参数化：

$$G_j^k = \begin{bmatrix} L_j^k \\ U_j^k \end{bmatrix} \tag{6.2}$$

其中，$U_j^k$ 和 $L_j^k$ 分别表示 GK 第 $j$ 个航空点上的高度上下限。这里需要注意，针对目标程序 $T$ 在公布的航路点以外的其他点上与程序 GK 相交的情况，我们还给出了附加的航路点，也就是图 6.1 中的 $T_2$、$T_4$ 和 $T_7$。为说明起见，这里仅把 $T_i$ 作为决策变量，而把 $G_j^k$ 视作依据现有的限高和飞机的名义爬升速度或降落速度预先确定的已知数值。不过我们提出的方法并不排除将 $G_j^k$ 作为决策变量来纳入。

### 1.　目标函数

为了确保飞机在离场期间能够按照最优剖面连续爬升，就应当减少离场程序沿途限高的制约性。从连续爬升操作的角度来说，总体上航路点上的高度上限比下限的制约性更强，因为飞机到达高度上限后就得停止爬升并开始平飞，直至到达下一个航路点。因此这里按照下面所示的离场程序沿途可行的最大数值来计算最大程度提高航路点高度上限的目标函数。

最小化:

$$\sum_{i=1}^{N}(U_i^{\max}-U_i) \tag{6.3}$$

其中, $U_i^{\max}$ 是 $U_i$ 可行的最大值, 可以采用公式 $U_i^{\max}=U_i+D_i r_{\max}$ 算得, 其中 $D_i$ 指从第一个航路点 $T_1$ 到第 $T_i$ 个航路点的累计距离, $r_{\max}$ 指飞机的最大爬升梯度。需要注意, 这里对爬升梯度的定义是每单位地面距离的高度增益。

2. 约束条件

(1)爬升性能的约束条件:飞行程序应该针对爬升性能最低的飞机来设计。换句话说, 飞行程序中后续航路点上高度下线的增量不得超过依据最小爬升梯度 $r_{\min}$ 来算得的高度增量。因此, 我们的目标程序上第 $i$ 个航路点的高度下限 $L_i$ 就必须符合以下条件:

$$L_{i-1} \leqslant L_i \leqslant L_{i-1}+d_i r_{\min} \tag{6.4}$$

其中, $d_i$ 指第 $i-1$ 和第 $i$ 个航路点之间的距离; $r_{\min}$ 指要求飞机达到的最小爬升梯度。注意:下限不能低于前一个航路点的下限。与高度下限不同的是, 高度上限 $U_i$ 只要不低于前一个航路点的上限即可, 此外不受其他制约。

$$U_{i-1} \leqslant U_1 \tag{6.5}$$

(2)间隔距离约束条件:目标程序 $T$ 要与跟它相交的另一个程序 GK 保持间隔。程序之间的间隔可以通过交叉航路点上的垂直间隔来保证。我们分别以 $T_i$ 和 $G_j^k$ 来对应 $T$ 和 GK 的交叉航路点。那么为这些航路点指定的高度上下限就应当满足下列制约条件:

$$L_j^k-U_i \geqslant h_s \tag{6.6}$$

或者

$$L_i-U_i \geqslant h_s \tag{6.7}$$

其中, $h_s$ 指飞机之间的垂直间隔标准。目标程序 $T$ 的位置既可以高于也可以低于与它相交的程序 $G^k$, 如图 6.2 所示。

(3)其他约束条件:这里将目标程序最后一个航路点上的高度上下限视作固定值。出于操作方面的各种考虑(如航路空域越顶航线的最低巡航高度), 最后一个航路点上的限高通常都是不变的。我们以 $T_F=[U_F,L_F]$ 来表示目标程序最终航路点的高度范围。那么这些航路点上的高度上下限就用以下公式来算出:

$$L_N=L_F, \quad U_N=U_F \tag{6.8}$$

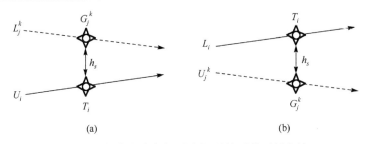

图 6.2　相交程序之间垂直间隔的两种可行办法

最后，高度上限还应当等于或高于同一航路点的高度下限，如下所示：

$$L_i \leqslant U_i, \quad i=1,2,\cdots,N \tag{6.9}$$

## 6.2.3　数值结果

将我们所提出的方法应用于图 6.1 所示的离场程序中。我们对这一程序的航路点高度上限进行了最大化,同时也考虑了与跟这一程序相交的其他程序之间的间隔。要求飞机达到的最低爬升梯度($r_{\min}$)被定为 6.5%,这是《航空资料汇编》(*Aeronautical Information Publication*)中发布的数值。我们依据国际民航组织文件,将垂直间隔最低值($h_s$)定为 1000ft。图 6.3 显示了按照程序优化的和现行的高度上限值、在飞机最大爬升速度下的离场高度剖面。从图中可以看出，优化后的爬升初期高度较现行程序有所提高。现行程序在 SI704 航路点上的限高是 5000ft,而优化后的结果显示出 SI704 航路点的限高可以放宽到 8567ft。对 JUNHA 和 SI740 设置的 10000ft 的上限仍然不变,这是确保与在 11000ft 左右的高度穿过 SI740 而进入机场、处于降落阶段的进场飞机保持间隔所必需的平飞航段。

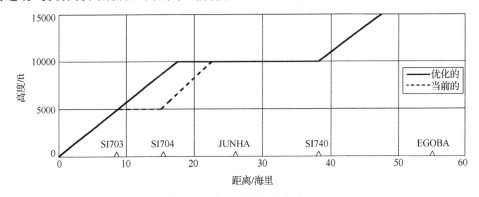

图 6.3　优化程序的高度上限

图 6.4 以三维视图显示了该飞行程序和其他程序之间的间隔。航路点之间每个航段的详细结果，如表 6.1 所示。

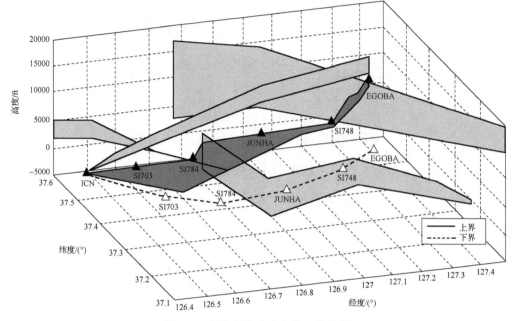

图 6.4　优化程序高度上限三维视图

表 6.1　每个航路点上优化的限高

| 固定值 | $T_1$ (ICN) | $T_2$ | $T_3$ (SI703) | $T_4$ | $T_5$ (SI704) | $T_6$ (JUNHA) | $T_7$ | $T_8$ (SI740) | $T_9$ (EGOBA) |
|---|---|---|---|---|---|---|---|---|---|
| 距离/海里 | 0 | 4.2 | 7.7 | 9.8 | 14.1 | 26.6 | 31.2 | 37.8 | 54.2 |
| 上限/ft(现行数值) | 0 | — | — | — | 5000 | 10000 | 10000 | 10000 | 15000 |
| 上限/ft(优化数值) | 0 | 2535 | 4679 | 5955 | 8567 | 10000 | 10000 | 10000 | 15000 |

　　表 6.1 显示的结果改善幅度并不大，而且是爬升初期本地化的数字，需要针对程序来进行横向修正。于是我们对其作了进一步优化，把航路点横向坐标作为优化变量来纳入。需要注意的是，与其他程序的交叉点成为变量，而交叉点垂直间隔也不能用式(6.6)或式(6.7)来计算，因此我们增加了中间航路点，并以这些中间航路点的每一种组合之间的垂直或水平间隔来确保程序之间的空间间隔，如图 6.5 所示。

　　再次优化后的新程序在图 6.6 中以黑色实线来显示。

　　图 6.7 显示的是在新采用了横向坐标的优化限高条件下以最大爬升速度飞行的离场飞机的高度剖面。从图中可以看到，优化程序的纵向剖面与图 6.7 的结果相比得到进一步改善。虽然爬升初期的高度上限略有减少，但是平飞航段却从 15.5 海里大幅缩短到 13.6 海里。通过修正横向坐标，飞机留出与 $G^2$ 的间隔所需的飞行距离就是 32.5 海里，而在现行程序中的这段距离却是 37.8 海里。整个离场程序的总距离从 54.2 海里缩短到 48.9 海里。图 6.8 显示重新优化的飞行程序三维视图。

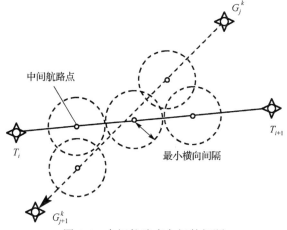

图 6.5　中间航路点之间的间隔

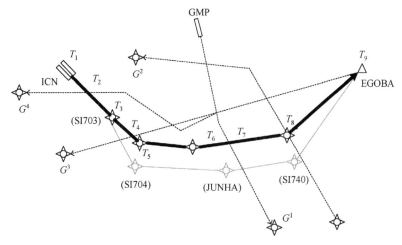

图 6.6　采用了新横向坐标的 EGOBA 1K 程序

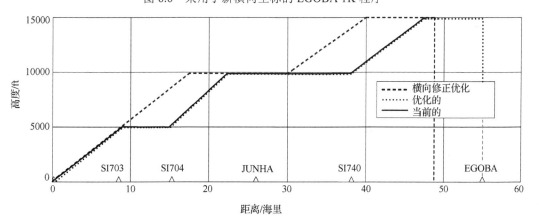

图 6.7　采用了新横向坐标的优化程序限高

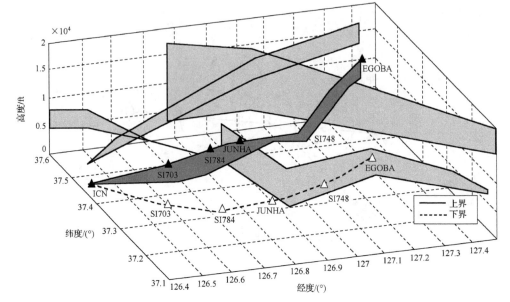

图 6.8　经过横向修正后再次优化程序的限高三维视图

# 6.3　终端空域动态管理

大型机场群上空瞬息万变的动态空域在提升其各个机场近期和远期运营效益方面具有巨大的潜在优势。当前静态程序采用解耦分离的方法对机场群的空域进行分配（即后面所提到的空域设计），而这种分配方法对每个机场空中交通状况变化的应变能力差、响应迟钝。根据各个机场空中交通状况的不断变化随时调整空域分配模式，通过这一方法可以使空中交通吞吐量满足更大需求，使得热门航线获得更加高效的线路规划。这里所提出的机场群动态空域（Dynamic Metroplex Airspace, DMA）计算程序，针对旨在优化大型机场群空中交通状况的一系列空域分配设计方案进行了模拟计算。由 DMA 程序计算出的空域分配方案首次与纽约机场群当前采用的静态基线方法设计的方案进行了定性比较。DMA 算法在模拟环境中进行计算，同时交通状况由静态基线法和动态分配法进行模拟。

这里解决了空域设计自由度问题，完善了前期工作。自由度的确定可以缓解机场群中各机场之间的相互依赖性。之所以采用机场空域动态设计，其中一个原因是我们经常谈到的一个问题：根据天气调整航线，即在强对流天气的影响下保证机场的吞吐量。当前的空域设计对很多空域交通特性的响应都很迟钝。第二个重要原因就是能够根据瞬息万变的空域交通状况调整空域资源。例如，在东面方向的降落高峰期期间，通过动态空域设计可以增加额外的从东面方向来的降落航线，然后该片空域在起飞高峰期期间也可以被用来增加额外的起飞线路。在机场群大环境下，这种效益机制十分重要，因为空域资源还可以根据各个机场的空中交通状况进行调整。目前肯尼迪国际机场和拉瓜迪亚机场在某种程度上就采用了这一方法。贝尔蒙特和康尼地区的空域既属于肯尼迪国际机场，也属于拉瓜迪亚机场，具体由纽约机场终端雷达管制中心空中交通管理部门进行分配。两个机场都可以在这两个空域启动额外起飞线路增加程序以提高其放飞率。动态机场空域设计还能够在不考虑眼下成型的跑道布局的情况下提高航线的利用率。在机场群环境下，空域中的航线非常密集，为了躲避从其他机场来或到其他机场去的航线，往往每个线路的利用率都不能发挥到极致。通常跑道布局是根据航线的需求进行设计的，以达到简化机场群上空线路模式的目的。在恶劣的天气条件下，根据跑道布局来实施航线的这一能力可以保证每个机场的吞吐量。以性能为依据的空中交通管理理念引入了基于导航性能飞行程序设计，使用过程中通常需要考虑具备这种导航性能航空器所占的比例，机场群空域的复杂性和密集性使得动态空域设计必须根据航空器性能来提供空域设计方案。

## 6.3.1 空域动态算法

### 1. 系统设计和专业术语

"机场群空域动态设计问题"旨在研究出适用于一个时间段内机场群空域空中交通运行的空域设计方案。图 6.9 给出了我们解决这一问题的方法。DMA 算法将一系列诸如交通数据和天气数据之类的元素作为输入，经过计算后输出一套空域设计方案。空域设计方案中的航线是航班可以使用的潜在网络元素的一个子集。由于我们不能直接评估空域设计方案的好坏，因此采用数学模拟的方法来观察在新方案的指导下机场群上空的空中交通状况。诸如延误和油耗之类的单个航班指标，可以用来对比不同空域设计方案的优劣。潜在网络元素为空域范围内定义的点（如节点）和连接这些节点的航线段（如连线），航班就是沿着这些连线进行飞行。整个一套潜在网络元素组成了所谓的潜在网络。一个航班分类是指一些航班具备的而另一些航班不具备的一系列航班特征。潜在网络元素也会拥有某些特性，如容量或限制，而这些特性只有固定的一些航班分类才会用到。例如，在某两点之间的连线上，飞机和机组的所需航行性能值（Required Navigation Performance，RNP）被限定在 0.1 之内。那么 RNP 值在 0.3 的航班就不能沿着上述连线飞行。潜在网络提前生成并在全程应用。而空域设计方案也要对全时段进行计算。在实例中，管制员、飞行员、调度员以及自动驾驶系统接受空域计划后，必须马上解决线路和时间规划问题，即飞机进入机场群空域后航管计划立即启动并给出三维路径，并且尽可能在规划路径上的点设置时间限制以实现对时间的规划。本章研究模拟了空管员决策和飞机飞行航线，旨在搜集诸如飞行距离、油耗、噪声和延误等指标，这些指标可以反映出空域设计计划的优劣。算法概述如图 6.9 所示。

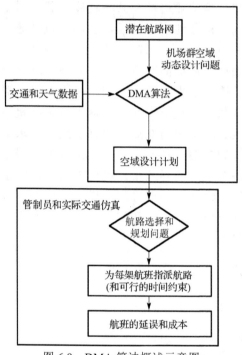

图 6.9　DMA 算法概述示意图

### 2. 具体算法步骤

图 6.10 给出了 DMA 算法的内部工作原理。DMA 算法将与交通需求和天气相关的数据和潜在网络作为输入。DMA 算法的核心包括航线生成、航线选择和成本更新几大步骤，对这几步进行反复计算，直到拥堵成本不再明显变化为止。当迭代结束后，进一步解决混合整数规划问题，最后输出空域设计计划。

航线是由一系列相关联的潜在网络元素组成的存在于潜在网络中的一条路径。一架航班的航线选项是指从航班当前位置(或航班进入机场群空域进入点的位置)到航班飞离机场群空域飞出点的位置之间的线路。航班的航线选项集是为该航班确定的所有航线选项的集合。通过在潜在网络中解决最短路径问题，航线生成步骤会针对每一架航班生成一个航线选项。航线选项包含沿该航线飞行所需成本在内的航线选项再与先前设定的航线选项进行叠加。通过利用每一个潜在网络元素所带来的成本，最短路径算法可以找到成本最低的线路，而非地理位置上最短的线路。每一个潜在网络元素代入成本的初始值设为该航班横贯所有潜在网络元素所耗费的燃油和时间。

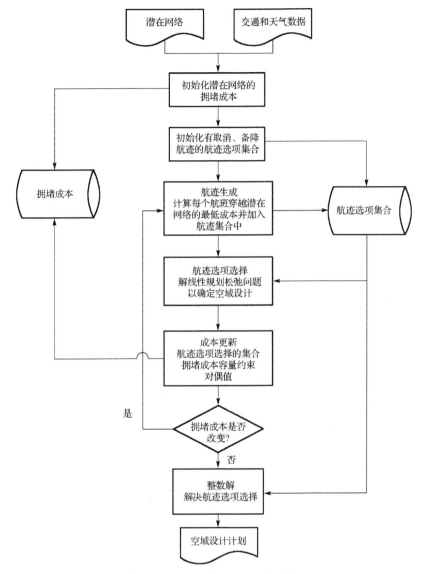

图 6.10　DMA 算法内部工作原理

　　本节设计的算法，每一步迭代都结束后，每一个潜在网络元素的成本通过拥堵成本进行放大。潜在网络元素的拥堵成本初始值设为 0，并根据线性松弛中容量约束双变量的最优解决方案进行数值更新。

　　最小化：

$$\sum_{f\in F}\sum_{r\in R} c_{fr} x_{fr} \tag{6.10}$$

约束条件：

$$\sum_{f \in F} \sum_{r \in R: u_{rit}=1} x_{fr} \leqslant \phi_{it}, \quad \forall i \in I, \quad t \in T \tag{6.11}$$

$$x_{fr} \leqslant z_{ikt}, \quad \forall k \in K, \quad f \in F(k), \quad r \in R, \quad (i,t) \in \{(i,t): u_{rit}=1\} \tag{6.12}$$

$$\sum_{r \in R} x_{fr} = 1, \quad \forall f \in F \tag{6.13}$$

$$\sum_{r \in I, k \in K: s_{ijk}=1} z_{jkt} \leqslant 1, \quad \forall i \in I, \quad t \in T \tag{6.14}$$

　　航线选项选择问题可转化成混合整数规划最优化问题，模型变量定义如表 6.2 所示。航线选项选择问题将每架航班的航线选项、每个航线选项中用到的潜在网络元素的绘制、定义每个潜在网络元素容量的数据以及在空域设计方案内如何选取潜在网络元素的规则作为输入。

表 6.2　空域动态模型变量定义

| 符号 | 定义 |
|---|---|
| $F$ | 所有航班 |
| $f$ | 一个航班 |
| $R$ | 所有航线（又称线路）。这是所有航线选项集的集合。但是，在实际当中，所有航班所分配到的线路只能是自己航线选项集中的线路 |
| $r$ | 一条航线 |
| $T$ | 所有空域设计方案规划时间（没有重叠并且连续） |
| $t$ | 空域设计方案规划时间 |
| $K$ | 所有航班分类集的集合。某一个航班分类可能隶属于多个航班分类集。例如，假设存在"RNP0.1""RNP0.5""RNP1.0"和"RNP5.0"这些航班分类。"RNP0.1"航班分类集只包含了"RNP0.1"航班分类。但是，航班分类集"RNP1.0"却包含"RNP0.1""RNP0.5""RNP1.0"航班分类 |
| $k$ | 一个航班分类集 |
| $F(k)$ | 航班分类集 $k$ 中所有航班的集合 |
| $I$ | 潜在网络，如所有潜在网络元素的集合 |
| $i$ | 一个潜在网络元素 |
| $C_{fr}$ | $f$ 航班使用 $r$ 航线的成本。该成本包括航线飞行成本、燃油成本，使用该条航线遭遇延误的成本以及其他成本，如环境元素的影响。需要注意的是，混合整数规划过程中并没有引入拥堵成本，尽管拥堵成本是混合整数规划的附加产物。拥堵成本仅在航线生成步骤中被使用 |
| $x$ | 双变量：$x_{fr}=1$ 当且仅当 $r$ 航线被分配给 $f$ 航班。航线所暗含的有使用该条航线带来的延误、油耗、实际水平和垂直方向上的航线等与航线相关的参数 |
| $z$ | 双变量：$z_{ikt}=1$ 当且仅当潜在网络元素 $i$ 被包含在空域设计方案中的 $t$ 时刻并对 $k$ 类航班分类开放 |
| $u$ | $u_{rit}=1$，当航线 $r$ 在 $t$ 时刻使用潜在网络元素 $i$ |
| $s$ | $s_{ijk}=1$，当潜在网络元素 $i$ 和 $j$ 在时刻 $t$ 不能一起出现在 $k$ 类航班分类的空域设计方案中 |
| $\Phi_{it}$ | 潜在网络元素 $i$ 在 $t$ 时刻能够处理任务的数量 |

目标方程式(6.10)是飞行成本的最小化模型，其包括航线上的细节要素，如油耗、飞行时间和时间延误。有限容量约束式(6.11)在每一个时间段对每一个潜在网络元素施加约束。将使用潜在网络元素的航线选项赋值变量 $x_{fr}$ 加起来，计算潜在网络元素如油耗、飞行时间和延误等统计指标值。式(6.12)阻止航线选项被分配至某个航班，除非航线选项所需的潜在网络元素被包含在空域设计当中。式(6.13)要求航班与航线选项之间唯一对应。式(6.14)防止相互矛盾的潜在网络元素同时出现在空域设计中。确定了航班的航线选项，进而使航班的航线选项集能够满足所有约束条件和成本最小化目标方程，这样问题就得以解决。使用高需求潜在网络元素的航班可能会遭遇长时间延误，从而增加下一步迭代中潜在网络元素的拥堵成本。在现有航线选项集范围内，最后算出的解决方案是"最优的"。但是，通过鉴定新航线选项可以进一步完善整体解决方案。而新航线选项对一些航班带来的成本增加是微小的(如增加飞行距离)，但对另一些航班来说，通过减少延误和等待使用高使用率潜在网络元素所需时间等方法，却能很明显地降低它们的成本。航线选项选择这一步解决了航线选项选择问题的线性松弛规划。线性松弛规划的解决速度比混合整数规划的速度快得多。另外，任何线性松弛规划的最优解决方案都伴随有一个针对双线性方程式的最佳解决方案，其所含变量与初始线性规划的每个约束条件都相关联，同时，这些约束条件与初始线性规划的变量相关联。那些双变量具有很重要的含义。大体上说，双变量的最优值表示出了最优目标方程值对右手边相关约束条件的敏感程度。例如，与容量限制条件相关的最优双变量值可以显示出通过放开相关网络元素的容量所能获得的容量附加值。在大环境下，可以通过利用其他地方的潜在网络元素重新规划某些航班的航线来实现容量的提升。成本更新步骤利用最新拥堵成本值更新每一个潜在网络元素。在下一步迭代过程中，这些新的成本被用在航线选项生成步骤。航线生成器生成航线选项。当飞机驱离拥挤资源的成本低于空域计划整体的收益时，航线选项将会执行将航班驱离拥挤资源的命令。我们对每架航班的航线选项都进行保存，以确保在未来计算航线选项选择问题时能够随时使用它们。

利用线性模型计算航线选项选择问题得出的解决方案不一定合理或有实际意义，因为线性模型并没有要求变量一定为整数。线性模型得出的方案可能会为一架或多架航班在多条航线上算出小数结果，而非在一条航线上得出整数结果，类似地，潜在网络元素也可能会以小数形式存在于空域设计计划中。出于这点考虑，通过混合整数规划步骤最后将计算结果整数化，从而通过这一步解决整体航线选项选择问题。通过这一步骤计算得出的结果就是合理的、可以利用的空域设计方案以及一系列的航线分布。理论上讲，得出的结果并不一定是最优化的。但是，在实际当中通过这个方法得到的解决方案往往是最接近最优化的。在有些实例中线性松弛规划值和混合整数规划值之间存在不可忽视的差值，因此我们强制进行额外的列生成迭代，在此过程中潜在网络元素权值的确定与它们在整数化过程中的兼容性相关联。

## 6.3.2　算法计算结果

　　DMA 算法运行的结果就是空域和航线规划方案。图 6.11 展示了针对纽约机场群的一个空域计划中的航线规划。图中画出的圆是以中心机场为中心、100 海里为半径的圆圈。细线代表降落和起飞线路。注意观察下一幅图中如何进行重新安排靠近中心区域的航线规划，以及 100 海里机场群空域边界处航线交叉点分布与方向。

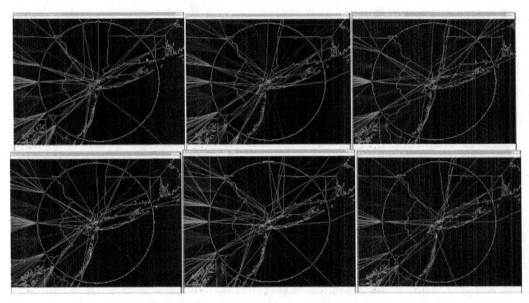

图 6.11　针对机场群计算得出的空域航线设计规划中的六种线路规划

　　我们分析了 DMA 算法所带来的效益并且研究了针对不同的机场群 DMA 算法的表现。实际上，针对空域和航线的设计与再设计是一项艰苦而费力的工程，由于不能根据短期的交通状况来调整航线，航线的设计必须能够很好地适应复杂多变的天气状况以及交通状况。近些年来航班数量的增加也给空域设计的效率带来了更大的挑战。

# 6.4　航路空域动态配置

　　动态航路是基于飞行需求或天气等情况动态运行的，其开放和关闭时间取决于飞行需求的变化。若某个空域中飞行需求增加，或者由恶劣天气或军事活动导致航路非正常运行，则会造成航班大面积延误。在保障飞行安全的基础上，为了减小航班延误和等待成本，需在既定空域结构的分配和使用基础上，根据飞行需求的变化进行航路动态管理，开辟新的航路或调整当前航路结构，提高空域容量，满足飞行需求，为管理者提供决策依据。本节在既定空域结构的分配和使用基础上，构建了一个航路动态调整模型，根据用户飞行需求的变化对航路进行动态管理。在模型中，当飞行需求超过航路容量并将造成航班大面积延误时，通过动态开放或使用临时航路，并从可选航路调整计划中选择最优方案，平衡飞行需求与航路容量，使航班延误保持在一个可接受的延误水平内。

### 6.4.1　天气影响范围处理

恶劣气象条件是指雷雨等影响飞行的危险天气。为保证飞机安全，必须进行绕飞操作，大量的统计数据表明，恶劣气象条件是造成航班延误的主要原因之一。对恶劣天气影响范围建模是一个研究难点。这里通过将网络上公开的以 NCWD 与 NCWF 数据形式存储的气象数据，通过使用 UNIX/Linux 下的气象数据转换工具 CDO（Climate Data Operators）转换完成，在得到 netCDF 数据文件后就可以用 ArcGIS 数据导入功能输入数据，保存到空间数据库中。整个流程如图 6.12 所示。

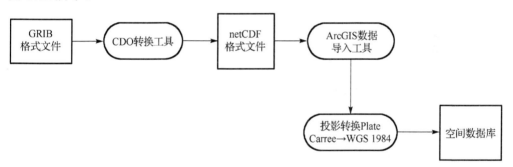

图 6.12　恶劣天气影响范围的处理流程

### 6.4.2　禁飞区生成

禁飞区是指在绕飞航路生成时飞机在某一个时间段内不能通过的区域。通过对气象等特殊情况影响范围的确定，增加保护区域的距离，最后生成禁飞区。生成禁飞区的步骤如下：

(1)把时间段 $T$ 内取得的多个时间点数据进行"叠加"运算；

(2)对飞行影响较少且可以忽略的数据进行过滤；

(3)对禁飞区域加上安全保护范围 $\delta$ 。

生成禁飞区的过程如图 6.13 所示。

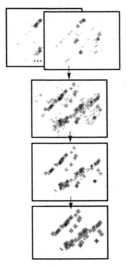

图 6.13　禁飞区生成过程

## 6.4.3　最优绕飞航路生成

航班绕飞需要管制员与受影响飞行员之间进行协调,增加了两者的工作负荷,并只能对个别航班进行操作。我们试从更高层的角度解决这问题,通过预测的气象信息为受气象条件影响的一段时间内的航班规划有效的绕飞航路。首先通过规划复杂度低的绕飞航路,降低飞行员和管制员操作、监视以至通信的工作负荷,其次通过引用气象信息,规划的绕飞航路有更好的安全性,保证飞行安全。

绕飞航路动态生成是通过算法找出一条符合约束规则的航路。临时航路需要符合一些基本的划设规则并绕开由空中的限制性区域、天气异常所形成的禁飞区。通过总结,认为绕飞航路需要符合下列规则:

(1)航路起始角度限制(在 30°～60°);

(2)航路归航角度限制(小于等于 70°);

(3)起始和结束点选取规则;

(4)在满足(1)、(2)项的角度条件的情况下,从不可行区域最近的报告点开始,如所选取起点的起始角不满足条件(1),就把起始点移至前一报告点,同理,当结束点的归航角不满足条件(2)时,就把结束点往后移一个报告点;

(5)具有一定的安全缓冲,离开雷雨的安全区域最小为 5 海里;

(6)恶劣天气数据采用栅格化的方式表示,为了求解较为方便且不失精度,这里采用了对绕飞航路规划的问题空间进行离散化的方法,然后采用基于 A* 算法改进方法进行求解。最后用实际数据给出了仿真验证,证明了所提算法的有效性。相关结果如图 6.14～图 6.16 所示。

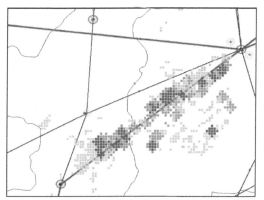

图 6.14  综合两小时的气象数据图

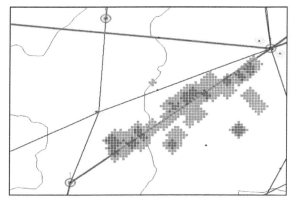

图 6.15  加上安全缓冲区域后的禁飞区

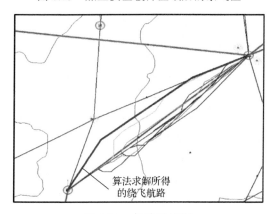

算法求解所得
的绕飞航路

图 6.16  航路对比图

## 6.4.4  航路动态开合

航路动态开合问题(Dynamic Route Open-close Problem,DROP)讨论航路的开启

/关闭策略，是最简单的航路调整问题，也是动态空域管理问题的第一步。对于民航用户而言，由于航路使用方式的限制，当空中交通流量临时升高（如春运或黄金周期间），或者空域容量临时降低（由于恶劣天气或设备故障等）造成需求和容量的不平衡时，他们需要向军航管制部门申请临时航路/航线。军方在评估了自己的需求和安全性问题后，决定是否批准民航的申请，在某些区域划设一条临时航线供民航使用，并指定该航线的使用期限。有时候出于训练或战备需要，军航也会向民航临时借用某些航线以扩展可用空域。DROP 模型用于决策什么时候、哪条临时航路可以被民航用户使用，或者哪条民航航路，在哪个时间段可以临时借给军航使用。

　　DROP 模型的特殊之处在于航路最短开启时间约束。空域系统中不允许航路任意开启关闭，一旦为一个用户开启一条临时航路，该航路至少需要持续一个最短开启时间后才能对该用户关闭，将使用权转交给其他用户。这一特性与电力系统机组组合问题（Unit Commitment Problem，UCP）具有相似性。UCP 在一系列对发电机组的最短启停时间等运行约束条件下，寻找发电机组的最优调度方案，希望以最小的费用满足顾客对电力的需求。借鉴电力系统优化控制问题，这里建立了 DROP 模型[9]。

　　假设时间区间 $t \in \{1, 2, \cdots, |T|\}$，一组航路/航线 $i \in \{1, 2, \cdots, |I|\}$，涉及两类空域用户（如军航和民航）$k \in \{1, 2\}$。DROP 模型所用到的符号如表 6.3 所示。

表 6.3　DROP 模型符号表

| 符号 | 意义及说明 |
|---|---|
| $a_k(t)$ | 用户 $k$ 在时间段 $t$ 出现单位空域资源短缺所造成的损失 |
| $b_{ik}(t)$ | 用户 $k$ 在时间段 $t$ 使用航路 $i$ |
| $o_{ik}(t)$ | 用户 $k$ 在时间段 $t$ 向另一个用户"借用"航路 $i$ 的航路开启费用；如果用户 $k$ 是航路 $i$ 的所有者，则航路开启费用为 0 |
| $C_{ik}(t)$ | 用户 $k$ 使用航路 $i$ 时，航路在时间段 $t$ 的容量，即在时间段 $t$ 允许进入航路 $i$ 的航班数量 |
| $P_k(t)$ | 在时间段 $t$，用户 $k$ 的需求 |
| $U_{ik}$ | 用户 $k$ 使用航路 $i$ 时，航路 $i$ 的最短占用时间。如果用户 $k$ 使用自己的航路，航路最短占用时间为 0 |
| $d_k(t)$ | 用户 $k$ 在时间段 $t$ 的资源需求短缺量 |

　　模型的决策变量是 0-1 变量，变量定义如下：

$$x_{i,j}(t) = \begin{cases} 1, & \text{如果弧}(i,j)\text{在时间}t\text{处于开启状态} \\ 0, & \text{其他} \end{cases}$$

$$z_{i,j}(t) = \begin{cases} 1, & \text{如果弧}(i,j)\text{在时间}t\text{被开启} \\ 0, & \text{其他} \end{cases}$$

该模型的目标函数是极小化总费用：

$$\sum_{k,t} a_k(t) d_k(t) + \sum_{i,k,t} o_{ik}(t) z_{ik}(t) + \sum_{i,k,t} b_{ik}(t) x_{ik}(t) \tag{6.15}$$

其中，第一项代表资源短缺费用，资源短缺会造成航班延误，航班需要在源点等待甚至被取消；第二项代表航路的开启费用，当航路开放给不是它所有者的用户使用时，需要双方进行协商、认证、授权、管制权移交等一系列活动，因此会产生一定的开启费用；第三项是使用其他所有者的航路所需要支付的使用费。

模型约束如下所示：

$$d_k(t) = \max(0, p_k(t) - \sum_i C_{ik}(t)x_{ik}(t)), \quad \forall t,k \tag{6.16}$$

$$\sum_k x_{ik}(t) = 1, \quad \forall i,t \tag{6.17}$$

$$z_{ik}(t) = 0, \quad 1 \leqslant \sum_{r \in (t-U_{ik},t)} x_{ik}(\tau) < U_{ik}, \quad \forall t,i,k \tag{6.18}$$

$$x_{ik}(t) - x_{ik}(t-1) \leqslant z_{ik}(t), \quad \forall t,i,k \tag{6.19}$$

$$x_{ik}(t) \in \{0,1\}, \quad z_{ik}(t) \in \{0,1\}, \quad d_k(t) \in Z^+, \quad \forall t,i,k \tag{6.20}$$

约束 (6.16) 定义了资源短缺量 $d_k(t)$。约束 (6.17) 表示每条航路 $i$ 在一个时间段 $t$ 内只被一个用户占用，无论该航路上是否真的有航班通过，它的使用权只归属于一个用户。约束 (6.18) 是最短开启时间约束，这条约束限定借用航路的时间必须长于 $U_{ik}$，它保证了在不同的航路使用者之间有足够的交接和管理切换时间。约束 (6.20) 要求航路开启 $z_{i,j}(t)$ 和航路状态变量 $x_{i,j}(t)$ 为 0-1 整数变量。约束 (6.19)、约束 (6.20) 与目标函数结合起来描述了 $x_{ik}(t)$ 和 $z_{ik}(t)$ 的关系。

由于约束 (6.16) 是非线性约束，通常非线性问题难于求解，我们将约束改写成以下形式：

$$\text{s.t.} \quad d_k(t) \geqslant P_k(t) - \sum_i C_{ik}(t)x_{ik}(t), \quad \forall t,k \tag{6.21}$$

$$\sum_k x_{ik}(t) = 1, \quad \forall i,t \tag{6.22}$$

$$\sum_{r \in (t-U_k,t)} x_{ik}(\tau) \geqslant U_{ik}(z_{ik}(t) - (x_{ik}(t) - x_{ik}(t-1))), \quad \forall t,i,k \tag{6.23}$$

$$x_{ik}(t) - x_{ik}(t-1) \leqslant z_{ik}(t), \quad \forall t,i,k \tag{6.24}$$

$$x_{ik}(t) \in \{0,1\}, \quad z_{ik}(t) \in \{0,1\}, \quad d_k(t) \in Z^+, \quad \forall t,i,k \tag{6.25}$$

模型目标函数是极小化总体费用。在该模型中，资源短缺费用、航路开启费用和航路使用费用会明显影响开合策略。如果使用临时航路的费用比资源短缺费用高出很多，如申请和批准临时航路开启的手续非常复杂，用户可能就会选择承担资源短缺而不申请临时航路。因此，为了鼓励动态使用空域资源，鼓励动态航路的开启与使用，就必须简化程序，降低航路开启费用等。求解结果如图 6.17 所示。

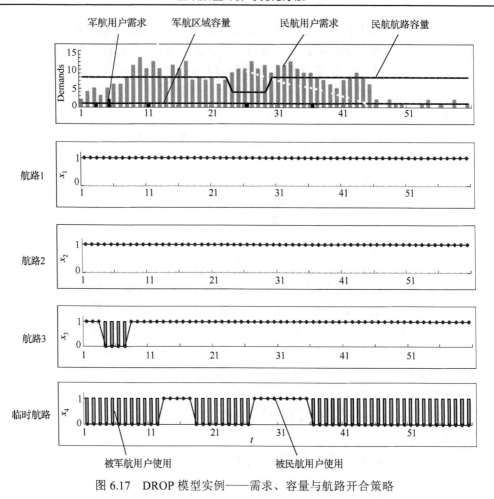

图 6.17　DROP 模型实例——需求、容量与航路开合策略

## 6.4.5　动态航线网络调整

　　航路动态开合问题(DROP)只是动态空域管理的第一步。DROP 认为各条航路是不相关的,只针对整条航路确定其开启和关闭策略。但在实际应用中,很多航路会共用部分航路段,具有很强的相关性,进行动态航路调整时必须站在整个空域网络的层次上,因此我们提出动态航线网络调整问题(Dynamic Air Route Adjustment Problem,DARAP),并对该问题进行了建模和求解[9]。

　　DARAP 定义在由节点集合 $N$ 和弧集合 $A$ 构成的网络 $G$ 上。点代表机场和航路点,弧代表航路段/航线段,既包括民航可用的航路航线,也包括有可能临时开启供民航使用的航线段。DARAP 可以用多品种动态网络流模型描述,所有具有相同出发点和目的点的航班属于同一品种。

我们有如下假设：

(1)由于每个品种的数量代表的是航班的数量，该变量必须是非负整数；

(2)所有从源点起飞的航班，必须降落在它对应的目的机场；

(3)整个时间区间 $T$ 被分成若干长度相等的离散时间片，在该模型中，每个时间片的长度是 10min；

(4)认为所有航班具有相同的机械性能，以相同的速度飞行，因此所有航班通过各条航路段所用的飞行时间是相同的，但这个飞行时间可以随时间变化，在不同的场景中也可以不同；

(5)在该模型中，航路段的容量是已知的，不同时刻的容量可以不同；

(6)忽略不同飞机油耗的差异，认为不同飞机的单位飞行费用相同；

(7)忽略航空公司和航班的差异，认为各个航班的单位地面延误费用相同。

如果开启了一条临时航路/航线，它必须保持开启一段时间，这样军民双方的管制员才能有足够的时间完成航路/航线的使用权的交接，从容调度航班，更高效地使用临时航路/航线。该模型中最短开启时间也是预先给定的。

DARAP 模型的符号如表 6.4 所示。

表 6.4　DARAP 模型符号表

| 符号 | 意义及说明 |
|---|---|
| $t$ | 离散时间区间序号，$t \in T$ |
| $i$ | 点(机场或航路点)序号，$i \in N$，$N$ 是所有点构成的集合 |
| $k$ | 航班品种的序号。所有具有相同源点和汇点的航班构成一个品种 |
| $(i,j)$ | 弧序号，$(i,j) \in A$，$A$ 是所有弧构成的集合 |
| $A_{\mathrm{tmp}}$ | 所有能够临时开启的弧的集合，$A_{\mathrm{tmp}} \subset A$ |
| $N_{\mathrm{orig}}$ | 源点集合，$N_{\mathrm{orig}} \subset N$ |
| $N_{\mathrm{dest}}$ | 汇点集合，$N_{\mathrm{dest}} \subset N$ |
| $N_{\mathrm{mid}}$ | 除源点和汇点外其他点构成的集合，$N_{\mathrm{mid}} \subset N$ |
| $\mathrm{dis}_{i,j}$ | 弧 $(i,j)$ 的长度 |
| $a_{i,j}$ | 航班通过 $(i,j)$ 的飞行时间 |
| $U_{i,j}$ | 弧 $(i,j)$ 的最短开启时间 |
| $P_i^k(t)$ | 计划在时间区间 $t$ 从源点 $i$ 出发进入航线网络的，品种 $k$ 的航班总数 |
| $c_{i,j}(t)$ | 在时间区间 $t$ 内，能够进入弧 $(i,j)$ 的最大航班数 |
| $\mathrm{indeg}(i)$ | 点 $i$ 的最大入度，即允许进入点 $i$ 航路/航线的数目 |
| $\mathrm{outdeg}(i)$ | 点 $i$ 的最大出度，即允许离开点 $i$ 航路/航线的数目 |
| $r$ | 单位飞行费用，该费用与飞行距离和时间相关，为确定值 |
| $o_{i,j}(t)$ | 临时弧 $(i,j)$ 在时间区间 $t$ 开启的开启费用 |
| $d_i(t)$ | 一架航班在源点 $i$ 等待一个时间区间 $t$ 的等待费用 |
| $m_{i,j}(t)$ | 临时弧 $(i,j)$ 在时间区间 $t$ 的使用费用 |

决策变量定义如下：

$$x_{i,j}(t) = \begin{cases} 1, & \text{如果弧}(i,j)\text{在时间}t\text{处于开启状态}, \\ 0, & \text{其他} \end{cases}$$

$$z_{i,j}(t) = \begin{cases} 1, & \text{如果弧}(i,j)\text{在时间}t\text{被开启} \\ 0, & \text{其他} \end{cases}$$

该模型的目标函数是极小化总费用：

$$\sum_{t,k,i\in N_{\text{orig}}} d_i(t)\cdot f_{i,j}^k(t) + \sum_{t,k,(i,j)\in A} r\cdot \text{dis}_{i,j}\cdot f_{i,j}^k(t) \\ + \sum_{t,(i,j)\in A_{\text{tmp}}} o_{i,j}(t)\cdot z_{i,j}(t) + \sum_{t,(i,j)\in A_{\text{tmp}}} m_{i,j}(t) \tag{6.26}$$

其中，第一项代表航班在源点等待的延误费用；第二项代表与飞行距离和飞行时间相关的飞行费用，在该模型中认为飞行速度一定，所以飞行时间与飞行距离成正比，故此处飞行费用只体现为飞行距离的函数；第三项是开启临时航路的总费用；第四项是使用临时航路的费用，它与航路的使用时间成正比。

约束如下所示：

$$\sum_{j:(i,j)\in A} f_{i,j}^k(t) - \sum_{i:(i,j)\in A} f_{i,j}^k(t-a_{i,i}) - P_i^k(t) = 0 \tag{6.27}$$

$$\sum_{j:(i,j)\in A} f_{i,j}^k(t) - \sum_{j:(j,i)\in A} f_{j,i}^k(t-a_{j,i}) = 0 \tag{6.28}$$

$$\sum_{t,j:(j,i)\in A} f_{j,i}^k(t) - \sum_{t,q\in N_{\text{orig}}} P_q^k(t) = 0 \tag{6.29}$$

$$\sum_{k\in K} f_{i,j}^k(t) \leqslant c_{i,j}(t)\cdot x_{i,j}(t) \tag{6.30}$$

$$\sum_{\tau\in(t-U_{i,j},t)} x_{i,j}(\tau) \geqslant U_{i,j}(x_{i,j}(t-1) - x_{i,j}(t)) \tag{6.31}$$

$$x_{i,j}(t) - x_{i,j}(t-1) \leqslant z_{i,j}(t) \tag{6.32}$$

$$\sum_{j:(j,i)\in A} x_{j,i}(t) \leqslant \text{indeg} \tag{6.33}$$

$$\sum_{j:(i,j)\in A} x_{i,j}(t) \leqslant \text{outdeg} \tag{6.34}$$

$$x_{i,j}(t)\in\{0,1\}, \quad z_{i,j}(t)\in(0,1), \quad f_{i,j}^k(t)\in Z^+ \tag{6.35}$$

约束(6.27)～约束(6.29)是网络流模型流量动态平衡方程。约束(6.27)体现了源点动态流量守恒。约束(6.28)表示中间节点动态流量守恒。约束(6.29)表示汇点流量守恒。约束(6.30)表示航路段容量约束。约束(6.31)是最短开启时间约束,这条约束只针对临时开启的航路,它保证了在不同的航路使用者(军航和民航)之间有足够的交接和管理切换时间。约束(6.33)和约束(6.34)限制了进入和离开同一点的航路/航线的数目。在航路交汇点附近,来自不同方向的航班需要调整和保持间隔,按照管制员的安排,顺序通过交汇点。因此在航路交汇点附近的空管指挥工作量远远高于普通航路段的工作量。交汇于同一点的航路越多,指挥工作的复杂程度越高。为保证飞行安全,空管规定对交汇于同一点的航路数进行了限制。约束(6.35)要求所有的流变量 $f_{i,j}^k(t)$ 必须是正整数,而航路开启 $z_{i,j}(t)$ 和航路状态变量 $x_{i,j}(t)$ 为 0-1整数变量。约束(6.35)描述了状态变量 $x_{i,j}(t)$ 和活动变量 $z_{i,j}(t)$ 之间的关系。DARAP模型是复杂的整数规划模型,即使简单的例子也有几万个变量和约束。为了简化问题加速求解过程,我们对问题进行深入的分析。DARAP 问题实际上是一个两层的问题。第一层选择开启的临时航路,制定它的开启和关闭计划;第二层是航班调度问题,在包括新的临时航路的航线网络里重新安排航班路线,确定它们的飞行计划。根据上述思路,我们提出一种两阶段启发式算法。通过多次采用实际数据进行仿真,在多数情况下两阶段法能够在更短的时间内求得很好的解。

本节针对恶劣天气、其他限制条件下的最优绕飞航路划设和使用进行了研究。首先从管制员负荷和飞行安全角度提出了航路规划所必须满足的要求,然后将航路的动态开合问题转化为一个非线性规划问题,通过进行规划问题的求解可确定最优的航路开闭。航路开合问题针对整条航路的开启和关闭策略,由于很多航路会共用部分航路段,具有很强的相关性,因此进行动态航路调整时必须站在整个空域网络的层次上,进而提出了动态航线网络调整问题,并利用双重优化对该问题进行了建模和求解,以解决因优化问题规模巨大而求解效率较低的问题。

## 6.5 空域扇区动态配置

当前我国空域系统结构是固定的,飞机都要求沿着固定航路飞行,因此,空域系统的静态扇区划分能有效调节空中交通流。在将来的运行中,为应对不断变化的情况,飞机在改变航路(或计划)时具有更大的弹性,以最大化飞行效率。随着飞行弹性的增加,当前扇区静态划分将难以保持对交通流变化的有效管理,因此,有必要对空域扇区进行动态配置,以有效处理空中交通。空域动态配置的主要目标是空中交通容量的有效管理,与之对应的是对交通需求进行管理的空中交通流量管理(即怎样控制交通流,以获得最大的通过率和最小的延误)。动态空域配置研究的目的是开发一种能对空域进行扇区划分的方法以最优适应空中交通的变化。扇区动态配置研究的目的是开发一种能对空域进行扇区划分的方法以最优适应空中交通的变化，在保证空中交通管理安全的前提下，节省所需的管制资源(如减少管制员席位等)。国际上扇区动态划设的方法有很多，大多基于管制员工作负荷，但其工作负荷(如监视负荷、协调负荷和冲突解调负荷)最终都量化为进出扇区的飞机数，该类方法有两点尚待改进：一是以航空器数来表示管制员负荷没有把握空域结构和空中交通态势，其误差较大，尤其是随着空中交通管理理念的进一步发展，航空器飞行的灵活性增强，以航空器数表示管制员工作负荷难以在实际中应用，应该以更准确的方法来描述空中交通态势所对应的管制员工作负荷；二是扇区的动态划分是通过调整扇区边界来适应未来的交通流量的变化，均衡分布管制员工作负荷。因此，只有在对未来一段时间内的空中交通态势的准确预测的基础上，对扇区进行划分才有意义，而现在的方法大多是基于对历史数据的统计，难以准确应对由天气影响等不确定性因素导致的交通流的变化。为此需要开展飞机轨迹预测、基于似然轨迹的空中交通复杂度计算和基于多水平集的扇区动态配置方法研究，以获得具有更强适应能力、更高性能的空域单元动态配置。扇区作为空中交通管制的基本单元，在扇区设计中需要考虑扇区的实际物理约束，扇区的特征约束有以下几点[10]。

(1)扇区连续性约束。根据便于管制工作的扇区划分原则，同一个扇区的管制工作处于相对集中的空间范围之内，更有利于管制工作的顺利进行，否则会由于管制空间跳跃、分散导致管制员注意力分散。因此，扇区优化划分的结果必须使每个扇区都是连续的。

(2)扇区形状的凸约束。扇区在形状上应当是凸形的，以避免同一架飞机两次进入同一个扇区。在扇区的分割中需要保证每个扇区形状上的凸约束，同时在扇区动态组合中也需要保证组合后的扇区在形状上是凸形的。

(3)扇区边界和航路交叉点最短距离约束。扇区边界设置和航路交叉点应保持一定的距离，这样可以保证管制员有充分的时间解决交叉点处可能发生的飞行冲突。同时这样也方便扇区协调移交的约束，飞机从一个扇区飞向另一个扇区时，前一个扇区的管制员要将该飞机的管制指挥工作移交给后一个扇区的管制员，该过程称为管制移交或协调。通常为了保证空中交通的安全，有飞行轨迹出现汇聚和飞行冲突的地方不应作为管制移交点，应在飞行冲突解决后平稳地移交给下一个扇区。

(4)扇区最短穿越时间约束。每一架飞机都需要在经过的扇区内停留一定的时间，这样管制员才有足够的时间给飞机提供监视和管制服务。

目前，国际上空域扇区划分技术的研究主要集中在数学模型的选择上，如图论、遗传算法、计算几何、约束的规划方法等，且研究的重点在二维空域。主要的方法有：基于区域的扇区动态划分方法[11,12]，将整个空域划分成小的方形或六边形格网单元；基于图形的扇区动态划分方法[13,14]，图形包括顶点、边和权值，顶点可以是机场、航路点(导航设施)或扇区边界交叉点，边代表航路，权值为通过航路的交通量。本章分别研究基于区域模型和基于图论模型的扇区动态配置，并通过仿真对所提出的动态配置扇区进行验证。

## 6.5.1　基于区域模型的扇区配置

基于区域模型的扇区动态配置算法的主要过程如下。

(1)采用正方形进行空域分割，基于此随机生成一定数目的空间点位置，生成随机点的数目和空域要划分的块数一致，然后将包含这些空间点位置的空域单元作为初始的管制空域中心。

(2)寻找空域复杂度最小的管制空域，并允许该管制空域吸收一个相邻的空域单元，将重新评估合并后的空域单元复杂度作为下一步评估的依据。再次，重新寻找复杂度最小的管制空域，它可能是上一步刚刚合并后的空域也可能是其他的任何一个空域。这个新的复杂度最小空域可以吸收一个相邻的空域单元。最后，如果复杂度最小的空域单元所要吸收的空域单元已经隶属于相邻的管制空域，则此空域单元从原空域中脱离并归入该空域单元。由于每个空域单元成长的速度很不同，交通密度大的空域增长速度较慢，所以最后生成的空域规模就较小，而交通稀疏的空域增长迅速较快，最终形成较大范围的空域管制中心。借此可以实现交通管制负荷一致的管制中心区域划分。

### 1.　空域分割

本节研究针对高空扇区进行空域的分割。由于正方形分割相对于三角形分割不仅可以实现扇区在斜向的扩展，而且可以保证每个空域单元和相邻任意空域单元间之间邻边等长，这样更有利于各个空域单元之间的组合，且扇区聚合的计算量相比正六边形分割要小，因此，我们选取正方形的空域分割。

在进行分割时，我们不考虑已有的扇区边界。在扇区边界设计中，正方形格网的大小成为临界设计参数。正方形过大，在拥挤的空域范围内，一个或两个正方形可能会成为一个扇区，而这是明显不合理的。我们需要更小的正方形单元来精确确定优化扇区边界。另外，正方形过小会使问题的变量规模变大以致难以求解问题。考虑到当前航路最小间隔是10km，管制员通常在此基础上增加一个安全裕度。基于此，选取每一个正方形空域的边为50km，这样足够沿着一条航路上的3～4架飞行器能够落入一个正方形空域单元内。

在此基础上，实现全国高空扇区的空域分割。并利用第3章和第4章研究成果，计算每个正方形空域单元的复杂度，作为下一步空域聚类的计算基础。

### 2.　基本假定

本节方法关注于航路区域，终端区不在此讨论范围内。同时，为了实现空域聚类，我们必须设定目标和约束条件[15]。

（1）最小的协调工作负荷是本方法的主要目标。协调工作负荷包括：管制员之间、管制员与飞行员之间为了频率分配、管制交接等的联系，如果我们通过减少扇区数量来使得管制交接变少，那么这一目标将被满足。

（2）保证合理的均衡的扇区通过时间，避免短时间的扇区通过时间，保证扇区切分成凸多边形。从管制员的视角来看，航空器在扇区驻留足够长的时间是很重要的，短时间的穿越使管制员不能了解交通态势并相应采取措施。而短时间的穿越一般出现在凹多边形扇区，因此，避免凹多边形扇区也是一个必要条件。

（3）避免冲突点接近扇区边界。当两个或多个航空器将要发生冲突，管制员通常使用不同的策略解决即将发生的冲突。任何冲突解决都需要管制员和飞行员之间的协作。如果一个冲突位置发生在靠近扇区边界处，相邻扇区管制员间的协调也是必要的，这就会产生额外的工作负担。因此，一个高效的扇区设计应当避免冲突区域接近边界。

（4）通过平衡各扇区的工作负荷，利用高复杂度和低复杂度的扇区合并以减少扇区。这将消除空域阻塞点，而它是造成空域效率低下的主要原因。

3. 基于雷达数据的管制员工作负荷模型

管制员工作负荷通常分为以下三类。

（1）监视管制负荷：管制员检查扇区内的每架航空器的飞行轨迹和飞行情况并对其做出管制提示的工作量。

（2）冲突管制负荷：管制员解决扇区内飞行冲突的各种行为的工作量。

（3）协调管制负荷：当航空器穿越扇区边界时，管制员和飞行员、管制员与管制员之间的信息交换过程中管制员承受的工作量。

本节方法从管制工作负荷的分类入手，针对各类管制工作负荷讨论空中交通复杂度对其影响，从而通过空中交通复杂度来评估管制工作负荷，建立管制员工作负荷模型如下：

$$W_{\text{total}} = \text{CI} \times F = F \times \left( a \times \overline{T} \times (\lambda_{\text{al}} \times \partial_{\text{al}} + \lambda_{\text{sp}} \times \partial_{\text{sp}} + \lambda_{\text{hd}} \times \partial_{\text{hd}} + \lambda_{\text{al\_keep}} \times \partial_{\text{al\_keep}}) \right.$$
$$+ b \times \overline{T} \times \left( \frac{\min(\alpha_{\text{al\_up}}, \alpha_{\text{al\_down}}, \alpha_{\text{al\_keep}})}{\max(\alpha_{\text{al\_up}}, \alpha_{\text{al\_down}}, \alpha_{\text{al\_keep}})} + \frac{\min(\alpha_{\text{sp\_up}}, \alpha_{\text{sp\_down}}, \alpha_{\text{sp\_keep}})}{\max(\alpha_{\text{sp\_up}}, \alpha_{\text{sp\_down}}, \alpha_{\text{sp\_keep}})} \right) \quad (6.36)$$
$$\left. \times (\gamma_{\text{al}} \times \partial_{\text{al}} + \gamma_{\text{sp}} \times \partial_{\text{sp}} + \gamma_{\text{hd}} \times \partial_{\text{hd}} + \gamma_{\text{al\_keep}} \times \partial_{\text{al\_keep}}) + c \times 2\beta \right)$$

其中

$$\partial_{\text{al}} = \alpha_{\text{al\_up}} \times \overline{N_{\text{al\_up}}} + \alpha_{\text{al\_down}} \times \overline{N_{\text{al\_down}}}$$
$$\partial_{\text{sp}} = \alpha_{\text{sp\_up}} \times \overline{N_{\text{sp\_up}}} + \alpha_{\text{sp\_down}} \times \overline{N_{\text{sp\_down}}}$$
$$\partial_{\text{hd}} = \alpha_{\text{hd}} \times N_{\text{hd}}$$

$\partial_{al}$、$\partial_{sp}$、$\partial_{hd}$ 分别表示平均每架航班高度调整次数、速度调整次数、航向调整次数；$\lambda_{al}$、$\lambda_{sp}$、$\lambda_{hd}$、$\lambda_{al\_keep}$ 分别表示高度调整、速度调整、航向调整以及穿越航班对监视工作负荷影响系数；$\gamma_{al}$、$\gamma_{sp}$、$\gamma_{hd}$、$\gamma_{al\_keep}$ 分别表示高度调整、速度调整、航向调整以及穿越航班对冲突管制工作负荷影响系数；$\beta$ 表示单架航班平均协调管制负荷。

为了统计每架航班爬升下降的次数，航班加速减速的次数以及航班航向调整的次数，需要对原始雷达数据进行深层次的分析整理。统计扇区内各类飞行活动特征的数据处理步骤如下。

(1)针对每天的所有雷达点数据运用 GIS 空间搜索功能，为每个雷达点标记其所属的扇区编号。

(2)根据设定的时间段和指定的扇区编号找出每架航班的所有雷达点，从每架航班所有雷达点数据中提取该航班航迹变化曲线，包括高度变化曲线、速度变化曲线和航向变化曲线。

(3)根据曲线分析算法，从高度变化曲线中统计出航班爬升次数及航班下降次数。从速度变化曲线中统计出航班加速次数及航班减速次数。从航向变化曲线中统计出航班转向次数。

(4)对 15 天内所有航班进行如上统计以后，确定扇区编号和时间段统计爬升航班比例、下降航班比例、加速航班比例、减速航班比例、转弯航班比例，以及爬升航班平均爬升次数、下降航班平均下降次数、加速航班平均加速次数、减速航班平均减速次数和转向航班平均转弯次数。

(5)在对大量历史雷达数据统计基础上给出各个扇区飞行活动特征值，在此基础上把统计得到的特征值代入工作负荷的计算公式中即可计算出每个扇区不同时间段的空中交通复杂度系数。然后将复杂度系数和相应时间短的航班流量相乘即可得到该扇区该时间段的管制负荷。

**4. 基于集合划分优化的扇区动态开合算法**

最优扇区配置是从所有可能的扇区配置方案中寻找最优的配置方案，最直接的思路是通过搜索算法对所有的可能扇区配置方案进行遍历比较，从而选择出最优的组合。

我们将集合划分模型(Set-Partitioning Model)引入最优扇区配置方案求解中。应用该模型的思路是首先筛选出所有可行的扇区组合，然后在所有可行的扇区组合的集合中寻找最优的配置方案，如此可以把问题转化为一个混合整数规划问题后进行求解。这样求解的优势在于避免了对不可行扇区组合的搜索从而提高问题求解速度，另外通过控制可行扇区组合的集合，可以加入更多的管制员的经验从而保证求取出的最优扇区配置更符合空中管制工作实际情况。

## 5. 空域配置几何聚类算法

### 1) 种子值的选取

在对空域进行正方形分割的基础上[16]，我们定义一系列的假点或称为种子值作为聚类算法的初始值。

**定义 6.1**　在任意封闭的形状内，有一个种子集 $\phi$ 是固定点集合，其中固定点由它们的坐标 $(\lambda_k, \delta_k)(k = 1, 2, \cdots, |\phi|)$ 确定，对任意一个正方形空域单元 $i(i = 1, 2, \cdots, n)$。

我们将这些种子值作为聚类的初始点，基于正方形空域可以使用以下随机种子法产生种子值。

用变量 $i$ 来表示每一个正方形空域，$i \in \{1, 2, \cdots, n\}$。随机选取一些正方形空域，并选取它们的中心点作为种子值。在此，利用均匀分布选取正方形空域。

在设计周期内，有一些正方形空域是无工作负荷的，这些空域单元对我们的聚类过程没有任何影响，在聚类完成后它们能够分配给任何扇区。唯一需要考虑的因素就是在几何形状上避免形成凹多边形。过滤掉无工作负荷的空域单元减少了需要参与计算的变量数。

### 2) 扇区聚类算法

正方形空域可用 $i(i \in \{1, 2, \cdots, n\})$ 来表示，我们定义种子值集合 $\phi$，$k$ 是其中一个种子值，有 $k \in \phi$，$k$ 的坐标可表示为 $(\lambda_k, \delta_k)$，然后种子值 $k$ 与正方形空域单元 $i$ 间的大圆航线距离可用如下公式计算：

$$d_i^k = 3963 \arccos(\cos \delta_i \cos \delta_k \cos(\lambda_i - \lambda_k) + \sin \lambda_i \sin \lambda_k) \tag{6.37}$$

二进制变量 $x_i^k$ 定义了正方形空域单元 $i$ 与种子值 $k$ 之间的分配关系：

$$x_i^k = \begin{cases} 1, & \text{种子值} k \text{作为一个开放的扇区} \\ 0, & \text{其他} \end{cases}$$

指定一个变量 $p$ 作为最终聚类的扇区数量，参数 $p$ 是该算法的输入。这意味着我们需要先期细化定义扇区数量。对于扇区 $k$ 的复杂度可以由 4.5 节计算得出。

如果我们从种子集合 $\phi$ 中选择 $p$ 个扇区，假定工作负荷均匀地分布在每个扇区上，那么每个扇区的平均复杂度 $\mu$ 可以由式 (6.38) 计算：

$$\mu = \frac{\sum_{i \in \psi} w l_i}{p} \tag{6.38}$$

对每一个正方形空域单元 $i$ 其相邻的空域单元集合可由 $N_i$ 表示，$N_i = \{c | c \in \psi,$ 且 $c$ 毗邻 $i\}$。

最后，用于设计扇区边界的聚类算法可表示如下：

$$\text{Minimize} \quad F(x_i^k) = (F_1(x_i^k), F_2(x_i^k), F_3(x_i^k)) \tag{6.39}$$

其中

$$F_1(x_i^k) = \sum_{k \in \phi} \delta_k^+ + \sum_{k \in \phi} \delta_k^-$$

$$F_2(x_i^k) = \sum_{i \in \psi} \sum_{k \in \phi} d_i^k \cdot x_i^k$$

$$F_3(x_i^k) = \sum_{k \in \phi} D^k$$

满足

$$\sum_{k \in \phi} x_i^k = 1, \quad \forall i \in \psi$$

$$\sum_{k \in \psi} x_i^k \leqslant |\psi| \times y^k$$

$$\sum_{k \in \phi} y^k = p$$

$$x_i^k \leqslant \sum_{l \in N_i} x_l^k, \quad \forall i \in \psi, \quad N_i = \{c | c \in \psi, \text{且} c \text{毗邻} i\}$$

$$D^k \geqslant d_i^k x_i^k, \quad \forall i \in \psi, \quad \forall k \in \phi$$

$$|wl^k - \mu| = \delta_k^+ - \delta_k^-, \quad \forall k \in \phi$$

$$\delta_k^+, \delta_k^- \geqslant 0, \quad \forall k \in \phi$$

### 3）凸多边形考虑

非凸的平面多边形成为凹多边形。一个普通的多边形有 $n$ 个顶点 $X_i(i=1,2,\cdots,n)$，定义其边向量为 $V_i = X_{i+1} - X_i$，而 $X_{n+1}$ 等同于 $X_1$，那么当且仅当相邻边向量朝向同一方向，该多边形是凸的。

理论上，在优化函数中应包括一个严格的凸限制，正方形网作为一个连接的网络是需要建模的，但这样的模型将大幅降低算法的效率，实际上可用的解决方案可能无法处理这样的复杂性。

实际上，我们指定了固定种子值的最小距离以产生合理的形状并避免出现高凹多边形扇区的情况。

### 4）确定扇区最佳数

我们定义了扇区数量 $p$ 作为该算法的输入。现在假定 $(wl)_{\max}$ 是管制员所能承受的最大允许工作负荷（由于复杂度与管制员负荷是密切关联的，在此使用工作负荷作为计算扇区最佳数的输入条件），我们运用整数规划方法对式（6.39）进行求解，使得每个扇区的工作负荷不大于 $(wl)_{\max}$。在目标函数不变的情况下，约束条件满足：

$$\begin{cases} \sum_{k \in \phi} x_i^k = 1, \quad \forall i \in \psi \\ \sum_{i \in \psi} x_i^k \leqslant |\psi| \times y^k \\ x_i^k \leqslant \sum_{l \in N_i} x_l^k, \quad \forall i \in \psi, \quad N_i = \{c | c \in \psi, \text{且} c \text{毗邻} i\} \\ D^k \geqslant d_i^k x_i^k, \quad \forall i \in \psi, \quad \forall k \in \phi \\ |wl^k - \mu| = \delta_k^+ - \delta_k^-, \quad \forall k \in \phi \\ \delta_k^+, \delta_k^- \geqslant 0, \quad \forall k \in \phi \\ wl^k \leqslant (wl)_{\max}, \quad \forall k \in \phi \end{cases} \quad (6.40)$$

约束条件 (6.40) 细化了极限工作负荷要求，那么开放扇区的数量等于 $\sum_{k \in \phi} y^k$。

为定义极限工作负荷 $(wl)_{\max}$，应用通用的工作负荷测量方法以测量日常实际工作负荷。模型如下：

$$\begin{aligned} &\min \sum_{r \in R} c_r x_r \\ &\text{s.t.} \quad \sum_{r \in R} a_{sr} x_r = 1, \quad \forall s \in S \\ &\qquad f_{ri} x_r < f_0, \quad \forall r \in R, \quad \forall i \in I \\ &\qquad x_r \in \{0,1\}, \quad \forall r \in R \\ &\qquad a_{sr} = \begin{cases} 1, & s \in r \\ 0, & \text{其他} \end{cases} \end{aligned} \quad (6.41)$$

单个扇区组合 $r$ 的代价函数 $c_r$ 的定义如下式所示：

$$c_r = a C_r^{++} + b C_r^{--} + c(C_r^+ + C_r^-) = a(\Delta W_r^{++})^2 + b(\Delta W_r^{--})^2 + c(\Delta W_r^+ + \Delta W_r^-)$$

其中

$$\begin{aligned} &\Delta W_r = W_r - W_0 \\ &\Delta W_r^+ = \begin{cases} \Delta W_r, & 0 \leqslant \Delta W_r \leqslant u \\ 0, & \text{其他} \end{cases} \\ &\Delta W_r^{++} = \begin{cases} \Delta W_r, & \Delta W_r > u \\ 0, & \text{其他} \end{cases} \\ &\Delta W_r^- = \begin{cases} |\Delta W_r|, & l \leqslant \Delta W_r \leqslant 0 \\ 0, & \text{其他} \end{cases} \\ &\Delta W_r^{--} = \begin{cases} |\Delta W_r|, & \Delta W_r \leqslant l \\ 0, & \text{其他} \end{cases} \end{aligned} \quad (6.42)$$

计算分析结果如图 6.18 和图 6.19 所示。

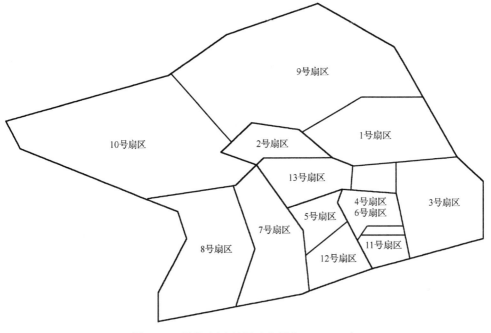

图 6.18　最优扇区配置示意图（2:00～3:00）

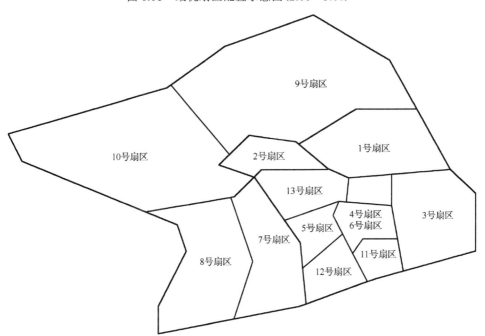

图 6.19　最优扇区配置示意图（8:00～9:00）

### 6. 基于生长算法扇区的边界优化问题

根据要分割的空域个数随机设定同样数目的空域单元作为初始的管制区域中心，然后根据雷达轨迹代表的管制员的工作负荷运用智能生长算法，最终把所有的空域单元分配到每个管制区中。增长规则如下。

(1)首先随机生成一定数目的空间点位置，生成随机点的数目和空域要划分的块数一致。然后将包含这些空间点位置的空域单元作为初始的管制空域中心。

(2)寻找雷达轨迹点数目 TZ 最少的管制空域，并允许该管制空域吸收一个相邻的空域单元，并且将二者的雷达轨迹点数目合并作为下一步评估的依据。

(3)重新寻找 TZ 最小的管制空域，它可能是上一步刚刚合并后的空域也可能是其他的任何一个空域。这个新的 TZ 最小空域可以吸收一个相邻的空域单元。

(4)如果 TZ 最小的空域单元所要吸收的空域单元已经隶属于相邻的管制空域，则此空域单元从原空域中脱离并归入该 TZ 最小的空域单元。

由于每个空域单元成长的速度很不同，交通密度大的空域增长速度较慢，所以最后生成的空域规模就较小，而交通稀疏的空域增长迅速较快，最终形成较大范围的空域管制中心。借此可以实现交通管制负荷一致的管制中心区域划分，如图 6.20 所示。

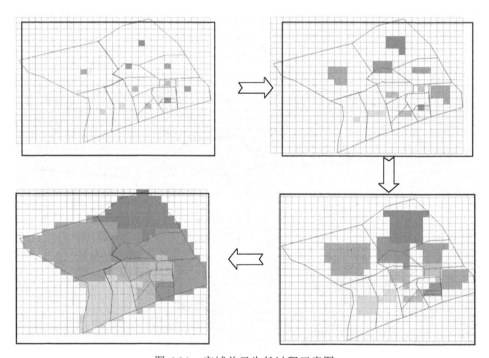

图 6.20　空域单元生长过程示意图

## 6.5.2　基于图论模型的扇区配置

### 1.　基于图论模型的扇区动态配置的一般过程

基于图论模型的扇区动态配置过程可分为三个步骤，如图 6.21 所示。

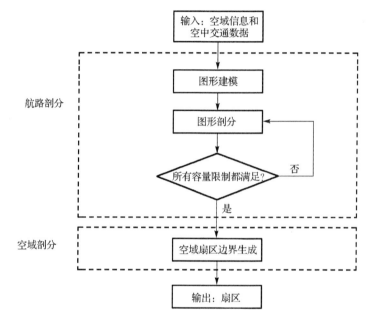

图 6.21　基于图论的扇区动态配置过程

（1）利用能精确代表国家空域系统航路结构和空中交通的飞行计划和飞行轨迹构建图论模型的权值，计算图形(扇区)负荷，把监视、协调和冲突解脱负荷进行加权求和。

（2）利用图形切分算法把图形等分成子图，使得子图中负荷均匀分布且低于容量门限。并通过精细切分算法来消除每次切分时的不连续子图，进一步提高负荷分布的均衡性。

（3）利用图形搜索算法把空域切分成边界光滑且满足边界约束的扇区。

对空域结构进行分析，生成图形模型，在对空域结构进行抽象的同时保持关键空域信息。这里用图形顶点表示机场或航路点，用边表示主干航路，通过对历史飞行轨迹进行统计分析，得到的两个机场或航路点之间的交通量作为边的权值，从而获得表示空中交通主要特性的图形权值矩阵。通过分析可知，空域结构抽象后的图形为加权无向图(应对某一空域结构进行展示，并分析)。由此，空域扇区切分问题转化为对加权无向图的剖分。

这时空域的切分就转化为把图形 $G$ 切分成 $K$ 个分离的子图 $G_i(i=1,2,\cdots,K)$，目

标是均匀分布监视负荷，最小化总的协调负荷，$K$ 为需要计算的扇区数目。分离的意思是两个图没有共同的顶点，并且有

$$G = \bigcup_{i=1}^{K} G_i \tag{6.43}$$

$$G_i \bigcap G_j = \varnothing, \quad i \neq j, \quad i,j \in \{1,2,\cdots,K\} \tag{6.44}$$

可以看出子图的权值 $\omega(G_i)$ 或度 $\deg(G_i)$ 对应为子图所代表的扇区的监视负荷，图的剖分成本 $C(G)$ 代表所有扇区间的协调负荷。因此，扇区切分问题可看成代价函数如下的权最小剖分问题：

$$\min_{H} \left\{ J = C(G) \sum_{i=1}^{K} \frac{1}{\deg(G_i)} \right\} \tag{6.45}$$

其中，$H$ 为图的索引矩阵。

由式(6.44)可看出：①剖分成本越小，代价函数 $J$ 越小；②对给定剖分成本，当所有子图的阶相同时代价函数 $J$ 最小。因此，图剖分成本最小并最小化代价函数 $J$ 来平衡子图权值，等价于空域配置问题中最小化协调负荷并平衡扇区的监视负荷。

子图 $G_k$ 的负荷 $\mathrm{WL}(G_k)$ 是通过对监视、协调和冲突解脱负荷的加权和计算得出的：

$$\mathrm{WL}(G_k) = \alpha \mathrm{WL}_{监视} + \beta \mathrm{WL}_{协调} + \gamma \mathrm{WL}_{冲突解脱} \tag{6.46}$$

其中

$$\mathrm{WL}_{监视} = \frac{1}{2} \sum_{v_i, v_j \in V_k} \omega_{i,j}, \quad \mathrm{WL}_{协调} = \sum_{v_i \in V, v_j \notin V_k} \omega_{i,j}$$

$$\mathrm{WL}_{冲突解脱} = \frac{1}{T} \sum_{m=1}^{T} \sum_{L_j} \left( \sum_{v_i \in V_k} \omega_{i,j}(m) - 1 \right)$$

$W = [\omega_{i,j}]$ 是图形权值矩阵，它是通过对在时间段 $T$ 内投影在边 $ij$ 的交通累积量的平均值，$\omega_{i,j}(m)$ 代表在时间段 $m$ 内投影在边 $ij$ 的飞机数。因此

$$\omega_{i,j} = \frac{1}{T} \sum_{m=1}^{T} \omega_{i,j}(m)$$

上述方程是通过求时间段 $T$ 通过该边的交通量的算术平均值获得边的权值。也可以通过计算最糟空中交通情况来获得边的权值：

$$\omega_{i,j} = \max_{m=1,2,\cdots,T} \omega_{i,j}(m)$$

## 2. 基于核排序的重边匹配多水平粗化

在多水平粗化阶段，对无向图 $G_0 = (V_0, E_0)$ 中的顶点进行匹配，将它们结合在一起得到下一级粗化图，重复此过程得到一系列的粗化图 $G_1, G_2, \cdots, G_k, \cdots, G_l$，其中 $|V_1| > |V_2| > \cdots > |V_k| > \cdots > |V_l|$，直至粗化图足够小为止。在多水平方法的图粗化阶段，

粗化图和粗化策略应该满足下列基本要求：

(1) 粗化图任意的剖分都可以准确地投影到下一级精细图上；

(2) 粗化图的剖分和投影之后精细图的剖分，剖分对应的顶点子集的权值之和应该相等。

在图的粗化阶段，假设 $G_k$ 的一个顶点子集 $V_k^v$ 将被粗化为 $G_{k+1}$ 的顶点 $v$，我们称顶点 $v$ 为多顶点。为了满足粗化阶段准确地投影和切割相等要求，多顶点 $v$ 的权值应该等于顶点子集 $V_k^v$ 中所有顶点的权值之和，以保证剖分对应的顶点子集的权值之和没有改变。而要保证 $G_{k+1}$ 顶点的连接性和 $G_k$ 一致，使得剖分对应的割切相等，多顶点 $v$ 的边应该是顶点子集 $V_k^v$ 中所有顶点的边的合并，且多顶点 $V_k^v$ 的边权值也是合并的边的权值之和。

图的粗化过程实际上是一组边集合的选择过程。一组边集合中的任何两条边都不共用同一个顶点，因此很容易地将这些边的两个顶点合并在一起。从本质上说，边集合的选择过程是顶点的匹配过程，顶点匹配的策略有很多，常用的有随机匹配[17]、重边匹配[17]、轻边匹配[17]、最大权匹配[18]、近似最大权匹配[19]。

重边匹配的策略基于尽可能地最小化所有边权值之和的思想，在选取处于没有匹配状态的邻接顶点和顶点 $v$ 匹配时，采取贪心原则选取权值最大的边。重边匹配粗化算法在粗化过程中选中一个未匹配状态的顶点 $v$ 之后，重点考虑的是顶点 $v$ 和邻接顶点 $u$ 之间边 $e$ 的权重 $W(e)$，顶点 $v$ 和 $u$ 自身的权重 $S\{S(v),S(u)\}$，以及顶点 $v$ 和 $u$ 的度 $\{D(v),D(u)\}$ 等局部信息，选择相应的邻接顶点来匹配。不同的匹配策略只是对 $W(e)$、$S\{S(v),S(u)\}$、$\{D(v),D(u)\}$ 等局部信息的侧重点不同而已。

本节采用基于核排序的重边匹配算法 (Core Sorted Heavy Edge Matching, CSHEM) 对图进行粗化。该算法借助图的全局信息，对基于度排序的重边匹配的粗化算法进行了改进。在 CSHEM 算法中，选取处于未匹配状态的顶点进行匹配的次序为基于顶点核值的非严格降序；在采取重边匹配策略存在多个候选顶点时，选择核值最大的邻接顶点。

CSHEM 算法基本步骤如下。

(1) 标注图中所有顶点处于未匹配状态。

(2) 由于无向图剖分问题中的图为带权无向图，故基于顶点属性函数 $p_5(v,C)$ 求解图中所有顶点的核值。

(3) 按照顶点的核值进行非严格降序排序，并按照该次序访问处于未匹配状态的顶点，执行下一步。

① 如果顶点 $v$ 还有邻接顶点未匹配，那么选取未匹配状态的且权值最大的边的邻接顶点和顶点 $v$ 匹配，且标注这两个顶点为匹配状态。如果存在着多个候选顶点，那么选择核值最大的邻接顶点。

② 如果顶点 $v$ 的所有邻接顶点处于匹配状态，那么顶点 $v$ 仍处于未匹配状态，

在粗化过程中直接复制到粗化图中。

(4)重复第(3)步,直至匹配结束。

### 3. 基于谱方法的多水平初始剖分

在多水平初始剖分阶段,对粗化阶段获得的最小图 $G_l = (V_l, E_l)$ 进行对分,得到一个初始二剖分。在满足两个顶点子集包含顶点的权值之和大致相等的情况下,该剖分使得处于不同子集的顶点之间边的权值之和最小。由于最小图有效地减少了初始图边的条数和顶点的数目,对最小图所做的任何一种剖分,在初始图上的剖分投影质量都要好于在相同时间内直接对初始图所做的剖分[20]。粗化阶段保证了投影前后的剖分,它们对应的顶点子集的权值之和与顶点子集的割切没有发生改变,从而充分保证了多水平方法的可行性。

Laplacian 谱图论及其在图剖分中的应用从 20 世纪 70 年代以来有很多论述 [21-23]。虽然谱方法得到的图剖分质量比较好,但是 Laplacian 矩阵对应的次小特征值计算量比较大,求解该向量将占用主要的执行时间,导致求解问题整个时间是其他方法的几个数量级[20]。基于多水平初始剖分阶段的最小图节点数一般为 20～40,其相应的特征向量计算量相当有限。在初始剖分阶段引入谱方法对最小图进行初始剖分,为优化阶段提供更好的初始剖分。

基于谱方法的加权无向图剖分技术基本思想如下:首先给出加权无向图的 Laplacian 矩阵,然后通过计算 Laplacian 矩阵第二特征值所对应的特征向量来求解加权无向图优化剖分问题。文献[20]给出了关于一个加权无向图 $G = (V, E)$ 的 Laplacian 矩阵 $L_G$,具体如下:

$$(L_G)_{qr} = \begin{cases} -1, & q \neq r \wedge q, r \text{相邻} \\ \deg(q), & q = r \\ 0, & \text{其他} \end{cases} \tag{6.47}$$

**定义 6.2** 对于一无向赋权图 $G = (V, E)$,称式(6.48)给出的 $A$ 矩阵为图 $G$ 的邻接矩阵,式(6.49)给出的 $D$ 对角线矩阵为图 $G$ 的边权值和矩阵,式(6.50)给出的 $L$ 矩阵为图 $G$ 的 Laplacian 矩阵。

$$A_G = \begin{cases} 0, & v = u \\ W(v, u), & v \neq u \end{cases} \tag{6.48}$$

$$D_G = \begin{cases} \text{adjwgt}(v), & v = u \\ 0, & v \neq u \end{cases} \tag{6.49}$$

$$\text{adjwgt}(v) = \sum_{u \in N(v)} W(v, u)$$

$$L_G = D_G - A_G = \begin{cases} \text{adjwgt}(v), & v = u \\ -W(v, u), & v \neq u \end{cases} \tag{6.50}$$

**定义 6.3**　对于一无向图 $G=(V,E)$，给出的二剖分 $P=\{V_1,V_2\}$，对应于一个 $|V|$ 维的剖分向量 $\overline{X}=[X_1,X_2,\cdots,X_{|V|}]^{\mathrm{T}}$，其中 $X_V$ 记为

$$X_V=\begin{cases} +1, & v\in V_1 \\ -1, & v\in V_2 \end{cases} \tag{6.51}$$

且满足 $X^{\mathrm{T}}\cdot X=n$。

**定理 6.1**　对于一无向图 $G=(V,E)$，给出的二剖分 $P=\{V_1,V_2\}$，其对应的剖分向量 $X$ 满足下列公式：

$$X^{\mathrm{T}}\cdot L\cdot X=\sum_{(v,u)\in E} W(v,u)(X_v-X_u)^2 \tag{6.52}$$

**定理 6.2**　对于一无向图 $G=(V,E)$，给出的二剖分 $P=\{V_1,V_2\}$，有 $C(P)=\dfrac{1}{4}X^{\mathrm{T}}\cdot L\cdot X$。

根据定义 6.3 和定理 6.2，加权无向图二剖分优化问题可以转换为式 (6.53) 所定义的优化问题，其中 $e=[1,1,\cdots,1]^{\mathrm{T}}$。

$$\min\ C(P)=\frac{1}{4}X^{\mathrm{T}}\cdot L\cdot X$$
$$\text{s.t.}\ \ e^{\mathrm{T}}\cdot X=0,\ \ X^{\mathrm{T}}\cdot X=n \tag{6.53}$$

应用 Lagrange 乘数因子法进行函数条件极值的求解。首先构造辅助函数 $F(x)=f(x)-\xi_1 g_1(x)-\xi_2 g_2(x)$，其中 $f(x)=X^{\mathrm{T}}\cdot L\cdot X$，$g_1(x)=e^{\mathrm{T}}\cdot X$，$g_2(x)=X^{\mathrm{T}}\cdot X-n$。接着求辅助函数 $F(x)$ 的一阶偏导数并使之为零，即 $\nabla f(x)-\xi_1\nabla g_1(x)-\xi_2\nabla g_2(x)=0$，得到式 (6.54)：

$$\begin{cases} L\cdot X-\xi_1 e-\xi_2 X=0 \\ (L-\xi_2 I)\cdot X=\xi_1 e \end{cases} \tag{6.54}$$

在式 (6.54) 左右两边都乘上 $e^{\mathrm{T}}$，得到式 (6.55)：

$$e^{\mathrm{T}}\cdot L\cdot X-\xi_2 e^{\mathrm{T}}\cdot X=\xi_1 e^{\mathrm{T}}\cdot e \tag{6.55}$$

由于 $e^{\mathrm{T}}\cdot L\cdot X=0,\ e^{\mathrm{T}}\cdot X=0,\ e^{\mathrm{T}}\cdot e=n$，得到 $\xi_1=0$。将 $\xi_1=0$ 代入式 (6.54)，得到式 (6.56)：

$$(L-\xi_2 I)\cdot X=0 \tag{6.56}$$

式 (6.56) 反映出，加权无向图二剖分优化问题在转换为式 (6.53) 所定义的优化问题后，再次转换为矩阵的特征值和特征向量的计算。需要注意的是，我们在问题求解过程中需要对该问题本身的性质进行分析，来判断所求得的点是否为极值点。根据 Laplacian 矩阵的定义，可以得到矩阵 $L$ 的最小特征值 $\lambda_1=0$，且特征向量为 $[1,1,\cdots,1]^{\mathrm{T}}$，不符合无向图二剖分优化问题的要求。于是我们将式 (6.51) 所定义的优化问题的剖分

向量取值范围由 $\{-1, +1\}$ 放松到实数空间，进行式（6.53）推导后，无向图二剖分优化问题最终转换为对 Laplacian 矩阵次小特征值 $\lambda_2$ 及特征向量 $x$ 的计算。

$$\min \frac{1}{4} x^{\mathrm{T}} \cdot L \cdot x = \min \frac{1}{4} \| L \cdot x \|_1 \geq \frac{1}{4} \sqrt{n} |\lambda_2| \tag{6.57}$$

最后，我们给出基于谱方法的无向赋权图剖分（Spectral Based Weighted Undirected Graph Partition，SBWUGP）算法。该算法的基本思想如下：无向赋权图对应的 Laplacian 矩阵的次小特征值给出了最优剖分对应割切的下界，对应的特征向量作为度量无向赋权图中各顶点的相对距离，将特征向量中的分量进行排序之后进行剖分，最终得到剖分结果。

然而在对图形每次进行切分时存在两个问题需要解决：一是切分的子图之间存在不相连的部分，这是不允许的，因为扇区之间必须是相连的；第二是子图的负荷不平衡。所以必须对图的剖分进行优化以解决上述两个问题，且包括如下功能：① 对不相连的两个子图进行重新配置；②平衡子图负荷；③合并相连的子图。

4. 基于禁忌搜索的多水平迁移优化

在优化阶段，首要任务是将在初始剖分阶段得到的最小图 $G_1 = (V_1, E_1)$ 的剖分投影到上一级细化图 $G_{l-1} = (V_{l-1}, E_{l-1})$，即图 $G_{l-1}$ 的剖分 $P_{l-1}$ 由图 $G_l$ 的剖分 $P_l$ 投影得到。由于图 $G_l$ 的多顶点 $v$ 对应着图 $G_{l-1}$ 的顶点子集 $V_{v,l-1}$，因此图 $G_{l-1}$ 的顶点所处的剖分应满足式（6.53）的要求。以此类推，每一级的粗化图 $G_{k+1} = (V_{k+1}, E_{k+1})$ 的剖分 $P_{k+1}$，按照上述方法投影到上一级的细化图 $G_k = (V_k, E_k)$ 得到剖分 $P_k$，直至得到原始输入无向图 $G_0 = (V_0, E_0)$ 的剖分 $P_0$。

$$P_{l-1}[u] = P_l[v], \quad \forall \mu \in V_{v,l-1}$$

尽管在每次投影前图 $G_{k+1} = (V_{k+1}, E_{k+1})$ 的剖分 $P_{k+1}$ 处于局部最优解（或全局最优解），但是投影之后得到的 $G_k = (V_k, E_k)$ 剖分无 $P_k$ 就不一定是局部最优解（或全局最优解）。投影之后的图 $G_k$ 与图 $G_{k+1}$ 相比是一张精细图，意味着图 $G_k$ 有着更多的顶点可以迁移，进行剖分 $P_k$ 的优化，从而减少剖分 $P_k$ 的割切。基于上述原因，在优化阶段第二个任务就是在剖分 $P_k(V_{1,k}, V_{2,k})$ 中挑选两个顶点子集 $V_{1,k} \subset V_{1,k}$ 和 $V_{2,k} \subset V_{2,k}$，使得剖分 $P_k\{(V_{1,k} - V_{1,k}) \cup V_{2,k}, (V_{2,k} - V_{2,k}) \cup V_{1,k}\}$ 相比剖分 $P_k$ 切割更小。

在多水平优化阶段采用的 K-L 类算法，是一种局部邻域搜索方法。它从输入一个初始剖分开始，采用迁移的方法对当前剖分邻域进行不断搜索和替换以实现当前剖分的优化。但其局部优化策略为在当前解的邻域中贪婪搜索，导致逃离局部最优的能力是有限的。因此我们采取基于指导性的邻域搜索优化算法——禁忌搜索算法。在对投影剖分进行优化过程中，引入灵活的存储结构和相应的禁忌准则避免迂回搜索，改进 K-L 类算法。通过设置藐视规则防止解空间中的一些优化解被禁忌掉，利用指导原则对整个解空间中剖分方法进行探索。新算法在利用启发信息搜索局部最优解的同时，更大自由地对具有潜力的解空间进行搜索，保证多样化的有效搜索而增加全局搜索能力。

禁忌搜索的思想最早由 Glover 于 1986 年提出，是一种全局逐步优化的智能启发算法，是对人类智力过程的一种模拟[24-26]。禁忌搜索算法通过引入一个灵活的存储结构和相应的禁忌准则来避免迂回搜索，并通过设置藐视规则防止解空间中的一些优化解被禁忌掉，进而保证多样化的有效搜索，最终实现全局优化。迄今为止，禁忌搜索算法已经在生产调度、组合优化、机器学习、电路设计等领域取得了很大的成功[27-29]。

禁忌搜索是局部邻域搜索的一种扩展。它最重要的思想是标记对应已搜索的局部最优解的一些对象，并在进一步的迭代搜索中尽量避开这些对象，从而保证对不同的有效搜索途径的探索[30]。

**定义 6.4**　给定一对元素 $(X,c)$，其中 $X$ 是一个集合或可行点的定义域，$c$ 是适配值函数或映射 $(c,X \to R)$。最优化问题是求一个 $x^* \in X$，使得 $\forall x \in X : c(x^*) < c(x)$，则 $x^*$ 被称为给定最优化问题的全局最优解。

**定义 6.5**　禁忌搜索的每次搜索过程，都是从一初始可行解 $x$ 开始，搜索到 $x$ 的邻域解，称一个状态转移到其邻域中的另一个状态为一次移动，记为 $s : X(s) \to X$。

**定义 6.6**　禁忌搜索的每次搜索过程初始可行解 $x$，存在对应于满足特定条件的解 $x$ 的集合 $N$，称为邻域函数 $N(x)$。

禁忌搜索的基本过程是从一初始可行解 $x$ 开始，通过邻域函数 $N(x)$ 确定满足特定条件的解 $x$ 的邻域；然后从邻域中选出一个与 $x$ 相邻的最好的可行解，移动 $N(x)$。

**定义 6.7**　为了避免上述基本过程陷入循环或局部最优，禁忌搜索引入定长为 $L$ 的表 $T$ 结构，表 $T$ 中记录了最近进行的 $L$ 个移动。在当前的迭代步骤中，这些移动是被禁止的，称为被禁忌的移动。存放被禁忌的移动的表 $T$，称为禁忌表，针对当前的可行解 $x$，记为 $T(x) = (s \in N(x) : s(x)$ 违反被禁忌的移动条件)。禁忌表的长度 $L$，称为禁忌长度。

**定义 6.8**　在禁忌搜索的第 $k$ 步基本过程，借助称为 OPTIMUM 的求值函数，针对当前解 $x$ 的邻域中选出一个与 $x$ 相邻的最好的可行解 $s_k(x)$，且 $s_k(x)$ 满足下列条件：$c(s_k(x)) = \min(c(s_k(x)) : s \in N(x) - T(x))$。

**定义 6.9**　在禁忌搜索的基本过程中，可能会出现好的移动被禁忌的情况。为了能做这样的移动，引入凌驾于禁忌约束之上的一些规则。当这些规则满足时，即使一些移动是被禁忌的也可以被采用，则称这些规则为藐视准则。因此，在禁忌搜索的基本过程中，如果移动满足藐视准则，无论它有没有被禁忌都可以被移动。这样，禁忌搜索就是从邻域中选择没有被禁止的或者是满足藐视准则的一个可行解。

简单禁忌搜索算法的基本思想是：给定一个当前解和一种邻域，然后在当前解的邻域中确定若干候选解；若最佳候选解满足藐视准则，则忽视其禁忌特性，用其替代当前解并将相应的对象加入禁忌表，同时修改禁忌表中各对象的任期；否则在候选解中选择非禁忌的最佳状态为新的当前解，同时将相应的对象加入禁忌表，并修改禁忌表中各对象的任期；如此重复上述迭代搜索过程，直至满足停止准则，如图 6.22、图 6.23 所示。

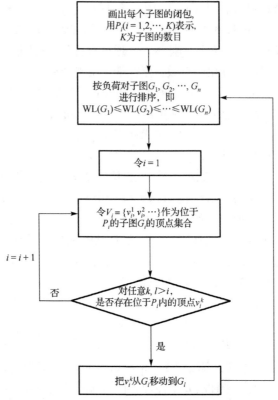

图 6.22　两个凸包相互重叠区域的移动算法流程图

**引理 6.1**　令 $G$ 为任意图，则图形的 Laplacian 矩阵 $L$ 值为 0 的特征根重数 $k$ 等于图中包含的子图数目，当矩阵特征值等于 0 时，图形 $G$ 的特征空间由子图的索引向量组成。

(1)根据引理 6.1，利用图形的 Laplacian 矩阵分离不连续的图形。

(2)利用基于禁忌搜索的 K-L 算法，通过把子图的顶点从负荷最高的子图移到相邻的子图，同样把子图的顶点从负荷最低的子图移到相邻的子图，由此迭代，从而重新平衡子图负荷。由于在移动顶点时，子图可能会不相连，这些不相连的部分将被切分且在每一次迭代中合并到负荷较低的子图中。

(3)合并相邻扇区。把负荷最低的子图合并到与之相邻的子图，只要合并后的子图负荷不超出容量限制，以减少子图(扇区)个数，并进一步平衡子图负荷。

5. 基于最短路算法的扇区边界生成

把图进行剖分，最后一步是把空域分成互不重叠的区域。算法流程如下。

(1)针对剖分后的子图，生成不重叠的凸包。

将给定的剖分后的子图作为输入，首先计算这些子图的凸包。这时扇区切分问题变成将空域剖分成分别包含一个凸包的部分。由于扇区边界不同，从凸包中剖分，扇区中一般不存在两个或多个凸包重叠在一起。图 6.23 给出了一个消除凸包之间的重叠区域的算法，该算法通过将边界顶点从高负荷子图移到低负荷子图，并重新计算子图的凸包直到所有的凸包都不互相重叠。然后，凸包之间的间隙区域分配到与之相邻的凸包以形成扇区。

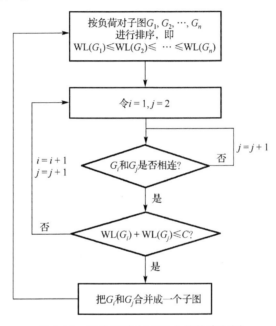

图 6.23　优化算法中子图合并的流程图

(2)扇区边界最小距离约束。

机场/航路点与其所在扇区的边界的距离必须满足最小距离约束，该约束条件是通过以代表机场/航路点的顶点为中心添加一个保护区，并以此为基础生成凸包来满足。当最短距离为 $d$ 时，正方形保护区的宽度为 $2d$ 海里。此时，保护区中心的顶点与保护区边界的最短距离是 $d$ 海里。然后用保护区的顶点代替位于保护区中心的顶点，作为一个新的子图顶点。通过该操作，这可保证代表机场/航路点的顶点离扇区边界至少为 $d$ 海里。利用类似的思路可把航路和扇区边界的最短距离约束包含进来。

(3)基于最短路算法的扇区迭代切分。

对分空域的思路是找出一条路径作为扇区边界，该路径通过间隙区域中的一组节点。该空域对分可分为两步：①选择位于空域边界的源节点及目的节点和一组位于空域内的节点，以保证至少存在一条路径以对分空域，即意味着在路径的两边分别至少有一个凸包。②在所有可行的路径中选择一条最优的路径，该路径从管制员看来可提供最优的扇区边界。本节将重点阐述该扇区边界形成算法以有效和最优的方式实现。

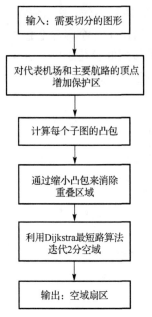

图 6.24　空域扇区切分算法流程图

如果节点选择基于以下定理给定的原则，则对分空域的路径存在。

**定理 6.3**　如果空域中所有的凸包不相互重叠，当位于空域内的节点包含所有凸包的顶点，则至少存在一条通过这一组节点的路径能对分空域。

凸包顶点都投影到其最邻近的空域边界作为源节点和目的节点，为了减小计算复杂度，这些凸包顶点实际上都投影到包含空域的多边形边界上。最后，针对可行的节点对(当源节点和目的节点位于同一条边上时为不可行对)，利用 Dijkstra 算法计算最短路径。在所有最短路径中，选择具有最好的几何形状的路径作为扇区边界，以保证扇区边界数最少且没有尖锐的棱角。对分算法迭代执行到所有凸包都被最短路径分离，如图 6.24、图 6.25 所示。

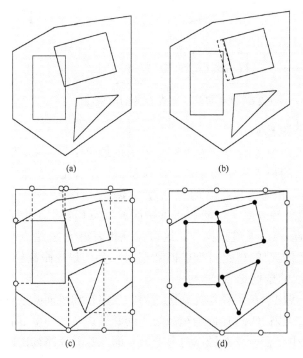

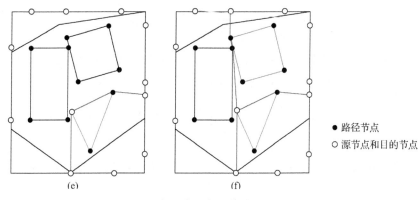

图 6.25　扇区边界生成算法示意图

与其他动态空域配置算法相比，本扇区切分算法有如下几个优点：

(1)本算法将空域切分成的扇区相比其他算法具有更光滑的多边形边界[31,32]。

(2)相比其他采用受约束数学规划或区域增长方法来计算扇区边界，本节方法具有更高的计算效率。

(3)本节方法所得到的扇区边界满足最小距离约束。

(4)不需要一个初始的扇区划分作为扇区动态切分算法的输入。

(5)采用本节方法生成的扇区边界足够光滑，无须在最后采用 Douglas-Peucker 算法等多边形简化算法来光滑扇区边界。

图 6.25(a)：生成空域内的所有子图凸包，本图中空域包含两个方形子图和一个三角形子图。

图 6.25(b)：通过缩小凸包来消除凸包之间的重叠。

图 6.25(c)：添加空域的方形边界，将空域内凸包顶点向方形边界投影形成源节点和目的节点。

图 6.25(d)：令凸包顶点为路径节点，凸包顶点投影为源节点和目的节点。

图 6.25(e)：计算每一对可行的源节点和目的节点对之间的最短路径，选择具有较好的几何形状的路径作为扇区边界。

图 6.25(f)：重复图 6.25(b)～(e)生成扇区边界，直到所有凸包都被分离。

扇区切分性能的评价指标如下。

(1)扇区数目：这是所有评价指标中最重要的，针对给定的扇区容量约束，生成的扇区数应该是越少越好，这样可以减少需要的管制员数量。

(2)平均度($c_{bal}$)：该指标用来评价各个扇区管制员负荷分布的均衡程度，它是通过比较扇区中管制负荷最大值($WL_{max}$)和最小值($WL_{min}$)计算出的。平均度值越小，切分得越好。

$$c_{\text{bal}} = \frac{\text{WL}_{\max} - \text{WL}_{\min}}{\text{WL}_{\max}} \times 100\% \tag{6.58}$$

(3)标准偏差：平均度只是对切分后扇区最大和最小负荷进行比较，没有包含其他扇区的信息。标准偏差给出了所有扇区负荷分布的平均程度的一个测度。

$$\sigma = \sqrt{\frac{\sum_{i=1}^{N}(\text{WL}_i - \text{WL}_{\text{avg}})^2}{N}} \tag{6.59}$$

其中，$\text{WL}_i$ 是第 $i$ 个扇区的负荷；$\text{WL}_{\text{avg}}$ 是所有扇区负荷的平均值；$N$ 为扇区数目。标准偏差值越小，扇区切分的性能越好。

### 6. 区域扇区动态配置

本节针对给定区域进行扇区动态划设。在划设过程中，要求机场和扇区边界的最短距离设为 30km，航路点和扇区边界的最短距离为 20km，航路和扇区边界的最短距离为 6km。在计算子图的管制负荷时，文献[33]将系数设定为

$$\alpha = 4.25, \quad \beta = 3.06, \quad \gamma = 4.5 \tag{6.60}$$

图 6.26～图 6.29 给出了给定区域在 2011 年 10 月 7 日 3 个不同时间段的扇区配置情况。图 6.26 为当时的扇区实际配置情况，图 6.27～图 6.29 分别为 7：00～9：00、15：00～17：00、21：00～23：00 三个具有代表性的时间段的扇区配置，给定区域在三个不同时间段的扇区数目如表 6.5 所示。由配置后的扇区图可知，所有的扇区都具有光滑的边界和良好的几何形状，而且扇区数目随着空域中交通流的变化而变化，在交通量较小时扇区数较少，在晚高峰交通量较大时，扇区数也相应增加。

表 6.5　特定区域不同时间段的扇区数目

| 时间段 | 7：00～9：00 | 15：00～17：00 | 21：00～23：00 |
|---|---|---|---|
| 扇区数目 | 11 | 12 | 10 |

利用历史飞行轨迹对扇区进行复杂度计算，当时扇区配置下和重新配置后的扇区负荷平均值、标准偏差和平均度等性能如表 6.6 所示，随着交通量的变化而对空域重新进行扇区配置后，新的扇区负荷的均衡性与当前的扇区划分相比有了较大的提高。

表 6.6　当时扇区和重新配置后的扇区性能比较

| 时间段 | 当时扇区配置 | | | 新扇区配置 | | |
|---|---|---|---|---|---|---|
| | 负荷平均值 | 标准偏差 | 平均度/% | 负荷平均值 | 标准偏差 | 平均度/% |
| 7：00～9：00 | 73.6 | 27.7 | 65 | 76.8 | 17.5 | 49 |
| 15：00～17：00 | 85.7 | 28.3 | 71 | 88.6 | 19.7 | 56 |
| 21：00～23：00 | 70.1 | 20.4 | 56 | 73.4 | 14.2 | 44 |

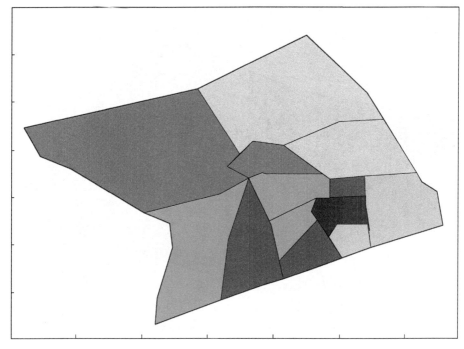

图 6.26　区域当时扇区实际配置情况

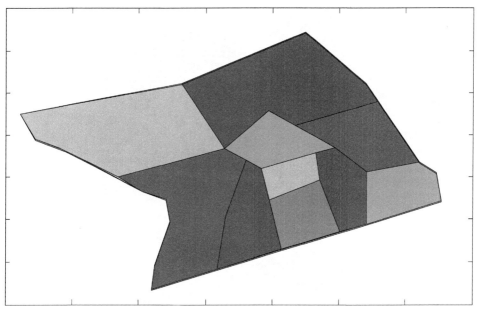

图 6.27　区域 7：00～9：00 扇区配置情况

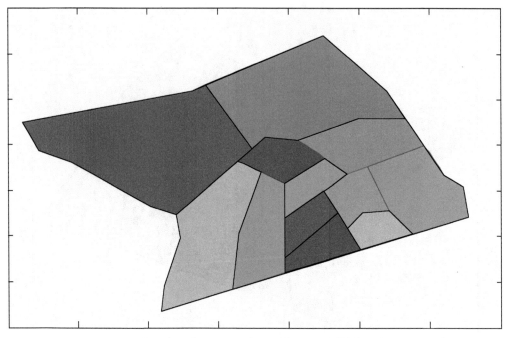

图 6.28　区域 15：00～17：00 扇区配置情况

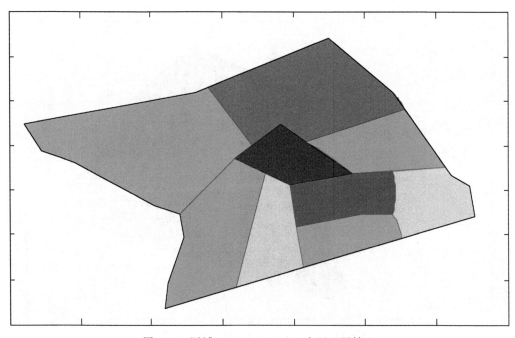

图 6.29　区域 21：00～23：00 扇区配置情况

7. 两种方法的比较

通过对基于区域模型和基于图论模型的两种扇区动态配置方法的仿真计算结果进行比较可知，这两种方法各有优缺点，具体如下。

(1)扇区负荷均衡。基于区域模型的扇区动态配置后的扇区复杂度、均衡度比基于图论模型的扇区动态配置方法好，经分析认为，前者是将空域切分成较小的空域单元，并将扇区聚类转化为混合整数规划，最优化目标函数即为扇区负荷的均衡度；而后者受空域结构和图形粗化的限制，即使经过图形的精细剖分过程，但与前者相比，得到的扇区负荷分布均衡性能要稍差。

(2)扇区形状。基于图论模型的扇区动态配置方法由于在建模的过程中把握了空域结构(机场分布、航路走向等)，基于区域模型的扇区动态配置方法中所有空域单元都是一致的，只有复杂度的差别，因此基于图论模型的扇区动态配置方法所得到的扇区结构比基于区域模型的方法更有利于管制运行，并且基于图论模型的扇区动态配置方法所得到的扇区边界光滑，而基于生长算法得到的扇区边界为锯齿状，需要进一步处理才能用于实际运行。

(3)计算复杂度。基于图论模型的扇区动态配置方法通过将空域的拓扑结构图进行粗化后再进行剖分，显著减少了扇区配置时的计算量；而基于区域模型的扇区动态配置方法需要进行大规模混合整数规划，求解难度很高，往往需要利用启发式算法来进行求解，这也导致同一初始条件下返回的各计算结果均不同。

## 6.5.3　扇区边界动态切换的触发

为了准确判断空域中交通密度和交通流结构的变化，及时对空域结构进行动态配置，需要建立一个扇区边界动态切换的触发指标。扇区边界的改变，会导致系统资源额外的成本(特别是运行人员)，这些成本可能会超过扇区边界改变后预期的收益，因此在实行动态空域配置时，应在最合适的时机进行。另外，最优空域配置的计算量很大，进行试验也是不切实际的。因此，应该建立一个度量交通模式变化的指标，确定交通密度和交通流结构的变化，从而做出是否对扇区边界进行重新配置的决定。对交通复杂度度量指标的研究已经很深入了，但这些指标既不能直接比较两个交通场景，也不能判断出两个场景改变的程度。两个完全不同交通模式的场景具有相同水平的复杂度。

设计触发机制最重要的一点是确定一组测度以测量交通量和交通模式的预期改变。交通流特性可以归结为三个部分：

(1)交通量或密度；

(2)空间分布；

(3)方向性。

我们针对每一个部分展开讨论，探讨每一个特性是如何改变我们对空域运行情况的判断的。我们提出了两组度量指标来测量两个时间段内交通特性的变化。

为了度量交通的变化，动态空域配置触发机制应该能测量出对空域进行重新配置的系统运行成本，避免因短期内空域结构剧烈改变而导致管制员无法应对新的空域结构配置，而使得系统效能没有得到显著的提升。实施动态空域配置的触发机制的关键一步是能够测量出从一个时间段到另一个时间段的交通模式的变化。

传统的把握交通拓扑结构(包括密度和模式)的方法是把空域分解成空域单元，并利用预测或历史航迹数据计算每个单元的度量。文献[34]、[35]将空域单元在一段时间内的雷达回波数作为扇区负荷，并将相邻的两个空域单元中的飞机转移的个数定义为转移度量，然后将其聚类成扇区和管制中心。这里采用类似的方法设计五种交通变化指标以把握上述三种影响交通模式的主要因素，如图 6.30 所示。

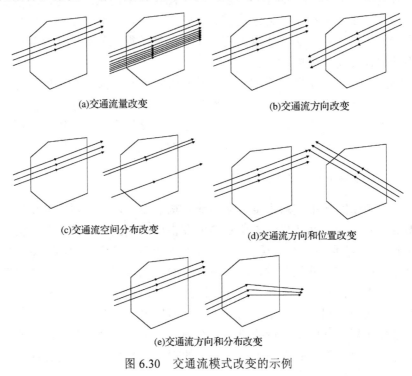

(a)交通流量改变　　　　　　　　(b)交通流方向改变

(c)交通流空间分布改变　　　　　　(d)交通流方向和位置改变

(e)交通流方向和分布改变

图 6.30　交通流模式改变的示例

1. 交通流方向和负荷测度

如图 6.31 和图 6.32 所示，我们定义交通负荷度量$(W_{t_1,t_2})$作为空域单元 $i$ 在时间段$[t_1,t_2]$内交通负荷改变的绝对值：

$$W_{t_1,t_2} = \sum_{i=1}^{n} \left| W_{t_1,i} - W_{t_2,i} \right| \tag{6.61}$$

其中，$W_{t_1,i}$、$W_{t_2,i}$ 代表空域单元 $i$ 在时间段 $[t_1,t_2]$ 内的交通负荷；$n$ 为所研究的空域包含的空域单元个数。

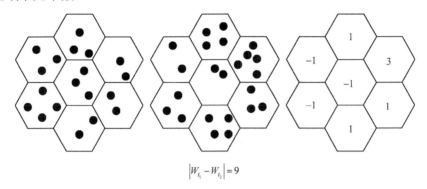

$$|W_{t_1} - W_{t_2}| = 9$$

图 6.31　交通负荷测度示例

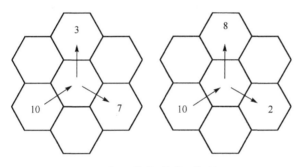

$$C_{t_1,t_2} = |10-10| + |8-3| + |2-7| = 10$$

图 6.32　交通流方向测度示例

我们定义交通流方向测度 $C_{t_1,t_2}$ 以度量一个时间段内交通流方向的变化：

$$C_{t_1,t_2} = \sum_{i=1}^{n} |c_{ij,t_1} - c_{ij,t_2}|, \quad j \in N(i) \tag{6.62}$$

其中，$c_{ij,t_x}$ 代表时间段 $t_x$ 从空域单元 $i$ 转移到空域单元 $j$ 的飞机数；$N(i)$ 代表与空域单元 $i$ 相邻的所有空域单元的集合。

2. 交通空间分布测度

交通空间分布测度用来描述交通空间分布特征的转变，该测度目的是感知交通流方向的变化。该测度的计算仍然需要将空域分解成空域单元，并计算两个不同时间窗内各个空域单元中雷达回波数的变化。

该测度可测量出两个时间段不同交通分布的距离，为了计算该测度的值，我们将覆盖空域的六边形作为网络的节点，节点以同样的方式与其周边节点相连。两个时间段内飞机数变化的空域单元被当成供应和需求节点，飞机数减小的空域单元为供应节点，飞机数增加的空域单元对应的是需求节点，当两个不同时间段，空域单元中飞机数保持不变，则对应节点为转载节点。在两个相邻节点间转移一架飞机的成本为 1。为了应对供应节点和需求节点之间的成本的不平衡，根据供应或需求的短缺增加哑节点。哑节点与其他正常节点相连，相连的弧为具有很高成本的哑弧，如图 6.33 所示。

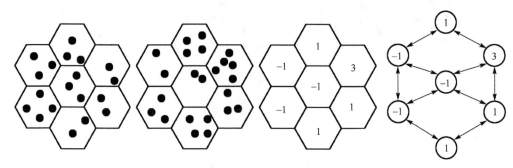

图 6.33　交通空间分布测度示意图

$G = (N, A)$ 为交通空间分布对应的网络，$N$ 为节点集合，$A$ 为弧的集合，事实上 $G$ 为有向图，$S$、$D$ 和 $T$ 分别为供应节点、需求节点和传递节点集合。$x_{ij}$ 是从节点 $i$ 转移到节点 $j$ 的飞机数，$P_{h,i}$ 为哑节点与正常节点 $i$ 之间转移一架飞机的成本，需求哑节点与正常供应节点相连，反之，供应哑节点与正常需求节点相连。

存在一个供应哑节点的转移问题的数学表达式如下，它是一个整数规划：

$$\min z = \sum_{(i,j)\in A} x_{ij} + \sum_{(h,j)\in A} P_{h,j} x_{hj}$$

$$\sum_{(i,j)\in A} x_{ij} = s_i, \quad \forall i \in S$$

$$\sum_{(k,j)\in A} x_{kj} = d_j, \quad \forall j \in D \tag{6.63}$$

$$\sum_{(k,j)\in A} x_{kj} - \sum_{(i,j)\in A} x_{ij} = 0, \quad \forall i \in T$$

$$x_{ij} \in Z$$

两个连续时间段内交通空间分布对应的目标函数的相对变化为 $D_{t_1 t_2} = |z_{t_1} - z_{t_2}|$。

对交通方向、负荷和交通流分布进行加权求和，可得到一个组合的测度来把握交通模式的改变，这里采用线性加权方法：

$$\mathrm{TS}_{t_1 t_2} = \alpha W_{t_1 t_2} + \beta C_{t_1 t_2} + \gamma D_{t_1 t_2} \tag{6.64}$$

其中，系数 $\alpha$、$\beta$、$\gamma$ 可根据管制员认为的几种因素的改变对整个交通态势的影响来确定。

本章提出了基于区域模型和基于图论模型的扇区动态配置方法，实现了空域的扇区动态配置，实现了在扇区负荷满足容量限制要求下，扇区数目尽可能少，而且扇区负荷尽可能均衡的要求。通过对给定区域扇区动态配置算法的仿真验证可知，扇区数目能随着交通流的变化而动态变化。扇区配置的变化可能会导致大量的计算，且管制员需要时间适应空域结构认知的变化，需要准确判断出扇区动态配置的时机。本章还提出了度量扇区动态配置触发条件的指标。

# 参 考 文 献

[1]　Hall W, Atkins S. Dynamic metroplex airspace[C]. the 11th AIAA Aviation Technology, Integration and Operations（ATIO）Conference, Virginia Beach, 2011.

[2]　Perez C J A, Comendador F G, Sanz A R. Decision framework for the integration of RPAS in non-segregated airspace[J]. Safety Science, 2020, 130: 31-40.

[3]　Wong C S Y, Suresh S, Sundararajan N. A rolling horizon optimization approach for dynamic airspace sectorization[J]. IFAC Journal of System and Control, 2020, 11: 17-27.

[4]　Yousefi A, Donohue G L, Qureshi K M. Investigation of en-route metrics for model validation and airspace design using the total airport and airspace modeler（TAAM）[C]. The 5th USA/Europe Air Traffic Management R&D Seminar, 2003.

[5]　Mayara C R M, Marcelo X G, Mcwillian D O. Characterizing the Brazilian airspace structure and air traffic performance via trajectory data analytics[J]. Journal of Air Traffic Management, 2020, 85: 1-10.

[6]　Dothang T, Woojin C. Using machine learning algorithms to predict the risk of small unmanned aircraft system violations in the national airspace system[J]. Journal of Air Traffic Management, 2020, 86: 31-42.

[7]　Martinez S A, Chatterji G B, Sun D F, et al. A weighted-graph approach for airspace configuration[J]. AIAA Guidance, Navigation, and Control Conference and Exhibit, South Carolina, 2007: 20-23.

[8]　Mitchell J S B, Sabhnani G. Dynamic airspace configuration management based on computational geometry techniques[C]. AIAA Guidance Navigation and Control Conference and Exhibit, Hawaii, 2008: 18-21.

[9]　Han S C, Zhang M, The optimization method of the sector partition based on metamorphic voronoi polygon[J]. Chinese Journal of Aeronautics, 2004, 17（1）: 7-12.

[10]　Trandac D H, Baptiste P, Duong V. Optimized sectorization of airspace with constraints[C]. The Eurocontrol/FAA ATM Seminar, Hawaii, 2003: 31-33.

[11]　Yousefi A, Donohue G. Temporal and spatial distribution of airspace complexity for air traffic controller workload-based sectorization[C]. AIAA 4th Aviation Technology, Integration, and

Operations Conference, California, 2004: 6455-6458.

[12] Klein A. An efficient method for airspace analysis and partitioning based on equalized traffic mass[C]. The 6th USA/Europe Air Traffic Management Research and Development Seminar, Baltimore, 2004: 31-36.

[13] Delahaye D, Alliot J M, Schoenauer M, et al. Genetic algorithms for partitioning air spaces[C]. Proceedings of the Tenth Conference on Artificial Intelligence for Applications, IEEE Computer Society Press, Washington, 1993: 291-297.

[14] Delahaye D, Schoenauer M, Alliot J M. Airspace sectoring by evolutionary computation[C]. Proceedings of the IEEE International Conference on Evolutionary Computation, Piscataway, 1998: 218-223.

[15] Hadley J A, Sollenberger R L. Dynamic resectorization accommodating increased flight flexibility[C]. Proceedings of the 11th Air Traffic Control, Dallas, 1997: 127-132.

[16] Dai F Q, Wang D. Terminal area sector operation optimization based on improved region growing algorithm[J]. Journal of Civil Aviation Flight University of China, 2017, 28(3): 14-18.

[17] Dongarra J J, Foster I, Fox G, et al. Sourcebook of Parallel Computing[M]. San Francisco: Morgan Kaufmann Publishers, 2003.

[18] Karypis G, Kumar V. A fast and high quality multilevel scheme for partitioning irregular graphs[J]. SIAM Journal on scientific Computing, 1998, 20(1): 359-392.

[19] Monien B, Preis R, Diekmann R. Quality matching and local improvement for multilevel graph-partitioning[J]. Parallel Computing, 2000, 26(12): 1609-1634.

[20] Gabow H N. Data structures for weighted matching and nearest common ancestors with linking[C]. Proceedings of the First Annual ACM-SIAM Symposium on Discrete Algorithms, Berlin, 1990: 434-443.

[21] Pothen A, Simon H D, Wang L, et al. Towards a fast implementation of spectral nested dissection[C]. Proceedings of Supercomputing, Washington, 1992: 42-51.

[22] Barnard S T, Simon H D. Fast multilevel implementation of recursive spectral bisection for partitioning unstructured problems[J]. Concurrency: Practice and Experience, 1994, 6(2): 101-117.

[23] Paige C C. Accuracy and effectiveness of the Lanczos algorithm for the symmetric eigenproblem[J]. Linear Algebra and Its Applications, 1980, 34: 235-258.

[24] Glover F. Future paths for integer programming and links to artificial intelligence[J]. Computers & Operations Research, 1986, 13(5): 533-549.

[25] Glover F. Tabu search—Part I[J]. ORSA Journal on Computing, 1989, 1(3): 190-206.

[26] Glover F. Tabu search—Part II[J]. ORSA Journal on Computing, 1990, 2(1): 4-32.

[27] Xia W, Wu Z. An effective hybrid optimization approach for multi-objective flexible job-shop

scheduling problems[J]. Computers & Industrial Engineering, 2005, 48(2): 409-425.

[28] Frana P M, Gendreau M, Laporte G, et al. A tabu search heuristic for the multiprocessor scheduling problem with sequence dependent setup times[J]. International Journal of Production Economics, 1996, 43(2): 79-89.

[29] Reeves C R. Modern Heuristic Techniques for Combinatorial Problems[M]. New York: John Wiley & Sons, Inc., 1993.

[30] 王凌. 智能优化算法及应用[M]. 北京: 清华大学出版社, 2001.

[31] Leng M, Yu S. An Effective Multi-level Algorithm for Bisecting Graph[M]. Berlin: Springer, 2006: 493-500.

[32] Leng M, Yu S. An Effective Multi-level Algorithm Based on Ant Colony Optimization for Bisecting Graph[M]. Berlin: Springer, 2007: 138-149.

[33] Li J, Wang T, Savai M, et al. Graph-based algorithm for dynamic airspace configuration[J]. Journal of Guidance, Control, and Dynamics, 2010, 33(4): 1082-1094.

[34] Yousefi A, Hoffman R, Lowther M, et al. Trigger metrics for dynamic airspace configuration[C]. Proceedings of the 9th AIAA ATIO Conference, California, 2009: 41-44.

[35] Masalonis A J, Callaham M B, Wanke C R. Dynamic density and complexity metrics for realtime traffic flow management[C]. Proceedings of the 5th USA/Europe Air Traffic Management R & D Seminar, Philadelphia, 2003: 71-73.

# 后　记

　　本书撰写与国家空域管理体制改革论证同步进行，在这个过程中，我们深刻认识到当前我国空域管理的理论方法和技术研究仍处于发展阶段，仍存在诸多理论、方法和技术问题尚待攻关突破，尤其是面对高密度空中交通需求，空域如何合理配置、灵活使用及精细控制，需要下大力气形成适合我国空域管理特点的一整套方案和方法。研究中我们感受到国际空中交通管理技术的快速进步和系统升级更新的急迫形势，基于航迹运行的下一代空管技术与系统，涉及数据通信、卫星导航、综合监视、运行控制、协同管理等新技术综合应用，以及相关技术对航空运输整体进步具有巨大推动作用。面对新一轮空管技术变革与系统升级，欧美各国均不惜代价展开核心技术攻关，占据该领域战略制高点。2005 年美国联邦航空局与运输部、国防部、航空航天局等部门，联合规划提出了"下一代航空运输系统"（NextGen），目前已进入技术系统研发与局部试验阶段；美军则通过军民融合的技术研发优势，发展兼容民航技术体制的专用军机下一代航行技术体系。欧盟、欧洲航空安全局于2004 年联合启动了"欧洲单一天空空管研究"（SESAR）计划，2012 年前后开展了两次基于航迹运行的新一代空中航行验证，同步展开欧洲的军机任务航迹运行控制技术研究。

　　为支撑下一代空管技术的运用，亟须更新现有的空域管理理论方法。为此国际航空发达国家围绕下一代空管系统的综合应用，部署开展空中交通流量管理、空域管理等新概念和理论研究，争相开展战略性、前瞻性、基础性的研究工作。在新一轮空管新技术竞争中，谁能掌握核心技术并制定相应技术标准，谁将在下一代空管系统建设中占据主导地位。我国航空运输要想真正实现从航空大国转变为航空强国，走向全球并成为全球空管标准和服务的输出者，就必须进行自主研发、自主创新，攻克下一代空管技术，发展新型空域管理理论方法体系，并从空管国际标准制定的积极参与者，转变为空管国际标准制定的主导者之一。当前在空域管理理论方法研究方面，由于下一代空管技术还没有真正启用实施，我国与欧美发达国家尚处于同一起跑线，但留给我们的时间不多了，一旦新技术框架成型并真正启用，将会对空域管理的现有理论方法进行整体颠覆和革新。我们应该在该领域加快研究步伐，奋起追赶欧美国家现有的研究进度，把握好"弯道超车"的历史机遇。

　　最后，我们认为首先应建立适用于我国的空域管理体系架构，再将当前国内外已研究出的空域管理理论方法和技术成果有取舍地加入该体系中，并最终应用到空域管理实践之中，提升我们的管理能力，革新我们的管理模式，这将是行之有效且事半功倍的途径。考虑到空域管理领域属于应用科学研究领域，欧美国家采用的研究—实践—利用—革新这一工作路线对我们仍然适用。

　　本书研究内容同前期出版的《空域管理概论》内容是相辅相成的，《空域管理概论》侧重于对当前空域管理的基本概念、运行模式和原理方法进行介绍，而本书则是对具体的模型算法进行综合归纳，是对空域数值计算和优化方法的完整诠释。